学科发展与科技创新研究

中国科学技术协会学会学术部　编

中国科学技术大学出版社

图书在版编目(CIP)数据

学科发展与科技创新研究/中国科学技术协会学会学术部编. —合肥：中国科学技术大学出版社，2011. 12

ISBN 978-7-312-02558-7

Ⅰ. 学… Ⅱ. 中… Ⅲ. ①科学技术—发展—研究 ②技术革新—研究 Ⅳ. G301

中国版本图书馆 CIP 数据核字(2011)第 230666 号

出版 中国科学技术大学出版社

安徽省合肥市金寨路 96 号，230026

网址：http://press.ustc.edu.cn

印刷 中国科学技术大学印刷厂

发行 中国科学技术大学出版社

经销 全国新华书店

开本 710 mm×1000 mm 1/16

印张 24

字数 381 千

版次 2011 年 12 月第 1 版

印次 2011 年 12 月第 1 次印刷

定价 58.00 元

前　言

科技创新是科技进步的灵魂，重大的科技进步往往蕴含着创造性的突破。随着科技与经济、社会和文化之间的关系日益紧密，在探寻科技创新规律的时候，对科学和技术本身的研究固然重要，但也不应忽视那些与学术密切联系的科学社会学因素，学科建制、学术传统和学派等皆涵盖于其中。

为研究学科发展与科技创新之间的关系，充分发挥学术交流对自主创新的重要推动作用，进一步提高学术交流的质量和成效，促进学术交流工作的深入持续发展，我部组织开展了学术交流理论研究课题，面向中国科协所属学会、省级科协、社会其他单位公开招标。经专家评审，中国科学技术史学会、中国岩石力学与工程学会、中国食品科学技术学会、中华中医药学会等单位中标，分别承担学派与科技进步关系研究、学科建设与科技创新关系研究、国际科技强国学科发展促进科技创新的范式研究和学术流派与中医学科发展关系的实证研究四个课题。

其中，学派与科技进步关系研究主要对学派的发展脉络进行梳理，总结学派的形成及演变规律，系统分析总结古今学派对学科发展和科技进步的影响，对现阶段如何发挥学派对科技创新的促进作用提出意见和建议。学科建设与科技创新关系研究对我国学科发展的历史、现状进行梳理，分析存在的问题及成因，探求学术建制与科技创新的相互关系，提出促进学科发展的对策。国际科技强国学科发展促进科技创新的范式研究，旨在对世界科技竞争力前若干位国家的学科发展状况进行研究，揭示其在促进该国家科技创新中的作用，总结成功的经验，并针对我国学科发展的现状，查找差距，提出可借鉴的经验。学术流派与中医学科发展关系的实证研究，通过系统梳理秦汉及由宋至清中医学术流派形成特点及其学术成就，揭示了学派在促进学术发展、学术创新中的地位和作用，并对促进现代中医学术流派的发展提出了建议和措施。

现将课题研究成果整理并汇编成册，供参考和交流。

感谢各课题组和各位专家付出的辛勤劳动。

中国科学技术协会学会学术部

2011 年 10 月

目　录

在学派的历史和定义部分，主要研究以下内容：

学派的历史　简要归纳古今中外的学派发展史。

学派的定义　在目前已有的关于学派的各种定义基础之上，结合学派的实际情况，提出本课题研究的基础——学派的定义。

案例研究部分，选取四个具有代表性的学派进行研究，在此基础之上，归纳出学派的若干要素如下：

学派的类型　研究科学史上的著名学派，对学派的类型进行划分。

学派的特征　总结历史上的学派特征。

学派的要素　归纳学派的要素，为课题的政策建议部分提供理论基础。

学派的生命周期　从科学社会学的角度分析学派的整个发展过程。

科学学派与科技进步关系研究部分，主要研究对象是近代科学诞生之后的西方科学学派，总结科学学派与科技进步的关系。

中国历史上的学派，主要集中在儒学和医学两个领域。本课题中国传统医学中的学派研究部分，主要是从传统医学领域入手，研究学派的原始形式、知识系统的传播方式，并在此基础上讨论金元四大医家，最后论及当代的中医学派问题，是本课题的重要组成部分。

（三）课题研究目标

本课题的研究目标如下：

梳理学派的发展脉络，归纳学派的类型和特征、功能、判断标准，总结学派的形成及演变规律；系统分析和总结古今中外学派对学科发展和科技进步的影响；结合学派的产生条件和生存机制，分析我国的科研环境，包括制度环境和学术环境，为科技政策制定者提供一定的理论基础。

（四）课题研究意义

课题的研究意义表现在：

学派在人类学术史上具有重要意义

从一般意义上讲，学派是指将一批信守并遵从相同研究纲领或者研究方法的学者凝聚在一起，共同开展研究，并可能与同时代的其他学派之间形成竞争关系，从而影响学术的发展。这种影响自古希腊哲人时代便已开始，时至今日仍然存在，因此学派在人类学术发展史上占有非常重要的地位。

在古希腊的哲人时代，不同的哲学学派便已形成，而在近代科学诞生之后，科学学派则大量涌现。无论是哲学学派还是科学学派，都对人类的学术史产生了重要影响，是值得被关注和研究的。

学派是影响科技进步的一个因素

纵观科学发展的历史，学派往往与著名的科技成果、重要的科学发现或者卓越科学家的成长联系在一起，譬如毕达哥拉斯学派、布尔巴基学派、哥本哈根学派、卢瑟福学派等等。与此同时，历史上也存在着对科技进步起到负面作用的学派，如李森科学派。

而从另一个方面来看，科学史上若干著名的科学家，如伊萨克·牛顿、阿尔伯特·爱因斯坦等，尽管他们在科学领域占有极为重要的地位，对同时代及后代科学家们产生了巨大影响，并不乏追随者，但他们却没有形成自己的学派。

那么，学派究竟对科技进步产生了什么样的影响，这种影响如何产生？如果我们需要对科技进步的原因进行研究，那么学派这个影响因素无法回避。

当前我国科技政策的制定需要了解学派

当前我国科技事业正处于非常关键的时期，科技创新成为科技发展模式的主旋律。在大科学时代，更多科学研究需要许多科学家的协作和配合，单兵作战模式已经无法适应现代科学的需求。如何有效组建研究团队、是否需要培育科学学派、如何利用团队或学派来引导科技创新，是我国科技政策制定者应该考虑的问题。对学派的研究成果可在一定程度上为相关科技政策制定者提供参考。

二、前人研究成果

对科学学派的兴趣和研究，伴随着科学史和科学社会学的兴起而兴盛。早期的科学史家，往往是从群体志研究的方法入手，对在科学上产生过重要影响的团队特别是其领军人物进行研究，而科学社会学中的研究，往往是和科学共同体的研究联系在一起。

20 世纪 70 年代，曾有大批学者对科学学派进行了研究，如苏联学者赫拉莫夫的论文《科学中的学派》、民主德国施泰纳的《科学学派创造活动中的社会因素与认识因素的联系》、美国盖森的《科学变革、专业兴起和研究学派》等，都是学派研究史上较为重要的成果。1993 年，科学史领域内的不定期出版物《奥西里斯》(Osiris)第八卷出版了研究学派的专刊,收录了以案例研究为主的十余篇论文。

我国学者对学派的研究,一方面在于对科学学派的历史形态、本质特征、形成机制、社会运行、自组织性等方面的研究,例如莫少群的《科学学派的历史形态探析》,提出科学学派是一个历史性的范畴,反映了不同历史阶段科学发展及其与社会互动的特征和状况,随着科学和社会的进一步发展,科学活动必然要在新的历史条件下选择适应自身发展的社会组织形式。李伦在《试论科学学派的形成机制》一文中提出,科学学派是科学知识与科学社会"交叉"的产物。科学危机是科学学派形成的前奏,科学社会的需要则为科学学派的形成提供了契机,学派理论纲领的形成有其充分必要条件,学派领袖则是集知识权威、导师权威和组织权威(加上迷人的气质)于一身的科学权威;科学学派的"核"在学派共同体的形成过程中具有强大的聚合功能。

值得注意的是,有一批对学派进行研究的学者提出,科学学派是有自组织性的。如吴志远在《科学学派的本质特征析说》一文中,明确提出"从作为系统科学最新发展的自组织理论看,科学学派具有明显的自组织特征。即科学学派是科学社会中自行组织、自行创生、自行演化的,有序化程度和结构化水平不断提高的组织系统。"艾凉琼在《论科学学派的自组织性》中,认为"科学学派,作为一种自发组织的科研团体,充分表现出科学学派系统的自组织特征,也是科学学派在科学历史上发挥重要作用,成为推动科学进步的重要原因。这也给科技管理一些有益的启示,科学研究有自身的规律,为科学工作者创造一个良好的科研环境,给予科学工作者更多的'自主性',少一些'人为'性,更有利于形成独具风格的科学学派。"何国祥认为,自组织核心的产生是学派形成的首要条件,自组织的动力推动了学派的发展。

另一方面,我国学者对科学学派的研究,具有较为明确的目的性:利用学派来推动我国学术的进步。如谭学纯在2005年的《光明日报》中发表题为《中国学术研究:呼唤学派意识》的文章,认为"学派意识的觉醒,是学科走向成熟的条件。学派纷呈,是学术繁荣的景观。中国学术界,需要挣脱对学派的负面想象。中国学术体制,需要重新为学派定位。中国学术研究,呼唤学派意识。"吴志远在《谈造就我国科学学派的迫切性》一文中,认为"我国科学界的现状迫切要求建立我国自己的科学学派。具有自组织结构特征的科学学派有着其他科学社会组织无可比拟的优势，科学学派的建立对促进我国科学事业的发展具有重大意义”。

但从总体上来说，我国目前对学派的研究仍然缺乏系统性，研究方法也较为单一，研究者们基本上都是从正面对学派进行研究，即默认学派的学术积极作用，对消极作用则相对比较忽视。

第二节 学派的历史和定义

一、学派的历史

学派(school)一词，在古希腊的哲人时代便已开始使用，其希腊文词源为σχολη(skholê)，含义比较宽泛，主要用来指对闲暇时光的利用，蕴含着学习和其他探求知识活动的意思，后来逐渐转义为表示学习的场所，与现代语言中的“学校”同义。直到 1612 年，school 一词才具有我们所说的现代“学派”的含义，表示因为遵守相似的原理和方法而聚在一起的人们(people united by a general similarity of principles and methods)。

在我国，先秦诸子百家可视为学派早期的雏形。西汉史学家司马谈在《论六家要旨》中，将百家划分为阴阳、儒、墨、名、法、道等六家，后来刘歆在《七略》中，在司马谈所分的六家基础之上增加了纵横、杂、农、小说等四家，合为十家。东汉史学家班固则认为“诸子十家，其可观者九家而已”，去掉了小说家，其余者称为九流，并一直流传至今，这九流便是我国古代学者对学术的早期分类。但是，在先秦诸子百家中，这些分类的界限非常模糊且缺乏相对统一的标准，有一些并非严格按照学术的派别进行分类，而是在一定程度上带有职业色彩的划分方式。

学派一词在我国的最早使用，初见于对儒学流派进行的分类。元代学者吴澄在他的著作《吴文正集》卷四十九“五峰庵记”中最早使用了现代意义上的“学派”概念：“兴之为僧也，续吉州三学派，礼台山禅寺僧大显为师，兴传之德通，通传之惠深，是以五峰开山以来相传之次”。清初学者万斯同在《儒林宗派》中，已将宋代以来的儒学流派非常明确地分为程子学派、胡氏学派、张氏学派、邵氏学派、朱子学派、林氏学派、吕氏学派、陆氏学派、叶氏学派、陈氏学派、金氏学派、吴氏学派、许氏学派、刘氏学派、宋氏学派、薛氏学派、章氏学派、蔡氏学派、王氏学派等；此外，清代李清馥的《闽中理学渊源考》也多有相同用法。除儒学领域之外，我国的传统医学中也多用到学派的概念，如金元四大家，便被后人根据其各自的医学理论特征分别称为“寒凉派”、“攻下派”、“补土派”、“滋阴派”。到清代末期，学派一词开始被广泛使用。

在作为学校的school和作为学派的school之间，有一种特别的组织形式值得关注，即所谓的“无形学院(invisible college)”。历史上所称的无形学院，主要是指在第一次科学革命晚期的英国，由威尔金斯、胡克、瓦利斯、波义耳等一大批因为热爱自然哲学而聚在一起的聚会活动，因为没有固定的聚会地点和时间，后来波义耳回忆这段历史的时候，在给其他学者的信件中称这种组织方式为“无形学院”。

20世纪30年代，这种“无形学院”式的组织形式在剑桥大学重新兴起，一批左翼科学家如贝尔纳、李约瑟、霍尔丹等经常聚在一起，他们受马克思主义的影响，探讨科学与社会互动的关系问题。贝尔纳的名著《科学的社会功能》便与这些“无形学院”式的探讨分不开。

科学学派则是近代科学的产物。17世纪后期至18世纪初期，牛顿力学、机械自然观和实验数学方法论的确立标志着近代科学在欧洲诞生，科学研究逐渐职业化。现代科学逐渐被引入曾被经院哲学和神学占据多年的大学，科学教育和科学研究也成为大学的主要功能。正是在这个阶段，各大学、研究所、实验室等成为科学研究的中心，科学家们开始聚集在这些中心周围，开始协同或者竞争研究，并逐渐形成了各自的科学学派。

二、学派的定义

《汉语大词典》将学派定义为“一个学科中由于学说、观点不同而形成的派别”，《辞海》则将学派定义为“一门学问中由于学说师承不同而形成的派别”。二者稍有不同，《辞海》中的定义明确提出了学派中的师承关系这个特征。而在《牛津大辞典》中，学派被定义为“受教于同一个专门大师（在哲学、科学、艺术等方面）的学者群体。因此在广义上是指在某个理论的或者实践的知识领域内具有相同师承关系，或因原理和方法上的普遍相似而联系在一起的学者群体”。

盖森（G.L.Geison）从科学史和科学社会学的研究角度出发，认为科学学派是“致力于一项合理而紧凑的研究计划的成熟科学家组成的小组，他们身边伴随着同一机构中的优秀学生，投身于直接而连续的社会和智力的交互作用之中”。

赫拉莫夫认为，科学学派是科学家的一种特殊的创造性联合，它是在科学带头人领导下的某一科学方向上，具有高度技能的几代研究者的创造性合作。这种合作不是基于形式上的组织，而是基于解决问题方法的统一，基于一定的工作作风和思维方式，给予解决现实问题的思想和方法的独特性，这种合作在这一知识领域获有重要的成果，赢得了声望和社会的承认。

时至今日，学派并没有一个完全统一的定义。各辞典中给出的学派定义是非常宽泛的，这直接导致了已有关于学派研究的一个问题：学派这个概念被过于滥用了。正是在这个背景下，日常所见许多关于学派的提法，实际上从严格意义上讲并不能称之为学派，用研究团队或者门派来描述更为恰当。而以前的科学社会学研究者们往往是带着自己的研究目的而给出定义，在适用范围上有所欠缺。

作为科学社会学研究中的一个重要概念，科学学派是由多个人所组成的集合体，它理应被放置于科学共同体（science community）的概念背景下来理解。科学共同体是指科学工作者的群体，其成员共享相同的或近似的价值观和目标。按照库恩（T.Kuhn）的理论，科学共同体遵守同样的“范式”（paradigm），范式是科学共同体的黏合剂。科学学派便可以看作是遵循同一研究纲领或研究方法的一个小型科学共同体，这个共同体通常由一个或多个领袖人物以及紧密团结在中心人物周围的若干研究者（常与领袖人物有师承关系）所组成，整个群体由于明确的研究目标而自发地凝聚在一起。

第三节 科学学派的案例研究

本部分内容选取科学史上的四个案例：自由发端于大学的李比希学派、依托政府机构形成的德拉贝奇学派、可视为纯民间形成的布尔巴基学派和带有过强的政治色彩的李森科学派。在这四个案例研究的基础上，分析科学学派的生长规律，归纳科学学派和科学进步之间的关系。

一、李比希学派

（一）学派领袖成长背景

李比希（J. Liebig，1803～1873 年）1803 年 5 月 12 日生于德国黑森大公国的首都达姆施塔特。他父亲是一位商人，经营医药、染料、颜料和化学药品。李比希自幼就喜欢看他父亲制造化学物质，并特别爱好自己动手进行化学实验。读书期间，他常逃学去参观当地的印染厂、肥皂厂。他对当时学校正规教育的拉丁语、希腊语的语法公式感到乏味，却对化学知识兴趣浓厚，从黑森大公的图书馆中借阅了很多化学方面的书籍。

1820 年，李比希进入波恩大学学习化学，并于第二年随老师卡斯特纳一起转入爱尔朗根大学，1822 年获得博士学位。

在李比希早年，德国的化学一直以制造药物为主要研究方向。并且在德国大学中，化学知识是混杂在自然哲学中讲授的，也没有专门的化学实验室，所以学生的动手能力得不到锻炼。李比希对此非常不满，1840 年他曾回忆说："我在一所由本世纪最著名的形而上学哲学家执教的大学里，经历了一段学生时代。当时的学生们对这位哲学家一味地敬佩和模仿，没有一个人能抵抗这种传染病。我亲身经历了这样的时代——一个非常富于言论和思想，但非常穷于诚实知识和真正研究的时代。我一生中两年宝贵光阴就如此浪费掉了。"

1822 年博士毕业后，在导师卡斯特纳的推荐和黑森大公的公费资助下，李比希来到法国巴黎深造。他常听索邦大学教授盖-吕萨克（J. L. G-Lussac）、法兰西学院教授泰纳尔（L. J. Thenard）、杜隆（P. L. Dulong）等知名科学家的讲课。这些法国科学家的讲课常常配以巧妙的实验演示，这是德国化学家根本无法做到的。他们注重实验的实证主义研究风格对李比希之后的研究之路产生了极大影响。他说："盖-吕萨克、泰纳尔、杜隆等人在索邦的讲演，对我有难以形容的魅力。法国人的讲演（通过语言的天才）所具有的逻辑明晰性，是别的语言难以达到的。盖-吕萨克和泰纳尔成了实验论证的大师。讲演由安排得体、前后相继的实验组成，它们之间的联系由口头讲解来完成。实验的确使我感到高兴，因为，它们以我能理解的语言对我讲话。"

李比希在法国的课题是继续他在德国的雷酸研究，测定雷酸汞的组成，并整理成论文。1823 年 7 月，经盖-吕萨克推荐，李比希到法国科学院做学术报告，获得成功。在这次会议上，他结识了德国的科学泰斗亚力山大·冯·洪堡（A. V. Humboldt）。洪堡对李比希十分赏识，他建议盖-吕萨克提李比希为助手，进入他的私人实验室做研究工作。恰好盖-吕萨克也有此意，于是李比希就获得了与世界最优秀大化学家亲身交往和合作研究的宝贵经验。

从之后李比希与盖-吕萨克合写的论文中，可以看出，他在后者的言传身教下已经掌握了定量测定物质元素组成的方法，即通过燃烧来分析雷酸中碳、氢、氧的百分比，也学会了系统地进行科学研究。他深刻体会到实验室对化学研究与教学的重要性，与德国相比，法国的化学教学方式更有益于学生科研能力的培养。他决心回国后建立一个现代化的实验室，让大批年轻人得到法国式的实验训练，然后在德国形成一支新型的科研队伍。

1824 年，李比希怀着这样的理想回到了德国，并向黑森大公呈交了洪堡和盖-吕萨克两位科学大师的亲笔推荐信。未经教授委员会的讨论，黑森大公就直接安排李比希到吉森（Giessen）大学做副教授。一年后，李比希的顶头上司齐默尔曼去世，时年 22 岁的他继任教授。李比希在这座小小的古老的大学，创办了举世闻名的化学实验室和李比希学派，使吉森大学成为世界化学的"圣地"。

（二）李比希学派的形成与发展

1824～1852 年，李比希在吉森大学任教 28 年。这 28 年正是李比希学派形成与发展的辉煌时期。这一时期德国工业也经历了巨大变革。1833年德意志关税同盟的缔结，使本国的工业产品在与别国竞争时获得保护，这为工业的繁荣提供了良好环境。1848年，资产阶级革命之后，德国也开始了工业革命。化学工业也于此时迅速发展，而这又有赖于科学研究与教育的促进，李比希学派便在这样的背景下发展起来。

根据李比希教育与研究工作方向的转变，可将李比希学派的形成与发展过程划分为三个阶段。

第一阶段(1824～1829年)

在这一阶段，李比希主要致力于在吉森大学改革陈旧的书本式教育，确立化学实验室的教学方法。

在他回国之时，德国的化学教育还纯属纸上谈兵，从书本到书本，而且内容陈旧。化学教授们并未接受拉瓦锡的新化学思想，还在讲授已经淘汰了的燃素理论。于是李比希感到建立化学实验室改革化学教育已是迫在眉睫。

初到吉森大学，李比希便向黑森政府递交报告，申请创建实验室。政府给予的答复是：拨一座废军营作实验室，改造和建设资金自筹。1826年实验室顺利建成。

初期的实验室，由实验室、天平室、药品储藏室、洗涤室和助手室组成。实验室四周都是实验工作台，中间是大煤炉，有通风设备(后来经过1835年及1839年的两次扩建，他的实验室可以同时容纳22名学生做实验，教室可以供120人听讲，讲台的两侧有各种实验设备和仪器，可以方便地为听讲人做各种演示实验。)。这个实验室虽然简陋，可它的建立却是大学实验室与私人实验室决裂，成为实验教学研究机构的一个标志。

在李比希之前，一些著名的化学家如波义耳、拉瓦锡、贝采利乌斯和盖-吕萨克等，都是沿袭旧有的私人实验室传统，仅供他们自己及助手研究使用。而李比希的实验室则是现代实验组织和教育相结合的开端，英国科学史家丹皮尔(W. C. Dampier)曾说："1826年，在吉森建立了一个实验室。从那时到1914年，学术研究的有系统的组织工作，在德国异常发达，远非他国所及。"有学者认为这也是"德国科学和工业振兴的一个坚实而又光辉的起点"。

为了发展化学教学，李比希还用新的体系编制了化学教学大纲。他在教学中极力强调,学习化学关键不在讲课,而在实际工作。所以李比希总是把理论教学压到最低限度,大部分时间指导学生动手做实验。他指导学生做实验,分三步走。第一步,让学生接受基本的实验技能训练,给他们已知化合物,重复前人做过的定性、定量分析,直到学生能够获得可靠、满意的结果为止。第二步,让学生分析一些尚待进一步研究的化合物。这些化合物,前人做过少量研究,还有不少待解决的问题,学生或是证实丰富前人的发现,或是否定前人的结论。最后,让学生分析全新、未知的化合物。学生可以充分发挥想象力,独立设计实验方案。这一阶段的工作已达到研究水平,可以作为博士论文的选题。研究成果通过答辩后,可以发表在学术刊物上,并以此获得博士学位。学生从进校经过这三步严格的科学训练,最后获得博士学位,时间为一年到三年不等,因人而异。个别优秀的学生仅用 9 个月就完成了博士论文。

李比希对吉森实验室及其教学方法感到非常骄傲。他说:“在我之前,任何地方都没有供分析用的化学实验室;人们常说的实验室,不过是摆满各种炉灶和用具的厨房,跟中世纪炼金术士的实验室没有两样。在我之前,没有人知道怎样来教会学生做分析研究。”他希望不仅教授学生化学知识,更要教学生研究的方法,而后者则让学生们一生受益。

吉森实验室的创建和化学教学大纲的编制,使得化学教育运动在德国比其他任何地方以更大的势头和更深远的影响发动起来,也吸引了四面八方的学生来到吉森大学,聚集在李比希门下。他通过实验室教育方法培养出了一大批后来闻名于世的化学家,如布夫(H. L. Buff)、费林(H. Fehling)、霍夫曼(A. W. V. Hoffmann)、弗雷森纽斯(C. R. Fresenius)、威尔(H. Will)、凯库勒(F. A. Kehulè)等。

在科学研究方面,李比希在这五年中对制备无机物的方法进行了研究,并和维勒(F. Wöhler)首次在实验上通过对雷酸银和氰酸银成分比对,发现了同分异构现象,即两个性质完全不同的化合物其元素组成可以相同,只是元素的结合方式不同。

第二阶段(1829~1839 年)

此阶段李比希的主要目标是奠定有机化学的基础。而要实现这个目标,李比希的首要任务就是确定一种可靠的分析有机化合物的实验方法。在他之前,拉瓦锡、盖-吕萨克、泰纳尔、贝采利乌斯等都进行过燃烧有机物以测定其碳含量的实验，但是李比希用他们的方法来对生物碱进行测量时却效果不佳。因为生物碱是高分子量有机物，在测定时只要有1%的误差就会得出错误的反应式。他认为如果燃烧足量的有机物就有可能解决这个问题，因此他发明了一种全新的实验装置。李比希将有机物和氧化铜混合在这种装置中燃烧，产物经过氯化钙吸收水分，再经过5个相连的钾球（内置氢氧化钾溶液）充分吸收二氧化碳，然后经过装有固体苛性钾的玻璃管以吸收残余二氧化碳和水分；最后称量各吸收管来计算碳氢氧的含量。使用这种方法，一次分析的有机物量就是原来方法的10倍。到1830年，他终于把碳氢分析发展成精确的定量分析技术，并成为化学界的标准分析程序。

李比希的这套分析装置对于他及其学生分离、分析和合成新化合物，以及在基团理论、有机多元酸理论、农业化学、生理化学等方面研究的开展有着至关重要的作用。他的学生霍夫曼评价说，这种装置"由于它给这个化学共同体有生气的科学劳动所带来的便利，而比李比希其他任何一项伟大的发现更为伟大，它实在是化学，尤其是有机化学惊人发展的主要根源，作为我们时代的一个至高无上的荣誉，它必将延及以后的子孙万代。"这套装置大大缩短了分析有机化合物的时间，吉森实验室每年可以分析400个有机化合物，而在这之前，贝采利乌斯分析7种有机酸就要用18个月的时间。李比希的贡献由此可见一斑。

为了增进与其他学者的交流，让更多人知道自己的研究成果，李比希在化学界重要的刊物，如盖-吕萨克主编的《化学和物理年鉴》、波根多夫(Poggendorf)主编的《物理和化学》年鉴上发表了多篇重要学术论文，他的工作获得了化学界学者的肯定，他的地位也越来越巩固。

1831年，李比希创办了第一个化学学术定期期刊《年鉴》。1840年，《年鉴》更名为《化学及药物学年鉴》，在这份期刊上，李比希编辑发表了自己及学生的多篇论文。他利用编辑的有利位置，发表本学派的观点，并与其他科学家进行交流，品评别人的工作，并且还能及时准确地了解世界化学研究的动态。《年鉴》成为服务于李比希学派的权威刊物。李比希去世后，为了纪念他，期刊更名为《李比希化学年鉴》，并于今天仍在化学学术期刊中占据着重要地位。

这10年间，李比希的研究方向是有机化学的基础理论研究，并取得了重大成就，但是1839年之后，由于意识到将化学理论应用于工业及农业生产实践中的美好前景，他的方向就转到了应用化学领域，致力于研究化学在农业和生理学中的应用。

第三阶段(1839～1852年)

经过1835年及1839年两次扩建、改造的实验室，已能基本满足李比希的实验研究要求。同时，吉森大学为了使李比希留任，还大幅度提高了他的薪水，增加了实验室经费，这为他创造了良好的科研环境。李比希领导着这个当时世界上最大的实验室和已经形成的李比希学派，又在应用化学领域做出了极大的贡献。他在学生及助手的协助下，开始系统研究有机化学和农业、生理学之间的关系，收集了实验数据，很快于1840年就出版了农业科学史上最重要的理论著作之一《有机化学在农业和生理学上的应用》。

然而本书由于完稿得较仓促，很多这方面的实验并没有开展，因此书中出现了不少错误。自1842年起，吉森实验室就开始进行农业化学和生理化学方面的实验，以求修正以前的错误认识。

李比希认识到要开展此领域的研究，就必须改进原有的分析方法，于是他指定学生弗雷森纽斯、威尔等人从事此方面的研究。1846年两人的著作《定性分析和定量分析》以及《吉森实验室定性分析课程大纲》分别面世，体现了对旧有研究方法的改进。这两本书可以说是李比希学派在农业化学和生理化学中取得的第一个成果，从某种角度上说也是最好的成果，有了这些实验分析方法作为支撑，李比希学派才有可能对土壤、植物、动物的成分进行准确有效的分析。

由于长期高强度的工作——实验研究、指导学生、编辑期刊，加之年龄增长，李比希感觉自己的身体条件已不能适应吉森大学的工作节奏，于是他在1852年接受了慕尼黑大学的邀请，在那里为学生们授课，闲暇时著书立说，而不再亲自指导学生进行实验研究。因此从1852年直至1873年李比希去世，他在化学界的影响力也明显下降。

(三) 李比希学派的成就

科学成就

在李比希之前，无机化学领域已经取得了长足的进步，一批大化学家，如拉瓦锡、道尔顿、阿夫伽德罗、贝采利乌斯、戴维等，已经有了很多发现，提出了诸多理论、假说，这为以后原子分子理论的形成以及元素周期表的确定奠定了坚实的基础。而相对于此而言,有机化学领域则还是一片未被开垦的处女地。有机化学的研究还停留在对天然物质的提纯和分离阶段,有机元素分析方法还不完善,有机化学理论还没有建立,有机合成还处于没有理论指导的盲目摸索阶段。而李比希学派的出现则为化学家们走出困境带来了希望。

李比希改进了有机分析的方法,对大量有机物进行了准确分析,测定了大批化合物的化学式,发现了同分异构现象。他于 1829 年发现并分析了马尿酸;1831 年发现并制得氯仿和氯醛;1832 年与维勒共同发现安息香基并提出基团理论,为有机结构理论的发展作出了贡献;1839 年提出多元酸理论。1840 年以后的 30 年里,他转而研究生物化学和农业化学。他用实验方法证明:植物生长需要碳酸、氨、氧化镁、磷、硝酸以及钾、钠和铁的化合物等无机物;人和动物的排泄物只有转变为碳酸、氨和硝酸等才能被植物吸收。这些观点都是近代农业化学的基础。他大力提倡用无机肥料来提高收成。他还认为动物的食物不但需要一定的数量,还需要各种不同的种类,或有机物或无机物,而且须有相当的比例。他又证明糖类可生成脂肪,还提出了发酵作用的原理。这些成就不单单是李比希个人所取得的辉煌,也应视为李比希学派整体作战而获得的胜利。李比希的有机化学理论(基团理论、多元酸理论、农业化学和生理化学理论)是整个学派发展的研究纲领,并为学派指引了研究方向。

促进近代科学制度化进程

吉森实验室的建立可视为近代科学在大学中机构化的一个标志。在此之前,实验室都是仅能供少数人使用的私人实验室,通常只能接受一两位学生做专题研究。而李比希建立的吉森实验室则改变了这种状况,可容纳一百余学生在此听课、实验。在这里,经过李比希"实验教学法"的训练和指导,一大批一流的科学人才脱颖而出,这里变成了全世界化学化工工作者注目和向往的地方。

人才的聚集大大提升了科学研究的效率。李比希学派可以在统一的研究纲领指引下,去完成单个研究者所不能完成的课题(比如短期内对大量有机物成分的分析),以取得研究的迅速进展。正是由于这种模式的高度有效性,它很快便在德国各大学的化学教育中获得推广,并逐渐影响到其他科学领域中,继而被欧美各国的大学纷纷效仿。

李比希学派的成员在吉森模式的推广方面起到了至关重要的作用。他的挚友维勒在哥廷根的奥古斯塔斯大学任教后，就完全按照吉森的模式，重新组织了那里的实验室；他的学生、威斯巴登的教授弗雷森纽斯于1848年亦效仿李比希创立了一个实验室进行分析化学教学和研究；他的另一个学生霍夫曼则于1864年在波恩大学按照吉森模式重新改造了原有的实验室，一年后又到柏林大学筹建了第一个化学工业实验室。就这样，吉森模式被德国很多大学所采纳，使德国在化学领域发展迅速，世界化学中心也从法国转移到了德国。

在生物学领域，多位科学家也将吉森模式引入本学科中。比如米勒在柏林大学，路德维希在苏黎世、维也纳和莱比锡都创立过与吉森实验室类似的研究机构。

英、美、法、俄等国则通过聘任李比希学派成员的方式亦将吉森模式引入本国。在英国，霍夫曼在皇家化学院、弗兰克兰在曼彻斯特的欧文斯学院、普莱费尔(L. Playfair)在普特尼工学院、威廉姆逊在伦敦大学化学院、J.S.穆斯普拉特在利物浦化学院、E.K.穆斯普拉特在利物浦大学、安德森在格拉斯哥大学都是吉森模式最坚定的推行者。在美国，约翰逊(S. W. Johnson)在耶鲁大学的舍费尔德科学学院；霍斯伏特与W.吉布斯(J. W. Gibbs)在哈佛大学的劳伦斯科学学院亦遵照此模式开展教学和研究工作。在法国，武兹从德国学成归国后，也建立了自己的实验室，并和生理学家贝尔纳一同主张全盘照搬德国模式，反过来向德国学习。在俄国，著名化学家、李比希的学生齐宁和沃斯克列先斯基在喀山大学、圣彼得堡大学也依照吉森模式培养了一大批出色的化学家，为俄国化学19世纪后半期的繁荣发展奠定了坚实的基础。

因此，李比希的吉森实验室教学、科研模式对近代科学的制度化起到了十分积极的促进作用，并对后来化学学科的发展产生了深远影响。

培养了众多科学精英

李比希通过实验室培养了众多化学精英，吉森实验室就成为了世界化学的圣地。不同国籍的青年学子纷纷投奔李比希的门下，连李比希在法国的导师盖-吕萨克，也把自己的儿子儒利亚送到了吉森大学，跟随他学习。

在李比希学派中，有很多闻名后世的大家，如布夫、费林、霍夫曼、弗雷泽纽斯、威尔、斯特莱克尔、凯库勒、武兹(C. A. Wurtz ,1817～1884年，法)、热拉尔(C. Gerhardt)、弗兰克兰(E. Frankland)、威廉姆逊(A. W. Williamson)、齐宁(俄)、沃斯克列先斯基(俄)、霍斯伏特(E. N. Horsford)、威瑟里尔(Wetherell)等。

李比希学生的学生中也涌现了许多杰出的化学家。据统计,截至1955年,李比希学派谱系中诺贝尔奖金获得者就有40人(如图1-2),由此可见这个学派对科学发展的巨大贡献。

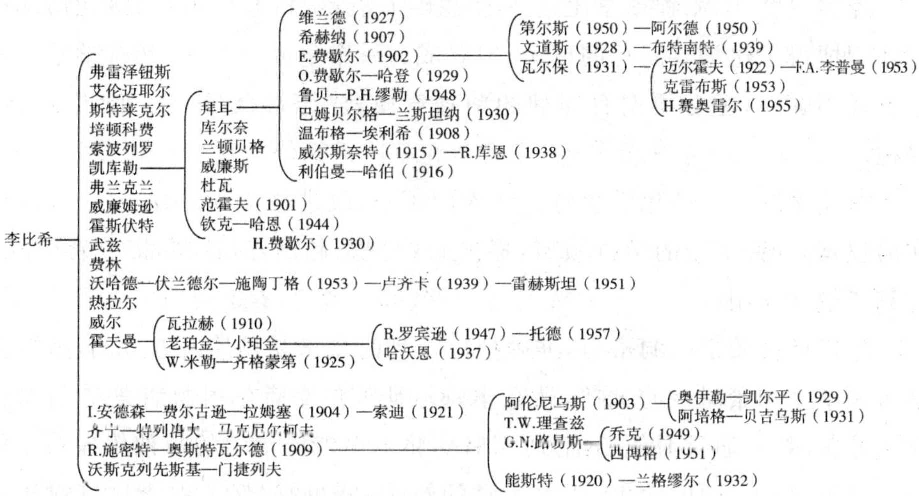

表中人名旁标注的年号是该人获诺贝尔奖的时间。

图1-2　李比希学派学术谱系图

(四) 李比希学派的特点

学派形成于宽松的学术环境中

无论从学派领袖个人的成长经历还是学派形成的过程来考察,都可以看出孕育李比希学派形成的学术环境是相当宽松的。

从学派领袖的成长经历看,李比希15岁时就因与当时学校教育内容格格不入而退学。1820年,父亲将闲赋在家的李比希送到了大学学习。他跟随导师研究从小就感兴趣的化学,结果仅仅用两年时间就拿到了博士学位。这体现了当时德国的教育体制对李比希这样的偏才学生的宽容。

毕业后,19岁的李比希以才学争取到和大化学家盖-吕萨克共事的机会。1824年,年仅22岁的他就在洪堡和盖-吕萨克的推荐下,当上了吉森大学的教授。他所受到的"优待"和破格的提升则体现了德、法化学界的学术环境对天才青年科学家的宽容。

而在吉森大学工作期间，学校对李比希也是相当“照顾”，不仅两次扩建、改造他的实验室，拨出专款支持他的研究，还为他两次涨薪，以求他能安心留任。因此他几乎没有受到来自外界的压力，其研究方向一直牢牢掌握在自己手中，所以他才能在自己感兴趣的领域中愈走愈远，最终创立了李比希学派。

学派领袖是学派的学术、精神双重权威

毋庸置疑，学派领袖李比希在学术上有着崇高的权威地位，他凭借卓越的才识博得了化学界同行的尊重，但要成为一个学派的领袖，光有学术上的成就是不够的，还必须拥有领袖的精神气质，才能将众多人才牢牢吸引在身边。

李比希对当时的化学教育方法大胆革新，改进科学分析方法，设计新的实验仪器，开辟了新的学科领域，提出新的理论和观点，这些都对青年学子起到了模范作用。

他以敏锐的学术洞察力，准确把握了当时化学学科的发展方向，这使他能带领学生扣紧时代的脉搏，站在本领域研究的最前沿开展课题。他对待学生非常耐心，通过对他们细致的训练，将自己严谨治学的精神传递给了每一个学派成员。他的学生，耶鲁大学的约翰逊教授回忆说：“李比希对于世界各地到吉森实验室来学习的学生始终贯彻这么一种精神，即让他们学习在科学上有所发现的方法。要求他们检验某些观念是否真实，某些结果是否正确。此外还要为了提出新的观念来进行新的观察和发现。李比希不是为了好奇或荣誉来追求发现，他把发现的真实性放在首要地位。他耐心听取同学们每天的进展，思考他们的研究计划，观察他们一起的安排和设计，验证他们的观察，听取他们所设想的理论。李比希对同学们加以鼓励也加以批评。他提出问题，怀疑相反的意见。他不仅要求学生积累资料，对事实加以思考，同时要他们根据比较、分类和论证，把资料加以联系和补充，并且引导他们对于理论上的每个弱点加以批评，通过各方面的仔细考察来证实或否定他们所提出的结论”。

并且李比希以身作则，使吉森实验室的所有成员都将他们的工作视为一份崇高的事业。他带领学生“从黎明一直工作到黄昏，浪费时间和玩忽职守在吉森是没有的。常常听到的唯一抱怨，就是管理员奥贝尔晚上要打扫实验室时，无法把里面工作的人赶走”。

李比希的得意门生霍夫曼在一次纪念他的演讲中就这么评价说:“如同各个时代的所有伟人一样,李比希是其军队的精神和领袖。如果说有人如此狂热地追随他的话,那是因为他是一个令人钦佩和爱戴的伟人。……我们现在虽已是成年,但还记得他对我们各自的技能和观点的支配,也记得我们作为李比希手下的智力同伴是如何按照他的要求着手并沿着他指引的方向前进的。我们过去感觉到,现在也还感觉到,而且只要我们活着我们就绝不会忘记李比希对我们的影响。……他的赞成往往是我们的荣誉和其他方面引以为豪的象征,而我们最值得骄傲的是有李比希这样一位导师。”李比希就是这样以自己超凡的个人魅力成为学派的精神权威,并使所有学生都紧密团结在他周围。

学派内部形成了鲜明的研究纲领

李比希学派从一开始就把研究目标对准了当时鲜有人涉及的有机化学领域。李比希通过对有机物的分离、提纯和合成实验,得到了大量可靠的一手实验数据,然后提出了能解释这些实验数据的有机基团理论、有机多元酸理论、农业化学以及生理化学理论作为自己学派研究纲领,为学派指引了研究方向。

有机基团理论为李比希学派打开了在有机化学领域研究的通路。在李比希之前,化学家们尽管观察到了氰基(CN)这样的有机基团,但大多数仍然认为它属于无机化学。而李比希和维勒受到雷酸和氰酸同分异构现象的启发,通过对苯甲酸及其衍生物的研究,发现一种后来被他们称为“苯甲酰基”的三元素基团在一系列反应中一直都存在。不久,李比希又在乙醇和乙醚及其衍生物中发现了乙基。于是他给出了有机基团的科学定义:“(1) 它是一系列化合物中不变的组成部分;(2) 它在这些化合物中可以被其他简单物(元素)取代;(3) 它与某种简单物化和后,这种简单物可被等当量的其他简单物代替。”只要具备以上至少两个条件,一种原子复合物便可被称为真正的有机基团。有机基团理论提出后,李比希的学生如弗兰克兰、威廉姆逊、武兹、霍夫曼、凯库勒、齐宁等便沿着他所开辟的道路,不断将其完善,使得有机化学逐步向有机结构理论迈进,并最终由齐宁的学生布特列洛夫于1861年发展出了有机结构理论。

除了有机基团理论外,李比希还在吉森实验室所开展的一系列关于有机酸的实验基础上,于1838年提出了有机多元酸理论。他结合戴维的氢酸理论和格雷姆关于酸的碱度的思想，提出很多有机酸能同一个以上的碱基化合成盐，即一个分子的有机酸能和几个分子碱化合，因此有机酸是由有机酸基团和氢组成。而酸的本质决定于能被金属或碱取代的氢的个数，如果取代氢的金属或碱当量在一个以上，即有多个氢，那么该有机酸就是多元酸。随后，李比希的学生热拉尔和杜马的学生罗朗进一步发展了这个理论，他们提出，如果一个酸只能生成一个无机或有机盐或中性氨基化合物，则该酸是一元酸；如果能生成一个酸性、一个中性无机或有机盐或氨基化合物，则是多元酸。

1839 年开始，李比希的研究兴趣转到了应用化学领域，他开始着手研究农业化学以及生理化学。因此整个学派的研究也随之转向。李比希认为整个自然界的有机过程是再生循环的，因此他的农业化学的核心理论是物质补偿法则。他认为植物的栽培致使土壤的肥力逐渐衰退，为了恢复土壤的肥力只有把损失的土壤成分全部归还给土壤，才能提高农作物的产量。在这种思想的指导下，李比希带领吉森实验室展开了对土壤成分、植物营养成分和粪肥的化学组成的系统分析。历经多次失败后，他终于在 1850 年制出了能被植物吸收的可溶性复合肥。他的学生吉尔伯特后来又克服了他理论中关于植物与氮肥关系的缺陷，完善了整个有机循环体系。

几乎在研究农业化学的同时，李比希也开始在生理化学方面展开了探索。他带领霍斯福特、凯库勒等人对动物食物的营养价值，小麦面粉的植物胶质，动物的肌肉、脂肪、血液、分泌液等进行了细致的实验分析，然后确定动物热量的产生仅是由于营养物中碳和氢被氧化成二氧化碳和水。他还把营养物分为含氮的胶质(植物纤维蛋白、蛋白元、酪蛋白以及动物的肉质和血液)和非含氮或呼吸用的营养物(脂肪、碳水化合物、酒饮料)，前者用于组成血液和肌肉、软骨、神经、大脑及其他细胞组织，是肌肉运动的能量来源，后者只有借助前者的含氮成分，才能使其中的碳和氢氧化得更快，以产生足够的动物热量。这种划分并不十分正确，他的学生特劳贝、费克、韦森努斯和弗兰克兰后来对其进行了更正。他们证明这些成分都是存在于血液中的“可燃烧性物质”，蛋白质则主要用于有机体组织的生长和维持。

李比希就是这样在学派内部贯彻他所制定的研究纲领，指引大家在有机化学和应用化学领域探索前进，并取得了一系列开创性的成果。

学派内外交流畅通

李比希学派内的交流自不用多说，吉森实验室的成员们几乎天天在一起讨论自己的工作，探讨当前化学、化工发展的新方向。

对外交流则通过他们的专业期刊——《年鉴》以及与各国科学家的通信、互访来实现。

作为《年鉴》的主编，李比希在此期刊上发表了大量学派成员的论文，扩大了学派在化学界及公众中的影响。学生们的论文都是以他们自己的名义发表的。李比希曾说："现在奖励年轻人的任何办法都没有比让他们在出版物中看到自己的名字为好。法国人有一种与此完全颠倒的制度，凡是巴黎或外省完成的实验成果一律以教授的名义公之于世，这就挫伤了年轻人的锐气。在我这里工作的人都以自己的名字发表文章，即使他们得到了我的帮助。"

与各国科学家的互访主要是由李比希来完成的。他曾被选为俄国圣彼得堡科学院的通讯院士、英国皇家学会会员、巴伐利亚科学院院长以及法国、瑞典科学院的荣誉会员。他到过很多欧洲国家讲学。他所交往的科学家有维勒、杜马、贝采利乌斯、格雷姆、法拉第、劳斯、吉尔伯特、马尔德、布森高等。这些广泛的交流促进了李比希学派科学思想的传播，同时也为他们的研究工作带来诸多启发，使这个学派在化学领域中展现出非常强的竞争力。

二、德拉贝奇学派

（一）学派领袖的成长背景

德拉贝奇1796年2月21日出生于英国伦敦，1810年进入皇家马洛军事学校学习，希望毕业后能当上一名军官。其后由于他参加了对校方做法表示抗议的一些活动，而在入学两年后被学校开除。退学回家的德拉贝奇将自己的精力投注到他幼年就感兴趣的地质考察和研究上。

在19世纪早期，从事地质研究的人都不是职业的科学家，而是家境较为富裕的牧师、医师以及有闲情周游各地的绅士。德拉贝奇靠着父亲遗留给他的牙买加庄园的收益，成为了当时时髦的"绅士地质学家"中的一员。他通过阅读文献，以及与当地的业余地质学家交流来提升自己的地质学能力。

1816 年,他与业余地质学家托莫斯·C·卡朋特(Thomas. C. Carpenter)及 G·荷兰德(G. Holland)一同赴英格兰北部和苏格兰实地考察,发现了一条发育在片岩之中的花岗岩岩脉,并观察到了海水浸蚀对地表塑造的作用。

1817 年,德拉贝奇加入伦敦地质学会,成为一名专业地质学家。该学会奉行严格的培根归纳主义方法论,强调要不断积累材料,并避免建构理论。德拉贝奇在地质探索的过程中,严格贯彻了这个方法论。

1819～1820 年他携家人赴欧洲大陆旅行并考察。他考察了阿尔卑斯山脉,测量了日内瓦湖、纳莎泰尔湖不同深度湖水的温度,并将原始数据写成论文发表。他非常注重与同行的交流,在法国、意大利、瑞士结识了一批科学家和学术界精英,其中包括大名鼎鼎的居维叶(Georges Cuvier)。1819 年 12 月 23 日,23 岁的德拉贝奇当选为英国皇家学会会员。

1823 年,德拉贝奇考察了牙买加的地质状况,形成了《关于牙买加的冲击物》、《牙买加地质评论》两篇论文发表,使他成为公认的牙买加科学资料权威。

除地质考察外,他还对古生物化石和古地质环境给予了极高的关注。他与资深地质学家科尼比尔一起对蛇颈龙化石进行了研究并发表了论文,还向伦敦地质学会提交了其他古生物研究的论文。

1834 年,他出版了《理论地质学研究》一书。在本书中,他的兴趣发生了一些转向,在进行了大量地质学观测工作后,他不再满足于收集事实,而做出了理论构建的尝试。于是,在本书中他提出了关于地球内部物质形态的假设。

而在 1835 年完成的《怎样观察》一书中,德拉贝奇则明确反对了著名地质学家赖尔所提出的"均变论"。他认为在地质史上,地质活动速度和强度是有变化的,而不是赖尔所说的古今完全均一。例如,他提出,无论赖尔"造山理论"中所说的地质作用的时间有多长,许多山系的变形岩层的形成过程,用这种微弱的地质作用的缓慢积累是无法做出阐释的。

自 1831 年起,虽然德拉贝奇在地质学研究方面取得了不少成果,但是由于种种原因,其牙买加庄园的经营状况日渐衰微,他的主要经济来源被中断。为了继续开展研究,他于 1832 年给英国军械部的领导人写了一封信,陈述了自己尴尬的局面，表示希望得到政府的资助，以完成手头几幅地图的绘制工作。

军械部接受了他的建议，对他给予资助，并让他成为英国地形测量局的政府地质学家。此举使德拉贝奇走上了职业科学家的道路，并为之后英国地质调查局的创建及德拉贝奇学派的诞生埋下了伏笔。

（二）德拉贝奇学派的形成与发展

和其他学派不同，德拉贝奇学派并非诞生于像大学那样的正规学术机构，它的形成与发展是在一个政府机构——英国地质调查局中完成的。而这个调查局可以说是由德拉贝奇一手推动建立起来的。它的成立也可以说是德拉贝奇学派形成与发展的第一步。

创建地质调查局——德拉贝奇学派形成的物质基础

德拉贝奇一直认为与法国相比，英国地质学的发展实在是太缓慢了。其中一个很大的原因就是法国科学家的科研活动职业化程度很高，政府设立了一些专门的研究机构，为科学家提供职位，资助他们的研究工作。所以德拉贝奇在获得英国政府资助，而绘制包括德文郡在内的几个地区的地质图时，便萌生了说服政府设立专门的地质研究机构以支持地质学家进行考察与研究的想法。

1834 年，德拉贝奇完成了德文郡的地质调查和填图工作。他在总结报告中向政府建议，为了国家利益，尤其是要摸清国内的矿藏情况，就应该将此项地质调查工作推广到全国各个郡县。经过他多方奔走呼吁，1835 年，英国政府成立了隶属于军械部的地质调查局，并为他增拨了调查经费。1839 年，政府给予德拉贝奇自主聘任由政府付薪之助手的人事任免权。

1840 年，在林木部负责人邓坎农勋爵的帮助下，德拉贝奇将地质调查局变为实体机构，他在伦敦设立了办公室。1845 年，英国国会同意了德拉贝奇的议案，将调查局从军械部划归到林木部管理，这就赋予了地质调查局民事自治权。同时还为调查局增加了人事编制，并委托它绘制一份不列颠群岛的综合地质图。于是，由于德拉贝奇的努力，政府对地质学的资助可以说达到了史无前例的程度。这也为德拉贝奇学派的形成与发展提供了坚实的物质基础和外在条件。

吸纳地质学专业人才——德拉贝奇学派形成的智力条件

在 1839 年得到人事任免权之后，德拉贝奇便开始四处寻觅合适的考察、研究助手。他先后找到的助手及研究人员有威廉姆斯(D. Hiram. Williams)、里斯(J. Rees)、詹姆斯(T. E. James)、艾夫林(W. T. Aveline)、拉姆齐(A. C. Ramsay)、菲利普斯(J. Phillips)、布里斯托(H. W. Bristow)、福布斯(E. Forbes)、朱克斯(J. B. Jukes)、普莱费尔、胡克(J. D. Hooker)及赫胥黎(J. H. Huxley)等。

这些人具有较强的理论研究能力,在到调查局和应用地质学博物馆以前就已发表了若干研究成果,在英国甚至在国际上享有声誉。例如,菲利普斯曾与他的舅舅——地质学奠基者史密斯(W. Smith)长期合作,绘制了一系列英国各郡的地质图及部分地区的地质剖面图,还担任过英国科学促进会的干事。福布斯曾去地中海航行,他在生物地理学方面有很高造诣,发表了多篇有关软体动物及其分布的论文和专著。朱克斯参加过加拿大纽芬兰的地质调查,后又赴澳洲参加了调查大堡礁和托雷斯海峡的科学探险工作,积累了丰富的野外工作经验。赫胥黎因在无脊椎动物领域的成就获得过皇家学会的奖章。普莱费尔则因倡导李比希的农业化学而名噪一时,胡克是著名植物学家胡克(W. J. Hooker)的儿子,曾赴南极探险,在那里花了几年时间研究植物,很有成就。这一小群人在调查局形成了一个精英圈,也是推进学派研究纲领实施的中坚力量。

确定研究纲领——德拉贝奇学派形成的核心要素

英国地质调查局的中心任务是绘制不列颠群岛的地质图,但是德拉贝奇却不满足于此,他还希望利用野外地质调查的一手资料来推进地质学,尤其是历史地质学的理论构建。在德拉贝奇看来,只有国家支持的、能共同合作和集体领导的组织来承担,这项工作才能全面展开。于是他将调查局这些优秀的地质学人才组织起来,形成了德拉贝奇学派,而学派的研究纲领就是重建古地质环境,即复原过去地质时代的环境,认识岩石、化石、地层是通过什么过程、在什么地质环境下形成的。

确定这个研究纲领,一方面与德拉贝奇本人的兴趣相关,另一方面调查局在野外工作过程中,可以掌握大量岩石样本与化石标本等一手资料,这是那些单独活动的绅士地质学家所不能得到的。所以这就为古环境的研究奠定了基础,也使德拉贝奇学派的研究成果能填补当时地质学研究的空白,站在此领域的最前沿。

具体而言,德拉贝奇学派重建的是第三纪之下较老成岩时期的古地质环境。他们将考察的区域限定在英格兰和威尔士的某些地区，并且在考察过程中摒弃了以往地质学家，如默奇森、巴克兰、赖尔、塞奇威克等粗略的考察风格，而是采取了巨细无遗的研究方式。在研究过程中，他们也比以往的地质学家更注重对其他学科知识的借鉴与利用。

此外，学派在研究过程中对地质动力学十分重视，他们非常关注现代地质活动过程。德拉贝奇经常指导学派成员收集现代侵蚀过程与沉积过程的资料，通过现在的地质活动推断远古时代的自然状态，并以此作为他们复原古地质环境的主要方法论工具。

为了能更好地将研究纲领贯彻于学派成员研究工作之中，德拉贝奇进行了多方努力。他经常亲自到野外工作的现场进行指导，并为每个工作组配备了一个古生物学家，使挖掘出来的化石可以得到及时的鉴定，而且他希望古生物学家在鉴定的时候能把古生物与岩层形成时的环境联系起来考虑。为了规范研究方法，德拉贝奇在全局下发了一份文件——《关于大不列颠、爱尔兰地质调查局地方领导的指示》，并将他的著作《理论地质学研究》、《地质学观察者》分发给每一个人，要求他们按照上面所说的方法进行地质考察与研究。

在研究纲领和方法论的指导下，德拉贝奇学派在重建古地质环境方面取得了很大成就，形成了一系列在英国科学史上占据重要地位的论文，培养出了多位地质学领域的精英。

固守旧有理论——德拉贝奇学派衰落的重要原因

与其他学派一样，在经历发展的巅峰之后，德拉贝奇学派也不可避免遭遇了它的衰落期。它的到来可从内、外两方面找到原因。

从外部来看，德拉贝奇学派很长时间没有新成员的加入，这就无法为学派的长远发展补充新鲜血液。在学派发展早期，德拉贝奇通过扩大调查局规模来为他的研究队伍增添活力，但是在19世纪40年代后期由于新职位在数量上明显减少，因此必然会阻碍对新成员的吸纳。另外，由于德拉贝奇的身份是调查局局长，所以被大量政务缠身，必须花费大量精力进行机构的管理工作。这必然影响他与成员间的交流，很多沟通甚至是以“红头文件”的形式进行。于是，他与好些成员间就产生了隔阂，很多做法也引起了大家的误解。这在极大程度上降低了他作为学派领袖的向心凝聚力。

从内部来看，德拉贝奇在学派发展后期思想趋于保守，对新出现的冰川理论的抵制态度，最终导致了学派成员在智力上与自己的领袖分道扬镳。1829年，瑞士工程师维尼兹(Venetz)提出，整个瑞士平原和侏罗山区，以及欧洲其他地区原来曾广布冰川。冰川搬运来大量石块，它们消融后，就将这些石块留在了当地。这一理论后来被瑞士地质学家阿伽西(L. Agassiz)完善，并发表了专著《瑞士冰川》。1840年，阿伽西受邀来到英国参加科学促进会的年会。在会上，他宣读了其关于冰川理论的论文，在英国地质学界中产生了巨大影响。会后，地质学家巴克兰、默奇森和阿伽西结伴去苏格兰北部考察，结果为阿伽西的冰川理论找到了更多的证据。于是英国一些知名的地质学家公开表态，支持新兴的冰川理论。但是德拉贝奇却没有意识到这一理论的重要性，他公开站在了反对者的阵营中，并多次以讽刺的口吻对冰川理论给予了严厉的批评。但是学派的其他成员却并非都如德拉贝奇一样反对冰川理论。如菲利普斯就曾在一封给德拉贝奇的信中隐约表达了他对这一理论的赞同。

直到1851年，在大量事实面前，德拉贝奇开始尝试接受冰川理论。但是作为一名学派领袖，面对新理论、新思想如此保守，那么这一学派在学术界的领先地位也就令人堪虞了。

1855年德拉贝奇去世后，学派成员迅速倒戈，纷纷明确表态支持冰川理论。

(三) 德拉贝奇学派的成就

科学成就

1846年，地质调查局出版了第一辑《大不列颠地质调查局与伦敦经济地质博物馆论文集》。德拉贝奇学派在统一的研究方向上取得的第一批成果大多反映在这本论文集中。《论文集》一开始就是德拉贝奇的长篇论文，文中定下了他们研究的基调，即采用细致调查的方法，探讨“陆地在不同地质时期的可能状况”，了解“岩石生成的原因”。在此书的其他论文中，拉姆齐以6英寸：1英里的地质剖面图展示了南威尔士的岩石自形成以来遭受侵蚀的特征；亨特(R. Hant)研究了电性和磁性对岩石的劈理和结晶体的影响；普莱费尔研究了煤在形成时释放气体的化学机理。论文集中还有菲利普斯和福布斯的重要论文。

《论文集》的出版在英国科学史上有着非常重要的意义。它预示了古环境研究、侵蚀过程研究和影响沉积过程的物理化学过程研究的新方向，得出了地球远古时期生物分布的新结论。它同时还是一个宣言，宣告地质调查局有可能将它的描述性工作服务于更高层次的研究纲领。

德拉贝奇学派在科学史上还有一个重要贡献，那就是对达尔文进化论的支持。一方面，地质调查局的野外考察工作为达尔文的进化论提供了丰富的实证材料。达尔文在《物种的起源》一书中，就引证了福布斯论著中的许多材料，用以支持自己的观点。另一方面，达尔文对生物与环境关系的研究，也引起了调查局对他工作的兴趣。因此，地质调查局成为了英国最早支持进化论的科学机构。赫胥黎、胡克、拉姆齐、朱克斯、盖基等学派成员也成了进化论的坚定支持者和宣传者。

促进了英国科学职业化进程

如前所述，19世纪早期，在英国从事地质研究的主要有三类人，即牧师、医师和绅士。他们都不是职业的科学家，并且多将地质考察视为个人爱好，自掏腰包进行研究。而英国地质调查局的成立则打破了这个传统，使得地质学这样一个业余性非常强的学科，在英国早于其他学科实现了职业化。

德拉贝奇学派的成员可以在地质调查局内得到稳定的薪酬，再不用自费从事研究工作，并且调查局内这种集体就某一学术方向进行研究的方式，也是对英国当时流行的个人独立研究方式的挑战。事实证明，这种方式所取得的效果也非常显著，它敢于触碰单个地质学家不敢涉足的古地质环境重建领域，为英国地质学的发展做出了重大贡献。

以地质学为开端的英国科学的职业化进程，使很多出身并不富裕的中产阶级和下层阶级人士能进入科学行业，他们从此可以接受规范的培训，获得经专家认可的可靠技能，并为科学的发展提供了必要的智力保障。

培养了众多地质学精英

德拉贝奇学派培养出了多位地质学界的精英人物。其中最著名的有菲利普斯、拉姆齐、朱克斯、福布斯、赫胥黎、胡克等。

菲利普斯是古生物学家。他将古生物学看成是一个准统计学的工作，并通过调查局的丰富资料，把当时的“植物学算术法”运用于古生物的调查。他最大的成就是在收集统计了大量化石标本的基础上，根据生物特征划分了地球的演进历史。他将寒武、志留、泥盆、石炭、二迭各纪合并为古生界，将三迭、侏罗、白垩各纪合并为中生界，将第三纪、第四纪合并为新生界，从而产生了第一个地层系统表或地质年代表。这种地质时代的划分方法，沿用至今。

而拉姆齐是德拉贝奇学派中成就最大的成员之一，也是整个19世纪英国最伟大的地质学家之一。他对地质学的主要贡献是对剥蚀作用、河系发育和冰蚀作用的深入研究。他通过对南威尔士和英格兰毗邻地区的考察，得出结论：古生代沉积岩层是由来自更古老岩层的碎屑组成，这证明在地质时代早期，该区域曾经历过巨大的剥蚀作用；其次，他假设海洋具有能使静止或下沉陆块削高展宽的能量；另外，他还强调要重建地表褶皱形成的形象化模型，以及对剥蚀作用过程中的物质迁移量做统计学的评估。

1858年，拉姆齐还通过考察阿尔卑斯山，得出冰川侵蚀能量的最重要的设想。他假定，阿尔卑斯谷地由河流冲刷而成，后来被冰川加深拓宽，最后又经由河流作用改造。此冰川下蚀的理论直到60年后才被学界认同，这表现出拉姆齐学术思想的前瞻性。

朱克斯的主要成就表现在他对河流地质作用的研究之中。他通过对南爱尔兰河谷地貌的考察，提出了河水冲刷作用是造成地表轮廓的主要力量的观点。这对当时流行的海洋侵蚀作用理论形成了有力的挑战，并促使当时的地质学大家赖尔对自己原来的海洋侵蚀作用理论进行了修正。

福布斯在生物地理学、无脊椎动物学、无脊椎古生物学等领域取得了很大成就。他考察了英国当时动物群与植物群的分布与其区域的地质变动之间的关系，用冰蚀作用解释了物种的分布间断。他还在第三系珀贝克硬石灰石与怀特岛的岩层之间有了惊人发现，证明了存在着淡水沉积与海水沉积交替出现的现象。1859年在福布斯去世后，他的著作《欧洲海洋史》得以出版，这是第一个全面研究海洋学的开创性专著。

而赫胥黎、胡克的贡献则在于他们为达尔文的进化论提供了大量证据，并成为进化论的坚定支持者和宣传者。

(四) 德拉贝奇学派的特点

依托政府机构创建学派，利弊明显

与其他学派不一样，德拉贝奇学派的诞生地不是大学，而是政府机构。如此出身的优势在于有助于地质学发展的职业化，地质学家有了稳定的收入，就能更好地开展研究工作。

但是这个背景也有明显的弊端。随着地质调查局机构建制的日渐完善，德拉贝奇作为管理者势必要消耗大量精力以应付调查局的日常事务性工作。对他个人而言，这必然会对他的学术研究产生影响，使他不能一直保持敏锐的学术洞察力和鉴赏力，他对冰川理论的迟钝反应便是例证。而且这个背景赋予德拉贝奇的身份就不仅仅是学派领袖，更是其他成员的顶头上司，这种上下级关系必然破坏学术交流的平等性与开放性。19 世纪 40 年代后，此问题表现得尤为突出。朱克斯甚至在给拉姆齐的一封信中强烈表示了对德拉贝奇官僚做法的不满。

对学派成员而言，他们都是在其他地方完成了基础科学教育后进入调查局的，在进去之前就已经形成了自己的研究方法和学术兴趣。故，虽然德拉贝奇也对成员们进行过培训，但还是很难评估调查局对他们学术研究的影响。

此外，作为政府机构，地质调查局必然要完成政府指定的任务。国家利益也正是德拉贝奇说服政府设立此机构的一个重要理由。如此肯定会限制各成员的学术独立性，他们必须在完成政府的调查任务后，才能从事自己的研究。连高级职员也不能例外，其首席博物学家福布斯同样需要花费大量时间去鉴定化石。这种一般性的工作花去了他许多精力，严重束缚了他自己的科研计划。

研究纲领明确，学派领袖是学术、精神双重权威

如前所述，德拉贝奇学派的研究纲领是第三纪之下的较老成岩时期的古地质环境，并取得了一系列令人瞩目的学术成果。

这些成果都是在德拉贝奇的领导下取得的。作为学派的领袖，德拉贝奇的学术权威性自不必多言。而且他深知，创建学派，除了要在学术上令众人折服外，还必须成为精神核心，在学派内部形成强大的凝聚力。

于是，德拉贝奇非常强调集体精神。他要求学派成员将研究成果发表在调查局出版的刊物——《大不列颠地质调查局与伦敦经济地质博物馆论文集》和《十年评论》中。在地质学会召开年会时，任何一位调查局的人在讨论中发言都必须以调查局的姿态出现，他们从不宣读个人成果，所有与外界的交涉都由德拉贝奇来处理。

调查局内部在没有野外考察任务的时候也经常聚会，为成员们创造交流的机会。德拉贝奇对学派中的年轻人非常爱护，既在业务上指导他们，也在生活中关心他们。他尤其关照拉姆齐，常常说拉姆齐是他的“地质学儿子”。他似乎是在培养家庭般的亲密团结意识，以至于他曾有意反对学派里

的年轻人成家，认为他们会分心照料妻儿继而影响其地质学研究。这也许是德拉贝奇由自己失败的婚姻中所得到的教训。在他的影响下，学派成员的结婚年纪都很晚。拉姆齐和朱克斯是37岁，福布斯是33岁，奥尔德姆是34岁，而菲利普斯则终身未娶。

需要注意的是，这些家长式的做法，在地质调查局和学派创建之初确实起到了团结成员、凝聚团队的作用，但到了19世纪40年代后期，这些方式却在客观上加速了学派的分裂。原因就是拉姆齐、朱克斯等人想要获得更大的独立性，想成家，想以自己的名义发表论文，想要构建自己的地质学理论。而德拉贝奇显然没打算赋予他们这些自由，于是，他们与领袖之间便渐生暗隙。1855年德拉贝奇去世后，这些精英在理论上就迅速倒向了学派领袖的毕生论敌——赖尔，自此德拉贝奇学派也就跟着消亡了。

三、布尔巴基学派

（一）布尔巴基学派的形成背景

布尔巴基学派(Bourbaki)是兴起于20世纪30年代法国的著名数学学派。与其他研究学派不同，布尔巴基学派并不是因某位著名科学家的名字而得名，也不是以某个重要的学术理论命名。它的名字在第二次世界大战期间频繁出现，发表了许多论文和多卷本的《数学原理》，但从未有人见过布尔巴基本人。但社会上一直流传着布尔巴基的传说，如他娶妻生子的广告等，甚至连他的家族谱系都流传得相当清楚，后来证实这些都是一群法国数学家们的恶作剧——布尔巴基是他们集体对外发表论文和发布著作时所用的名字。

在18世纪下半叶，法国是世界数学的中心。拉格朗日(Lagrange)和拉普拉斯(Laplace)都是世界数学界首屈一指的人物。拿破仑时代，政府提倡学术，并建立起高等工业学校和高等师范学校，紧接着出现了泊松(Poisson)、傅里叶(Fourier)、蒙日(Monge)等著名的数学家，伴随着法国数学的兴盛，在19世纪前半叶，取得了许多重要的成就，如伽罗华(Galois)创造了群论、傅里叶创造了三角级数、柯西(Cauchy)创造了复变函数论并且开始为分析奠定基础。

与此相比较的是，这个时期的德国却没有什么著名的数学家，直到高斯

(Gauss)的出现。1801年,高斯出版了《算术研究》,这是当时数学领域的巨著。高斯对数学的贡献还在于他开创了内蕴微分几何学的新方向,在分析、非欧几何以及天体力学、地学、最小二乘法等方面都有非常重要的贡献。尽管高斯是一名天才的数学家,但他却喜欢独自研究,不喜欢和其他数学家交往,所以对德国数学整体水平的贡献有限。

1855年,德国数学家狄利克莱(Dirichlet)从柏林来到哥廷根,接替高斯的工作,他个人非常注重培养年轻人,比如黎曼(Riemann)就是他在哥廷根的数学继承人。到19世纪末,德国已经在柏林和哥廷根形成了两个数学中心,特别是在克莱因(F. Klein)和希尔伯特(D. Hilbert)来到哥廷根之后,更使得这里成为不折不扣的世界数学中心。

19世纪洪堡在德国推行大学改革,提倡"教学与研究相结合"的原则,通过"塞米纳"(seminar)这一形式在体制上得以实现,这使德国的研究体制产生了活力。此时的法国,数学已经被德国追上。

1935年嘉当(H. Cartan)、迪奥多内(J. Dieudonné)、外尔(A. Weil)、薛华荔(C. Chevalley)、德尔萨特(J. Delsarte)等一批年轻的法国数学家,在巴黎的一家饭馆召开布尔巴基第一次会议。他们对于当时法国数学界的固步自封非常不满,同时也认为法国通用的教材内容陈腐且存在一系列的问题。在这种背景之下,这批分布在各地的年轻法国数学家利用到巴黎活动的机会,凑在一起讨论改革的问题。

最初,他们是希望通过编写一本教材,来满足20世纪现代数学发展的需要。这样,到1935年左右,已经有大约10名年轻人参与到这个计划中来,形成了一个小学术圈子。

(二) 布尔巴基学派的发展

在布尔巴基学派的创始者们设定明确的目的,也就是编写教材之后,他们很快就发现他们不可能只局限在编写教材上了。当时数学分析的基础已经发生了变化,必须要对整个现代数学的发展有更全面的掌握才能完成这个任务。

于是,布尔巴基学派成员决定以著作的形式来概括现代数学的基础思想,必须要对数学中所有分支的基本概念先加以阐明,才能在此基础之上集中阐述数学思想,这显然是一个很大的工程,因为他们必须对每一个问题都加以讨论。

1935年底，布尔巴基学派的成员们同意使用数学结构作为分类数学理论的基本原则。“数学结构”是布尔巴基学派的发明，他们认为数学中存在几种类型的结构：代数结构、拓扑结构和序结构。然后这些基本的结构通过混合、杂交，就能得到数学的各种研究对象。这样，他们打乱了以前经典数学的秩序，并以全新的“数学结构”的观点来重新统一数学。

此外，布尔巴基学派还使用了公理化方法，这是一种不同于经典欧几里德几何学的方法，由希尔伯特在《几何基础》中所阐述过。因此，布尔巴基学派的《数学原理》，实际上是按照集合论、代数结构和拓扑结构的顺序，逐步完成的。

布尔巴基学派的工作是相当艰难的，工作量庞大，而且，书中需要创造出许多新的概念。1939年，布尔巴基学派成员们在经历了三年的艰辛合作之后，只完成了《数学原理》第一部分“分析的基本结构”的第一卷“集合论”中的一个分册，仅仅不到50页的篇幅。

此时，第二次世界大战即将爆发，布尔巴基学派的成员们各奔东西。尽管在地域上有所隔离，但并未影响布尔巴基学派成果的出版。1940年，他们出版了《一般拓扑学》的第一、二章，1942年出版第三、四章及《代数学》的第一章。这些著作因为战争而未引起广泛关注，但布尔巴基学派的学术基础，已经奠基完成。

第二次世界大战结束之后，自1947年开始，布尔巴基学派的成员们在前四册的基础上，继续出版《数学原理》。十年之内，出版了18册，到1959年，共出版了25册，基本上把“分析的基本结构”这部分出齐了。到了60年代，出版速度放慢，十年之内仅出版十册，然后，布尔巴基学派的出版活动便基本上停止了。

20世纪60年代中期，布尔巴基学派的声望达到顶峰，其成员屡获国际数学大奖，《数学原理》也被密集引用。但此时布尔巴基学派的创始人们已日益年衰，尽管新的成员不断加入，讨论活动仍然继续，但影响力已大不如前。

布尔巴基学派所构建的数学体系，由于过于形式化、抽象化和公理化，常常遭到批评。另外，利用数学结构来统一整个数学世界，这个愿望是很美好的，但世界是复杂的，数学也是千变万化，有些学科和分支，其实很难用结构的观念来加以分析，更毋庸公理化了。20世纪60年代以后，越来越多的数学分支难以纳入这个统一的框架之中来了。

(三) 布尔巴基学派的成就

用统一的结构重写数学

布尔巴基学派的历史上，总共出版了40余册《数学原理》，用统一的数学结构重新对经典数学进行了改写，这是布尔巴基学派对数学的最大贡献。尽管他们的思想方法来源于希尔伯特等数学家，但“数学结构”这个统一的概念，出自布尔巴基学派的年轻数学家们。

《数学原理》在20世纪60年代的国际数学界产生了巨大影响，成为经典，被广大研究者屡屡引用。布尔巴基学派的名声在这个时期达到巅峰，其多名成员不仅当选法国科学院院士，在国际数学领域，也受到非常高的评价。除了数学界，布尔巴基学派成员们的影响力还延伸到了政治界和社会各界。

促进了法国数学的兴盛

自18世纪中叶以来，法国和德国在数学领域是互相竞争的。布尔巴基学派的成果，奠定了20世纪中叶法国在数学界的地位。尽管在二次世界大战之后，布尔巴基学派的一些成员是在美国或其他地方开展活动，但并不影响学派对法国数学的推动力。

培养了一批数学人才

布尔巴基学派的创始者们都是一批非常年轻的数学家，大多生于20世纪初，在学派创始时，精力充沛，风华正茂，且相当注重与其他数学家的交往。

1940年，施瓦茨(L. Schwartz)在刚成立不久的法国国家科学研究中心担任助手，撰写博士论文。他与布尔巴基学派成员经常接触，从而接受了许多古典分析中根本没有的新概念，后来成为布尔巴基学派中的一员，在广义函数论方面取得了卓越的成就，并于1950年获得菲尔兹奖。

布尔巴基学派的发展过程中，吸引了很多有才能的年轻数学家参与，比如科斯居尔(J. L. Koszul)、古德蒙(R. Godement)、布吕埃(F. Bruhat)、迪斯米埃(J. Dixmier)、萨缪尔(P. Samuel)和卡提亚(P. Cartier)，都先后加入到布尔巴基学派中来。

(四) 布尔巴基学派的特点

学派没有单一的固定核心

布尔巴基学派与科学史上其他科学学派有所不同。首先，布尔巴基学派的成员，是一个小团体，并没有一个单一的“晶核”存在。嘉当、迪奥多内、外尔、薛华荔、德尔萨特等，在学派里的角色相当，不存在一个学派的核心人物。每个年轻的数学家都致力于同一个目标而努力。这一点，与其他很多科学学派不同，学派成员不是因为某个著名科学家的学术成就或者人格魅力凝聚起来，而是因为享有共同的学术理念才走到一起。

研究方法明确

布尔巴基学派的成员们尽管研究的对象并不完全相同，但在学派的活动中，亦即在《数学原理》的编写过程中，始终严格遵守共同的约定，以数学结构这个统一的概念来进行书写。即使在碰到问题和困难的时候，他们也是始终团结一致，力图在整个框架下来解决这些问题。

极为开放的讨论氛围

兴起于19世纪德国的讨论班（seminar），在布尔巴基学派内部得到充分采用。在讨论班上，学派成员针对共同的问题，展开充分的讨论。不仅解决了问题，在讨论过程中，也使年轻的学生得到了锻炼和教育。

布尔巴基学派成员编写《数学原理》的过程，是相当艰苦的。因为这部著作是数学家们的集体产物，但需要有统一的风格。每年布尔巴基学派的成员都会集会，讨论《数学原理》的编写，在会议上决定写哪些内容，如何写，然后将任务分配给愿意承担的成员，该成员负责相应内容的初稿撰写。在写作完成之后，所编写的内容需要提交布尔巴基大会审查，每个步骤都需要严格的检查，这些内容经常受到无情的批判。然后往往会指派另一位成员来撰写相同的部分，完成后再次提交大会审查，如此这般重复许多次，一直到最后通过，此时的定稿已经看不出具体是由谁撰写的了，于是署名为布尔巴基。

布尔巴基学派内部这种极为开放的讨论风气，在目前我国的学术会议上极为少见。但这种开放式的交流模式，往往能给讨论者提供新的思路和灵感，值得当前的学术交流会议借鉴。

四、李森科学派（米丘林学派）

（一）李森科的学术经历

1898年9月29日，李森科出生于乌克兰卡尔洛夫卡的一户普通农家。

他1925年从基辅农业专科学校毕业后就被分配到阿塞拜疆的基洛瓦巴德农业试验站工作。1929年，他成为敖德萨选择与遗传研究所生理学部的专业人员。

在1926～1927年间，李森科在冈察(阿塞拜疆)进行了以冬植豌豆作为棉花前茬作物的实验。这个实验取得了较大成功并具有一定的实际应用价值。因为在冬暖条件下，田野上种植豌豆，可以为牲畜提供丰富的冬季饲料。这个实验被《真理报》记者报道后，在全国引起了反响，也引起了一些农学家的关注。

其后，李森科在研究中发现，冬性作物的种子浸泡后经过低温处理，就可以在春季播种抽穗，而不必非要在秋季播种。据此，他以《温度对植物发育长度的影响》为题，作为阿塞拜疆试验站的专题报告于1928年发表，并向1929年1月在列宁格勒召开的"全苏遗传、选择和动植物育种大会"提交了论文。

但在这次大会上，李森科提交的论文并未引起人们多大注意。相反，由于在试验方法上存在问题及其自称是一大发现而遭到严肃的科学批判。因为从科学的角度看，李森科的工作并没有什么独到之处，不过一般性地重复前人的生理试验而已，并且这种用低温处理被浸湿种子的方法在农业实践中早已存在。如果要说独到，也只是他对试验结果所作的不正确解释，以及提出的"春化作用"一词是独到的。而在这次大会上，植物生理学家马克西莫夫提交的论文——《调节营养生长期长度的生理方法》——在更高水平上提出了同样现象，而且还相当完整地回顾了以往在这方面所进行的工作。会议的第二天，在《列宁格勒斯卡娅真理报》上以《越冬作物可改造为春播作物——苏联科学的成就》为题报道了马克西莫夫的工作，而根本没有提到李森科。

李森科从列宁格勒回到阿塞拜疆后情绪低落，他认为自己受到了科学界老学究们的压制，他们没有意识到自己论文的价值。但在同一年，李森科的"春化"研究却因其父亲再一次被关注。他的父亲在春季播种了经过"春化"处理的冬小麦品种——"乌克兰卡"的种子，结果在夏季获得了每公顷1200 kg的好收成。李森科马上将其父亲的经验大肆宣传，并将产量夸大到1500 kg。经过他的宣传，农业人民委员会还专门组织了一个鉴定委员会多次到老李森科农场参观。而后，李森科所在的敖德萨遗传育种研究所专门成立了春化部。

1927～1928年，乌克兰的越冬作物因为霜害大量减产，而李森科的“春化”处理方式似乎为人们摆脱灾害影响提供了一个捷径。当时的农委主席雅可夫列夫甚至在第二届全苏集体农庄突击队员代表大会上将李森科称为“春化理论的奠基人之一”。

李森科在“春化作用”研究的基础上，又提出了所谓“植物阶段发育学说”。他认为一二年生高等植物的发育从种子开始大体要经过4～5个阶段。现在研究得比较清楚的是头两个阶段，即春化阶段和光照阶段。阶段发育具有严格的顺序性、不可逆性和局限性。所谓局限性是说阶段发育的质变局限在生长锥的分生组织细胞内，这种质变只有靠细胞分裂的方式才能传递。

李森科的这套理论向公众描绘出了大幅度提高粮食产量的美好前景，因此尽管其受到生物学界内部多位科学家的质疑，却得到了当时领导人的大力支持。1935年2月14日，李森科在全苏第二次集体农民突击队员大会上作了“春化处理是增产的有力措施”的讲话。他在讲话中把科学贴上了“阶级”的标签，并将学界内反对他的科学家等同于“阶级敌人”。他说：“我们年轻的社会主义农业科学正在超过、在有些部分已经超过资产阶级科学。我们的科学，其任务和研究内容都不同于资产阶级科学。旧科学的任务是帮助资产阶级、富农及一切剥削者，而我们的科学的任务则是为集体农庄的建设事业服务。……为了保卫春化处理技术，我们同一些所谓‘学者’进行了许多争论，受了不少气。在坚持春化技术处理的实践中，遭受了种种打击。阶级敌人永远是阶级敌人，不管他是科学家或者不是科学家。”他的讲话结束时，斯大林喝彩道：“好！李森科同志，好！”然后是全场的热烈鼓掌。

得到了最高领导人的支持，李森科很快被提拔到苏联科学界的前列。1935年，他先后当选为乌克兰科学院院士和全苏列宁农业科学院院士，并担任了乌克兰敖德萨选种研究所业务所长。此后，他组建了所谓的学派，并在政治力量的帮助下开始对打上了“资产阶级”标签的遗传学猛烈开炮，使苏联的遗传学研究在其后30年里停滞不前，给国家带来了重大损失。

（二）李森科学派的形成与发展

李森科学派出现在当时的苏联，是有其深刻历史背景的。1917年，俄国十月革命胜利后，世界上第一个社会主义国家——苏联成立。这个新生政权遭到了封建残余势力及帝国主义的攻击。因此在列宁和斯大林担任国家最高领导人期间，苏联全国上下的阶级斗争都非常激烈。斗争不仅仅局限于政治战线，还被扩大到了文学、艺术、甚至科学领域。1922 年，苏联共产党的理论刊物《在马克思主义旗帜下》的创刊号上，就发表了批判伟大物理学家爱因斯坦的文章，并获得了列宁的赞许。这种反"资产阶级科学"的趋势愈演愈烈，1928 年当局一举逮捕了受"沙赫特案件"牵连的 50 多名矿井专家，其中包括 11 名院士；1929 年又对苏联科学院进行调查，将其定性为"进行反对苏维埃政权的反革命中心"；1931 年 3 月，经苏联共产党中央批准的、共产主义学院主席团的《关于自然科学战线的决议》，进一步扩大了批判和斗争的范围。苏联许多著名科学家，如巴普洛夫、约飞、塔姆等都成了批判对象，被扣上了"唯心主义"、"反马克思主义"的大帽子。

于此背景下，就不难理解李森科之流在苏联遗传学界的发家史了。李森科以国家利益为借口，打着已故育种学家米丘林的旗号，标榜自己是"坚持并且创造性地发展唯物主义的米丘林学说"，他所组建的是"米丘林遗传学派"，而实际上却是他自己的"李森科学派"。按照时间的顺序，可以将李森科学派的发展分为以下几个阶段：

发迹阶段（1936～1945 年）

李森科学派的核心人物除他自己外，还有普雷森特、威廉斯等人，其他追随者主要是一批敖德萨研究所里的青年科学工作者。

李森科在 1935 年攫取苏联遗传学界的高位之后，便开始集中炮火猛烈攻击以孟德尔、魏斯曼、摩尔根等人的理论为基础建立起来现代遗传学。他反对孟德尔定律，反对基因论，反对在自交系基础上的杂交育种，反对多倍体育种等，并给这些理论贴上"资产阶级"的标签。而李森科学派坚持的却是早已被遗传界摒弃的获得性遗传理论，即认为植物的有用特性不是由遗传传递下来，而是在环境影响下每一代中重新产生的。另外他们还由于对科学的无知，提出了用纯系内的杂交来提高产量品质的荒谬方法。

以苏联著名科学家瓦维洛夫为首的遗传学家们对这些观点给予了公开批评。在当时的历史背景下，瓦维洛夫的批判并没能纠正李森科的错误，而是给自己带来了杀身之祸。

1940 年 8 月，瓦维洛夫以国际间谍罪等罪名被捕，还有一些科学家也受到了牵连。1941 年，瓦维洛夫被判处死刑，一年多后，减为 20 年徒刑。

但是由于受不了残酷的折磨，他于1943年死于萨拉托夫监狱。

除了对瓦维洛夫的迫害外，李森科之流还破坏了两项重要的国际合作。一项是他迫使当时在苏联进行遗传学合作研究的英国著名遗传学家穆勒中断工作，离开莫斯科回国，另一件是原定于1937年在苏联召开的第7次国际遗传学大会被迫延期召开，并将会议地点变为英国的爱丁堡。

1941年，德国入侵苏联，苏联居全国之力应对战争，相关遗传学的论争暂时被冲淡。而1945年第二次世界大战结束后，苏联又恢复了自然科学领域的意识形态斗争。1948年8月在莫斯科召开的全苏列宁农业科学院会议，由于斯大林的全力支持，使得李森科在遗传学界的权利和地位达到了顶峰。

登顶阶段(1946～1952年)

1946年1月，李森科发表了《自然选择与种内竞争》一文，全面否定了达尔文进化论。这引起了苏联生物学家茹可夫斯基、施马尔高森、萨比宁等人的激烈反击。他们在1947年2月召开的全苏生物科学会议上宣读文章，发表讲话，对李森科的观点进行了严厉批评。并且当时的苏共中央宣传部科学处处长尤里·日丹诺夫也公开表示了对李森科的批评，而这是斯大林所不能容忍的。于是斯大林责令日丹诺夫作出书面检讨，并让《真理报》在1948年8月全苏列宁农业科学院会议召开的时候刊发这份检讨。斯大林还在此次会议前亲自干预了全苏列宁农业科学院的院士增选工作，将大批李森科的追随者任命为院士和通讯院士。

在这样的舆论导向下，李森科学派的发展达到了顶峰，李森科本人被吹捧为苏联生物学界的首席代表人物。苏联科学院和高等教育部为了贯彻1948年8月会议的精神，制订出了一系列消灭遗传学的措施——反对李森科的生物学家基本上都被解除了职务；支持孟德尔、达尔文、魏斯曼及摩尔根理论的科研机构也基本上被解散；一大批生物学杂志、期刊的主编被撤换，苏联的高校也纷纷关闭遗传学实验室，取消遗传学课程，销毁教科书，撤销了一切非李森科方向的科研计划。1948～1952年，苏联的学术刊物上没有出现过一篇与李森科持不同意见的文章。这些做法使本来已经落后的苏联遗传学研究完全陷于停顿。

这些人为干预科学发展，迫害科学家的做法引起了国际科学界尤其是遗传学界的强烈反响。著名学者纷纷撰文谴责苏联当局镇压遗传学，几乎所有苏联科学院的外籍院士和通讯院士都公开声明辞职。一些机构也尝试通过外交途径营救被关押的科学家,但都未获成功。

被反击阶段(1952～1958年)

1950年11月3日,李森科在《真理报》上发表了《科学中关于生物种的新见解》一文。他在文中坚持他"种内无竞争"的观点,并荒谬地宣称"当某一种植物由于某种原因而遇到不利于它的种特性正常发育的时候,就发生强制的变异,在原有种的植物有机体中,就产生了另一个种的原基,这个新种的种特性的形成较适应于新外界环境条件。在旧种的内部孕育的另一个种的个别个体,由于较适应于这时候的条件,就很快地繁殖。并且能够在这些条件下排挤它们在其内部孕育的那个旧种。如果这种现象在自然界中发生,那么,这个新生的种繁殖极快,在该分布区内将完全排挤自己的母种。"

1952年,由苏卡乔夫主编的《植物学杂志》刊登了两篇批评李森科的文章。它们的作者是来自原来李森科阵营的杜尔宾和伊万诺夫。这样的身份使这两篇文章在苏联科学界产生了巨大反响,并由此在李森科学派支持者和反对者之间引发了一场大范围、长时间的学术论战。

很快,在各种刊物上就出现了两百多篇文章批判李森科。生物学家们对李森科物种形成观点所依据的事实提出质疑,对其主张物种形成过程中飞跃式发展的观点和"种内无竞争"的观点提出批判。并指出由于禁止了遗传学的育种工作,致使全苏的农业生产已相当落后,而李森科提出的施肥等农业技术也被实践证明根本行不通。

李森科及其追随者在这场论战中还是采取了一贯做法,他们打压持不同意见者,给反对者扣上了各种帽子。但是1953年3月5日斯大林的逝世,却给学术界的紧张局面带来了改变。学者们不顾压制,仍然继续发表批判李森科的文章。从1954年起,苏联的报刊陆续发表了一些批评李森科的文章。1955年1月1日,《文学报》发表了《在科学中的学派》一文,矛头直指李森科:"虽然要尊重李森科院士的贡献,可是把他的学派认为是这个领域里唯一可能的研究方向,却未必是正确的。……而且李森科院士的学派在从事研究某些未解决他们爱好的问题的时候,常随便地忽略了许多十分肯定的科学事实和在这个领域里的许多现实问题"。

1955年底,三百多位科学家上书请愿,请求免去李森科的全苏列宁农业科学院院长的职务,解除奥巴林的科学院生物学部秘书的职务。1956年

4 月，苏联部长会议批准了李森科辞去全苏列宁农业科学院院长职务，同时任命罗班诺夫为院长。

这个做法对消除 1948 年会议所造成的恶劣影响起到了积极作用。苏联遗传学界的研究工作开始复苏。《植物学杂志》吸收了曾被李森科学派打压的茹科夫斯基为编委，苏联科学院宣布恢复瓦维诺夫的名誉，并筹备出版瓦维洛夫的遗作。同时还准备编译出版摩尔更等著名遗传学家的论文集。

但是与李森科的斗争还远未结束，到了 1958 年底，情况又出现了变化。

再度上位与倒台阶段(1958～1964 年)

1957 年，赫鲁晓夫号召苏联的牛奶和黄油要在产量上超过美国，李森科便抓住这个机会，以自己所谓的高脂肪量的奶牛新品种，骗取了赫鲁晓夫的青睐。1958 年 12 月，李森科在党中央执行委员会的会议上发言攻击前几年在报刊上批评过他的人，并呼吁党中央对他予以保护。赫鲁晓夫接受了李森科的请求，指示党中央支持李森科。于是《真理报》马上发出了题为《论农业生物学兼评〈植物学杂志〉的错误立场》的社论。这篇社论对之前那场规模巨大的学术讨论予以全盘否定。《植物学杂志》编辑部被解散，由李森科学派的成员接管；刚刚恢复工作的一些遗传学家又被撤职；刚刚重建的实验室也再度被封闭。

1959 年 6 月，赫鲁晓夫在苏共中央全会的报告中，公开表扬了李森科，批评了摩尔根遗传学家杜比宁。在 1961 年 1 月召开的中央全会上，赫鲁晓夫又再次表态支持李森科。1961 年 8 月，李森科官复原职，再度上位，重新被任命为全苏列宁农业科学院院长。

当苏联生物学界在李森科的阻扰下停滞不前，毫无发展的同时，世界生物学却取得了惊人的进展。1953 年 DNA 双螺旋结构建立，科学家们接下来做了大量实验想要确定三联碱基遗传密码与氨基酸的对应关系。1961 年，美国生物学家尼伦贝格在莫斯科召开的国际生物化学会议上，宣读了自己的论文，第一次用实验证明了苯丙氨酸的三联密码是三个尿嘧啶(UUU)。这篇论文给苏联科学界带来了强烈震动，他们深知自己已经被欧美科学家远远甩在了后面。

为了改变这种落后的状况，苏联科学院主席团于 1962 年 5 月召开会议，决定成立一个专门委员会来筹备建立新的研究所和实验室。这个委员会对李森科所领导的遗传学研究所进行了检查，对该所的研究状况和研究水平提出了批评，并将检查结果上报科学院主席团。结果两天后，委员会全体成员就接到通知，宣布撤销委员会，所有材料封存。后来得知这个决定是赫鲁晓夫做的。

1964 年 10 月 16 日，赫鲁晓夫被撤职。苏共中央所揭露的赫鲁晓夫的众多错误中，支持李森科就是很重要的一条。这些内容在报纸上公布后，李森科学派也就随之倒台。

（三）李森科学派的特点

学派领袖无学术，学派纲领反科学

形成于特定历史时期的李森科学派，从某种意义上说正是当时特殊意识形态的产物。

学派领袖李森科不仅学术水平低下，而且道德品质败坏。他将遗传学、育种学乃至整个生物学当成西方敌对资产阶级的产物，加以批判甚至意图消灭。即使对已经被世界科学界公认的达尔文进化论也任意篡改。对与他意见不同的学者，他打击报复，甚至有人被他迫害致死。

而该学派所遵循的也是彻头彻尾的反科学纲领。他们坚持已经被生物学界摒弃的“获得性遗传”理论，并在所谓的“春化作用”研究的基础上，提出了“植物阶段发育学说”。由此他们完全否认了基因的存在，而认定遗传物质存在于一切细胞的活质中，人类可以用改变环境的做法按预定方向改变生物的特性。李森科还曾当众断言“遗传学是有害的胡说八道”！

如此学派领袖及纲领，居然垄断苏联生物学界 30 年之久，足见意识形态对科学学派以至整个科学界发展的巨大影响。

政治力量过度干预学派发展

李森科学派在“国家利益”的名义下，先后获得苏联两任最高领导人的支持，使政治力量成为其铲除异己、垄断学界的保护伞。

苏联生物学界的科学家们从来没有放弃与李森科之流的斗争。在 1929 年 1 月的“全苏遗传、选择和动植物育种大会”上，李森科的论文就由于在试验方法上存在问题及其自称是一大发现而遭到严肃的科学批判；自 1936 年起，苏联著名生物学家瓦维洛夫就一直受到李森科的攻击，但他在多次会议上公开对李森科做出了有力的反击，他反对李森科将遗传学定性为“资产阶级学科”，抗议调走细胞学家、撤销细胞学实验室的做法；1946 年，苏联实验植物学家茹科夫斯基在《选种与良种繁殖》杂志上发表论文，批评李森科歪曲了达尔文主义;1947 年 2 月,莫斯科大学召开全苏生物科学会议,以进化论学家施马尔高森和农业化学家萨比宁为首的一批科学家对李森科理论进行了批判,会上宣读了大约 40 篇反对李森科的论文,批评李森科否认种内竞争的观点;而 1952～1956 年整个生物学界对李森科及其追随者的指责与声讨(在此期间有三百多位科学家上书请愿,请求免去李森科的全苏列宁农业科学院院长的职务);直到 1962 年苏联科学院对李森科担任所长的遗传学研究所的检查报告,这些行为都清楚表明苏联的生物学界乃至整个科学界一直在尽最大努力纠正"李森科理论"的错误。但是由于斯大林与赫鲁晓夫的庇护,导致这种学术共同体内部的自我纠错功能被严重破坏。

同时被破坏的还有同行评议制度,1948～1952 年,苏联的学术刊物上根本看不到非李森科学派学者的论文,这说明政治力量已经完全控制了学术民主,它造就了一个垄断学界的学派,但是也付出了整整落后欧美 30 年的高昂代价。

五、小结

通过上述四个学派的具体案例,结合科学史上的其他学派,对学派的类型、特征、要素和生命周期进行系统总结如下:

(一) 科学学派的类型

科学学派大体上可以分为两个大类:以领袖人物为中心的学派和以研究对象为中心的学派。

领袖人物中心型

李比希学派是典型的领袖人物中心型学派。在他本人的带领下,一批优秀的化学家在二十余年的时间内,在有机基团理论、有机多元酸理论、农业化学理论和生理化学理论等领域取得了辉煌的成就,奠定了有机化学的基础。李比希不仅有学术上的成就,他还拥有一个领袖的精神气质,以自己超凡的个人魅力成为学派的精神权威,并使所有学生紧密团结在他周围。

德拉贝奇学派是另外一个领袖人物中心型的学派。他充分利用英国地质调查局这个专门的机构,将地质事业与学派成员的个人职业和学术成长联系在一起,他不仅在事业上对学派成员关怀备至,还干涉到了他们的个人生活。

科学史上的大多数学派都属于此种类型，对于绝大多数学派来说，中心人物是必不可少的，比如费米学派的费米、哥本哈根学派的波尔、噬菌体学派的德尔布吕克（Delbrück）等等，他们是学派的核心，也就是学派得以生存和发展之关键。

研究对象中心型

布尔巴基学派，则在数学中首先引入了数学结构的概念，并用这个概念来统一数学，学派内部的科学家严格遵循这个共同的研究基础完成了多卷集的《数学原理》编写工作，所有的工作均在这个共同的约定下完成，此学派属于以研究对象为中心的学派。

（二）科学学派的特征

科学学派的特征主要有内聚性特征、传承性特征、整体性特征，以及思想上的排他性特征与组织上的开放性特征。

内聚性特征

在两种不同类型的学派中，内聚性特征表现的核心也不一样，分别是学派领袖人物和具体的研究对象，其他人员和研究者紧紧围绕在核心周围。这种核心，通常被比喻为“晶核”，意指学派在此基础上才得以生长起来。

这种内聚性特征，存在着自发性，学派的外围成员因为领袖人物的科学成就、人格魅力或其他因素吸引，或者是因为信奉某种科学理论而自发围绕在“晶核”周围。

传承性特征

主要表现在学派内部所共同遵守的研究纲领或研究方法，必须是可传承的。后加入学派的研究者往往是从学派的领袖人物那里继承这些研究纲领或方法，并在自己的研究工作中用到它们。绝大多数的学派成员，都和学派领袖人物有着师承关系。

整体性特征

对外部环境来说，绝大多数的科学学派在对某科学思想、观点和方法的态度上，往往表现为一个学术整体。这一点在布尔巴基学派上得到很好的体现，尽管学派由许多数学家组成，但他们对外始终使用“布尔巴基”之名，论文共同协商讨论后才发表，出版的《数学原理》也是学派成员共同讨论多次的结果，甚至还有不明真相的人真以为有布尔巴基这个人的存在。

思想上的排他性特征与组织上的开放性特征

科学学派所遵循的共同纲领或方法，是不容掺杂其他不同内容的，但科学学派可以接受其他研究者的加入，前提是他们自愿接受该学派的共同约定。也就是说，尽管学派在思想上是排他的，但在组织上是开放的，这样才能允许更多的成员加入，使学派发展下去。

（三）科学学派的要素

尽管各个科学学派的人员组成、研究纲领、方法和对象各不相同，但科学学派是存在着共性的。赫拉莫夫曾对21个包括波尔、泡利、海森堡等著名科学家在内的研究学派的要素进行了研究（见表1-1）。

表1-1 赫拉莫夫所总结科学学派的要素

要　素	符合该要素的学派数量
科学带头人-大科学家	18
科学带头人的教育技能，鉴定才能的能力	18
特殊的科学气氛	17
科学带头人的崇高道德品德和个人感召力	16
学生的独立思考与首创精神	13
研究方法与解释现象的观点	11
学生与科学带头人的经常交往与密切联系	11
存在大批具有才能的学生	11
课题的统一	4
独特的思维方式	4
具有新奇的科学思想	4
创立新的科学方向	2

盖森详细研究了历史上的9个科学学派，总结出科学学派的几个要素（见表1-2）。

表 1-2　盖森所总结科学学派的要素

要　素	符合该要素的学派数量
有研究威望的领导	9
潜在成员的来源(研究生)	9
大学环境中的研究机构	8
集中的研究计划	8
有职权的领导	8
出版的门路或控制	7
充足的财政支持	7

通过这些研究,可以看出科学学派具备的五个重要要素:

学派的领袖人物

任何一个学派,领军人物是必不可少的,可以是一个,也可以是多个,如同一个家族的家长一样,他们是整个学派的关键要素,为学派的发展掌舵。

学派的发展,以及学派在学术领域取得的成就,与学派领袖人物的学术前瞻性有密切关系。领袖人物的另一重要任务是发现并培养年轻人才,为学派的持续发展打下基础。学派领袖人物的去世,通常直接关系着学派的命运。

围绕在领袖人物周围的其他研究者(通常是与中心人物有师承关系的研究者)

既然是一个学派,就不可能是单兵作战,而是一个研究团体,有多个研究者。学派的主体是研究者,除领军人物之外,还包括围绕在他周围的其他研究者,这些研究者,通常与中心人物有师承关系,或者是同一研究机构的同事。

尽管有些研究者在地域上与某一学派所在地距离很远,但通过书信等方式与其他学派成员有学术交流,同时在自己的研究中也自愿遵循该学派的研究纲领或研究方法,这些研究者也通常被看作学派成员。例如,布尔巴基学派的成员,在第二次世界大战之后,分布在不同国家,有的去了美国,有的继续留在法国,但地域上的隔离并未使学派分崩离析,而是继续紧密围绕学派的统一承诺,进行同样的事业。

学派全体人员自愿遵循的研究纲领或研究方法

必须强调的是,学派全体成员所遵循的研究纲领或研究方法,必须是学派成员为了学术研究的单纯目的而自愿接受的，只有这样才能保证学派内部学术的纯粹性。

然而，通常来讲，学派往往诞生于新学科的萌芽地带，或者是前景不明的基础学科领域，学术纲领或研究方法尽管能吸引研究人员，但并不能保证其正确性，一个健康的学派，会随时根据自己的研究成果来对它们进行调整。

在当今科研环境下，通常通过设立研究目标、组织研究课题，并形成一个研究团队来完成这些课题任务。此类工作，往往带有很明确的目的性，也通常是由课题负责人邀请有利于完成课题任务的人员参加。这种方式组成的研究团队，结构比较松散，在研究任务完成之后即解散，是无法称之为学派的。

良好的协作和交流氛围

良好的协作和交流氛围，是学派最重要的因素之一。学派的学术成果，往往具有先进性和创造性，学派内部成员必须充分交流，碰撞出新的灵感和思想火花。这一点，所有对科学起到推动作用的学派内部都能看到，没有任何一个这样的学派是成员孤立的。

研究班是19世纪德国最先采用的学术交流模式，事实证明取得了极大成功，为德国的大学教育改革和大学科研体制的形成作出了巨大贡献。后来布尔巴基学派的会议也采取了这种模式，交流的过程是苛刻的，但成果是相当有效的，保证了《数学原理》一书的学术性和严密性。

学派内部通常有非常开放的学术交流氛围，卢瑟福学派、哥本哈根学派等，专门设有轻松愉快的学术交流时间，卢瑟福学派每天下午利用喝茶时间进行没有明确目的的学术漫谈。外尔认为希尔伯特对数学研究的一大贡献就是在散步、闲聊中将自己的学识交给年轻人，并启发他们自己的创造灵感。

有明确的研究目标导向

学派成员的研究目的在于，通过学术研究来验证学派内部所信奉的研究纲领或研究方法的正确性，而不是为了完成某一个具体的课题研究任务，科学上的重大发现、科技人才的培养、科技事业的进步等等，只是学派研究目标的副产品。

(四)科学学派的生命周期

任何科学学派都有自己的生命周期。我们将一部分19～20世纪比较著名的学派,从学派建立到学派的衰落,按照时间进行了统计(见表1-3)。

表1-3　部分科学学派生存时期表

学　派	兴盛时期	兴盛时间
李比希化学学派	1824～1852年	28年
杜马学派	1832～1848年	16年
迈克尔·福斯特生理学派	1870～1903年	33年
诺伊斯物理化学学派	1920～1936年	16年
阿克日(物理化学)学派	1800～1813年	13年
费米学派	1926～1935年	9年
李森科学派	1948～1964年	16年
托马斯·汤姆森化学学派	1818～1852年	34年
剑桥分析学派	1911～1947年	36年
伯顿-桑德森生理学派	1870～1882年	12年
布里斯托尔学派	1930～1954年	24年
艾拉·雷姆森化学学派	1876～1902年	26年
班克罗夫特物理化学学派	1895～1937年	42年

从上表可以看出,这12个科学学派的平均兴盛时间为23.5年,从科学发展史的视角来看是比较短暂的。

科学学派的生命周期可以分为三个阶段:形成期、成熟期和衰落期。

形成期

在学派的形成阶段,科学学派的领袖人物已经到位,并且他周围已经有少数同事或者学生,对某一科学理论或研究方法有深入的认识,能够在自己的研究中贯彻这些理论或方法,已经开始吸引圈外年轻人的加入。

成熟期

在这个阶段,大量年轻人被吸纳进来,在学派领袖人物的指导和鼓励下,为了一个共同的学术目标开展研究,科学学派内部的良好协作和交流氛围已经形成,学派的成果开始大量涌现。

衰落期

学派的衰落主要有几个原因:一是学派领袖人物的去世,学派内部无人具有领袖气质，缺乏学术凝聚力，无法承担学派发展的责任。二是随着学术的发展和进步，学派内部所信守的共识的性质发生了变化，这又存在着两种可能：共识被证明为不完备，逐渐被学派所抛弃，不存在共识的学派自然而然就解散了；共识被越来越多的人所接受，成为学术共同体遵守的范式，也就是说共识被泛化，这标志着科学学派的学术目标已达成，学派也就完成了自己的历史使命。

第四节　科学学派与科技进步的关系

纵观历史上的科学学派，它们往往与重大的科学发现、重要科学人物的培养、重要理论的验证等联系在一起。在这种场合，科学学派往往是以正面角色出现的，亦即，人们通常认为科学学派是促进科技进步的，这主要表现在以下几个方面。

一、发现重要的科技成果

发现重要的科技成果，是科学学派最重要的目标。科学学派的主要工作，或是为了检验自己理论或假说的正确性，或是为了促进科学成果的产出。学派的研究成果，经常是学术领域的重大贡献，往往是奠基性、里程碑式或开拓性的工作，对科学的进步有很大的推动作用。

以20世纪上半叶的理论物理学为例，卢瑟福学派奠定了原子核物理的基础，波尔学派创建和发展了量子力学理论，费米学派则以费米统计、β射线理论以及对中子、可控核裂变链式反应的研究，成为核研究的开创者。

李比希学派亦是如此，在其生命周期的28年时间内，开拓了有机化学的基础理论，创立了有机化学，并在农业和生物化学方面做出了开创性的工作。

二、科技成果的归纳与整理

布尔巴基学派是这一类学派的代表。韦伊(A. Weil)、嘉当(H. Cartan)、薛华荔(C. Chevalley)等一批数学家，在 20 世纪 30 年代开始，先后在数学杂志上发表文章，首先在数学中引入了数学结构的概念，并试图用这个概念来统一数学，这与以前的数学观念大相径庭。布尔巴基学派的主要工作，便是用数学结构的概念来重写数学，主要成果表现在《数学原理》的出版，这是布尔巴基学派多年的主要工作，自 1939 年发表第一卷，到 1973 年为止，共发表了 35 卷之多。正是通过这 35 卷《数学原理》的出版，布尔巴基学派独创性地试图用他们的观点来统一和概括全部现代纯数学。

三、培养科技人才

教育也是科学学派的重要功能，科学学派对科技进步的另一个重要贡献便是培养了数量众多的科学家。学派的领袖人物，通常是站在学科发展的前沿，学派内部的研究工作，往往是具有探索性和连续性的，所以，这种环境是有利于人才培养的。

卢瑟福学派中，获得诺贝尔奖金的科学家就达 11 人之多，波尔学派中也有 7 人获得诺贝尔奖，汤姆逊学派和费米学派各有 6 人获诺贝尔奖，这可以从一定程度上反映出学派在培养科技人才方面的作用。

有机化学的创始人李比希，在人才培养方面也做出了卓越贡献。李比希不但培养了学派中的凯库勒(F. A. Kekule)、霍夫曼(A. W. Hofmann)等著名科学家，而且这些科学家又将教育人才的传统延续下去，截至 1955 年，共有 40 名诺贝尔奖获得者，其师承关系可以追溯到李比希。

四、有效地促进科学交流

早期的学术交流，一般通过书信和会议的形式进行。书信是一种效率非常低下的交流方式，是一对一的非即时交流。会议是一对多的交流模式，效率比书信要高。科学学派内部倡导自由的交流氛围，经常是多对多的直接交流，效率更高。

布尔巴基学派的集会，通常由一个成员在会前起草一本书的提纲，在会上宣读，然后其他与会者对提纲进行严厉的批评，书的提纲通常要被推翻很多次，才能被确定下来，这种充分的交流保证了《数学原理》的严密性。

卢瑟福学派则在每天下午茶的时候，开展漫谈会，激发大家的研究灵感。外尔在回忆自己的老师希尔伯特时也曾写道："希尔伯特的天性充满了生活的热情。他谋求同其他人交往，尤其是同青年科学家交往，并且在交流思想中感到高兴。正如他从胡尔维兹那儿学到东西一样，他也在环绕哥廷根的树林里的长途漫步中，雨天则是在自己有遮盖的花园里的来回走动中，把学识交给学生，至少是那些他个人深感兴趣的学生。"

这些在科学学派内部大量存在的正式和非正式的学术交流，无疑是促进学术进步的有力手段。

五、推动科技事业

德拉贝奇(De la Beche)是利用学派推动科技事业的最好例证。1835年，在德拉贝奇的呼吁下，英国政府成立了世界上第一个官方出资的地质调查局。德拉贝奇利用他的局长身份，以及在地质学领域内的声望，在调查局里创立了自己的科学学派，不仅完成了局里的地质调查任务，也对历史地质学的领域进行了理论研究，大大推动了英国的地质科学和地质调查事业。

六、对科学的负面作用

尽管科学学派对科技进步主要是正面的推动作用，但也绝不可忽视其负面作用。前文业已提到，科学学派内部的共识是有排他性的，这就决定了学派之间存在竞争关系，一旦竞争关系失去控制，便会影响学术的正常发展，尤其是在某个科学学派具有较高的社会地位和声望，或者受到其他力量的帮助时，这种影响就会更加明显，比如科学史上的李森科学派。在研究科学学派与科技进步关系的时候，我们不仅不能回避这种负面作用，而且应该认真研究，总结经验和教训，为科技政策制定者的实际工作提供借鉴。

第五节 中国传统医学学派研究

有关中国古代、中国固有知识体系中是否有“科学”的问题，至今仍是争论不休、仁智各有所见，所以是否能够将中国古代学术学派和近代西方的科学学派融合到一起，仍会存在争议。但至少汉代的三种宇宙论即盖天说、浑天说和宣夜说是可以拿出来作为不同“学派”的案例加以讨论的。中医也是如此，本研究将中国传统医学视为中国古代民众在认识自然与改造自然过程中所创造与形成的其他知识体系，即使不存在严格意义上的“科学学派”，对这个体系中的学说和流派进行归纳、整理和研究，也是有意义的。

中国历史上的各类学术领域中，儒学和医学中所涉及学派问题最多，本课题以欲陈说与讨论的问题，限定在“传统医学学派”的范畴。对于这个问题的研究，如果没有医学知识的背景是无从置喙的，反之，如果仅有医学专业知识，而缺乏必要的史学训练，也是不行的。

由于传统医学知识属于中国传统科学知识与近现代西方科学“对接”后惟一到当代仍然存活、仍在使用的特例，因而对其固有的特质，以及发展过程中的“学派”问题进行对比、分析与研究，具有相当重要的意义。例如，本课题研究第三节的小结部分，西方科学学派的寿命通常不过几十年，但在中国传统医学的知识体系中，以汉代张仲景《伤寒论》为代表的所谓“伤寒学派”、金元时期出现的“四大流派”等等，何以至今仍被称道？如果我们想到在一般情况下，通常只有诸如哲学、艺术等非科学的不同流派才会具有永恒的魅力与价值、可以长存，便又回到一个根本性问题：传统医学是科学吗？

一、“家”与“流”——学派的原始形式

一般认为中国古代社会早期的知识传承形式是“官学”——学在官府。随着周室皇权衰微、礼仪崩坏，逐渐出现了民间的“私学”授受。私学一开，势必导致不同学说纷呈并立之学术繁荣状况的产生。因而在考察中国历史

上学术流派形成的渊源时，对此断然不可忽视。一人之教，便是“一家之学”；而立场、主张相同或相似者，也会被称为“某家之学”。然而无论是二者间的任何一种情况，实际上都程度不等地含有“流”、“派”或“学派”的意思。

最早对不同之学说体系给出综合概括与评价的，可谓司马迁《史记》中所引其父司马谈的《论六家要旨》，所谓“六家”，即阴阳、儒、墨、名、法、道。至西汉末年，刘向、刘歆父子奉敕编撰了中国第一部书志学著作《七略》(包括“诸书总要”性的“辑略”，以及六艺、诸子、诗赋、兵书、术数、方技等六类)，但该书已佚，只能通过东汉史学家班固据此编成的《汉书·艺文志》窥其概貌。倘若《汉书·艺文志》基本保存了《七略》旧貌，那么可知二者皆是以一人之一书为“一家”。例如在罗列了 13 种《易》学著作书名、作者、卷数后称：“凡易十三家二百九十四篇”，在这一点上“家”的概念与司马谈《论六家要旨》有所不同。不过向、歆父子与班固也都没有舍弃司马谈之论，只不过是将其置于最受尊崇的“六艺”之后的“诸子略”中，而且除阴阳、儒、墨、名、法、道之“六家”外，还增加了纵横、杂、农、小说等四家。在这“十家”的书目后，皆有以“某某家者流”起始的一段评论，例如：“儒家者流，盖出于司徒之官，助人君顺阴阳、明教化者也。游文于六经之中，留意于仁义之际，祖述尧、舜，宪章文、武，宗师仲尼，以重其言……”

《七略》也好，《汉书·艺文志》也罢，虽然皆属“书志”，但除了能使我们了解当时有些什么著作外，实际上还透露着种种其他重要的信息。例如：

(1) 儒家著作，并没有和所谓儒家经典的《五经》归入一类。说明在两种书志编撰者的眼中，是将所谓“儒家”视为政治论的一种，视为一种学说。

(2) 班固认为“诸子略”中虽然有“十家”，但“其可观者，九家而已。”接着又评价“出于稗官，街谈巷语、道听途说者之所造”之“小说家”之外的其余各家：“皆起于王道既微，诸侯力政，时君世主好恶殊方。是以九家之术蠭出并作，各引一端，崇其所善，以此驰说，取合诸侯。其言虽殊，辟犹水火相灭亦相生也，仁之与义、敬之与和，相反而皆相成也。”

一言以蔽之，皆是“政治论”。因而必须清楚地认识到，不论是阴阳学说，还是先秦道家思想，虽然其中蕴含许多哲学性的思想要素，但其本质正如李泽厚指出的：皆是政治论的社会哲学。大约在秦汉时期，这些思想要素才逐渐发展成为宇宙论哲学。既然都是政治论，但立场与主张又有所不同，自然应该看作是同一领域中的不同学派了。以为其分类"并非严格按照学术的派别进行分类，而是在一定程度上带有职业色彩的划分方式"之类的看法，恰恰在于没有看透这一点。

(3) 书志的作者仅仅是在"诸子略"中采用了"某某家者流"的评说方式。透露出他们心中隐藏着认为这些"政治论学派"具有一定传承历史的看法。这固然没错，但实际上在他们不使用这一表述方式的其他知识领域，同样存在着不同"家"、不同"派"，也有传承之"流"的存在——例如后面将会具体谈到的"医学"领域。

二、亲炙与私淑——知识系统的传播方式

常可见到表述两种不同知识传承方式的词语："亲炙"与"私淑"。

前者是指得到为师者耳提面命的"入室弟子"，亦称"亲炙弟子"或谓"得某某亲炙"。从积极的一面讲，此类弟子更有机会得到为师者的"真传"，所谓"家传一张纸，师传万卷书"；除知识外，弟子在与良师的朝夕相处中，还能得益其精神修养、道德情操的熏染；当然也包括能够得到学术与仕进两方面的种种提携。曾有人归纳"成功的要件"有三：个人天赋与努力、良师、机遇。其中，后两项皆与能否成为大师级人物的亲炙弟子密切相关；而三项条件相加，则恰恰回到了"诺奖门中多诺奖"的现象解读。

反之，从消极的一面讲又当如何呢？为师者无论多么高明，毕竟是一人之见，甚至恃才自傲、心胸狭隘，以致不许弟子接触其他学说；或是弟子恪守"师道尊严"，尊师为"偶像"、奉师说至"迷信"，不闻师过、不言师过；或是于利益冲突时相互帮衬、党同伐异。如此一来，师徒纽带也好，科研团队也罢，常常变成"门阀"、并非"学派"之同义语的"门派"。此外在中国古代还有"疏不破注"之约定俗成的"学术规范"，即"次注"(疏)不能违背前辈的解释(注)，如此才能被视为同一"学统"；反之，则属"另立门户"、不同"学派"了。凡此种种，只能造成一个结果：束缚与制约学术的进步与发展。在出现这些情况时，敢于写《谢师表》、大声疾呼"吾爱吾师，但更爱真理"的弟子；能够倡言"不能超过老师的学生，不是好学生"、乐见弟子纠正自己错误的前辈，毕竟都是少数。

满怀美好愿望的善良之人对此自然会说：我们应该鼓励大师在学术引

领方面的积极与良好作用，避免出现学派或科研团队中的不良倾向与恶性竞争等等。但正如马克思在《哲学的贫困》中就蒲鲁东的经济学理论所倡导的“保存好的一面，克服坏的一面”的主张，批判说：“如此一来，辩证运动便立告终结！”所以如果我们真正懂得马克思主义与辩证法，便不会再说这种司空见惯却并不正确的官腔废话。“亲炙”作为一种知识传承方式，从西方的“学园”和中国的“家学”时代沿袭至今，不仅始终存在，并将以其固有的形态、科研团队等等变异的形态继续存在；而且始终会带有浓厚的“学派”、“门派”、“帮派”性质。至此又使我想起了高尔基的一篇小说，在描写了一个充满美好爱情的悲剧故事后，那句与马克思学术言论同样富含哲理的结语：“爱神总是与死神相系，又有谁能把他们分开呢？”

再说“私淑”。知识传承或传播方式“质”的变化在于出现了可以保存与转移的文字记录工具(尽管有了文字和书写工具，但如果写在地上则无法传播)，这不仅使得关系到早期文明是否能够传承的一项重要技艺——“背诵法”淡出了人们的研究范围，而且导致知识的传承与传播，不必一定要通过“口传”、“亲授”了。至于说随着技术进步，而出现的书写与记录材料的改进、印刷、网络等等，不过仅仅是在传播速度与范围方面具有“量变”的意义。

当文化人通过文字记录获取到某种知识，如果表示出“服膺其说”的赞成态度，甚至是尊其为师，便被称为“私淑弟子”或描述为在学术上“私淑某人”。当然，“私淑”者再传弟子既可以仍旧表现为“私淑”形式，也可以是“亲炙”。这样，一方面是秉承某一学说之“学派”的人数、范围、传承时间皆可大大增长；另一方面，所谓“学派”的属性也就随之更加偏向于“拥有共同的学术观点、主张、方法”等，而“直接的师承关系”也随之弱化了。

知识传承与传播方式带来的又一改变是：造成持反对态度的对立面。而当反对者为多数时，便会形成或催生出一个乃至多个对立的“学派”。只要反对者持有相同的反对理由，那么不管他们分别生活在什么时代，尽管他们彼此没有任何联系，甚至彼此毫不相知，历史学家与学派问题的研究者也仍旧会将他们归属到一个学派的名下。这可以说是知识传承与传播方式改变，对于促进学派发展的另一种表现形式。

当然，我们也需要看到知识传承与传播方式的改变，对于学派具有极强之弱化作用的一面。简单说，如果我们找来一堆科学界的传记，阅读之后便会发现一个基本规律：早期的杰出人物，大多会被明确言及师承某位名人大师，或者说具有比较简单、明确的教育经历；其研究方向、成就所在虽然未必一定与老师相同，但其间的联系相对较为密切。但随时代演进，这些特点便逐渐模糊，从其进入“学校”而不是“学园”开始，便会受到各科老师、教授的不同影响；研究方向、成就所在，也许关键是读了某人的一篇文章；当然更多的情况是广泛（而且必须是最大限度地）吸收前人的思想与成果。

三、任应秋的“学派”之说

出现“学派”与师徒关系之定义上之“门派”、组织形式之“团队”的混淆，与科学社会学的研究分不开。这一领域的研究者或对知识的内部关注不够，只关注科学知识与科研活动外部的所谓制度、组织形式、与政府的关系等等，因而对于“学派”与“学说”的密切关系有所忽视。

而在中医业内所存在的“学派”与“学科”的种种混淆，与该领域20世纪中期的学术权威任应秋有较为密切的关系，他领衔主编了全国高等医学院校教材《中医各家学说》，其基本框架分为三篇——上篇：医学流派；中篇：基础理论各家学说；下篇：临床各科各家学说。

上篇“医学流派”的第一章“总论”，首先在“理论体系的形成”讲述了“古代医学流派”的问题；然后则是“医学流派的创立和发展”；继以第三节“学术争鸣在祖国医学发展中的贡献”。足以显示“学派”的重要。其后的几章为：医经学派、经方学派，金元四大家各自所代表的学派，以及伤寒学派、温热学派、汇通学派。问题首先就在于：将所有对于医学经典进行过研究、注释、编辑的人统称为一个学派；或将各种方书的编撰者称为一个学派，其道理何在？这些书籍的作者在学术思想上并无内在联系或共同点，甚至连并非绝对重要的师承关系都没有。

中篇“基础理论各家学说”，包括“脏腑学说”、“病机学说”、“诊法学说”、“治则学说”、“本草学说”、“方剂学说”六章。由于每一章下，枚举了若干不同的学说，所以在文脉上不能不使人感受到上篇第一章“总论”的主旨仍然贯穿于此，乃至下篇的“临床各家学说”。但是中篇的各种学说本身并不构成学派，而是所有医家都必须掌握的基本知识。尽管其下就各种具体问题，列举了种种不同见解，但这些仍旧与“学派”没有任何必然联系——实际情况就像我们对某一问题往往会有不同见解，但却没有构成任何学派。

下篇“临床各家学说”大致也是如此，不再赘述。

其实，该书的本意无非是爬梳各个方面的不同见解，以供后辈学习。名曰“各家学说”并无大碍。问题就出在将针对某一问题的“不同见解”、实际治疗中的“不同方法”与“学派”混为一体了。而将经典的研究与注释、方书的编纂亦称为“学派”自然是绝对没有任何道理的了。

四、金元四大家——最重要的医学流派

《四库全书总目提要》有“儒之门户分于宋，医之门户分于金元”之说。盖因此期医林中出现了从“病因认识”到“临床治疗”之各个方面各执一说、自成一家，被后人誉为“金元四大家”的刘完素、张从正、李杲、朱震亨。

他们的学说不仅直接影响到各自的“入室弟子”，并通过著作流传吸引了其后不同时代、不同地域的一些医家服膺其说；以至传播海外，在东瀛日本形成了秉承“李（杲）、朱（震亨）医学”的所谓“后世派”；而且至今，他们的学说仍旧是中医业者必须学习、有所继承、经常作为理论依据的学说与广泛应用于临床的治疗方法。

因而无论根据“学派”固有定义的任何一条标准加以衡量，他们都是符合的。然而，尽管我们固然可以从哲学的高度对这四个学派的共性做一个综合的概括性说明，但历史与哲学的不同、史学的魅力就在于“就事论事”——必需说清其个性，以使世人了解他们的“共性”并非是遵循某种“规律”或“范式”而产生；其共性，不过是我们从不同的具体事件与个性中归纳而成。以下先对其生平大要、学术思想做些说明，对中医理论有所了解者可由此步入较为深入的了解；业外人士则不妨直接跳到其后的“四人异同及特点的综合分析”部分，当对这些结论是否妥当心存疑惑时，再回头查看前面的史学性考证亦无妨。

（一）刘完素及其“火热论”

生平概说

刘完素，字守真，自号通玄处士。因长年居于河间，故世称“河间先生”或“刘河间”。

刘氏生卒年代不详。唯据其在大定丙午（1186 年）所作《素问病机气宜

保命集》序文中所述:“余年二十有五,志在《内经》……殆至六旬……”,推测他大约生于1120～1130年间,又据张从正在13世纪初年已被誉为“长沙、河间复生”,可知其卒年约在12世纪末。

据说,刘完素出生在河北省肃宁县的杨边村(今师素村)。三岁时因遭水灾而举家迁至河间城南。其母患病时,家贫,医三请而不至,延误治疗而亡。有感于此,完素立志学医。初云游四方,谋食江湖,后定居河间为百姓治病。完素曾说研习医学经典非“力而求,智而得也。若不访求师范而自生穿凿者,徒劳皓首耳”。但其师承方面仅知“遇异人陈先生,以酒饮守真,大醉,及寤洞达医术”。

刘完素在治学方面鄙视那些仰仗家传世医之名,不求进取的墨守之辈,“今见世医多赖祖名,倚约旧方,耻问不学,特无更新之法,纵闻善说,反怒为非”;更认为学医须从根本入手,深究理论源流,而不可作那种熟读几百个药方的“汤头大夫”,“今人所习,皆近代方论而已,但究其末,而不求其本”。所以他自二十五岁开始研习《内经》,日夜不辍,历三十余年,始觉彻悟。但另一方面刘完素却又表现出尊经不泥古的治学精神,他推崇《内经》和《伤寒论》,称张仲景为“医圣”,同时又说:“若专执旧本以谓往古圣贤之书而不可改易者,则信矣,终未免泥于一隅”。正是在这种思想指导下,他不肯停留在前人的成就上,对《素问》这样的经典著作,特别是其中的经典条文——“病机十九条”,进行了补充发挥,由此构成其“火热论”的理论核心。

刘完素的医学著作大抵有以下一些:

1.《素问玄机原病式》一卷:此为刘氏多年研究医学经典之心得所现。“夫医者唯以别阴阳虚实最为枢要,治病之法以其病气归于五运六气之化,明可见矣。谨率经之所言二百余字,兼以语辞二百七十七言,绪归五运六气而已。大凡明病阴阳虚实无越此法。……遂以比物立象,详论天地运气造化自然之理二万余言。”(自序)

2.《医方精要宣明论》十五卷:主要论述内科杂病的治疗方药,载方三百六十一首。刘氏其他著作在提及本书时说:“一部三卷,十万余言,目曰《医方精要宣明论》。”可知十五卷本必是经过后人整理的。书中载有刘氏所创“防风通圣散”等表里双解型的方剂,是外感热病治疗中辛温向辛凉过渡、先解表后清里向“双解”(表里同治)过渡的典型代表。

3.《素问病机气宜保命集》三卷:此书成于1186年。所谓“气宜”,乃根据《素问·至真要大论》"谨候气宜,无失病机"而来,意谓以其岁气若何而宜以何药何法治之。

4.《伤寒标本心法类萃》二卷:上卷论述四十六种时病和杂证,下卷论述方药。

5.《伤寒直格》三卷:此书出自其门人葛雍编辑校刊,附有镏洪《伤寒心要》、马宗素《伤寒医鉴》等。

6.《三消论》一卷:此为麻九畴寓居汴梁时,访刘氏后裔而得。后由自称"线溪野老"者得其抄本而刊刻行世。今于《儒门事亲》中可见此书概貌。

7.《保童秘要》:据《中国医籍考》记载,有"刘氏完素保童秘要二卷存。"

8.《内经运气要旨论》:《金史·刘完素传》所载书目中,首列《运气要旨论》;《原病式》自序中亦称:"本乎三坟之圣经兼以众贤之妙论,编集运气要妙之说十万余言,九篇三部勒成一部,命曰《内经运气要旨论》。"可见书成较早。任应秋氏说:"现在实际见到的书名为《图解素问要旨论》,系河间的学生马宗素所重编,凡九篇:彰释元机第一、五行司化第二、六化变用第三、抑沸郁发第四、互相胜复第五、六步气候第六、通明形气第七、法明标本第八、守正防危第九。纯为发挥运气学说的。"

以上刘氏著作计有八种,任应秋氏将《伤寒直格》定为葛雍著,现传世本亦题临川葛雍编。《四库全书总目提要》说:"完素治伤寒法已在《宣明论》中……二书恐出于依托。"但马宗素《伤寒医鉴》中提到完素著作有"一者又法伤寒六经传受直格一部,计一万七千零九字。"可知此书并非后人依托。不过由于河间对后世影响较大,弟子众多,故其著作中掺杂有后人所为确属不免。

刘完素的学术思想以"火热"为中心,但并非凡病皆主寒凉;力倡运气,而实质又并非运气,诸如此类皆需细读其书,方可明之。以下择其要点述之。

"所见为是"的运气学说

由于刘完素强调:"医教要乎五运六气,……不知运气而求医无失者鲜矣",著《内经运气要旨论》以"明天地之造化,论运化之盛衰",所以有人认为运气学说是刘完素学术观点的主要部分,甚至以为:"刘氏的学说,虽然祖于《内经》和《伤寒论》,但实际上因受运气学说的影响,其精神和实质,都和过去的学说有很大的变化。……主观推理的成分较多,归纳实践经验的成分较少，特别是把六气的性质和作用，按五行生克的关系作无限的推衍，这就不但使中医理论有了更多的神秘色彩，而且这种随意推论的作风，也给后世带来很不良的影响”。但大多数学者还是注意到了刘完素所提倡的运气学说，并不是真正的运气学说。

运气学说，即将干支纪年与五行(五运)、六气相配，认为每年的发病是服从这种规律支配的。进而又有上半年与下半年的不同配属(即“司天”——上半年，“在泉”——下半年)，以及不同节气由不同的“气”主持等说。对于这种理论，历来存在较大的争议，褒贬不一。其中只有节气与主气的关系较客观地反映了一年四季人受气候变化影响而发病的普遍规律，有一定的科学道理。而按干、支纪年所示的发病规律要符合12、6、5年反复循环的要求，目前尚未发现可信的证据说明自然界与人体存在着符合这种数字规律的现象存在。

运气学说的代表作，一般公认是王冰次注《素问》时，以“旧藏之卷”补其所缺而羼入的七篇大论。其中运、气与干、支相系，以及司天、在泉之说不见于其他篇节，亦不见于全元起首注《素问》，故可知其并非原出《素问》。这种学说在王冰书成之后的几百年间似乎没能引起人们的注意，直到宋代才有沈括等学者提到此说。元符二年(1099年)刘温舒著《素问论奥》，专门论述五运六气，并绘图说明，上之朝廷，以后逐渐为人瞩目。王安石变法之后，运气学说为太医局考试医生的科目之一，自然要导致医家普遍研习此说。应该看到，运气学说和医家谈《易》一样，均是宋明理学昌盛之时，社会思潮在医学领域的一种表现形式。

刘完素生于宋金之时，自然身置此风之中，故对运气学说产生了极大兴趣。前面指出刘完素的运气著作成书较早，意在说明他在初治运气之学时，是以“编集运气要妙之说”为主，从其篇目即可看出内容大致与《素问》七篇大论所述内容是一致的。但在长期的医疗实践中，刘氏显然认识到了教条化的运气之说中存在着许多牵强附会，不切实际的内容，故在以后的著作中，对运气学说做出了许多名同而实异的新解释。甚至批判指责正统的运气学说：“观夫世传运气之书多矣，盖举大纲，乃学之门户，皆歌颂钤图而已，终未备其体用，及互有得失，而惑人志者也。况非其人，百未得于经之一二，而妄撰运气之书，传于世者，是以矜己惑人，而莫能彰验。”

就运气学说的固有定义而言，刘氏所重为：“四时天气者，皆随运气之兴衰也，然岁中五运之气者，风、暑、燥、湿、寒各主七十三日五刻，合乎期岁也。岁中六部之主位者，自大寒至春分属木，故温和而多风也；春分至小满属君火，故暄暖也；小满至大暑属相火，故炎热也；大暑至秋分属土，故多湿阴云雨也；秋分至小雪属金，故凉而物燥也；小雪至大寒属水，故寒冷也。”这实质上还不过是四季变化，并非干支纪年的运气学说。而刘氏的运气学说，实质上并不限于吸收运气学说中较合理的部分，简直可以说是只保留了“运气”之名，代之以“病机”之实。即以五行与六气之名为“病气”，将各种疾病分归其下。此即《原病式》一书之“式例”，亦即《素问》病机十九条的扩展。

由于他认为“病气为本，受病经络脏腑谓之标”，故将病机十九条中属于心、肝、脾、肺、肾的病机，配上火、木、土、金、水，称之为“五运主病”，其实仍旧是五脏病机，与《素问・天元纪大论》“五气运行，各终期日”；“五行之治，各有太过、不及”的“五运主病”毫无共同之处。

“诸因之本”的火热论

河间学说的核心是“火热论”，即认为六气皆从火化，五志过极皆为热病。他在《原病式》中将病机十九条所概括的三十余种病症扩充到九十多种，其中又尤以属火、属热的病症发挥最多(见表1-4)。

表1-4 刘完素的“病机发挥”

病机	《素问・至真要大论》	《素问玄机原病式》
肝	诸风掉眩，皆属于肝。	诸风掉眩，皆属肝木。
心	诸痛痒疮，皆属于心。	诸痛痒疮疡，皆属心火。
脾	诸湿肿满，皆属于脾。	诸湿肿满，皆属脾土。
肺	诸气膹郁，皆属于肺。	诸气膹郁，病痿，皆属肺金。
肾	诸寒收引，皆属于肾。	诸寒收引，皆属肾水。
风	诸暴强直，皆属于风。	诸暴强直，支痛緛戾，里急筋缩，皆属于风。
湿	诸痉项强，皆属于湿。	诸痉强直，积饮痞隔中满，霍乱吐下，体重，胕肿肉如泥，按之不起，皆属于湿。
燥		诸涩枯涸，干劲皴揭，皆属于燥。
寒	诸病水液澄澈清冷，皆属于寒。	诸病上下所出水液，澄彻清冷，症瘕〔癞〕疝，坚痞，腹满急痛，下利清白，食之不饥，吐利腥秽，屈伸不便，厥逆禁固，皆属于寒。
上	诸痿喘呕，皆属于上。	
下	诸厥固泄，皆属于下。	

续表

病机	《素问·至真要大论》	《素问玄机原病式》
火	诸热瞀瘛，诸逆冲上，诸禁鼓慄，如丧神守，诸燥狂越，诸病胕肿，疼酸惊骇，皆属于火。	诸热瞀瘛，暴喑冒昧，躁扰狂越，骂詈惊骇，胕肿疼酸，气逆冲上，禁慄如丧神守，嚏呕，疮疡，喉痹，耳鸣及聋，呕涌溢，食不下，目昧不明，暴注瞤瘛，暴病暴死，皆属于火。
热	诸胀腹大；诸病有声，鼓之如鼓；诸转反戾，水液浑浊；诸呕吐酸，暴注下迫，皆属于热。	诸病喘呕吐酸，暴注下迫，转筋，小便浑浊，腹胀大，鼓之如鼓，痈疽疡疹，瘤气结核，吐下霍乱，瞀郁肿胀，鼻塞鼽衄，血溢血泄，淋閟，身热，恶寒战栗，惊惑悲笑，谵妄，衄衊血汗，皆属于热。

刘氏将火热病的范围扩大了三倍，将一些可能属于不同病因的症状，如气喘、气郁、肿满、呕吐等悉归于火热。其理论根据是六气皆能化火。例如：

风与火热："火本不燔，遇风冽乃焰"；"风本生于热，以热为本，以风为标，凡言风者，热也，热则风动"。

湿与火热："湿为土气，火热能生土湿"，"湿病本不自生，因于火热怫郁，水液不能宣通，即停滞而生水湿也"。

燥与火热："金燥虽属秋阴，而其性异于寒湿，反同于风热火也。"

至于寒气，当然不能直接认为有热的属性，对此刘氏总是强调《素问》所说："伤于寒也，则为病热；"或因"冷热相并"，致使"阳气怫郁，不能宣散"而生热，不可便认为寒，"当以成证辨之"。对于在病机上已归属寒类的症状，刘氏亦反复辨说，指出也有属热的一面，例如："经言瘕病亦有热者也，或阳气郁结、怫热壅滞而坚硬不消者非寒症瘕也，宜以脉证别之"；"癫疝，如紧急洪数则为热痛之类也"；"坚痞腹满急痛，或热郁于内而腹满坚结痛者，不可言为寒也"；"食已不饥，或邪热不杀谷而腹热胀满，虽数日不食而不饥者，不可言为寒也。"

对于刘氏的"火热论"，后人分析其成因多以为是由于赵宋南渡之后，中国北部广大地区沦于异族统治，人心不安；大兵之后必有大疫，热性疾病广泛流行；又因完素所居北方，风土刚燥，其人禀赋多强，兼以饮食牛羊奶酪，脍炙醇醲，久而蕴积化热，与南方一般风土卑湿，其人体质脆弱有所不同；再则或因意欲力图矫正北宋以来《局方》流行，所造成的嗜用辛热温燥药物治疗热性疾病的风气。正如《四库全书总目提要》所论："其作是书，亦因地、因时各明一义，补前人所未及耳。"

返本归源的“伤寒之论”

《素问》有“热论”一篇，以六经分证，并言：“今夫热病者，皆伤寒之类也”，由此导致中医学里出现热病与伤寒的异同之争。张仲景《伤寒杂病论》所用辨证体系与《素问・热论》同，但三阴篇多虚寒之证，为其显要不同处。刘完素对《伤寒论》极为推崇，称“仲景者，医圣也。虽仲景之书未备圣人之教，亦几于圣人，文亦玄奥，以致今之学者尚为难焉”。但后人纵观完素的有关论说与方药，皆称其“大变仲景之法”。关键就在于刘完素所用六经辨证是直承《素问・热论》原意，“守真曰：人之伤寒则为热病，古今一同，通谓之伤寒……后三日太阴、少阴、厥阴受之，热传于里，下之则愈。六经传受，由浅至深皆是热证，非有阴寒之证，古圣训阴阳为表里，唯仲景深得其意，厥后朱肱编《活人书》特失仲景本意，将阴阳二字释作寒热，此差之毫厘，失之千里矣”。所以近人任应秋氏指出：“河间所用的三阴三阳辨证，乃是‘热论’的旨意，仅用以分辨表里而已，不能与《伤寒论》强合，但是在河间仍然叫做伤寒，不透过这一关，亦是学不好河间书的”。

由于刘完素需要解决的是《素问・热论》的病情，所以在治疗中就只能大变仲景之法，“自制双解、通圣辛凉之剂，不遵仲景法桂枝麻黄发表之药，非余自衒，理在其中矣。故此一时，彼一时，奈五运六气有所更，世态居民有所变”。他意识到辛温固能发散开结，但表解而里热独留，甚或助其邪热炽盛，故创辛凉解表、表里双解之法，这是他在治疗方面最突出的贡献与独到之处。

在具体治则上，《素问・热论》仅是提到：“未满三日者，可汗而已；其满三日者，可泄而已。”《伤寒论》亦言及有“温病”，但乏治则。书中许多方药如白虎汤、承气汤、麻杏石甘汤等虽被用于治温，但法则尚嫌不明、方药亦觉不够。伤寒内热多出现在表解之后，且里热不甚，有时表解即愈，无须清理。温病则在初起表证未罢之时就表现出较明显的里热之证，刘完素的辛凉之剂与表里双解之法正是针对这种情况的。代表方剂“防风通圣散”的组方如下：

防风、川芎、当归、芍药、大黄、薄荷、麻黄、连翘、芒硝（各五钱）

石膏、黄芩、桔梗（各一两）

生草、芥穗、白术、栀子（各二钱五分）

此方辛温，辛凉兼取，发表攻里共用，完素以其治疗“风热怫郁”，及饥饱劳役、内外诸邪、大便秘结、小便赤涩、疮疡肿毒、折跌损伤、瘀血便血、肠风痔漏、丹斑瘾疹等多种疾病。由于本方实际上是疏通人体腠理皮毛与六腑二便，又具清热解毒、调理肝脾气机之功，所以应用范围极广，至今仍有成药出售。药店中还有一句介绍此药的俗语："有病没病，防风通圣"，亦可见其应用之广了。

刘完素的学术思想一方面是通过其著作流传，如张从正即是代表，《金史》称其法宗刘守真；另一方面通过穆大黄、马宗素、荆山浮屠等门人传播。荆山浮屠一传于罗知悌，再传朱震亨，于是河间学说便从北方传到江南了。

(二) 张从正及其"攻邪论"

生平概要

张从正，字子和，号戴人。金代睢州考城(属今河南省兰考县)人。约生于12～13世纪。

戴人年轻时曾"从军于江淮之上"；后又于兴定年(1217～1222年)中，被召补为太医，但没过多久，即辞官而去，"居无何求去，盖非好也。于是退而从麻征君知己常公仲明辈，日游颍上，相并讲明奥义，辨析至理"。

子和之医，本于家学，他曾说："余自先世，授以医方，至于今日，五十余年。"早年沿用前人治病常法，"知其不效，遂为改辙"，深入研究《内经》，大有所悟，于是另辟新径，终有所得。同处金代而年长于子和的河间刘完素，对他极有启发，在张子和的著作中不但多次直接言明自己师法了刘完素的治疗经验，而且他的许多思想也是源于河间的"火热论"。

从戴人盛夏"在朱葛寺避暑"，经常出游，家有男仆女僮侍奉等，可知其家境优裕。但他对下人慈爱多而威仪少，有时临诊亦"命女僮下药"，所以逢其外出时，女僮亦敢为人诊治，一次有人被犬咬伤，胫肿如罐，女僮视后曰："痛随利减，以槟榔丸下之"，宛如戴人弟子。

戴人或出游，或行医，根据今本《儒门事亲》所涉地名看，其行迹主要是在金代的"南京路"，即今河南省与安徽的部分地区。诸如汴梁、睢州、考城、鹿邑、西华、遂平、舞阳、宛丘、谷阳镇等地。他通过实地考察与治病，总结这一地区的发病特点是"中州食杂，而多九疸食痨中满留饮吐酸腹胀之病，故脾胃之病最多，其食味居处，情性寿夭，兼四方而有之。其用药也，亦杂诸方而疗之，如东方之藻带、南方之丁木、西方之姜附、北方之参苓、中州之麻黄远志，莫不辐辏而参尚"。

戴人出游之时，或于“营中饮会”，则兼为席间兵卒治病；或醉卧他乡，有人欲求其诊治，不得不“强呼之”。因此刘祁《归潜志》说：“张子和为人，放诞、无威仪、颇读书、作诗、嗜酒。”的确是对戴人形象的生动描述。

试想这样一位豪放不羁的人物，怎能囚禁在太医院中，每日耳目中尽是官场人物对医道“耻而不学”，却又“群聚而諆之，士大夫又从而惑之”；而且“官医迎送长吏，马前唱诺，真可羞也”。所以他并不欣赏太医院的职务，宁愿隐居民间为百姓治病，乐得无拘无束，悠闲自在，谁知却被流言谤为：“戴人医杀二妇，遂辞太医之职而去”等等。又因他善用吐泻攻邪之法治病，虽“起疾救死多取效”，却被众人讪之为“吐泻”，所以他常说：“言我不接众工。余岂不欲接人？但道不同，不相为谋。医之善，惟《素问》一经为祖，有平生不识其面者，有看其文不知其义者，此等虽日相亲，欲何说？止不过求一二药方而已矣。”“设于富贵之家病者，数工同治，戴人必不能从众工，众工亦不能从戴人，以此常孤。唯书生高士，推者复来，日不离门。”实际上子和为人颇平易，遇来求治者，不分远近，皆往。就其医案观之，百工军校、僧儒官宦，各界人士均与之有交。其中兵民百姓居多，叟媪婴孺，无所不医。在技术上亦能兼收博蓄，取他人之长补己所短。例如，他曾自患目赤生翳，时作时休，发时羞明隐涩，肿痛不已。遇眼科医师姜仲安施以针术，又“反鼻两孔内，以草茎弹之，出血三处，日愈大半，三日平复如故。”因而自叹曰：“百日之苦，一朝而解，学医半世，尚阙此法，不学可乎？”此后他广泛运用此法为人施治：“南乡陈君俞，头项偏肿连一目……以草茎鼻中大出血立消。”并于晚年著书时，将此法列于“两目暴赤”、“目肿”条中，以备后人习用。又如子和曾闻山东杨先生与病人谈其所好，使洞泄之人忘其圊；又闻庄先生使病者悲，愈其喜乐之极而病者等等，均暗记心中，后于临床中亦广泛应用心理疗法，均说明其为人有虚怀若谷之美德。

关于张从正的医学著作，传世有《儒门事亲》一书，题为“金·张子和”著，共十五卷。其篇目如下：

卷一至三：此三卷均无总目，每卷各十篇，各有目。

卷四至五：总目为“治病百法”，每卷各有细目五十。

卷六至八：此三卷的总目为“十形三疗”，分为风、暑、火、热、湿、燥、寒、内伤、外伤、内积、外积等十一；细目共分一百三十九。

卷九：总目为“杂记九门”，细目十八。

卷十：无总目，细目四十四。首为“撮要图”。

卷十一：总目为“治法杂论”，细目十五。

卷十二：总目为“三法六门”，分为吐、汗、下三剂、载方四十八；又有风、暑、湿、火、燥、寒六门方、及兼治、调治诸方。

卷十三：《刘河间先生三消论》。

卷十四：无总目，细目十三。首为“扁鹊、华佗察声色定死生诀要”。

卷十五：总目为“世传神效名方”，细目十八。

此书金刊本十二卷，内分“儒门事亲”三卷；“直言治病百法”二卷：“十形三疗”三卷；“撮要图”一卷；附“扁、华诀病论三门六法方”一卷；“世传神效方”一卷；“治法杂论”一卷。日本京师伊良子所藏元刊本则仅为三卷。自明嘉靖辛丑(1541年)邵伯崖刊本，才形成十五卷本。

明朱撝言戴人书“有儒门事亲，书三十篇；十形三疗一帙；治病百法一帙；三复指迷一帙；治法心要一帙；三法六门世传方一帙”。因此日人丹波元简认为：“从第一卷‘七方十剂绳墨订’至第三卷。‘水解’，凡三十篇，此即儒门事亲也；自第四卷至第五卷别是书；自第六至第十一，乃‘十形三疗’也；自第十二至第十五，乃‘三法六门世传方’也。”将十五卷本中的前三卷、三十篇视为《儒门事亲》原作，历来看法较一致。但其最后两篇，即“补论”与“水解”，文中可见“得遇太医张子和先生……予恐人之惑于补而莫之解，故续补说于先生汗下吐三论之后”；“乃知子和之于医，触一事一物，皆成治法……余于是乎作水解”等文句，可知并非子和所作。

其他各卷更是出自麻九畴、常仲明等人之手，李濂曾说：“盖子和草创之，知己润色之，而仲明又摭其遗，为治法心要。兵尘鸿洞，藏诸查牙空穴中，幸而复出人间。”其中卷十三，“刘完素先生三消论”，则属麻九畴居汴梁时，暇日访刘氏后遗所得，编入此书，与子和无涉。

然而总的来说，《儒门事亲》一书虽篇目杂碎，有后人手笔，却未离子和以攻邪为主的治病宗旨，同时记载了大量的临床案例，兼亦反映出戴人的生活概况与为人处世之道，细读之后自然可较全面地了解其思想情趣和医疗特色。

“驱除鞑虏”的攻邪论

张从正医学思想最突出的特点是强调“攻邪”。他认为：“夫病之一物，非人身素有之也。或自外而入，或由内而生，皆邪气也。”既然疾病是由邪气客于人体所成,那么治疗方法当然应该以驱除病邪为首务,因此他说:“邪气加诸身,速攻之可也,速去之可也。揽而留之何也?虽愚夫愚妇,皆知其不可也,及其闻攻则不悦,闻补则乐之。今之医者曰:当先固其元气,元气实,邪自去。世间如此妄人,何其多也!夫邪之中人,轻则传久而自尽,颇甚则传久而难已,更甚则暴死。若先论固其元气,以补剂朴之,真气未胜,而邪已交驰横骛而不可制矣。”

在具体治则上,他强调使用吐、汗、下三法,“先论攻其邪,邪去而元气自复也。况予所论之法,识练日久,至精至熟,有得无失,所以敢为来者言也”。他的吐、下、汗三法,内容相当广泛,实际上包括了许多其他治则,他说:“三法可以兼众法者,如引涎漉涎、嚏气追泪,凡上行者皆吐法也;灸、蒸、熏、渫、洗、熨、烙、针刺、砭射、导引、按摩,凡解表者,皆汗法也,催生、下乳、磨积、逐水、破经、泄气、凡下行者,皆下法也。以余之法,所以该众法也。”如此广义的三法,其功效与用途只能略加介绍。

1. 汗法:这种方法首先在于解表,能够治疗外感病。风寒束表用辛温,风热在表用辛凉。但《素问》中“开鬼门”(鬼门指玄府,即毛窍)之法用于治水肿,实际上超出了一般的外感病,这一理论成为当今治疗某些肾炎水肿的重要法则。再则发汗药导致心跳加快、血循加速、机体的新陈代谢提高到一个新的水平上,因此可以说发汗就是兴阳,可以治疗许多慢性疾病。故只有从整体机制的调整着眼,才能正确,全面地认识发汗药的作用与汗法的意义。而张从正汗法的范围比此更广,他将针、灸、砭刺放血、按摩导引皆归入汗法,故其汗法之概念已极度抽象化,不能就字面解释之。

2. 下法:中医学治则八法中之下法,若运用得当,确有出奇制胜、起死回生之功。如脑血管疾病时,用攻下之法而缓解症状,外科急腹症可免一刀之苦,狂躁者可立令神安;甚至泻下不止的痢疾,也必须先以下法治之,才不致转为慢性痢疾。只因一般人惧怕攻法,医生亦未掌握其妙,所以才未见广泛应用,张从正反复强调下法的运用,意即在此。

3. 吐法:《素问·阴阳应象大论》虽有“其高者,因而越之”之说,但临床除遇误服腐坏有毒之品、服毒自杀等情况时,很少使用吐法。古人书中尚可见瓜蒂散吐伤寒(《伤寒论》)、稀涎散吐膈实中满(《本事方》)、郁金散吐头痛眩、晕(《万全方》)等记载,但当今却是鲜见人用了。张从正将此法提出,与临床上应用最为普遍的汗、下之法相提并论,实为千古绝唱,独此一家。而且从他的医案中看，吐法的应用是极为广泛的。

张从正将自己的这些认识，总结为"汗下吐三法该尽治病诠"一文，成为他学术思想的代表作，至今仍被选为中医院校的教材。虽然他的思想很难被人理解，但实际的疗效却使其名扬四方，故有兴定(1217～1222年)中，被召补为太医事。

不拘一格的治疗方法

虽然在理论阐述方面可以"归一"，但临证治疗却断然不能"单打一"。实际也是如此，张从正的治病方法极为灵活多样，他创有"玲珑灶蒸法"；制有洗涤疮口的鸡翎刷，以长蛤甲磨去刃，纸裹其尖，灌药入鼻，胎位不正，子死不下时，以钩取死胎等等。另外，他还特别擅用精神疗法。例如，某妇人不思饮食，常常叫喊怒骂，甚则欲杀人，许久未得治愈。戴人令二娼各涂丹粉，作戏子貌，其妇大笑，次日又令作角觝，妇又大笑。旁设能食之人，边吃边夸其味美，诱得此妇亦想食之，而病渐瘥。

又有一女，遇强人劫舍受惊，自后每有声响则惊倒不知人，家人皆蹑足而行，不敢有声。服人参、珍珠等药，皆不效。子和治此时，偏反其常，令两人执其手按坐于椅上，前置一几，子和曰："请娘子看此几"，执一木猛击之，妇人大惊，子和说："我以木击几，你有何惊?"稍候，又击之，惊不如前，屡击，则妇人不惊。又使人杖击门窗，处处有声，一二日后闻雷声亦不惊。

此类病例在《儒门事亲》中绝非一二，但可惜这方面的知识没有得到张子和本人的重视，如能单为一法，岂不可谓独创"精神疗法"。另外还有一个病例颇值得研究一下：

武阳仇天祥之子，病发寒热，诸医皆作骨蒸劳治之，病半年反甚。戴人诊其脉，关独大，以为是痈之象。细问乳母："曾有痛处否"，曰："无"。戴人令脱去儿衣，举其两手观之，右胁稍高，以手侧按之，儿乃移身避之，按其左胁则不避。戴人曰："此肺部有痈也，非肺痈也，若肺痈已吐脓矣。"分析这个病例可以看出戴人在诊察之时，已经注意到了患儿的强迫体位、两侧对比，并有正确的鉴别诊断：判断出痈在肺部，但在肺外，实际上当为现今所说的胸膜炎引起的积液。这种诊断方法简直与近代医学一样，而与传统中医的病因、病机、八纲、六气等诊断法相距甚远。为什么象张从正这种独树一帜的流派带头人，没能把这些不同于传统医学的治疗经验，诸如精神疗法、诊断方法等光大之，而成新说？反而是刻意追求一种可以囊括一切的理论核心——汗吐下三法该尽众法，进而归于“攻邪”一点。这些均留待“四人共性与异同”的研讨中再做分析。

（三）李杲的“脾胃论”

生平概要

李杲，字明之，真定（今河北正定）人。因汉高帝前真定名东垣，故李杲自号东垣老人。有些著作释“东垣”为“真定的东垣地区”，恐不确。

金代文人元好问（1190～1257年）为东垣好友，曾作“东垣老人传”，称杲卒于辛亥年，时年七十二岁。则李杲生年当在金世宗大定二十年（1180年），金亡时年五十五，入元十七年乃终（1251年）。

李杲家境颇优，“世为东垣富盛之族”，曾“纳赀得官，监济源税”。杲自幼天资敏达，初学儒术，通《春秋》、《书》、《易》。纯孝，其母王氏患病，杲尽力侍奉“色不满容，夜不解衣”，但因不谙医术，亦无济于事。虽厚札求医诊治，但诸医或以为热，或以为寒，各执己见，议论纷纷，至死尚不知所患为何病。杲甚恨之，自此有志于医。遂捐千金拜易州名医张元素为师，历时四五年，所得元素之经验心得，可谓“倾囷倒廪”。杲之习医，本是“为已非为人”，南至汴梁后，“通医之名，雷动一时”，所救活之人“不可遍举”。东垣晚年精力不济，但因友朋屡以活人济世之言勉励之，故尽力整理自己的著作，如《内外伤辨惑论》初稿成后已搁置16年，此时方成其书。临终前取平生所著书，检勘卷帙，置于桌上，尽传门人罗天益。其医学著作有如下数种：

1.《内外伤辨惑论》三卷。此书初成于壬辰之乱时（1232年），丁未（1247年）又加修改而成。书中以脉、寒、热、手心手背、口鼻、渴否等各种体征辨内伤与外伤之异。

2.《脾胃论》三卷。共载医论36篇，方论63篇。全书旨在阐发“内伤脾胃，百病由生”的学术思想，强调胃气的重要性。此书是东垣代表作之一，罗天益称东垣之学为医之王道，“观此书可见矣”。元好问序言此书亦为壬辰之乱后，东垣恐《内外伤辨惑论》不足以醒悟庸医，故又著此以申明之。

3.《医学发明》九卷。现通行本改为一卷。人民卫生出版社查得明抄善本一种，存有原序四篇及原书九卷目次和第一卷正文，遂以济生拔萃本为主，与明抄残卷互校，增补。就现有内容看，本书载方70余首，用药以温补为多，持论以补脾为主，亦反映出“补土”学派之特色。

4.《兰室秘藏》三卷。分为21门，共283方。全书贯穿李杲内伤脾胃的基本论点，方剂多为作者自创，用药多至一二十种，但分量极小。多有升提阳明、少阳气机之柴胡、升麻之类，是其特点。

5.《用药法象》。李时珍曰："用药法象，书凡一卷，元真定明医李杲所著。祖洁古《珍珠囊》，增以用药凡例，诸经向导，纲要活法，著为此书。"此书内容主要保存在王好古的《汤液本草》中，目之曰"东垣先生药类法象"、"东垣先生用药心法"。具体内容如"引经药"、"东垣报使"等，明显是继承了张元素的学术成就。

6.《脉诀指掌病式图说》。此书收在《医统正脉》之中，题为元丹溪朱震亨著。但因书中有"予目击壬辰首乱……予于内外伤辨言之备矣，今略具数语以足成书，为六气全图。"故丹波元胤《医籍考》指出，此书实为李杲作品。但书中亦见："丹溪先生曰"，可知是经后人整理而成。

7.《伤寒会要》。佚。

8.《伤寒治法举要》一卷。此书未见，依据乃汪琥所言："伤寒治法举要，元东垣老人李杲撰。书只一卷，首言冷热风劳虚复，续辨惑伤寒论。共举治法之要，三十二条。"

此外，还有《食物本草》十卷，原题李杲编辑，李时珍参订等。熊均云："东垣著作甚多，唯有用药珍珠囊、脾胃论、内外伤辨、医学发明、五经活法机要、兰室秘藏、疮疡论、医说辨惑论等书刊行。"则所涉书名更多，但均乏考证之资。

从"具体"到"抽象"的脾胃论

众所周知，人到高原缺氧之地会出现如同感冒的症状；严重时也会像感冒一样转为肺炎(实为肺水肿)。这时吃治疗感冒的"板蓝根冲剂"等清热解毒之药，肯定不是"正治"，而首先是要"吸氧"。同样道理，由于长期饥饿、"内伤脾胃"，也可以呈现颇似"外感风寒"的症状，同样不能用"感冒药"进行治疗。李东垣著《内外伤辨惑论》，示人两种不同原因之病症的区别；著《脾胃论》阐述"内伤"情况下，补益"脾胃"的重要与具体方法，皆是基于某种特定的客观情况。而后人脱离其特有之客观背景，《脾胃论》变成了"脾胃论"；进而据脾胃的"五行属性"称其为"补土派"，则从"具体"衍变成一种"抽象"的理论学说了。

李杲与刘完素、张从正同为金代名医，均祖法于《内经》，但医学理论却又相去甚远，这就必须注意到李杲所处的特定历史条件。刘完素年最长，虽称其生于乱世，但完素中年恰是世宗当政，究为金之上升之期与兴盛之时，所行政令存抚为先，遇旱、蝗、水溢之灾，则免租赋；金银坑冶任民开采，不取税收；流移人老病者，官与养济等等。且其火热之病，以论述外感为主。子和稍后，但其地处中州，金元战线在西北不及于此，南与宋修好为主，且南宋苟安无力北伐，故子和乐得四处游逛，并无兵燹饥寒之苦。李杲则不然，他生于世宗鼎盛之时，行于哀宗渐落之世，正值金朝灭亡之期，烽烟四起。时值李杲 41 岁时，“夏人攻龛谷，宋人攻蕲州，红袄贼掠宿州，大元兵攻延安”，真可谓楚歌四面；至天兴元年(1232 年)，即所谓“壬辰之乱”时，汴京城内外不通，米每升银二两，百姓粮尽，殍者相望。缙绅士女多行乞于市，京城人相食，至有杀妻子儿女以食之者，凡皮制器物皆被煮食。朝廷之内亦只能“阅官马，择瘠者杀以食”，是年“汴京大疫，凡五十日，诸门出死者九十余万人，贫者不能葬者不在是数”。

李杲亲历壬辰之乱，故于书中谈到：“解围之后，都人不受病者万无一二，既病而死者，继踵而不绝，都门十有二所，每日各门所送多者二千，少者不下一千”。他认为这主要是由于城困民饥，脾胃受伤所至，“似此者，几三月此百万人岂俱感风寒外伤者耶?”并指出，“非大梁为然，远在真祐、兴定间，如东平、如太原、如凤翔，解围之后病伤而死无不然者”。他亲见在这种情况下，医者以为外感而用发表药，有以巴豆、承气攻下者，“俄而病结胸，发黄，又以陷胸丸及茵陈汤下之，无不死者”。壬辰之乱后，元好问与东垣同出汴梁，游于聊城、东平等地，数年中亲见东垣为人治病，始知其何以有“国医”之称：“一洗世医胶柱鼓瑟，刻舟觅剑之弊”。正是在这样的历史背景下，李杲才结合自己的实践经验著《内外伤辨惑论》以明外感与内伤之不同，又作《脾胃论》进一步阐发内伤脾胃的具体治则与方药。

然而从另一方面讲，内外之辨、脾胃之治的重要，又确实具有使其能够上升成为一种抽象理论的内在动力。

首先，东垣认为今本《黄帝内经》中所述百病之源或因喜怒过度，或因饮食失节，寒温不适，或因劳役所伤，要之不过内外二途。外伤风寒六淫客邪，皆有余之病，当泻不当补；饮食失节中气不足之病当补不当泻。对于这两类治则截然不同的病证，许多医生是没能很好分清的，因为这两类病因迥异的病证，常常表现出一些共有的症状，如发热、恶寒、头痛、肢体沉重等等、为此，李杲专作《内外伤辨惑论》一书，从脉、寒热、手心手背、口鼻、气少气盛、头痛、筋骨四肢、渴与不渴、恶食不恶食等九方面枚举其异，示人以大端。

此外，李杲还对阳明热证与中暑进行了辨析，这一点也颇为重要。阳明热证是内有实热，《伤寒论》说，“阳明之为病，胃家实是也。”症见大热、大渴、大汗出、脉洪大，转入腑证以后，则见日晡之时发潮热、谵语等壮热里实之证，法以白虎汤清其在经之热，以承气汤攻其里实可解。而内伤之证中有与此症相似者，“乘天气大热之时，在于路途中劳役得之，或在田野间劳形得之，更或有身体薄弱、食少、劳役过甚，胃气久虚而劳役得之者，皆与阳明中热白虎汤证相似。必肌体扪之壮热，必躁热闷乱，大恶热，渴而饮水，以劳役过甚之故，亦身疼痛。始受病之时，特与中热外得有余之证相似，若误与白虎汤旬日必死”。这实际是就“中暑”所言，李杲以为此证乃脾胃大虚，元气不足所至，所以到日晡前后，为阳明得时之际，病必少减，不同于阳明热证之日晡病进的规律。凡此之辨，要在区别内外之不同，内伤多为虚证。

其二，李东垣所言脾胃，义有广狭之分。就狭义而言，是指人之脾胃脏腑。如其言：“胃之一腑病，则十二经元气皆不足也。”故特重饮食有度，大饮则气逆，多食则胃伤。然而东垣著作中所说的脾胃，更多的是指脾胃之气，或人体整个的消化系统与吸收功能。即“胃气者，谷气也、营气也、运气也、生气也、清气也、卫气也、阳气也；又天气、人气、地气，乃三焦之气，分而言之则异，其实一也，不当作异名异论而观之。”更何况《灵枢·本输》中早已言明：“手阳明大肠、手太阳小肠皆属足阳明胃。”因此对于东垣“脾胃论”不可只从字面之狭义理解之。

在李东垣的理论框架中，胃气是其核心，影响着其他脏腑之功能，例如：

1. 胃气与心：脾胃气虚，元气不足而心火独盛。脾胃既虚，营血大亏，心无所养，致使心乱而烦，病名曰悗。

2. 胃气与肺：脾胃一虚，肺气先绝。

3. 胃气与脾：胃既伤则饮食不化，口不知味，四肢困倦，心腹痞满，兀兀欲吐而恶食，或为飧泄，或为肠澼，此胃伤脾亦伤明矣，

4. 胃与肾、膀胱：脾胃虚，肾与膀胱受邪。

5. 胃与胆、小肠：胃虚则胆及小肠温热生长之气俱不足。

6. 胃与五官：胃气一虚，耳、目、口、鼻，俱为之病。

故“推其百病之源，皆因饮食劳倦而胃气元气散解，不能滋荣百脉，灌溉脏腑，卫护周身之所致也”。对于这样的病变，东垣以为是由于“阳气衰弱不

能生发，不当于五脏中用药法治之，当从《藏气法时论》中升降浮沉补泻法用药耳。”这可以说是东垣制方的一条重要原则。其调整脾胃功能、补益中气，虽亦用参、芪，但用量甚微，而且不是独任辛甘温，多佐以黄芩、黄连等苦寒药，同时伍以升麻、柴胡、葛根、羌活等引经药，使药性能上下行，上达空窍，下至肝肾，寓泻阴火于升发阳气之中。此类药物的使用频繁仅举《兰室秘藏》一书为例，该书自“饮食劳倦”至妇人、小儿、疮疡、五官共分 21 门，病虽各异，但组方中门门有升麻，这在历代医家中是绝无仅有的。东垣称此为“因曲而为直”，意思是说加入升发之药，令其元气上升，借因饮食内伤而服药之机，“使生气增益，胃气完复”。

李东垣的医学思想可以说是源于其师张元素，进而光大之。因张元素家住易水，故后人又称其为“易水学派”。任应秋氏以为明代遥承易水学派的有薛立斋、张介宾、李中梓、赵献可等名医大家，以及张璐、马元仪、尤在泾等亦多承其说。但这些人的学术特点是脾肾并举，先后天两重。东垣之学问世后，通过中日间“遣明船”的来往，将《医学发明》、《内外伤辨惑论》等书带到了日本，产生了划时代的影响。与后来的丹溪学说一同被称之为“后世派”而在日本流传。

（四）朱震亨的“养阴论”

生平概要

朱震亨，字彦修，生于元世祖至元辛巳，卒于惠宗至正戊戌（1281～1358年），享年 78 岁。婺州义乌（今浙江省义乌）人。因其家乡有小河名叫“丹溪”，故学者多尊称朱震亨为“丹溪翁”，或“丹溪先生”。

朱氏家族“子孙蝉联，多发闻于世”。自南宋后期，其祖上在当地开设学堂，讲授六经。朱震亨自幼“读书即了大义，为声律之赋，刻烛而成”。但年稍长之后，却弃而不学，唯尚侠气，争强好胜。若乡中望族仗势欺侮，“必风怒电激求直于有司，上下摇手相戒，莫或轻犯”。36 岁时，闻有朱熹四传弟子许谦居于东阳八华山中，“学者翕然从之，寻开门讲学，远而幽、冀、齐、鲁，近而荆、扬、吴、越，皆不惮百舍来受业。及门之士，着录者千余人”，不禁叹道：“丈夫所学，不务闻道，而唯侠是尚，不亦惑乎？”于是“抠衣往事”，就学于许公门下，听其所讲“天命人心之秘，内圣外王之微”，方悔恨昔日之“沉冥颠沛”，茅塞始开。每晚与友人一起探讨学问，常至夜半，“不以一毫苟且自恕”。如此数年之后，学业渐成，一日地方官设宴招待应举之士，朱震亨应

《书经》之试，但偶遇算命先生，先后两卦均言不利，即以为天命如此，绝仕进之念，以为“苟推一家之政，以达于乡党州闾，宁非仕乎”？于是乃就祖宗所建“适意亭”遗址上，造祠堂若干间，于其中“考朱子家礼而损益其仪文”。又在祠堂之南复建“适意亭”，使同族子弟就学其中。

朱震亨学医，有几方面的原因。首先在于惠民之心：“吾既穷而在下，泽不能致远，其可远者，非医将安务乎？”次则因其母患病，诸医束手，亦使其有志于医，“遂取《素问》读之，三年似有所得”。又因其师许谦本不以名利为务，教授学生，“随其材分，咸有所得。然独不以科举之文授人，曰：此义、利之所由分也”，如此熏陶，久之自对朱震亨的思想有所影响。偏巧此公又患痼疾，对朱震亨有所期待：“吾卧病久，非精于医者不能以起之。子聪明异常人，其肯游艺于医乎？”故丹溪由此“焚弃向所习举子业，一于医致力焉”。

当时盛行陈师文等在宋大观年间所制《和剂局方》，朱震亨昼夜研习之，但以为“操古方以治今病，其势不能以尽合。苟将起度量、立规矩、称权衡，必也《素》、《难》诸经乎？”不过乡间医者鲜有知者，于是治装出游，访寻名师，“但闻某处有某治医，便往拜而问之”。他渡浙江，走吴中，出宛陵，抵南徐，达建业，后又到定城，始得刘完素的《原病式》和东垣方稿。然而始终未遇到理想的老师。直到泰定二年(1325 年)才在武林(杭州)闻说此地有名罗知悌者，世称太无先生，为“宋理宗朝寺人，业精于医，得金刘完素之再传，而旁通张从正、李杲二家之说”，但此人性格狭隘，自恃医技高明，很难接近。朱震亨几度前往，欲求拜谒，均未能得见，趑趄三月有余。然怎奈其心诚意真，求之愈甚，每日拱手站在罗知悌门前，置风雨于不顾。如此罗太无先生始肯整衣相见，谁知却一见如故。朱震亨从此就学于罗氏之门，尽得其传。

直接师承朱震亨者，据考证约有十余人，即赵道震、赵良本、赵良仁、朱玉汝、朱嗣汜、楼厘、戴士垚、戴思温、张翼、程常、楼英、王履、虞诚斋、徐彦纯、贾思诚、戴思恭等。

检医籍目录，题为朱震亨所著者不下几十种，还有一些书名前冠丹溪二字，或亦误被认为是丹溪所著。据宋濂“石表”所记，朱震亨的著作共有 7 种：“宋论一卷、格致余论若干卷、局方发挥若干论、伤寒论辨若干卷、外科精要发挥若干卷、本草衍义补遗若干卷、风水问答若干卷。”除去《宋论》与《风水问答》，计有医书 5 种，此与戴良“丹溪翁传”所载著作的名称基本相同。其次，托名丹溪之著作大抵有以下这些：《丹溪本草》、《丹溪脉诀》、《丹溪脉法》、《丹溪医案》、《丹溪医论》、《怪疴单》、《活法机要》、《丹溪集》、《丹溪脉因证治》、《丹溪手镜》、《丹溪秘传方诀》、《丹溪治法语录》、《丹溪心法》、《丹溪心法类纂》、《丹溪药要》、《丹溪纂要》、《丹溪适玄》、《丹溪心要》、《朱震亨产宝百问》、《丹溪活幼心法》、《丹溪随身略用经验良方》、《朱氏传方》、《朱震亨治痘要法》。

一些著作之所以悬朱氏之名，或因其传人整理先师旧论、语录、笔记、医案，附以己论而成，或因书商翻刻而变换旧名，甚或径是托名，不可一一详考，但如是之多的著作冠有丹溪之名，倒是事实，由此即可知其影响之及。

重视“物质基础”的补阴之论

朱震亨医学思想的核心理论是“阳常有余，阴常不足”。比之以天阳地阴、天大地小；日阳月阴，日实月缺等自然现象而加以说理阐发。这种类比式的论说未见得十分透彻，实际上就人体科学而论，中医学从古至今所说的一个“阳”字，主要是指无形之功能而言，相应地“阴”则是指有形质的物质基础而言，由于一切外在的功能表现，均须以客观之形质为基础，因而“阴”就显得十分重要了。正如朱氏所言“补养阴血，阳自相附”的治疗原则一样。在这种思想指导之下，其用药与《和剂局方》偏任香辛走窜之品形成了鲜明对比，例如腰痛一症，“脉大者肾虚，杜仲、龟板、黄柏、知母、枸杞、五味之类为末，猪脊髓丸服；脉涩者瘀血，用补阴丸加桃仁、红花”等等。一方面清热泻火，一方面滋补真阴。这就既不同于刘完素的苦寒直折，也不同于张子和、李东垣的治疗方法，而是朱震亨“滋阴派”的具体表现。

朱震亨的养阴理论对于年老体弱之人来说尤为适宜，因而他专有“养老”之论。指出人至暮年，精血俱耗，平居无事，已有热证。头昏目眵、肌痒尿数、鼻涕牙落、涎多寐少、足弱耳聩、健忘眩晕、肠燥面垢、发脱眼花、久坐兀睡、未风先寒、食则易饥、笑则有泪，“皆是血少”。其治均需养阴。

朱震亨在金元四家中，所出最晚，得罗知悌传授刘、张、李三家之说，能够兼收并蓄之。这一点与历史时代、罗氏师传之影响均是分不开的。在朱震亨的著作中，每每可见引用《原病式》等书，或直言河间、元素、子和、东垣、罗先生等人所论及治疗经验。他的“阳常有余，阴常不足”论，在理论上与刘完素应说有相同之处，但治则却完全不同，刘氏在削阳以求平，朱丹溪则以补阴而至平。例如他在运用刘完素的代表方剂“防风通圣散”时，有“去麻黄、大黄、芒硝，加当归、地黄”之变。刘完素将诸痛痒疮，皆归于心火，朱氏却归为血虚。

对于张子和的攻邪理论，朱震亨以为“孟浪”，这与他儒家的中庸思想是紧密联系的，所以治病多守“王道”，遇有可下之证“亦宜略与疏导，若援张子和浚川散、禹功丸为例，行迅攻之法，实所不敢”。又如治妇人乳腺炎，必有成脓者，此时操刀放脓本是正治，但朱震亨亦视此为“庸工喜于自炫，便用针刀引惹拙痛”。

对于李东垣的学说与治则，他也是选择性地吸收，例如在“崩漏”一症中，他曾说：“血崩，东垣有治法，但不言热，其主在寒，学者宜寻思之”。具体治则中，“因劳者，用参芪带升补药”是东垣之法，而“紫色成块者，热，以四物汤加黄连之类”则是朱震亨的惯用之法。

朱震亨的学术思想在元末明初之医学界占有极其重要的地位，影响颇大。故有人说：“求其可以万世法者，张长沙外感、李东垣内伤、刘河间热证、朱丹溪数者而已。然而丹溪实又贯通乎诸君子，尤号集医道之大成者也”。其著作由来中国的留学僧人田代三喜带至日本，初因其所居关东偏僻之地而未能广泛流传。此后，其门人曲直濑道三至当时的政治、文化中心京都进行宣传，则云集之众胜于其他门派，而成一大流派。

五、当代的中医学派问题

(一) 中西医结合

在不能通过“实证”以决高下的知识领域中，当同一领域出现了两种知识体系，且并存一段时间后，便自然会出现折衷之见。“中西医结合”如果可以被视为是一种学术主张，那么也就可以称为是一个“学派”。其源，自当追溯到明季清初西方医学传入之时的“会通学派”。

不过“中西医结合”的发展壮大主要是在共和国建立之后。这一学派所以能成蔚然大观之势，与政策扶植中医、鼓励中西医结合具有极为密切的关系。如此又为我们提供了一个不同类型的学派发展案例。

第一步：扶植中医，促进中西医的“团结”

尽管中医界人士总是呼吁对其“重视不够”，但实际上可以说从共和国成立伊始，政府便对中医给予了极大的重视与扶植。

1950 年，新成立的卫生部发布《工作方针与任务草案》，指出卫生工作必须要"团结改造与提高一切新老卫生医药人员";5月30日,北京中医学会即告成立;8月7日卫生部组织召开第一届全国卫生会议,毛泽东主席为大会题词:"团结新老中西各部门医药卫生工作人员,组成巩固的统一战线,为开展伟大的人民卫生工作而奋斗。"由此奠定了会议所通过之"面向工农兵"、"预防为主"、"团结中西医"的卫生工作三大原则的基调。

此后全国各地纷纷召开"中医会议"、逐渐成立了"中医学院"与"学会"等。由于这一阶段政策的核心精神是重视、扶植与团结,而"团结"中间自然就包含着中西医两方面人员间的相互团结问题,并必然涉及到消除学术隔阂的问题。

1951年4月4日,卫生部公布《关于医药界的团结互助学习的决定》。其中第三点为:"不论中西医之间及中西医内部,都应在为人民服务的共同目标下打破反动统治的有意隔离和造成的隔阂,亲密团结和互助学习。"

1953年11月18日,中华医学会成立中西医学术交流委员会。其宗旨为:"借以推动中西医学术交流和学术的提高,更好地为人民健康服务;其任务是交流临床经验,并普及学术;提供研究问题并商定工作计划,征集参考资料等。"

1954年1月12日,全国政协文教组也组织召开了"中西医学术交流座谈会"。

插曲:中医问题的"政治化"

无论是有形的物质建设,还是无形的精神与学术建设,都存在着"破旧"才能"立新"的基本规律。但规律毕竟是抽象的精炼描述,如同拆迁时未能妥善解决居民搬迁的问题便必然会引发种种抗争活动一样,在推进新的医疗卫生事业建设的过程中,也出现了同样的问题。

这一问题的关键人物是当时两位重要的卫生工作领导。其一是曾任陕北中国医科大学校长15年,新中国成立后历任军委卫生部副部长、东北卫生部部长、中央卫生部副部长等职的王斌;其二是我党我军卫生事业的开拓者之一,1922年考入北京医科大学,1925年入党,1930年到瑞金后担任军委卫生部第一任部长兼政委,新中国成立后任中央卫生部副部长兼党组书记、中央军委卫生部部长等职的贺诚。由于他们在思想上认为新中国卫生事业的发展必将是全盘西化,中医的前途无非是"由城到乡,由乡走向自然淘汰";对中医的提高和改造要求过急过高;并制定了一系列限制与改造中医的具体政策，因而显然与上述党和国家领导人的基本立场不同，与既定的一些政策相悖。

1955年3月11日《健康报》发表了"积极参加批判王斌轻视中医的思想斗争"的社论，在全国掀起了一个批判王斌的高潮，在《健康报》连续发表的文章有30多篇。诸如9月9日署名任小风《王斌是怎样消灭中医的》之类的文章，皆是将其上升到阶级斗争、路线斗争的高度——是"资产阶级消灭中医的政策"。

10月间，卫生部傅连璋副部长以"关键问题在于西医学习中医"为题在健康报和各种医学杂志上发表文章指出西医学习中医的重要意义，并号召广大西医积极学习和研究中医，发扬祖国医学遗产。其后逐渐迎来了一个西医学习中医的高潮。

第二步：掀起西医学习中医的热潮（见表1-5）

表1-5　"中西医结合"相关纪事

时　间	纪　事
1955年10月29日	北京医学院动员医教人员学习中医。
1955年11月4日	健康报发表题为"老老实实学习中医"的社论。
1955年12月3日	北京首批在职西医学习中医研究班开学。参加这个班学习的有院长、教授、主任医师、主治医师、助教及少数卫生行政干部。
1956年3月7日	卫生部为了改进中医工作，下发《关于改进中医工作的报告》。其第一项内容即"关于西医学习中医工作"，包括：教学组织、教学内容、学习制度、领导问题等四大方面。第四项为"逐步改组中华医学会"：今后应把促进中西医学术交流和学习总结祖国医学遗产作为该会中心任务之一。
1957年2月25日	北京市公共卫生局举行西医学习中医颁奖大会，在职西医学习中医班73个单位的三百余名医师得奖。
1957年4月10日	中医研究院举行西医学习中医研究班颁奖大会。
1958年1月	卫生部发出通知：高等医药院校增设中医课程。
1958年3月	辽宁省制订西医学习中医跃进计划。
1958年7月3日	中医研究院隆重举行西医学习中医研究班毕业典礼，优秀学生获得卫生部奖章和奖状。
1958年7月21日	中医研究院在职西医进修中医班开课。

续表

时 间	纪 事
1958 年 10 月 11 日	卫生部党组就这一届西学中班向党中央呈上了两份报告《卫生部党组关于组织西医学习中医班总结报告》、《卫生部党组关于西医学习中医离职班情况成绩和经验给中央的报告》。很快在全国引起巨大反响。 毛泽东就今后举办西医离职学习中医的学习班问题，对《卫生部党组关于组织西医学习中医班总结报告》写了重要批语："中国医药学是一个伟大的宝库，应当努力发掘，加以提高。"(《毛泽东选集》第七卷，北京：人民出版社，1999，423)
1958 年 11 月 1 日	全国各医学院校，在党的中医政策的光辉照耀下，全面地展开了西医学中医、两流合一流，创造祖国新医学的群众运动，已经获得很大成就。西安医学院在大搞医学教育革命……大力进行中西医合流运动，取得突出的成绩，成为坚决贯彻党的中医政策的一面红旗。 北京等地的医学院也相继大力展开这一工作。
1958 年 11 月 5 日	人民日报以"开始打开祖国医学的伟大宝库，首批中西合璧的医生诞生"为题，报道了我国第一批由卫生部委托中医研究院举办"西医学习中医研究班"76 名学员毕业的消息。他们都具备了中西两套医学技术，以进行临床教学和研究工作，这是坚决贯彻中医政策的胜利。
1958 年 11 月 12 日	西安医学院，大搞中西医合流的群众运动更加壮阔，学习和研究祖国医学的盛况空前。 贵阳医学院师生学习研究中医形成风气。 北京医学院掀起中西医合流热潮，人人争学中医各科，中西并用。 中国医学科学院 700 多人学习中医。
1958 年 11 月 18 日	中共中央遵照毛泽东指示，写了《对卫生部党组关于组织西医学习中医班总结报告的批示》，附以《卫生部党组关于西医学习中医离职班情况成绩和经验给中央的报告》下发各省、市、自治区党委，并于 1958 年 11 月 20 日在人民日报发表。
1958 年 11 月 28 日	人民日报又以"大力开展西医学习中医运动"为题发表社论。自此，将中医研究院举办西学中班的经验推向全国。全国各地大力贯彻党的中医政策，开展群众运动，使西医学中医形成热潮。 江苏省决定举办西医学中医研究班，西安市西医学习中医脱产班、中医研究院应中国医学科学院等单位的要求，开办 11 个班，帮助 2600 多西医学习中医。 1958 年 12 月 1 日，内蒙古自治区认真贯彻党的中医政策，中医(包括汉医和蒙医)扩大到 8100 人。西医学中医班去年已开办。内蒙医学院并建立了蒙医系和汉医系。 西安成立中西医合璧医院。
1958 年 12 月 11 日	北京地区部队总医院，人人学中医。

续表

时　间	纪　事
1958年12月15日	解放军总后勤部、卫生部向全军各卫生机关发出了关于学习中医的指示。
1980年	卫生部召开全国中医、中西医结合会议，做出了“要有计划、有重点地建设和加强一批中医医院”的决定，由此，全国的中医院建设工作快速展开。北京市也原则上要求“各区县都要有中医院”。……医院建设的质量得不到保证。
1982年	明确了28所中西医结合机构。
1982年11月	在石家庄召开全国中西医结合和综合医院、专科医院中医科工作会议，讨论了从人力、财力、物力等方面给予加强的问题，从而保证了中西医结合事业的发展。

第三步：从“两流合一”到中西医结合

从表1-5中，1957年11月之后的“纪事”内容中可以看到，在经历了政策导向性的一个“西学中”的历史阶段后，从这时起开始出现了“两流合一”的口号与实践。如果将中西医两种知识体系视为“生命之学”范畴下，两个具有完全不同学术主张的“学派”的话，那么“中西医结合”当然可以称之为一个新的学派。事实也正是如此，由于“两流”尚不具备“合一”的必要条件，仍然具有沿着自身固有轨迹存在并发展的价值与空间；如果排除掉“政治性服从”的因素，在学术上，他们对“结合”的“产物”实际上均持并不认可的态度，因而便形成了当代中国医药卫生事业“中医、西医、中西医结合”并存与共同发展的所谓“三驾马车”的局面。而尽管不太文雅，但却更为准确与形象的表述则应该是：由马、驴、骡形成的动力组合。骡子虽然比马和驴都更为强壮，但却不能繁殖后代；许多杂交的农作物，虽然可以繁育后代，但其所具有的杂交优势却会逐渐退化，需要不断以优秀的父本与母本再行杂交。因而无论是动物还是植物，培育和保护好优良的“种源”都是一件非常重要的事情。那么，学术是否也是如此呢？

当我们针对某一疾病或患者，采用中西两种治疗方法时，通常都会有鱼和熊掌兼得的良好效果。但问题就在于很难看到“结合”的成果，又产生出什么下一代新的成果；在聆听中西医结合成果介绍时，你会感觉到，他们始终是在进行着“一代杂交”。因而虽然在表1-5的最后部分，可以看到中西医结合事业欣欣向荣、蓬勃发展的客观数据，但必须清楚：其原因不外乎“实用价值"和"政策支持"。换言之,迄今为止,还主要是技术层面上的"结合",某些理论性方面的结合"尝试",或利用现代手段完成的"实证"或"指标客观化",通常都会遭到种种非议,认为存在诸多牵强附会之处。

"结合论"理应受到支持。首先,技术层面的结合具有良好的实用价值;其二,如果承认中医确实能治疗某些疾病的话,那么这一"现象"背后便一定隐藏着某种"道理",而要揭示这个道理,亦即"所以然"的问题,必需依靠现代科技手段;其三,中医的价值,绝非仅仅是"疗效",其理论中同样蕴含着许多值得现代医学吸收的东西。只要不把"科学"看成是一成不变的,就必然会看到:明天的"科学"批判今天的"科学",一定会比今日的"科学"批评昨日的"科学"更深刻。

(二) 中医学派的生命周期

与科学学派的生命周期相比,自然就会发现"中医学派"的生命周期是否太长了?例如本文中作为典型案例加以论说分析的"金元四大家"和"伤寒"、"温病"等等学派,似乎至今不仅未被淡忘,而且仍有客观的使用价值。对此,原因在于以下两大方面。

首先,尽管"中医研究院"已经更名为"中医科学院",但中医的性质并不会因此改变;中医的理论学说和学派的性质均与本报告中的"科学学派"具有本质区别。正是因为存在着本质上区别,所以中医的学派,以及各学派所提出的学术主张便既不会被"实证"成为"共识";也不会因"实证"而被否定。由此获得了长久生存的权力。

其二,虽然当代仍然有人标称自己传承或仅仅使用着某一学派的主张,但在整个中医界内,这样的人毕竟是屈指可数。而绝大部分的中医,则是在学习与使用着已将这些"学说"融入知识体系的"中国传统医学"。尽管他们在学习时会被告知:这一学说与治疗方法源自某某;尽管他们在使用某一学说与相关治疗方法时,会想到这是源自某某;尽管他们在使用与取得一定疗效后,会在撰写论文时述其源头所在,但这绝不代表他们属于某一学派的成员——因为他们同样会在其他场合,使用其他来源的学说与治疗方法;甚至是在处理某一病例时,也完全可以综合不同来源的学说与具体方法。因而在这种情况下,又可以说这些学派实际上已然不存在了。

事实上在任何情况下,恪守某一学派之说,都是片面的。即便最讲"门派"的武林,不是也以那些兼收并蓄诸家之长、会使十八般兵器、精通各路拳脚者为翘楚、高手吗？因而对于当代"没有新的、有影响的中医学派产生"的问题，或许也就可以有另外一种考虑：挺好，一切顺其自然。学派原本就是名人、新说产生后，连带着种种利益而滋生的附庸。期待者从"毛"生"皮"——从"学派"求"创新"与"大师"，岂不本末倒置？

六、小结

（一）旧瓶新酒式的继承

金元四大流派虽皆各立新说，但又都十分强调自己的学说乃是取法于今本《黄帝内经》这一重要经典。从表面上看，固然可以说是源同流异，是某一方面的引申张扬与发挥；但本质上实属旧瓶装新酒，与所谓"今文经学"一样：借阐发古人微言之大义而宣扬自己的主张。因而当这种阐发所表述的实为自己的思想时，那就不妨说：医学的理论与实践在这时已然出现了变化——革新。

然而新说的提出者何以要将其归功于古人呢？这是由多方面的因素决定的。首先，人类普遍具有"崇拜"的心理需求．一切虚构的神灵、古代的圣人、泥塑的菩萨、活着的偶像，皆具有满足人类此种心理需求的功能。而在传统医学的知识领域中，后人"打造"的崇拜对象，不仅包括诸如扁鹊、华佗、张仲景那样的医圣偶像，还有一个最具魅力的抽象偶像——"古代学术"。这种心态，不仅在中国的传统医学中表现强烈，同样也存在于周边国度。例如日本的汉方医学在已然接受了中国的宋明医学理论与治疗方法后，如同社会中涌起了批判朱子学、提倡孔孟儒学正统一样，在医学领域中也兴起了摒弃宋明医学、独尊汉代张仲景《伤寒论》的"古方派"。又如，"印度人通常认为所有的东西都是起源于印度，因为相信阿输吠陀在世界上是最古老的，所以即便是新传入的东西亦被梵文化、纳入文献之中，认为那是自太古以来就存在的"；"复古主义者主张阿输吠陀是绝对优越的，但在伊斯兰与英国统治期间堕落了，如果恢复其本来的清纯之姿，则可凌驾西洋医学之上"。

"尊古"之风带来的必然结果是泯灭了学者的自信——他们似乎从来不敢想象：我也有能力创造出新的、更好的理论学说或实用技艺。在他们看来，古代医学从建立之时起就是一个尽善尽美的"完成体"，已然没有发展的可能；一切新生事物，不过是"得道"的过程。这个过程的实现，或是因为有

“得道”先人的传授，或是因为“悟性”使然——悟出了古代圣贤心中所藏的奥秘与具体的运用方法。在这条学术发展轨迹上，一切新知识的形成无疑都不会被看作是对旧有理论与体系的批判，而仅仅是“阐发”。这一过程周而复始不断循环的结果，是不断增强着“古代学术”的光辉与可崇拜度。

当我们看清了传统医学发展过程中隐含的这种“创新”方式后，就会自然而然地得出一个根本性的结论：当代存活着的传统医学，并非古代传统医学的“克隆”。因而尽管从表面上看，似乎只有现代科学才敢于旗帜鲜明地以“进步”、“超越前人”作为理念、目标和价值判断的标准；而传统医学却是被盲目崇拜的“尊古”之风所笼罩，从来不敢理直气壮地去谈“创新”，甚至连想都不敢想，但实际上无论“尊古”还是“复古”，都不过仅仅是一种心态，而不是客观事实。

(二) 终极真理式的“病因学说”

宋代以来融合三教而产生的“新儒学”，正像其另外两个名称——“理学”、“道学”所显示的那样，较之固有的儒学体系更多具有了思辨的内容；在“格物穷理”的旗帜下，探索着宇宙万物发生、发展与演变的基本规律、究极原理。

在这一点上，四大家就疾病产生的原因各自提出了一个“根本的原因”，的确与理学构建起“太极、一气”→“阴阳”→“五行”→“万物”的解说模式非常相似。从这一共性表现中，可窥时代思潮的普遍影响；但其具体构建的过程与“外因”又各不相同。例如刘、朱二人的学术主张中，皆含有重“阴”抑“阳”的内核，但建构之“道”却完全不相同。众所周知，道家“贵阴”。作为通晓道家之学的“通玄处士”刘完素，采用的方法是销减被他视为六气之本、万病之源的“火热”(阳)。但秉承儒家学问体系的朱丹溪所采用的却是完全不同的方法——补充不足的一面(阴)。在同样是求得“阴阳平衡”的具体办法上，刘完素的具体做法好比“狐狸分蜜饼”——掰去大的一边。如果我们将“人体”视为一个由阴阳构成的“太极”，那么刘完素的治疗方法无疑具有“尅伐”之嫌。而朱丹溪补充不足一方的做法则被称为“扩太极而大之”。

而如果就本草学的发展轨迹而论，类似的表现却要迟至明代之后才得到清晰的表现——《本草纲目》之后，再无人以“大而全”为追求目标，风潮转向药物理论的研究与阐发。如果有人提出类似“近代科学何以未在中国产生”的问题——本草学的转向何以没在金元时期产生？那么回答便十分简单：只有发生了的事情才有原因。这就是历史与哲学的不同视角。

另一方面，从上述的具体介绍可以看出：尽管他们在病因学方面各自提出了一个“终极真理”式的理论，但在实际治疗中却并非仅用一方一法来处理所有的疾病。

（三）医者素质与创造性

刘、张、李、朱四人学医、业医的动机与过程虽不尽相同，但皆不离“仁”、“孝”二字。刘、李二人因母病不治而学医；张从正以《儒门事亲》为书名；朱丹溪因母病师疾，及“以医泽民”的人生价值而弃举子业等等，皆是如此。然而更为关键的还是在于宋代以来，对于生命的认识与治理，被儒者视为“格物穷理之一端”这就使得原本属于“君子不齿”之“百工贱业”的医学在研究者的构成方面出现了前所未有，而且是较为普遍的素质改变。刘、张、李、朱四人的学识水平显然与当其时能够产生标新立异的“四大家”具有密切的内在关系。这一事实，同样可以用于“从历史的角度分析学派产生的条件”，结论很简单：学派或新说赖以产生的关键，无非是人才，而不是什么其他因素。另外，四大流派的产生，与医学的“学科”发展变化间，也没有任何可以言说之事。

刘、张、李、朱四人虽然皆有弟子传人，但这些人中却没有再产生能与其师比冀，或是超越其师的杰出人物　　学派无力造就人才，只有人才方能造就学派。

第六节　结　论

无论是从西方近现代的自然科学学派来看，还是从中国传统医学中的学派来看，作为一个小型的学术共同体，学派对学术的发展都产生着重要影响。通过对历史上古今中外的若干个学派进行案例研究，同时结合本课题研究目标，得到结论如下：

一、科学学派的诞生常与创新思维关系密切

例如,李比希学派的研究理论导致有机化学的形成,哥本哈根学派的思想直接推动了量子力学的创立等等,然而,创新思维却不必定导致学派的产生。学派的产生需要满足几大要素:领袖人物、围绕在领袖人物周围的其他研究者、学派全体人员自愿遵循的研究纲领或研究方法、良好的协作和交流氛围、有明确的研究目标导向。有无持续的经费或其他支持,也不是必要条件。

二、科学学派形成之前领袖人物的成就相当重要

经过研究发现,科学学派之所以能够形成,往往与领袖人物的学术思想或学术成就有关,这直接关系着能否吸引其他研究者的到来,在学派形成之后,这又成为学派内聚力的主要来源。那么,在这个意义上说,科学学派对科学的原创性贡献,往往产生与学派诞生之前,但不能因此否认学派形成之后也会对科学产生更多的贡献。

三、科学学派内部的学术交流活动有重要作用

科学学派形成之后,整个学派对外表现为一个学术整体,但内部必然存在相当充分的学术交流活动。单兵作战或者不善交流的学者是无法形成一个学派的,这一点,从牛顿、高斯、爱因斯坦等著名科学家身上可以看出来。

四、科学学派存在一定的生存周期

科学学派必然要经历形成、成熟和衰落三个阶段,平均生存周期在23年左右。这个生命周期,与学术的自身发展规律有密切关系,而与外力的影响不大。学派衰亡有两个重要原因:一是学派领袖人物的去世,学派内部无人具有领袖气质,缺乏学术凝聚力,无法承担学派发展的责任。二是随着学术的发展和进步,学派内部所信守的共识的性质发生了变化,这又存在着两

种可能:共识被证明为不完备,逐渐被学派所抛弃,不存在共识的学派自然而然就解散了;共识被越来越多的人所接受,成为学术共同体都遵守的范式,也就是说共识被泛化,这标志着科学学派的学术目标已达成,学派也就完成了自己的历史使命。

五、中国传统学术领域学派的自我特征明显

按照严格的学派定义,中国传统学术领域是存在学派的,但这类学派的自我特征相当明显,在发展过程中产生了异化。中国传统医学学派的生命周期远长于科学学派,且在地域和时间上有不连续性,这与中医的难以实证有一定关系。中国传统学术领域内的学派问题,归根结底,是人的问题。

六、科学学派在一定程度上可视为自组织系统

科学学派的整体性,以及其应对外力的自我调节功能,在一定程度上可视为自组织系统,外力很难促进科学学派的产生,或者推动它的发展,抑或阻止其衰亡。外界需要对科学学派产生影响的话,应从学术生态和科学建制的层面对其作用。换句话说,外力无法直接促成一个学派的产生,但可培育生成学派的学术生态环境。

参考文献

[1] 张家治,邢润川.历史上的自然科学研究学派[M].北京:科学出版社,1993.

[2] 胡作玄.布尔巴基学派的兴衰[M].上海:知识出版社,1984.

[3] 高嵘.数学学派的理论探讨与案例分析[D].北京:中国科学院数学研究所,1998.

[4] 赫拉莫夫.科学中的学派[J].科学史译丛,1983(1):34-43.

[5] 盖森.科学变革、专业兴起和研究学派[J].科学史译丛,1987(4):53-63.

[6] 关洪.一代神话:哥本哈根学派[M].武汉:武汉出版社,2002.

[7] 王蒲生.英国地质调查局的创建与德拉贝奇学派[M].武汉:武汉出版社, 2002.

[8] 方宗熙.遗传学的两个学派[M].北京:科学普及出版社,1964.

[9] 赵万里.现代“炼金术”的兴起:卡文迪什学派[M].武汉:武汉出版社, 2002.

[10] 陈国达.学派在建立和发展学科中的作用[J].大地构造与成矿学,1995(3):189-196.

[11] 吴致远.谈造就我国科学学派的迫切性[J].科学管理研究,2003(1):38-41.

[12] 鲍健强.现代科学学派形成的机制和特点[J].科学技术与辩证法,1989(6):58-61.

[13] 艾凉琼.论科学学派的自组织性[J].科技管理研究,2009(9):456-457.

[14] 谭文华.论科学学派及其在科学活动中的功能[J].科技管理研究,2004(6):7-9.

[15] 于绥贞.论基础科学研究中的学派现象[J].研究与发展管理,2002(1):35-40.

[16] 李伦,孙广华.科学学派:现代科研集体的理想模型[J].科学学研究,2000(1):11-18.

[17] 宋子良,王平.范德瓦尔斯及其学派[M].武汉: 华中科技大学出版社, 2002.

[18] Gerald L Geison, Frederic L Holmes, ed. ResearchSchools: Historical Reappraisals [J]. Osiris, 1993(8).

[19] 李佩珊.科学战胜反科学:苏联的李森科事件及李森科主义在中国[M].北京:当代世界出版社, 2004.

[20] 李泽厚.中国古代思想史论[M].北京:人民出版社,1985.

[21] 胡作玄,邓明立. 阿廷-布尔巴基学派的先驱[J].自然辩证法通讯,2009(1):71-80.

[22] 陈炜.李四光地质力学学派探析[J].自然科学史研究,2008(2):249-256.

[23] 何国祥.论科学学派的自组织[J].科学学研究,1989(1):5-12.

[24] 吴致远.科学学派的本质特征析说[J].科学研究管理,2003(5):37-41.

[25] 陈士俊,夏青.基于耗散结构理论的科学学派成长机制分析[J].科技管理研究, 2009(8):569-571.

[26] 李伦.试论科学学派的社会运行[J].科学学研究,1999(1):9-15.
[27] 李伦.试论科学学派的形成机制[J].科学学研究,1997(3):17-23.
[28] 吴致远,梁国钊.科学学派领袖素质研究[J].科学管理研究,2004(6):32-35.
[29] 莫少群.科学学派的历史形态探析[J].科学学研究,2001(4):1-6.
[30] 周遂志.科学学派的重大发现与优先权[J].科学技术与辩证法,1993(3):18-23.
[31] 陈士俊,夏青.学派建设与学科发展的策略研究[J].天津师范大学学报:社会科学版,2010(1):70-72.
[32] 艾凉琼.科学学派对科学发展的推动作用[J].科技管理研究,2008(3):249-250.
[33] 谭文华.论科学学派及其在科学活动中的功能[J].科技管理研究,2004(6):7-9.
[34] 顾颉刚.古史辨[M].上海:上海古籍出版社,1982.
[35] 中国科协学会学术部.学术交流与学术生态建设研究[M].北京:科学普及出版社,2008.
[36] 中国科协学会学术部.学术交流与学术生态建设[M].北京:科学普及出版社,2007.
[37] 廖育群.岐黄医道[M].辽宁教育出版社,1991.
[38] 廖育群.医者意也[M].台湾东大出版公司,2003.
[39] 李聪甫,刘炳凡.金元四大医家学术思想之研究[M].北京:人民卫生出版社,1983.
[40] [日]山田重正.典医の历史[M].思文阁,1980.
[41] [日]中山茂.日本人の科学观[M].创元社,1977.
[42] [日]矢野道雄译.インド医学概论・解说[M].朝日出版社,1988.
[43] 贾得道.中国医学史略[M].山西人民出版社,1979.
[44] 中国医学百科全书编委会.中国医学百科全书・医学史[M].上海:上海科学技术出版社,1987.
[45] 郭霭春.中国医史年表[M].黑龙江人民出版社,1984.
[46] 中医研究院.建国以来医药卫生大事记 1949.10—1958.12[M].油印本.1959.
[47] 惠特菲尔德.彩图世界科技史[M].繁奕祖,译.北京:科学普及出版社,2006.
[48] 赵功民.外国著名生物学家传[M].北京:北京出版社,1987.
[49] 中国科协学会学术部.学科发展与科技创新[M].北京:清华大学出版社,2010.
[50] 任应秋.中医各家学说[M].上海:上海科学技术出版社,1980.

第二章 学科建设与科技创新关系研究[①]

第一节 引 言

学科是人才培养、科学研究和社会开展知识服务的基本单元，它不仅是知识创新的基地，也是汇聚优秀人才的集聚点。学科的创立、成长和发展，是科学技术创新发展的基础，是科学知识体系化的象征，是国家科技竞争力的标志，是国家创新体系建设的重要内涵。

学科建设是集学术队伍、学科方向、科学研究、科技创新、基础条件和人才培养于一体的综合性建设。它凝聚着长远的发展目标、正确的学科研究方向、高水平的学术队伍和坚实的学科平台；承担着培养高素质创新拔尖人才，创造高水平研究成果和建设国家创新体系的崇高使命。

中国科协自2006年启动学科发展研究活动以来，已对78个学科的发展状况进行了研究，对近几年来国内学科发展情况进行了跟踪，回顾总结了学科研究的新进展、新成果、新见解、新观点、新技术等，体现了学科发展研究的前沿性。一批重大科学发现与方法创新极大地促进了基础学科的发展，突出表现为，我国基础研究更加扎实、深入，新兴学科发展迅速，传统学科不断涌现新生长点，面向国家、社会重大需求和面向实际应用的研究成果数量与质量明显提高。中国科协正式出版的学科发展研究系列报告，是国

① 研究单位：中国岩石力学与工程学会；课题负责人：钱七虎、方祖烈；作者：钱七虎、方祖烈、许放、张兴、李志红、徐文立、陈文琳、王兰香、齐航（中国岩石力学与工程学会）。

家创新体系的重要组成部分，也是把国家创新体系建设不断推向前进的重要标志。

本研究将系统探究建国以来，我国学科发展的历史、特点和现状，分析在不同时期我国学科发展存在的问题和原因，并以冶金工程学科、控制科学与工程学科、化学学科等学科发展为典型案例，探索学科建设与科研创新的相互关系；分析学科发展的经验和教训，以此为基础提出促进我国学科发展的相应对策和建议；以期对我国学科的进一步发展，科学研究的不断创新，高等教育水平的提高有所启示。

第二节　相关概念及学科发展历程

一、学科与学科建设

(一) 学科及其分类

学科一词古已有之，随着时间的推移，学科不断被赋予新的内涵，外延也随之扩大，丰富的内涵和宽泛的外延拓展了学科的功能和价值。

在不同语境和不同层次中学科具有不同的含义。第一层含义，学科是“教育科目，也称科目。依据一定的教学理论组织起来的科学基础知识的体系。为了教学的需要把某一门科学浩繁的内容加以适当的选择、合理的组织和排列，使它适合学生身心发展的水平和某一级高等学校教育应该达到的程度。”①映射出学科在高等教育中的重要地位。第二层含义，学科是“学术的分类，指一定科学领域或一门科学的分支。如自然科学中的物理学、生物学；社会科学中的历史学、教育学等。”②“学科是相对独立的知识体系，处于不断发展和演进的知识体系根据某些共性特征进行划分而成学科。”③学

① 《中国大百科全书·教育卷》，北京：中国大百科全书出版社，1985年，第434页。

② 夏征农：《辞海》，上海：上海辞书出版社，2002年，第1934页。

③ 国家标准化管理委员会：《学科分类与代码》，2008年，第4页。

科是"学问的分支",即科学的分支或知识的分门别类①。第三层含义,"学科是由一群学者以及学生们依赖于一定物质基础围绕知识创造、传递、融合与应用的活动所组成的组织系统,是一个实际存在的具有组织形态的学术实体。"②这就使学科超越传统知识范畴的界阂,将学科作为知识的本体含义延展至划分和组合学术活动的基本方式,并指向以创造和发展知识为内在职责的专门化的组织系统。③

因此,我们可以这样理解,一方面学科是按照一定的规则划分成系列的科学或者知识领域;另一方面学科又是以高水平的学术队伍和先进的教学与研究条件为基本载体的,在一定的科学和知识领域具有特色和优势的学术力。

人们大都认为,学科是知识发展成熟的产物。一个知识领域必须具备六条标准才能被称为学科:(1) 有关科学家群体的出现,已有明确的研究对象和研究范围;(2) 有研究机构和教学单位以及学术团体的建立并开展有效活动;(3) 有相对独立的范畴、原理或定律,有正在形成或已经形成的学科理论体系和方法;(4) 有代表性的论著和出版物问世;(5) 学科具有系统性、严密性,不是单纯由高层学科或相邻学科推演而来,其地位无法用其他学科替代;(6) 能经受实践或实验的检验和否证(证伪)。④

由于应用的目的不同,因而会产生不同的学科分类体系。目前,我国通用的学科分类体系有以下几种:(1) 中华人民共和国国家质量监督检验检疫总局和国家标准化管理委员会于 2008 年颁布的《中国国家标准:学科分类与代码》。该学科分类体系设自然科学、农业科学、医药科学、工程与技术科学和人文与社会科学 5 大门类,门类下共设 62 个一级学科、676 个二级学科、2383 个三级学科。它是国家标准,主要为制定科技政策和科技发展规划以及科研项目、科研成果的统计与管理服务。(2) 国务院学位委员会和原国家教育委员会于 1997 年联合颁布的《授予博士、硕士学位和培养研究生的学科、专业目录》。该学科分类体系共设有 12 个学科门类:哲学、经济学、法学、教育学、文学、历史学、理学、工学、农学、医学、军事学以及管理

① 胡健雄:《学科组织创新》,杭州:浙江大学出版社,2001 年,第 243—244 页。
② 宣勇:《基于学科的大学管理模式选择》,《中国高教研究》,2002 年第四期。
③ 方文:《社会心理学的演化:一种学科制度的视角》,《中国社会科学》,2001 第六期。
④ 刘仲林:《现代交叉科学》,杭州:浙江教育出版社,1998 年,第 30—31 页。

学;在一个学科门类下包含若干一级学科;在一个一级学科下又设若干二级学科。《学科目录》颁布后几经调整和拓宽,现有一级学科 89 个,二级学科 386 个。在此基础上,教育部于 1998 年颁布了《普通高等学校本科专业目录》。该学科体系共设 11 个门类、71 个二级类、249 种专业。它主要规定了专业的划分、名称及所属门类;是设置、调整专业,培养人才,授予学位,指导毕业生就业,进行教育统计,预测人才需求等工作的主要依据。这两个《目录》的制定,奠定了高等学校学科建设的基础,对我国高等教育和学科建设的发展具有重要的指导意义。(3) 中国图书馆的学科分类体系在现代学科分类中也较有代表性。该学科分类体系将所有学科分为 5 大基本部类:马列主义、毛泽东思想;哲学;社会科学;自然科学和其他。在这 5 大部类基础上,按 A-Z 字母排列,组成 22 个门类。它主要为图书馆和出版物的管理服务。

此外,联合国及其他各国根据各自的标准和需要都制定有各自的学科分类体系,在此不再赘述。

(二) 学科建设及其对科技创新的意义

学科建设是指学科主体根据社会发展的需要和学科发展的规律,结合自身实际,采取一切必要的、可行的措施和手段,促进学科发展和学科水平提高的一种促进和引导活动。[①]

具体而言,包括如下几点含义:(1) 学科建设的目的是使学科具有人才培养、科学研究和服务社会的综合实力。(2) 学科建设的内容包含学科方向、学科队伍、学科基地等一系列条件的建设,是一项系统工程,是努力为学科发展创造有利条件。(3) 学科建设是使学科水平不断提高的一个过程,使学科的发展与社会经济文化的发展相适应。

学科建设对科技创新的意义在于,一个国家学科建设的水平不仅决定着国家高层次人才培养质量,而且影响着国家经济、社会的可持续发展和综合国力的竞争。一流人才从一流学科走出,一流成果从一流学科产生,只有拥有足够数量的一流学科才能托起一流的大学,只有拥有相当水平的一流学科才能撑起一流的科研院所。高等学校、科研院所的人才培养、科学研究和社会服务三大职能都是以学科建设为基础而实现的,因此,学科建设是高等学校和科研院所建设的核心。未来世界各国综合国力竞争的实质就是科

① 谢桂华:《高等学校学科建设论》,北京:高等教育出版社,2011 年,第 63 页。

技的竞争、科技创新的竞争；而创新思想是不断创新的源泉，创新成果是创新能力的实现，创新人才则是科技创新竞争的核心。学科建设正是孕育创新思想的土壤，产生创新成果的基地，培养创新人才的摇篮。所以，学科建设又是一个国家科技创新的核心。

（三）学科建设的主体

学科建设是一项极为复杂的社会实践活动，并不是只有高等学校才有学科建设的任务，所有国家创新体系的主体都担负着学科建设的使命。学科建设有多种功能，如人才培养、科学研究、社会服务等。不同的学科建设主体由于在社会发展中所扮演的角色不同，因而其进行学科建设的目的和所担负的职责也不一样。如政府的主要任务是维护社会稳定，促进社会发展；因此，政府进行学科建设的主要目的是社会服务。科研院所的主要任务是发展科学，进行科技开发，提高国家的科技竞争力；因此，科研院所进行学科建设的主要目的是进行科学研究。大学是人才培养的专门机构，人才培养仍是其主要职责；因此，大学进行学科建设的目的虽然也包括发展科学、服务社会，但其主要目的是培养人才。中国科协的主要任务是开展学术交流，推动科学普及与技术成果转化，发挥科学共同体和国家级智力库的作用；因此，科协进行学科建设的主要目的就是充分发挥自身优势，联合各个学科建设主体，协助政府有效推动国家层面的学科建设。

目前在我国，研究型大学和国家科研机构是学科建设主体的主体，居于核心位置。这是因为，一方面，研究型大学和国家科研机构具有多学科综合、人才荟萃、学术氛围浓厚、国际交流广泛的特点；另一方面，从人才培养的角度看，学科建设在人才培养上的重要特点是，教育与科研相结合，通过开创性的科研，培养创新型人才。国家创新体系是创新人才的函数，创新人才的数量和质量决定着国家创新体系的规模和品位。而研究型大学和国家科研机构的学科建设正是提供创新人才的摇篮。

从发达国家的经验看，情况也大体如此。以美国的研究型大学为例，学科建设在以下几个方面起到了很大的作用：一是依托学科进行精英教育，培养国家栋梁之才，许多科学家、政治家、企业家，都毕业于这些大学，或在这些大学的学科中从事过科研和教学工作；二是依托学科从事基础研究，不断产生获诺贝尔奖级的科技创新成果；三是依托学科推动高科技产业的发展，被誉为“美国新技术的摇篮”的“硅谷”，就是依托斯坦福大学和伯克利大学两所研究型大学的相关学科而发展起来的。

（四）学科建设的影响要素

学科建设是一项复杂的系统工程，融合教学、科研、师资队伍等诸多因素，涉及重点与交叉学科建设、队伍建设和科研基地建设等方方面面。一般来讲，学科建设要素分为两个层次，其中学科带头人、研究方向、发展规划、资金投入为第一层次，属于学科建设的基础层，起着决定学科产生与生存的关键作用；而学术梯队、人才培养、科技开发、学术交流为第二层次，属于学科建设的功能层，起着决定学科的发展能力与水平的作用。这两个层次、八个要素整体构成了一个学科建设的基本结构体系，决定着学科的建设规模、发展实力等（见表 2-1）。①

表 2-1 高校学科建设的影响要素表

层次	影响要素	建设内涵
第一层次	1. 高水平的学科带头人	实施超常规人才战略，以优秀学科带头人为纲，形成院士、首席教授、博士生导师为首的学科内核，由此奠定学科建设的坚实基础。
	2. 稳定的前沿研究方向	根据国家的发展需求，瞄准国际科技发展前沿，依据学科自身的优秀特色，确定主攻研究方向，组织重大科技攻关，推进学科整体发展。
	3. 可持续发展规划	体现指导思想，突出主攻方向，明确奋斗目标，落实关键措施，形成良性发展的运行机制和制度保障。
	4. 雄厚的资金、装备	集中资金，进行有效投放，配齐必需装备，创造优越条件，建设人才培养和科学研究基地，确保学科长足发展。
第二层次	5. 结构优化的学术梯队	建设一支结构合理、学缘协调、勇于创新的人才学术梯队，以科研攻关为突破口，加速学科整体优化。
	6. 跨学科人才的培养	瞄准学科发展前沿，优化教育模式，培养新世纪需要的高层次、复合型、创造型人才，既满足社会发展需求，又为学科建设输送后备生力军。
	7. 独创的高科技开发	面向经济建设主战场，加速高新科技成果产业化，解决重大、关键技术难题，建立技术创新体系，实现高校对社会发展的良好服务。
	8. 国际学术交流网络	及时把握世界学术理论前沿，拓展学科发展领域，既辐射又吸收最先进的学科理论，找准竞争对手，携手共促学科新发展。

资料来源：谢桂华、许放：《研究生教育与国家创新体系》，光明日报出版社，2011 年，第 125 页。

① 李晓群：《学科建设的要素及原则》，《学位与研究生教育》，2001 年第 9 期，第 39 页。

二、学科发展历程

(一) 近代学科设置的演变

近代西方大学学科建设的演变大体经历了这样几个阶段。第一阶段，19 世纪初叶之前的西方大学，已具备了现代大学的雏形，但从学科建设的功能来看，它仍只是一个纯粹的教学机构，其主要任务就是传播知识、培养人才。第二阶段，1810 年 10 月，德国著名教育家、时任普鲁士教育大臣的威廉·冯·洪堡创办了柏林洪堡大学。它认为大学的主要任务是追求真理，科学研究应是大学的首要任务。并强调大学教学必须与科研结合起来，只有教师在创造性的科研活动中取得研究成果，才能作为知识加以传授，也只有这种教学才能称得上真正的大学教学和大学学习。洪堡提出的办学原则在世界各国大学中得到了普遍认同和广泛推行，大学的学科建设也由过去单纯的教学职能转向教学与科研两大职能并重。但这时的大学仍是一个远离社会的“象牙塔”。第三阶段，促使大学最终迈出“象牙塔”，率先使培养人才、发展科学同为社会服务形成一体的是美国的大学。1904 年，查理斯·R·范海斯被任命为威斯康星大学校长。上任伊始，他就提出一种全新的教育理念和办学模式，推行大学教学、科研与社会服务一体化，主张大学应利用自身资源，为社会提供直接服务。威斯康星大学先进的办学理念及取得的成就受到世人的赞同，世界各国大学纷纷效仿。从此，西方大学学科建设的功能便由纯粹的培养人才，发展到了集培养人才、发展科学和服务社会于一体的新阶段。

我国近代大学的设立一般以 1898 年京师大学堂的创立为标志。以后，清政府为了规范学制，于 1904 年 1 月颁布了《奏定学堂章程》，史称《癸卯学制》。该学制规定：大学堂分为经学、政学、文学、格致、医、农、工、商八科。这是我国高等教育机构最早的学科设置。1911 年辛亥革命后成立的中华民国临时政府，于 1912 年 10 月颁布《大学令》。《大学令》取消了经学科，规定大学分文、理、法、商、医、农、工七科，以文、理二科为主，设文、理二科或三科以上者方能称为大学。1913 年 1 月又颁布《大学规程》，把大学的七科分为三十九学门：文科分哲学、文学、历史学、地理学四学门；理科分数学、星学、理论物理学、实验物理系、化学、动物学、植物学、地质学、矿物学九学门；

法科分法律学、政治学、经济学三学门；商科分银行学、保险学、外国贸易学、领事学、税关仓库学、交通学六学门；医科分医学、药学二学门；农科分农学、农艺化学、林学、兽医学四学门；工科分土木学、机械工学、船用机关学、造船学、造兵学、电气工学、建筑学、应用化学、火药学、采矿学、冶金学十一学门。其中，文科的哲学门又分为中国哲学、西洋哲学两类；文献门又分为国文学、梵文学、英文学、德文学、俄文学、意大利文学、言语学八类；历史学又分为中国及东洋史学、西洋史学两类。并详细规定了各门类开设的课程，共有1105门。《大学规程》基本奠定了我国近代学科建设的基础。

19世纪20年代，在新文化运动的影响下，全国掀起改革教育制度的热潮。鉴于当时的形势，北洋政府教育部于1922年颁布了一个新学制，即《壬戌学制》。《壬戌学制》规定大学设数科或一科均可，设一科者称某科大学，如医科大学、法科大学之类。1924年，北洋政府教育部又公布《国立大学条例》，重申了国立大学设文、理、法、医、农、工、商七科，各科分设各学系的规定。至此，我国近代学科建设的模式已基本定型。以后，在动荡不安的社会环境中，学科建设虽然也曲折地向前发展，但直到1949年新中国成立前后，这种模式基本上没有大的改变。

（二）新中国学科发展历程

新中国的学科发展是与国家的科技和教育事业紧密相连的，是伴随新中国科技事业的发展、高等教育事业的发展和社会经济的发展而发展的。

中国科学院建立并勾画了我国学科发展的轮廓

新中国伊始，1949年11月1日中国科学院即宣告成立，汇集了当时中国最优秀的科学家。中国科学院由学部、研究实体系统和各直属机构组成，是中国自然科学领域最高的学术机构，也是国家在科学技术方面的最高咨询机构。

中国科学院建立之初，学部设数学物理化学学部、生物学地学学部、技术科学学部、哲学社会科学学部；研究实体是按不同领域、专业分别设置的几十个研究所和研究机构。科学院的这种设置实际上勾画出了我国学科建设的最初轮廓。中科院从成立之初就高度重视人才培养工作。1955年8月，国务院第17次全体会议会议通过了《中国科学院研究生暂行条例》，标志着中国科学院研究生教育制度的正式建立，同时也开创了我国研究生教育的先河。

以后，中国科学院经过60多年的艰苦创业和不断发展，在自然科学和高新技术领域形成了门类齐全的学科布局，并通过建制转移和人才转移等方式，支持成立了中国社会科学院等国家研究机构和一大批部委与国防研究机构；取得了有限元方法、层子模型、人工合成牛胰岛素结晶和“两弹一星”等许多具有世界先进水平的科技成果；培养了大批科技人才，包括一批享誉世界的科技精英；为我国的学科建设和科学技术的全面发展作出了重大贡献。

1995年，中央提出要“努力把中国科学院建设成为具有国际先进水平的科学研究基地，培养造就高级科技创新人才的培养基地和促进我国高技术产业发展的基地”①，进一步确立了中国科学院在国家高级科技创新人才培养体系中的地位及其在国家学科建设中的作用。可见，几十年来，中国科学院在国家学科建设中发挥着重要作用。面对知识经济、经济全球化和科学技术迅猛发展的新形势和我国实施科教兴国战略的新要求，加强以中国科学院为代表的我国国家科研机构的学科建设，对提高国家科技创新能力、实现跨越式发展有着极其重要的现实意义。

1952～1978年奠定了我国学科建设的基础

与国家科研机构的学科发展一样，我国高等教育机构的学科发展也是紧密伴随新中国高等教育事业的发展而发展的。在其发展中，无论是对学科建设的认识，还是学科建设的实践都经历了一个不断深化的过程，是在曲折中发展的。

建国之初，国家要进行大规模的经济建设，需要大批高级专门人才。为此，1952年在全国范围内进行了院系调整。这次调整的方针是“以培养工业建设人才和师资为重点，发展专门学院，整顿和加强综合性大学”。调整后，当时全国共有高等院校182所，其中综合大学14所，其余均是工业、师范、农林、医药、财经、政法、语言、艺术、体育等各类专门院校。从学科建设的角度看，这次调整，把一些相同或相近的系、科相对集中，形成明显的学科优势，为专门学院的发展和高等工业大学的建设打下良好的基础，也形成我国高等教育机构学科建设的最初格局；其弊端是不利于大学中多学科的交叉与融合，不利于人才的全面发展，也不利于未来的科技创新。

---

① 石磊，张海英：《国立科研机构在研究生教育方面的作用》，《教育与现代化》，2005年第3期。

1955年前后，我国高等院校在已有专业基础上，又进行了一次专业调整，加强了对专业建设的领导和规范。到1957年，我国共有高校229所，设置专业323种。国家根据行业建设人才的需要，设置高校；高校按照行业的需要，结合各校师资设备等条件，再设置专业。这种做法为发展各高等专业教育提供了保障，促进了单科型大学的发展，也形成了我国高等学校学科建设的一大特点。

到1956年，全国科研机构已达840多所，科技人员达40多万人，研究活动的设施、经费等都有了稳定的保障，科学研究和研究生教育亦步入正轨。这一时期科研院所学科建设的主要注意力放在了基础学科领域，为我国基础学科的建设和发展奠定了坚实的基础。

1956年，中共中央、国务院批准了《1956～1967年科学技术发展远景规划纲要》，这是新中国第一个长期科学技术发展规划。规划拟定了57项重大科学任务，包括基础研究、应用研究和发展研究的一系列课题，其中最重要的是采取了发展计算机技术、无线电技术、核科学、喷气技术、半导体和自动化等6项措施。据此，中科院规定重点发展16个新兴学科：原子核物理、无线电电子学、半导体物理、空气动力学、控制论、自动化、计算数学、基本有机合成、稀有元素化学、地球化学、沉积学、海洋学、地球物理、生物物理学、微生物学、遗传学等。到1962年这个规划的任务基本完成，它对我国科学技术、工业建设、社会经济的发展起了重要作用，标志中国科学技术发展到一个新的时期，也大大促进了我国学科建设的全面发展。

“文化大革命”期间，大学和科研院所停办，高等教育和科学研究都遭到极大摧残，学科建设也被迫停止。

1978～1995年我国学科建设从恢复走向发展

1977年大学生和研究生招生考试的恢复，标志着我国高等教育事业进入一个新的历史时期。与此同时，高等学校的学科建设无论在认识上，还是在实践上都取得了重大的突破，亦开始了新的时期。具体表现在以下几个方面：

首先，是有关学科建设基本制度的建立。1980年2月，第五届全国人大常委会第13次会议审议通过了《中华人民共和国学位条例》（以下简称《学位条例》），于1981年1月1日起实施。并成立了国务院学位委员会及办公室，组建了国务院学位委员会学科评议组，为我国的学科建设和学位授予工作提供行政管理和学术审议的组织保障。依据《学位条例》，国务院学位委员会和国家教育委员会还统一制定和颁布了《授予博士、硕士学位和培养研究生的学科、专业目录》(以下简称《学科目录》)。《学科目录》的制定,标志着我国高等教育告别了过窄的专业教育的格局,向着有利于培养全面发展的高层次人才的方向转变,并对我国高等学校的学科建设具有奠基性意义。

其次,是多学科发展成为高校学科建设的必然趋势。由于我国高等学校中工科占据的比重较大,因此这一阶段高校学科建设的又一侧重点在于加速理科、政法、财经、管理和文科的发展。1978 年在武汉召开的全国高等学校文科教学工作座谈会,高度肯定了高等学校人文社科学科的重要性,强调"高等学校文科的专业设置和发展规模,必须根据新时期总任务的需要和学校的条件,统筹规划。"同时,一大批新兴边缘学科和社会急需的专业也得到了较大发展,填补了一些我国高等学校新兴学科的空白。另外,我国一批重点理工科院校为提高教育质量和学术水平,开始向学科结构综合化转变,呈现出理、工、农、医各类专业相互渗透与结合的趋势。在工、农、医院校中增设了一批文科、理科和应用文理科专业,在综合大学中增设了一批应用理科和技术科学类专业,在一定程度上克服了过去理、工、文科分校带来的弊端。

再次,是学科建设开始逐渐成为大学建设的核心。《学位条例》实施后,学位授权审核和研究生教育的发展有力地推动了高等学校的学科建设,每一次硕士、博士授权审核的申报和审核过程,就是对高校学科建设的一次评估、检验和促动。

1984 年 8 月,经国务院批准,教育部发出《关于在北京大学等 22 所高等学校试办研究生院的通知》,北京大学、清华大学等 22 所国内高水平大学研究生院的成立,对各高校的学科建设起了极大促进作用。1985 年 3 月,中共中央颁布了《关于教育体制改革的决定》,提出"建设重点学科,发挥科研优势"方面的要求。1993 年 2 月,中共中央、国务院颁发《中国教育改革和发展纲要》,明确提出:"努力扩大研究生的培养数量,应基本稳定基础学科的规模,适当发展新兴和边缘学科,重点发展应用学科"。1995 年 11 月,国家教委发出《关于进一步改进和加强研究生工作的若干意见》,提出要优化和调整学科、专业结构。其调整原则是,规范和理顺一级学科、调整并拓宽二级学科,大力辅助新兴学科、交叉学科和应用学科。

在国家的大力推动下,政府各部门、地方政府和各高等学校都采取积极措施，加强学科建设，尤其是重点学科建设。1986 年原国家教委评选了 461 个重点学科，在此基础上，各部门、各省市也都抓了重点学科建设，形成了国家级、省部级和各高校三个层次的重点学科布局。

在这一时期，我国高等学校的学科建设不仅得到恢复，而且获得较大发展，学科建设已然成为大学建设的核心。

在此期间，国家科研机构的学科建设也获得较大发展。1978 年 10 月，中共中央转发了国家科委《1978～1985 年全国科学技术发展规划纲要》，这是我国第三个科技发展长远规划，明确了 108 个项目和农业、能源、材料、电子计算机、激光技术、空间技术、高能物理和遗传工程等 8 个重点发展领域。同年，中国科学院又率先成立了我国第一所研究生院——中国科学技术大学研究生院（北京），招收了我国恢复研究生制度后的第一批研究生，招生总数占全国的 14.3%，成为我国恢复研究生教育制度后，研究生教育的重要承担者。1985 年中共中央发布《关于科技体制改革的决定》，进一步推动了科技事业改革的步伐。随着科技事业的长足发展，国家科研机构的学科建设无论在科学研究，还是人才培养方面，在这一时期都得到恢复并获得较大发展。

为了迎接新技术革命的挑战，跟踪国际科学前沿，推动基础学科发展，1986 年成立了国家自然科学基金委员会，以支持基础学科的研究工作。1989 年 2 月，国家科委召开了全国基础研究和应用基础研究工作会议，进一步明确了发展基础研究的方针、政策和措施，增强了对发展基础学科重要意义的认识。国家在经费投入、政策导向以及人员调配等方面给予基础学科大力支持，一些重大的基础设施开始上马，一批新生力量充实到研究机构，壮大了基础学科的研究队伍，极大地促进了基础学科建设。

1995～2008 年我国学科建设进入崭新的发展阶段

1995 年“211 工程”的正式实施，标志着我国学科建设进入到一个崭新的发展阶段，表现在以下几个方面。

第一，“211 工程”极大地推动了学科建设。“211 工程”是国家为推进高等教育发展，以倾向性资金为保障实现重点办学、有选择地发展高等教育事业的工程。早在 1994 年的全国教育工作会议就明确提出，要认真办好一批高水平的学校和学科，国家重点建设 100 所左右的高等学校和一批重点学科，对高等学校的学科建设起到导向和激励作用。到 1997 年，“211 工程”进展顺利，近百所高校部门预审完成，大部分高校已立项开始实施。重点学科建设是“211 工程”建设的核心，是体现教学科研水平的重要标志，是带动学校整体水平提高的有效途径。国家通过“211 工程”计划的实施，有意识地加大一部分重点学科的投资力度，使这些学科成为国家培养高层次人才、出高水平科研成果的重要基地。“211 工程”在相关大学批准了近 600 个重点学科建设项目，覆盖了人文社会、经济政法、基础科学、资源环境、基础产业与高新技术、医药卫生和农业七大领域，形成了覆盖我国经济建设和社会发展主要行业、带动学科和科技发展、分工合理、相互配套的重点学科体系，有利地推动了高校学科建设的发展。“211 工程”的实施，使我国高校学科建设获得了前所未有的发展。

第二，高校调整合并拓宽了学科建设的基础。在 1998 年国务院机构调整中，原机械工业部等 9 个撤并部门的 91 所普通高校实行由中央与地方政府共建共管；1999 年原兵器等 5 大军工总公司所属的 25 所普通高校实行体制调整；2000 年又对铁道部等 49 个国务院部门（单位）所属的 161 所普通高校实行体制调整。部门院校办学和管理体制调整的完成，标志着我国在特定历史条件下形成并长期存在的部门办学体制已基本结束。

在部门院校管理体制调整的同时，还进行了高等学校布局结构的调整，一些高校进行了适当的合并，组建了一批新的更加综合的大学。高校的合并调整改变了原来高校学科的单一化发展，优化了高等教育资源，形成更加综合的学科氛围，进一步拓展和提高了学科水平，增强了学校的综合实力，为一流大学的创建奠定了良好的学科综合基础。例如，成功地将一批规模较大、水平较高的医科院校并入了综合性大学或多科性大学，改变了我国长期以来医科院校独立发展的格局，对加强医科学科建设，提高科研水平和教学质量，培养生物技术时代的创新人才具有重要意义。

第三，“985 工程”使学科建设达到崭新水平 。在 1998 年 5 月 4 日庆祝北京大学建校一百周年大会上，江泽民宣布“为实现现代化，我国要有若干所具有世界先进水平的一流大学”之后，中央政府为促进一流大学的创建，决定从 1998 年起设专项资金重点支持若干所大学进入国际先进行列。教育部随后逐步将专项建设资金分别拨付给 30 几所国内著名的重点大学，开始以“2 + X”模式实施“985 工程”建设。即把北京大学、清华大学建设成为世界一流大学，同时也重点支持一部分学校，使之成为高水平大学。

“985 工程”建设极大地促进了高校学科建设的发展。1999 年，国家发布《面向21世纪教育振兴行动计划》，提出21世纪我国要“创建若干所具有世界先进水平的一流大学和一批一流学科”，“相对集中国家有限财力，调动多方面积极性，从重点学科建设入手，加大投入力度，对若干所高等学校和已经接近并有条件达到国际先进水平的学科进行重点建设。今后10～20年，争取若干所大学和一批重点学科进入世界先进水平”。十几年来，在国家的大力支持和大学的辛勤努力下，我国一些大学的若干学科的研究和成果已达到了国际先进水平，如北京大学的“凝聚态物理”学科在蓝色发光半导体的研究中取得具有世界先进水平的重要成果；一些重点大学的基础设施建设达到或接近世界一流大学的水平，如清华大学的“泰山工程”使该校信息与计算机基础设施建设进入世界先进水平大学的行列。

《面向21世纪教育振兴行动计划》的颁布和实施极大地推动了大学学科建设的深入开展。其后，教育部开展了高等学校重点学科的评选工作，经过同行专家评议和行政审核批准的方式，最后确定了964个重点学科点作为我国高校学科建设的重要基地。这些重点学科的建设，标志着我国高校学科建设达到了一个崭新的水平。

今天，“学科建设是大学建设之魂”、“要建一流的大学，必先建一流的学科”等，这些观念已愈来愈成为大学建设者们的共识。我们相信，中国高等学校的学科建设一定会沿着正确的道路健康快速地发展。

第四，科研机构的学科建设达到一个崭新的阶段。1998年，中国科学院知识创新工程试点工作正式启动，为实现国家知识创新工程、大幅度增强国民的创新意识和提高创新能力创造了条件。“知识创新工程”启动后，为中国科学院的学科建设和研究生教育的快速发展提供了新的历史机遇。截至2003年9月，中国科学院在学研究生人数已达到2.8万多人。其中博士研究生1.2万多人，硕士研究生1.6万人，比1998年在学人数(1.1万人)增长了1.6倍，年均增长率超过30%。中国科学院培养的研究生中，有很多人已经成为我国科研事业的骨干力量。据不完全统计，2003年全国共有研究生培养单位720个，其中科研机构313个，占全国培养单位总数的43.5%。可以看出，我国国家科研机构通过学科建设，努力发展研究生教育，为社会培养了大批高级科技人才，在我国的研究生教育中占有重要地位①。

① 石磊，张海英：《国立科研机构在研究生教育方面的作用》，《教育与现代化》，2005年第3期。

2005年，国家颁布了《国家中长期科学和技术发展规划纲要(2006～2020)》，将发展新兴学科和交叉学科作为今后一个时期我国学科建设的重点。国家自然科学基金委员会在"十一五"发展规划优先部署和重点发展的部分中，明确提出"充分利用我国现有良好基础和发展优势或充分体现我国资源与地域等特色，以科学问题为导向，瞄准科学前沿，鼓励学科交叉，推动我国基础科学优势研究领域向前发展"。在重点发展的13个领域中，涉及交叉学科、新兴学科的领域有10个，如科学与工程计算、新材料物理特性、环境与生物相互作用等，为我国的学科发展提供了新的契机，也将科研机构的学科建设推向崭新的阶段。

(三) 科协在学科发展中的地位和作用

中华人民共和国科学技术协会，简称"中国科协"。其前身可追溯至1915年成立的"中国科学社"和1945年成立的"中国科学工作者协会"。

1950年8月18～24日，由中国科学社、中华自然科学社、中国科学工作者协会及东北自然科学研究会4个团体发起并筹备的"中华全国第一次自然科学工作者代表会议"在北京召开。在这次会议上成立了"中华全国自然科学专门学会联合会"(简称"科联")和"中华全国科学技术普及协会"(简称"科普")。会议选举李四光、侯德榜、茅以升等50人为"科联"全国委员会委员；梁希、丁燮林、竺可桢等50人为"科普"全国委员会委员；吴玉章为两委员会的名誉主席。于1945年成立的"中国科学工作者协会"就此宣告结束。

1958年9月18～25日，中华全国自然科学专门学会联合会和中华全国科学技术普及协会在北京召开全国代表大会，决定两个学会合并为中华人民共和国科学技术协会。李四光为中国科协首任主席。中国科协是继工会、共青团、妇联之后，又一个全国性的"党领导下的人民团体，是党和政府联系科技工作者的桥梁和纽带"[①]。1991年，中国科协成为全国人民政治协商会议的参加单位之一。

50多年来，中国科协不断发展壮大，现已拥有近200个全国学会和众多的地方科协，1250万学会个人会员，汇集了各学科众多专家学者，成为一个巨大的人才库和国家级科技思想库。进入21世纪，中国科协在科技创新

① 胡锦涛：《在纪念中国科协成立50周年大会上的讲话》，人民出版社，2008年，第20页。

和学科建设中发挥愈来愈重要的作用，已经成为推动我国科技事业发展的重要力量。

中国科协下属各学会的一个重要特点就是以学科凝聚专家，按学科组建学会。如成立于1985年的中国岩石力学与工程学会，现共有单位会员200多个，其中大专院校45个，科研院所近60个，厂矿企业100多个，军事部门20多个，几乎囊括了全国岩石力学与岩石工程学科的科技人员和相关单位。很显然，科协下属的每一个学会实际上已成为该学科的大本营、总人才库。学会中的科技人员均来自学科理论研究和学科实践的第一线，来自产、学、研的各个方面，来自军、地、民等各条战线。在学会中，广大科技工作者打破原来的教育、科研、部队、企业等行业的局限，大家都来自共同的学科，拥有共同的学术语言，讨论共同的学术问题，共同关注本学科的建设与发展。因此，按学科组建的学会，冲破了行业、单位的界限，最集中地反映本学科绝大多数专家学者的智慧和意见，往往最能掌控学科的话语权，把握学科研究的动态，决策学科建设的方向，规划学科发展的未来。所以，国家学科建设与发展应是中国科协责无旁贷的职责。事实上，中国科协及其所属学会已经成为国家学科发展的积极参与者和重要推动者。

中国科协充分发挥各学会在学科建设中的作用，经常组织学会会员"围绕学科发展中的重大前沿问题、相关专业领域的共性关键技术问题，举办小型高端前沿专题论坛，深入研讨交流，提出学科发展方向和重点难点问题，对学科发展的基本趋势和潜在突破口作出判断，提出建议，推动行业科技进步和学科发展"。学会还"组织科技工作者围绕学科发展中的经费规模、资源配置和条件保障等重大政策问题开展专题研究，为学科调整、学科规划和人才培养提供决策参考"①。在实践中，中国科协积极而认真地履行着学科发展参与者和推动者的职责。

中国科协还从2001年起，连续4年编制《学科发展蓝皮书》，这是我国至今最早的有关学科发展的专业报告。在此基础上，自2006年进一步启动了学科发展研究及发布活动，开始《中国科协学科发展研究系列报告》的编撰工作。2006年，中国力学学会、中国化学学会等30个全国学会承担了相

① 中国科协：《中国科协关于加强决策咨询工作推进国家级科技思想库建设的若干意见》，2010年7月5日。

应30个一级学科发展研究任务，并编辑出版了30本相应学科发展报告。2007年，中国科协又组织了22个全国学会，分别对物理学、天文学等20个学科发展状况进行研究，并编写了相应学科发展报告。2008年，中国科协再组织中国机械工程学会、中国环境科学学会等28个全国学会分别对机械工程、环境科学技术等相应的28个学科的发展状况进行了研究，编辑出版了相应学科发展报告。2009年，中国科协继续组织了27个全国学会分别对大气科学、岩石力学与岩石工程学科等27个学科发展状况进行研究，提出了相应的学科发展报告。中国科协学会学术部还组织有关专家编撰了全面反映以上各系列学科的各个总报告。

中国科协开展的学科发展研究及学科发展报告发布活动，充分展示了每一学科发展的风貌，对广大科技工作者跟踪、了解、把握各学科的发展动态，深入开展学科研究，推进学科交叉、融合与渗透，推动多学科协调发展，促进科技创新能力的提高具有重要意义，是中国科协切实履行学科建设职责的一项重要举措。已出版的几十部《中国科协学科发展研究系列报告》，对各学科近几年来“国内外科学前沿发展情况进行跟踪，回顾总结，并科学评价了近年来学科的新进展、新成果、新见解、新观点、新方法、新技术等，体现了学科发展研究的前沿性；报告根据本学科的发展现状、动态、趋势以及国际比较和战略需要，展望了本学科的发展前景，提出了本学科发展的对策和建议，体现了学科发展研究的前瞻性；报告由本学科领域首席科学家牵头、相关领域的专家学者参加研究，集中了本学科专家学者的智慧和学术上的真知灼见，突出了学科发展研究的学术性。”①报告充分体现了中国科协及其所属学会在学科建设中的权威性，增强了其在推动学科发展、促进科技创新中的作用。

三、创新与国家创新体系建设

（一）创新与国家创新体系的提出

1912年，美国经济学家熊彼特将发明与创新区分开来，并首次提出创

① 韩启德：《中国科协学科发展研究系列报告（2006～2007）》，北京：中国科学技术出版社，2007年，序。

新的概念，其代表作是《经济发展理论》。他认为国家经济发展的决定因素是生产方式在某个领域的创新，并将创新内容概括为五个方面，即：(1) 生产新的产品；(2) 引入新的生产方式；(3) 开拓新的市场；(4) 寻求新的原材料供应源；(5) 采取新的组织模式。熊彼特的创新思想包括三个重要方面：(1) 技术创新思想；(2) 制度创新思想；(3) 观念创新思想。它的产生与发展为国家创新理论的形成奠定了基础。[①]

20 世纪 50 年代，美国学者德鲁克把创新概念引入到了管理领域。他认为创新分为技术创新和社会创新两者，其中社会创新是在经济和社会中创造一种新的管理机构、管理方式，从而取得更大的经济价值和社会价值。德鲁克从整个国家的经济和社会发展的研究角度阐述了创新问题。

20 世纪 70 年代前后，以美国经济学家纳尔逊、罗森伯格和英国经济学弗里曼为代表的"新熊派"，对技术创新过程、技术创新产生、技术经济基础、技术轨道、技术集群与扩散等重大理论进行了深入的探讨，提出了许多著名的技术创新模型，这些学者认为创新是科学技术成果的第一次商业化应用。

国家创新体系是 20 世纪 80 年代兴起的一种理论，这一理论认为国家创新体系的建设对于一国经济和科技的创新具有重要的影响作用。20 世纪 90 年代，随着知识经济时代的到来，创新已成为经济发展的基石、企业发展的依靠、民族进步的灵魂、国家强盛的支柱，创新能力是决定一个国家和民族国际竞争力和国际地位的重要因素。而国家创新能力的实现，依赖于国家创新体系的建设和功能的充分发挥，这就是国家创新体系日益受到人们广泛重视和热烈讨论的根本原因。

国家创新体系这一概念，首先是由英国学者弗里曼在《技术和经济运行：来自日本的经验》中提出的。弗里曼在 1987 年考查日本时发现，日本的技术创新主要不是来自于正式的研究开发，其创新以渐进的创新为主，创新者主要是来自生产部门的工程师、车间里的技术工人，他们以技术创新为主导，辅以组织创新和制度创新。政府的通产省也在技术的追赶中起着重要的作用。日本在技术落后的情况下，只用了几十年的时间，便使国家的经济呈现了强劲的发展势头，成为工业大国。这说明国家在推动一国的技术创新中起着十分重要的作用。他认为，在人类历史上，技术领先国家从英国，

① 约瑟夫·熊彼特：《经济发展理论》，北京：商务印书馆，1990 年，第 102—106 页。

到德国、美国，再到日本，这种追赶与跨越，不仅是技术创新的结果，而且还有许多制度、组织的创新，从而是一种国家创新系统演变的结果。在一国的经济发展和追赶超越中，仅靠自由竞争的市场经济是不够的，需要政府提供一些公共产品，需要从一个长远的、动态的视野出发，寻求对资源的最优配置，以推动产业和企业的技术创新。① 正是在对日本考查分析的基础上，弗里曼提出了国家创新体系的概念。

其后，美国经济学家纳尔逊和丹麦经济学家伦德尔，在 1990 年代初进一步发展了国家创新体系的概念。经济学家们在考察和研究后发现，一些国家创新绩效明显的原因是该国有一个运行有效的国家创新体系。因此，必须从系统整合的角度出发考察国家的创新效率。于是 20 世纪 90 年代后，国家创新体系便成为许多国家和国际组织研究的课题和制定政策的基础。

综上所述，创新，从行为上来讲，经历了从个人行为到企业行为再到国家行为的演化过程；从内容上讲，人们对创新的认识也越来越深刻，现代意义上的创新内容已十分丰富。所以，国家创新体系是人们从国家层面上对创新的一种整体认识的升华，它既是科技进步与经济发展一体化的产物，同时又是进一步推进这种一体化的杠杆。国家在创新过程中担负领导角色，是创新活动的决定因素。

应该说，国家创新体系的提出与研究，是对科学技术与经济发展关系认识不断深化的结果，是对科技创新理念的一个新的发展。当前，无论是企业、科研机构还是政府，都强调创新，强调相互作用以提高创新绩效，都离不开科学技术的利用和发展；而创新中所包含的知识创新、技术创新、制度创新等的根本目的即是促进经济的发展；国家创新体系的研究就是对科技创新与经济发展关系认识不断深入的一种反映。

（二）国家创新体系的涵义及构成要素

目前，关于国家创新体系的概念，还没有统一的定义，可谓仁者见仁、智者见智。仅介绍几种我国有代表性的观点。

中国社会科学院政策研究室王春法、游光荣认为，所谓国家创新体系就是一种有关科学技术植入经济增长过程之中的制度安排，其核心内容就是

① 石定寰，柳卸林等：《国家创新体系：现状与未来》，北京：经济管理出版社，1999 年。

科技知识的生产者、传播者、使用者以及政府机构之间的相互作用，并在此基础上形成科学技术知识在整个社会范围内循环流转和应用的良性机制。他们认为在实际生活中，国家创新体系具体表现为一国境内不同企业、大学和政府机构之间围绕着科学技术发展形成一种相互作用的网络机制，而且各不同行为主体在这种相互作用网络机制之下为发展、保护、支持和调控那些新技术进行着各种各样技术的、法律的、商业的、社会的和财政的活动。

国务院2006年初颁布的《国家中长期科学和技术发展规划纲要（2006～2020年）》指出："国家创新体系是以政府为主导、充分发挥市场配置资源的基础性作用、各类科技创新主体紧密联系和有效互动的社会系统。"

中国科学院《迎接知识经济时代，建设国家创新体系》的报告中，将我国国家创新体系定义为：由知识创新和技术创新相关的机构和组织构成的网络系统。即它实际上是在一个宏观层次上，建立起包括企业、科研机构、高等院校和政府部门参加的网络体系。目前，这一定义已为国内广大学者认同。

中国国家创新体系建设战略研究组提出如下定义：国家创新体系泛指一个国家整合创新要素所构成的社会网络。我国新时期国家创新体系主要表现为，在国家层次上推动持续创新、提升国际竞争力的组织和制度。[①]

目前，较通用的理解是：国家创新体系是指由一个国家的公共和私有部门组成的组织和制度网络，其活动是为了创造、扩散和使用新的知识和技术。政府机构、企业、科研机构和高校是这一系统中最重要的因素。

从行为主体角度，国家创新体系主要包括企业、研究机构、大学和政府四个主要要素。

1. 企业作为社会经济的细胞，是国家创新体系中最基本的要素，也是最重要的要素。大多数创新（尤其是技术创新）发源于生产领域，企业作为生产过程的主体，也是创新过程的主体。企业的创新意识和创新能力决定了它在国家创新体系中发挥作用的程度。企业负担的主要职能是进行技术创新和知识应用，同时进行知识传播。企业参与技术创新和知识应用的形式主要有两种：一是企业内部设立专门的研究机构，从事R&D研究和开发活动；二是企业与外部独立的研究机构或大学合作进行创新活动。不论以

---

① 国家创新体系建设战略研究组：《2008国家创新体系发展报告：国家创新体系研究》，北京：知识产权出版社，2008年，第4页。

何种形式创新，利润最大化始终都是企业的动机，因此企业真正关心的还是创新收益，当企业的创新投入获得了相应的创新收益，企业才会具有持久的创新动力和创新能力。

2. 科研机构从形式上可以分成两种：一种是独立的科研机构，这种研究机构也可称为公共的或国家的科研机构，由国家提供主要资金来源，其研究领域多为基础研究和对国民经济、社会发展、国家安全、国家综合实力具有广泛影响的技术开发。另一种是从属的研究机构，它们或者从属于企业，或者从属于大学。这里所说的国家科研机构主要是指第一种。国家科研机构的主要职能是进行知识创新、知识传播和知识转移。

3. 大学被公认是科学技术知识的公共存储器，它们在教学中传播、提取知识，又通过学术研究扩展知识的存储。应当强调的是，学术研究有着与产业研究不同的范围和目的，前者致力于探求新的知识和新的规律，后者却更多的是为了满足市场和企业的需要。但两者并非是完全脱离的，在许多领域，学术研究和产业研究都有着很强的相关性。在美国，大学的科学及工程研究与以科学为基础的产业几乎是一同成长的，大学向产业、研究机构输送人才，学术研究也为产品创新和工艺创新提供了思路。大学在国家创新体系中的主要功能是创造与传播知识、培养与输送人才。

4. 政府是国家创新体系中一个十分关键的要素，它与其他要素不同的地方在于，它不仅是创新过程的主要参与者，更是创新活动的重要推动者。政府的作用在创新体系研究之初就受到了人们的重视，在对各国创新体系的研究分析中，人们更致力于探讨政府在创新活动中的参与形式。各国政府参与创新的方式、深度和广度是不同的，如美国主要通过资金支持基础科学研究和军事技术的研究，日本则通过直接干预企业的技术创新活动来影响和推动整个创新的发展。政府在国家创新体系中的功能是引导、激励、保护和协调，其作用影响着知识和技术创新、扩散及应用的整个过程。1990年代以后，各国政府对创新活动的参与逐渐从直接转为间接，强调提出国家创新战略和营造良好的创新环境。

建设国家创新体系，不仅要重视知识、技术创新，更要重视包括观念、管理等方面的创新。因此，我国的国家创新体系框架应包括以下五个子系统：知识创新系统、技术创新系统、知识传播系统、知识应用系统和制度创新系统。知识创新是技术创新的基础和源泉，技术创新是企业发展的根本，知识传播系统培养和输送高素质人才，知识应用促使科学知识和技术知识转变成现实生产力，而国家可以通过制度创新系统进行制度安排，以调控整个国家创新体系的良好运行。各个子系统各有侧重，相互交叉，相互支持，是一个开放的有机整体。

国家创新体系是一个系统工程，首先应形成以企业为主体的知识应用和创新体系、以企业和国家开发型研究机构为主体的开发型研究体系、以国立公共研究所、国家重点实验室和高校为主体的基础研究体系及以高校为主的基础知识和应用知识的生产和传播体系；其次要形成以教育、培训、金融等中介服务机构等为主的创新支撑体系；再次是以国家科技计划和创新战略为引导的国家创新引导体系；最后是以市场激励与国家调控政策相结合的激励制度体系。

（三）我国国家创新体系建设

在社会主义市场经济体制下，确定各创新主体在国家创新体系中的定位和分工，是推进国家创新体系建设的一个重要方面。目前，在我国国家创新体系内各创新主体发展状况呈现以下特点：

企业已成为国家创新体系中的重要一员

尤其是民营科技企业和乡镇企业的崛起，使企业的科技力量布局发生很大的变化，有些民营科技企业在技术创新方面甚至优于一些国有大型企业。企业对技术的需求不断增加，已成为技术市场的最大买主。国家在相关政策中加大了对企业的支持力度。“十一五”期间，国家科技计划特别是重大科技专项进一步加大企业承担的比例，更多地反映企业需求；在具有明确的市场应用前景的领域，建立企业牵头组织、产学研共同参与计划项目实施的机制。国家发展改革委员会在国家工程实验室、国家工程中心、企业技术中心建设等方面进一步加大了对企业的支持，以促使企业真正成为技术创新的主体。

目前我国产业结构调整已进入创新主导的发展过程，企业发展将由重点提高生产能力转向重点提高创新能力，企业技术需求和技术投资能力也大大提高。因此，国家正在积极采取措施，为各种类型的企业提供公平有效的创新支持，真正确立企业在技术创新中的主体地位。企业也努力成为技术创新投入和组织的主体，在全社会 R&D 投入中发挥更加积极的作用，并利用和集成企业内外的各种要素和资源，解决企业乃至行业发展中的重大技术性问题。当前的重点工作是:进一步加强国有大中型企业技术创新机构和能力的建设,发展以企业为主导的工程技术中心,引导企业调整、制定创新发展战略,加大对创新的投入;进一步发挥民营企业在高新技术产业化方面的积极作用,鼓励民营企业参与国家和地方重大科技计划;进一步引导转制科研机构、加强应用基础研究和增强持续创新能力,在相应产业领域发挥先导和支撑作用;进一步鼓励外资企业在我国设立研发中心,开展本土化的创新活动。

高校已成为国家创新体系中的一支重要力量

经过30年的改革与发展,我国高等教育系统已经成为我国国家创新体系的重要组成部分,在国家创新体系中发挥着越来越重要的作用。首先,高校培养出大批优秀毕业生,为建设国家创新体系提供了重要的人才保障。现代企业已成为技术创新的主体,高校积极与企业密切合作,正在努力探索出一条产、学、研相结合的培养创新人才的新路子。高校的侧重点正在向有针对性地为企业和社会培养人才转移。这表现在专业学位硕士研究生的引入,在职培训的不断增加,工科本科毕业生在毕业生总人数的比例中逐年上升,为企业定向培养研究生等方面。其次,高校在基础研究方面具有不可比拟的优势,而基础研究所产生的可能是某一领域的革命性成果。在这一方面,研究型大学有能力承担国家的一些重点科研项目。在当前国家创新体系建设中,大学应继续深化科研体制改革,重点开展自由探索的基础研究,同时还应新建和组建一批多学科交叉的国家重点实验室,从事围绕国家目标的基础研究和战略高技术研究,并向社会提供公共科技产品及服务。通过联合承担国家科研任务和开放实验室等,加强与科研机构之间的结合。通过加强研究型、综合性大学建设,大力培养优秀创新人才,促进自然科学与社会、人文科学的深入融合。此外,大学还应当成为区域研究开发中心,并不断通过向产业的技术转移和扩散,提升区域创新能力。

国家科研院所为经济建设服务的格局已基本形成

科研院所不仅是基础知识的生产者,而且是应用知识的生产者。政府拨款已不再是科技机构资金的唯一来源,科研机构的科技活动经费的筹集来源已实现了多元化。2007年,全国研究与开发机构科技活动经费筹集总额12 643 675万元,其中政府资金10 417 449万元,占82.39%,企业资金

542 500 万元，占 4.29%，金融机构贷款 102 458 万元，占 0.81%[①]。科研机构院所办的高技术企业为中国的经济增长注入了新活力。当前，要加快建立以公益类院所为主体的国家公共科技供给和服务体系，加强中国科学院创新能力的建设。通过进一步推进和深化知识创新工程试点工作，积极探索符合中国国情的现代科研院所管理制度，进一步优化学科布局，形成一支精干、高效的科学研究队伍，建设具有国际先进水平的科学研究基地、培养造就高级科技人才的基地和促进我国高技术产业发展的基地。科研院所的主要功能是紧紧围绕国家战略目标，承担基础性、战略性和前瞻性的研究工作，并与企业、大学及其他科研机构形成相互开放、分工合理的结构布局，在国家层次上实现创新资源的优化配置和创新成果的充分利用。

政府开始注重通过立法、政策手段推动技术创新

自 1980 年代以来，我国已先后颁布了《专利法》(1984 年)、《技术合同法》(1987 年)、《标准化法》(1988 年)、《科学技术进步法》(1993 年)、《农业技术推广法》(1993 年)、《促进科技成果转化法》(1996 年)和《关于加速科技进步的决定》(1995 年)等一系列法律法规，为政府从项目管理向政策管理转变铺平了道路，促进了科技与经济的结合。为了解决科技成果向市场转化难的问题，政府推出了加强成果转化的一系列措施，以建设技术创新的支撑服务体系，这包括为解决科研生产相脱节的工程(技术)研究中心，为中小企业和乡镇企业服务的生产力促进中心，为高科技企业服务的科技创业服务中心等机构，及以创建技术市场、建立高新技术园区等形式推动科技成果的市场化，把原来政府的职能让位于由市场来解决，在技术和应用之间架起桥梁。

从技术市场来看，我国合同成交金额逐年上升(如图 2-1)，2008 年全国技术市场交易总量继续稳步上升，共签订技术合同 22.6 万项，同比增长 2.48%，成交技术合同总金额 2 665.2 亿元，同比增长 19.71%，高于 1996～2008 年全国技术市场成交总金额 19.37%的平均增速。平均每项技术合同成交金额由上年的 101 万元上升到 118 万元。成交金额占国内生产总值的比例达到 0.89%，较上年增长 0.02 个百分点[②]。

---

① 中华人民共和国统计局：《中国科技统计年鉴(2008)》，北京：中国统计出版社，2008 年。

② 科学技术部发展计划司：《科技统计报告》2008 年第 3 期，中国科技统计网，http://www.sts.org.cn/tjbg/jsmy/documents/2009/09062301.htm。

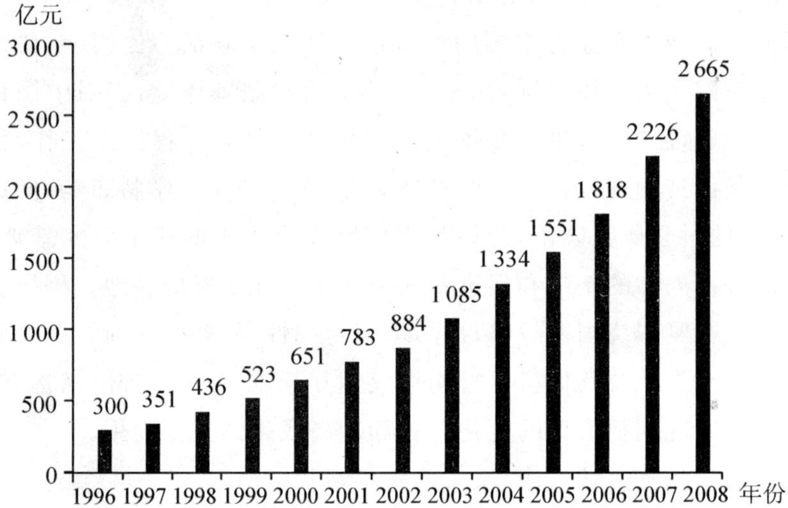

图 2-1 1996～2008 年全国技术合同成交金额

第三节 学科建设与科技创新相互作用分析

一、学科建设在科技创新中的地位与作用

（一）学科建设是国家创新体系中知识创新系统的执行者

国家创新体系是一个复杂的、开放的系统，从国家创新体系的基本要素及其相互关系来看，一般认为，在知识经济时代，国家创新体系是由大学、科研机构、企业和政府等要素组成的网络。大学及科研机构是国家创新体系最为关键的要素，是高新技术产生的原动力；企业是高新技术的消化者和应用者，是高新技术产业化的实践者；政府的主要作用是通过建设有效的机制，创造良好的外部环境来保证高新技术的产生和发展。

从国家创新体系的结构和功能来看，一般认为，国家创新体系可分为知识创新系统、技术创新系统、知识传播系统和知识应用系统四个部分。“知识创新是技术创新的基础和源泉，技术创新是企业发展的根本，知识传播系统培养和输送高素质人才，知识应用促使科学知识和技术知识转变成现实生产力。四个系统各有重点，相互交叉，互相支持，是一个开放的有机整体。”①

在国家创新体系的四个子系统中，知识创新系统居于核心地位。这是因为，一方面，知识创新是技术创新的基础，是新技术和新发明的源泉，是促进科技进步和经济增长的革命性力量。另一方面，知识传播和知识应用依赖于知识创新，没有了知识创新，就谈不上知识传播和知识应用。

在国家创新体系的各个子系统中，分别存在着各自相应的运作过程，每个过程又分别对应着不同的执行主体。知识创新过程是一个自由探索的过程，不可能有很强的计划性；它具有风险性，而且也不会立即产生经济效益；它需要最富于创新意识和创新能力的人才群体，需要多学科的综合和一种能够自由探讨的宽松的学术环境。这些特征决定学科建设是知识创新系统的执行者。这是因为，学科建设在为社会提供创新思想和创新知识方面，发挥着重大作用。它的优势主要体现在以下几个方面：(1) 高层人才密集。不仅拥有一批学术造诣深厚的大师级专家、学者，而且拥有从学士、硕士、博士到博士后的完整人才培养序列，每年都有源源不断的、充满活力的、有志于探索真理的年轻人加入其间，这些年轻人思维活跃、反映敏捷、勇于向权威挑战，对研究不带任何框架，在学术自由、学术自治的宽松氛围下，易于产生新理论、新方法、新技术，是思想创新、知识创新的生力军。(2) 学科领先且综合性强。由于拥有一批科研视野开阔、理论功底扎实的学术带头人，在本学科领域辛勤耕耘，不断获取新的知识，提出新的思想，力求站在本学科领域的最前沿。并且拥有多学科人才综合的优势，便于学科交叉融合，在发展边缘学科、新兴学科方面具有十分有利的条件，容易实现知识创新。(3) 具有自由、宽松的学术氛围。良好的学术氛围不仅有利于提高人才的培养和科学研究的质量，形成百花齐放、百家争鸣的局面，而且有利于学术群体彼此疏通感情、密切交流，保持集体凝聚力。尤其是一批著名的研究型大学具有悠久的历史，深厚的文化积累，又有人才培养和科学研究相结合的优势，容易形成启发灵感、活跃思维、增强创新性的良好氛围，从而产生各种

① 中国科学院“国家创新体系”课题组：《迎接知识经济时代，建设国家创新体系》，《世界科技研究与发展》，1998 年第 3 期。

创新思想、创新行为和创新成果。因此，无论在物质条件、人力资源和环境氛围各个方面，学科建设都有利于知识和思想的创新，是国家创新体系中知识创新系统的主要执行者。

(二) 学科建设为国家创新体系提供具有创新能力的高素质人才

国家创新体系形成和发展的关键是具有创新精神和创新能力的人才，学科建设在这方面发挥着重要作用。21 世纪，高新技术和知识经济对创新的要求是持续性、系统性和全员性的。适应未来社会对人才的要求，培养具有创新精神和创新能力的高素质人才是时代的需要，同时也是国家创新体系整体建设的需要。国际间综合国力的竞争也迫切要求加强对人才创新精神和实践能力的培养，许多国家都把创新人才的培养作为构建国家创新体系的重要内容。学科建设的功能之一就是培养和造就这样的群体，所以学科的不断发展，能为国家创新体系建设输送具有创新精神和创新能力的大量高素质人才。

从我国学科建设的发展实践看，学科建设作为国家创新体系中的创新人才培养的职能正在获得越来越广泛的认同。2003 年全国人才工作会议提出“要努力造就数以亿计的高素质劳动者、数以千万计的专门人才和一大批拔尖创新人才①”。而一大批拔尖创新人才主要依靠研究型大学和国家科研机构的学科来培养。1995～2007 年，我国研究生在校生总数已经从 14.54 万人增长到 119.5 万人②。这些研究生覆盖了人文科学、社会科学、自然科学以及工程技术等领域的绝大部分学科，他们不仅在攻读学位期间是我国国家创新体系建设中的重要生力军，而且在获得学位后也将陆续成为国家创新体系的中坚力量。

事实上，不少研究生在学期间就参加了各类科研课题活动，为国家创新体系建设作出了贡献(见表 2-2)。

从表中可以看出，随着 1999 年以后我国研究生教育规模的急剧扩大，参加自然科学与工程技术领域课题的研究生人数也逐年增加。到 2005 年，高等学校在学研究生达到 97.86 万人，其中参加自然科学与工程技术领域课题的研究生达到 21.55 万人，占研究生总数的比重提高到 22.02%，成为

① 教育部科技司:《中国高校科技进展年度报告(2004)》，北京：高等教育出版社，2005 年。

② 中华人民共和国统计局:《中国科技统计年鉴(2008)》，北京：中国统计出版社，2008 年。

国家科技创新的一支重要生力军。研究生通过参加各类课题研究，科研能力得到了锻炼，整体素质也得到了提高。

表 2-2　研究生参与科研课题情况(1996～2005 年)

单位：万人

年份	高等学校在学研究生	参加自然科学与工程技术领域 R&D 课题的研究生	自然科学与工程技术领域 R&D 课题人员
1996	16.33	3.87	15.55
1997	17.64	4.10	15.87
1998	19.89	1.15	15.85
1999	23.35	4.59	16.62
2000	30.12	6.27	19.37
2001	39.33	8.24	12.78
2002	50.10	9.83	13.18
2003	65.13	13.17	13.83
2004	81.99	17.33	16.07
2005	97.86	21.55	17.33

数据来源：科学技术部，《中国科学技术指标 2006》，科学技术文献出版社，2007 年，第 206 页。

再以国家自然科学基金项目为例，作为国家创新体系的重要组成部分，国家自然科学基金在支持基础研究方面具有重要地位。它包括对面上项目、自由申请项目、青年科学基金项目和地区科学基金项目的资助。其项目负责人的情况在一定程度上反映和代表着我国当前科研一线骨干人才的状况。分析 2001～2006 年间国家自然科学基金面上资助项目、自由申请项目负责人的学历学位情况(见表 2-3、表 2-4)，可以发现，这些项目负责人中拥有硕士、博士学位的比例很大，尤其是具有博士学位的负责人，其比例基本上是逐年稳步上升，这从一个方面反映了我国具有硕士学位以上的高素质人才群体在国家科学研究事业中的地位和作用。

表 2-3 国家自然科学基金面上项目资助情况(按负责人学位统计)

年份	总人数	拥有博士、硕士学位人数及比例			
		博士人数	占总人数比例(%)	硕士人数	占总人数比例(%)
2001	4 435	2 929	66.04	724	16.32
2002	5 808	4 041	69.58	950	16.36
2003	6 359	4 535	71.32	1 130	17.77
2004	7 711	5 872	76.15	1 132	14.68
2005	9 111	7 307	80.2	1 173	12.87
2006	10 271	8 493	83.69	1 189	11.58

数据来源:国家自然科学基金委员会网站统计数据,2001～2006 年。

表 2-4 国家自然科学基金自由申请项目资助情况(按负责人学位统计)

年份	总人数	拥有博士、硕士学位人数及比例			
		博士人数	占总人数比例(%)	硕士人数	占总人数比例(%)
2001	3 525	2 239	63.52	567	16.09
2002	4 503	3 044	67.60	723	16.06
2003	4 859	3 398	69.93	834	17.16
2004	5 847	4 385	75	829	14.18
2005	6 846	5 470	79.9	823	12.02
2006	7 429	6 138	82.62	791	10.65

数据来源:同表 2-3。

可见,高等学校和科研机构中学科建设的创新人才培养功能在国家创新体系中发挥着基础性和关键性的作用。

(三) 高校学科建设在科技创新中的作用

高校学科建设在科技创新中的作用表现在以下几个方面:

高校学科建设除了为科技创新体系源源不断地提供强大的人力资源支撑外,其本身还拥有巨大的科技人力资源

无论是从事科技活动人员数,还是其中的科学家与工程师人数,或者是研究与试验发展人员全时当量数,我国的高等学校都占据着及其重要的位置。2007 年,我国高校科技活动人员 54.22 万人,占全国总量的 11.93%,

研究与试验发展人员全时当量 25.39 万人年，占全国总量的 14.62%（见表 2-5）。

表 2-5　2007 年我国高校科技人力资源情况表

科技人力资源指标	全国总量	高等学校	
		绝对数	相对比重(%)
科技活动人员(万人)	454.39	54.22	11.93
其中：科学家与工程师数(万人)	312.87	49.95	15.97
研究与试验发展人员全时当量(万人年)	173.62	25.39	14.62
其中：科学家与工程师数(万人)	142.34	24.83	17.44

数据来源：《中国科技统计年鉴(2008)》，北京：中国统计出版社，2008 年。

高校学科建设用于科技研究活动的经费也呈现不断增长的趋势

近年来，我国高校科技研究活动经费增长速度有所加快。2007 年高校科技研究活动经费为 314.7 亿元，比 2006 年增加了 37.9 亿元，增长 13.7%[①]。

高校科技研究活动的主体是基础研究和应用研究，高校基础研究活动多年来一直是我国基础研究活动的重要组成部分。从国际通行经验看，高等院校在基础研究领域往往具备着其他创新主体所不具备的独特优势。2007 年，我国高校的基础研究活动进一步加强，基础研究经费也表现出较好的增长态势。一是基础研究经费增长快，2007 年基础研究经费为 86.8 亿元，与 2006 年相比，基础研究经费增长幅度达到 21.7%，应用研究经费增长 17.9%，试验发展经费减少 3.1%；二是基础研究强度继续提高，2007 年基础研究经费占高等学校科研经费的比例为 27.6%，这一比例已连续四年不断提高；三是高校基础研究经费占全国的份额继续提高，2007 年高等学校基础研究经费占全国基础研究经费的比例为 49.7%，比 2006 年提高 3.9 个百分点（如图 2-2 所示）[②]。

上述有关数据表明，随着我国高校学科建设的科学研究职能不断强化，基础研究的相对地位正不断上升，高等院校已经成为国家科技创新体系中

① 根据《中国科技统计年鉴(2008)》相关数据计算而得。

② 科学技术部发展计划司：《科技统计报告》，2008 年第 20 期(总第 435 期)。

研发经费的重要执行主体。

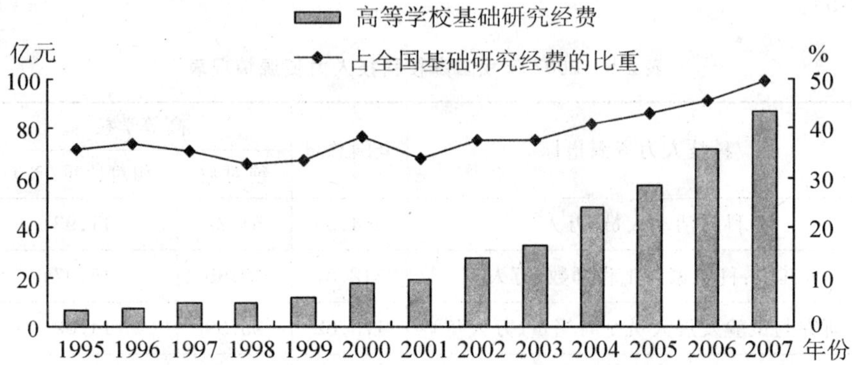

图 2-2 高等学校的基础研究经费(1995～2007 年)

数据来源:科学技术部发展计划司:《科技统计报告》2008 年第 20 期,中国科技统计网,http://www.sts.org.cn/tjbg/gdxx/documents/2008/08123103.htm。

高校发表的科技论文是科技活动产出的重要形式之一,也是基础研究最主要的成果体现

在学科建设中,高校发表的大量科技论文从不同层面反映了我国在基础研究与应用研究等方面的情况。2007 年,SCI、EI 和 ISTP 三大系统收录我国高等学校论文 16.63 万篇,占收录我国总论文数的 84.6%;收录科研机构论文 2.73 万篇,占总论文数的 13.9%;收录公司企业论文 1667 篇,占总论文数的 0.9%;收录医疗机构论文 916 篇,占总论文数的 0.5%(如图 2-3所示)。

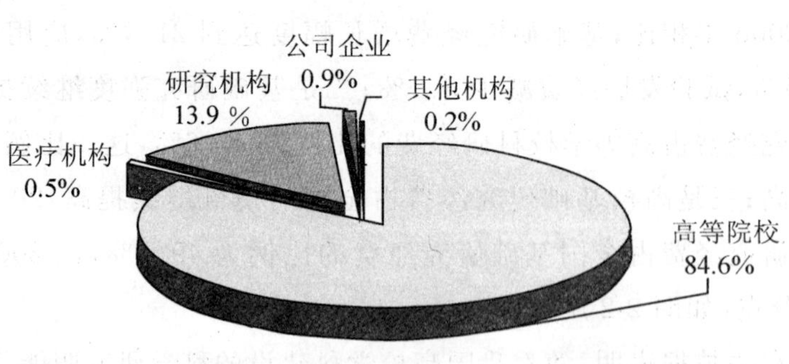

图 2-3 2007 年我国国际科技论文的机构类型分布

数据来源:科学技术部发展计划司:《科技统计报告》2008 年第 18 期,中国科技统计网,http://www.sts.org.cn/tjbg/cgylw/documents/2008/08123101.htm。

除了为社会生产科学知识，高校学科建设还是技术创新和产业创新的重要推动者

从全球范围看，各国的高等院校系统在促进技术创新和产业创新方面的具体形式不尽相同。但是，在大学技术创新的基础上不断完善技术创新成果的产业化一直是大学推动产业创新的关键环节。随着我国高校学科建设科研职能的不断提高和拓展，高等院校不仅在基础研究领域的地位不断上升，而且在技术创新和产业创新方面的作用也日益凸显。从具体实践看，我国的大学从自己的现实出发，创造性地发展出三种有效的促进技术创新和产业创新的途径：

一是高校科技企业。根据 2005 年的统计数据显示，2005 年全国高校中校办产业收入总额超过 10 亿元的高校总数已经达到了 13 家，其中北京大学和清华大学分别达到了 267.55 亿元和 198.32 亿元。而校办产业利润总额超过亿元的高校总数也已经达到了 9 家，其中北京大学和清华大学分别达到了 11 亿元和 6.79 亿元[①]。2007 年，全国高校产业向国家纳税超过 57 亿元，给学校回报超过 20 亿元，接纳了近 30 万人就业，既为社会做出了贡献，也有力支持了高校的发展[②]。

二是大学科技园。大学科技园的主要职能为"大孵化器"，目的是孵化科技成果和科技企业，我国从 20 世纪 80 年代末期开始着手推动大学科技园的建设和发展，截至 2009 年底，科技部、教育部已经认定了 69 家国家级大学科技园。大学科技园已经开始成为高校推动科技创新和产业创新的重要动力，日益成为国家创新体系的重要组成部分和自主创新的重要基地。

三是直接申请专利。2007 年，高等学校的专利活动延续了从 2000 年开始的快速增长趋势，专利数量继续大幅增加。2007 年高等学校专利申请数达到 32680 项，比上年增加 9730 项，增长 42.4%；专利申请数中发明专利申请为 23001 项，比上年增加 5689 项，增长 32.9%（如图 2-4 所示）。是年，高校专利授权数为 14773 项，比上年增加 4316 项，增长 41.3%；其中发明专利授权 8214 项，比 2006 年增加 2016 项，增长 32.5%。

① 国家创新体系建设战略研究组：《2008 国家创新体系发展报告：国家创新体系研究》，北京：知识产权出版社，2008 年，第 109－110 页。

② 教育部副部长陈希在 2009 年度直属高校产业工作会议上的讲话，http://www.moe.gov.cn/edoas/website18/36/info1242629733162136.htm。

江泽民在北京大学100周年校庆讲话中指出:“大学应该是培养和造就高素质的创造性人才的摇篮,应该是认识未知世界、探求客观真理为人类解决面临的重大课题提供科学依据的前沿,应该是知识创新、推动科学技术成果向现实生产力转化的重要力量,应该是民族优秀文化与世界先进文明成果交流借鉴的桥梁。”①高校的这种“摇篮”、“前沿”、“力量”、“桥梁”的作用,是对我国高校在国家科技创新体系中发挥作用的精辟论述。目前,世界各国都将高等教育系统作为国家科技创新体系的重要组成部分,因此,不断提高高校学科建设的水平对增强各国科技创新体系的竞争力具有重要意义。

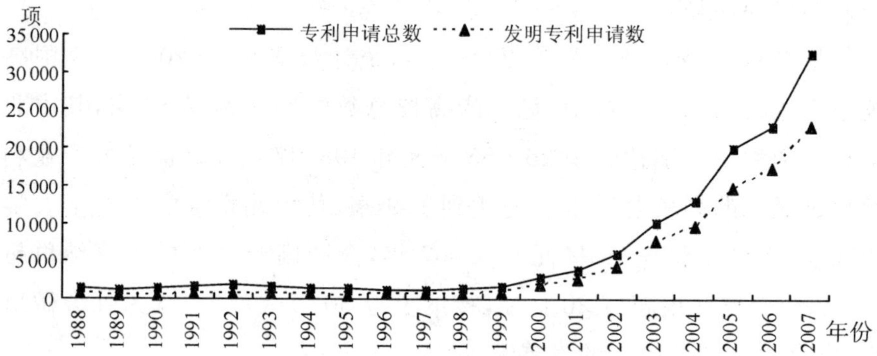

图 2-4 高等学校专利申请数(1988～2007 年)

数据来源:科学技术部发展计划司:《科技统计报告》2008 年第 20 期,中国科技统计网,http://www.sts.org.cn/tjbg/gdxx/documents/2008/08123103.htm。

(四)国家科研机构学科建设在科技创新中的作用

国家科研机构学科建设是国家学科建设的重要组成部分,在国家科技创新体系中具有重要的地位和作用。

首先,国立家科研机构是知识创新和技术创新的重要力量,是国家科技创新体系的重要组成部分,在开展与国家利益和国家安全相关的基础性、战略性、尖端性重大科技问题的研究,培养和凝聚高级人才,拓展国际合作与交流,促进产业化发展等方面发挥着非常重要的作用。毋庸置疑,国立科研机构是国家科技创新的“主力军”、“国家队”。

其次,如前文所述,国立科研机构的高级科技人才教育是与新中国研究生教育同步发展的,参与了我国研究生教育事业发展各个重要阶段。中国

① 江泽民:《在北京大学百年校庆上的讲话》,《人民日报》,1998 年 5 月 5 日第 1 版。

科学院的研究生教育已经成为我国研究生教育事业的有机组成部分，是我国高级科技人才培养体制的重要构成要素。充分挖掘国立科研机构的高级科技人才培养能力，形成国立科研机构与研究型大学相互统一、协调、互补的高级科技人才培养平台，建设高级科技人才培养体系，是加快我国高级科技人才培养的重大举措。

国立科研机构和大学都是国家创新体系的重要组成部分，它们构成了国家创新体系中相互联系、优势互补的重要单元。但这些单元并没有完全清晰的功能界限，特别是对于科技不够发达的国家，这一点更为明显。在大学要加强科学研究，在研究机构则要加强人才培养，促进大学与研究机构的合作、联合。大学与国立科研机构在研究生培养方面，各具优势，可以取长补短。对大学科学研究的支持和对国立研究机构教育的支持，也是构建国家高层次科技人才培养体系的重要内容。总之，应充分利用国立科研机构人才的优势和基础设施条件，与大学共同承担起为社会培养高层次科技人才的任务，为国家科技创新体系的建设贡献更大的力量。

二、科技创新对学科建设的影响

国家科技创新体系是一个系统工程，是随着不断变化的经济形势和不断发展的科学技术而发展的。科技创新体系的变化直接影响到学科建设；同时，学科建设的调整和改革也必须要适应国家科技创新体系不断变化和发展的需要。下面我们通过几个国家的实例，具体说明科技创新体系对学科建设所产生的影响。

（一）科技创新对学科结构调整的影响

在国家科技创新体系建设中，政府的主导作用是非常重要的。政府始终利用政策、计划、法律法规等方式引导着国家创新体系的发展。在不同的发展阶段，政府都制定了相应的经济、科技发展战略，并采取措施保证教育及学科发展要与经济、科技发展同步。反映在现实生活中，则直接体现在政府根据经济建设和科技发展的需要，调整相关的学科结构和研究生教育的专业结构。

例如，韩国为了适应科技创新体系的建设，该国文教部自 1980 年起开始调整了文理科招生比例，将 1979 年以前文科与理科的6∶4比例调整为

4∶6。1975年韩国的工科大学入学人数为7 548人，1983年增加到40 000余人；1978年韩国的理科大学入学人数为1 968人，1983年增加到5 930人；1982年理工科毕业生在大学毕业生总数中所占的比率为73%。从1999年到2005年，理科博士培养人数从2 500人增加到4 500人。

为适应科技创新发展的需要，近5年来，韩国政府着手进行以下专业结构调整：(1) 限制人文社科类专业的招生。经过调整，人文社会科学的博士生人数呈现下降趋势。(2) 加快自然科学和工程技术学科的发展。为了鼓励学生报考理工科，韩国政府还制订了《理工科专业大学生、研究生奖学金资助方案》，并于2003学年度开始对部分理科生发放奖学金。(3) 由于医学类和师范类人才已接近饱和，政府控制这两类学科招生平缓发展。

又如，美国联邦政府是通过科研资助来调节和控制学科结构、专业方向及其发展规模的。由于科技创新体系建设的需要，20世纪80年代以来，生命科学、环境科学、人工智能、新能源等学科领域在政府雄厚的科研资助下获得了极大的发展。再如，2000年“911事件”和2008年金融危机给美国敲响了警钟，直接影响到美国国家发展战略和科技创新体系的各个主体，进而对学科结构调整产生重要影响。在学科结构调整中对生命科学、教育学、心理学、国土安全防卫等学科领域的需求增加，交叉学科和跨学科领域也越来越受到重视，各学科领域研究生注册和毕业的比例也正在不断地发生变化。

(二) 科技创新对学科科研基础的影响

随着科技创新体系的建设和发展，国家科技创新能力不断提高，国立科研机构、高等学校的科学研究实力大大增强，从而加强了学科建设的科研基础，有效地促进了学科建设的发展。

例如，20世纪80年代之前，韩国对大学的功能定位主要局限在传统的教育与培训上，大学的科学研究能力不强，是韩国科技创新体系建设中的薄弱环节。经过20世纪80年代的过渡，大学在国家创新体系中的功能才有所突破。为了加强和明确产、学、研各主体在国家科技创新体系中的功能，韩国注重挖掘和提高大学，尤其是研究型大学在基础科学研究方面的能力，引导其在国家科技创新体系建设中发挥应有的作用。

为提高韩国大学的科研基础能力，建设研究型大学成为国家对高等院校发展的战略意见。根据研究型大学的标准和内涵，建设研究型大学最重要的是发展研究生教育，提高学科建设的科研能力和科研水平。韩国对研究生院和学科建设的投入在20世纪90年代以后主要体现在“面向21世纪的智力韩国”事业上(简称“BK21事业”)。“BK21事业”第二阶段项目加大资助研究生院基础科学的研究(见表2-6)。

表2-6 “BK21事业”资助明细

事业类型	细节支援范围		全国优秀研究生院		地方优秀研究生院	
			事业团数	资助额(亿元)	事业团数	资助额(亿元)
科学技术范围	基础科学	物理	7个左右	20	4个左右	5
		生物	10个左右	30		15
		化学	7个左右	20		8
		数学	5个左右	15	2个左右	5
		地球科学	3个左右	20		5
		小计	32个左右		16个左右	
	应用科学	信息技术	8个左右	70	6个左右	50
		机器		35	4个左右	30
		化工		20		10
		材料			3个左右	
		建设	6个左右	30	2个左右	15
		应用生命	10个左右	35	4个左右	25
		学制间融合		15	5个左右	7
		小计	58个左右		28个左右	
	科学技术合计		90个左右		44个左右	
人文社会范围合计			35个左右	8	10个左右	8
核心事业	科学技术		120个左右	2.5	80个左右	2.5
	人文社会		50个左右	1.2	40个左右	1.2
	核心合计		170个左右		120个左右	
专门服务人力养成范围	医疗		8个左右	25		
	经营		4个左右	15		
	专门服务合计		12个左右			

数据来源:韩国教育人力资源部《第二阶段“BK21事业”基本计划》。

纵观各国科技创新体系建设都对学科建设提出了更高的要求;同时,为了使研究型大学和国立科研机构的学科建设能够在国家科技创新体系中发挥应有的作用,各国也都对学科建设给予了极大地投入和支持。正是科技创新的这种要求和支持,对学科建设无论在科研基础建设,还是在科研水平提高上都产生了极大的影响。

(三)科技创新对科技人才培养的影响

随着国家创新体系的不断完善和发展,对高层次科技人才的需求也越来越大,高级科技人才培养也越来越受到重视。政府、企业、大学作为国家创新系统的三大主体,通过资金投入、项目合作等方式,积极促进研究生教育的发展,使得科技人才培养的规模不断扩大、质量不断提高。

例如,法国政府认为,科研能力是国家创新能力增强的根本动力,科研质量的高低决定着科研能力的强弱,而科技人才的能力和能动性对科研的质量则具有决定意义。政府确认科技人才在国家科技创新体系发展中具有重要地位。为此,法国政府要求各高校密切保持与企业的关系,采取措施,培养出足够数量的、合格的高科技人才。在高等学校的各级学位论文尤其是博士学位论文中,要增加技术开发课题的论文;增加博士学位公费生的名额,以扩大科技人才的来源。

20世纪90年代至21世纪以来,随着科技创新的发展,基础科研在法国企业技术创新中的重要性愈益显现,导致近年来法国劳动力市场中,企业的就业资格不断提高,企业人员拥有博士文凭的人数不断增多。致使企业科技人才迅速增长,从2000～2005年间,企业进入到研究领域的科研人员数量增长了3.2倍。①

随着科技创新的发展,企业和社会都对科技人才的数量需求不断加大,对质量要求不断加高,从而促使科技人才培养规模迅猛发展。

(四)科技创新对学科建设国际化的影响

20世纪90年代以来,面对越来越激烈的国际竞争,各国政府都制订了一系列的计划来支持各创新主体,尤其是企业和大学跨出国门,加强国际间的交流与合作,利用国际化资源进行高新技术的研究和开发。国家科技创新体系正在进入一个新的创新环境,国际机构和多国机构参与进来,国家的

① 法国驻中国大使馆网站 http://www.ambafrancecn.org/cn/。

界限被打破,科技创新体系向国际化发展。在这种国际化趋势下,学科建设的国际化趋势也进一步加强。

例如,韩国是一个比较典型的资源匮乏型国家,受这一国情的限制,无论是学科建设还是人才培养,韩国都致力于利用国际资源壮大自身的力量。韩国研究生教育一直走的是国际化道路。无论是双边或多边国际教育交流、还是允许著名大学在韩国建立研究生院,韩国教育的国际化实现了人才素质、观念的国际化,这为韩国进一步发展科技、壮大科技,进行科技创新体系建设的国际化奠定了很好的人才基础。而这些人才又使韩国引进、消化先进国家技术,发展本国经济,进而实现技术创新成为可能。

三、科协在科技创新中的作用

中国科协不仅是学科发展的参与者和推动者,而且也是国家科技创新中的一支重要力量,发挥着不可或缺的作用。

(一)科协是推动科技创新的国家级科技思想库

中国科协是一个全国性的科学技术工作者的群众组织,总部设在北京。各省、直辖市、自治区分别设立各科学技术协会,下辖各市、县也依次成立各级科协组织。中国科协内部又按学科设置各专门的全国学会、协会、研究会等组织。中国科协在组织上的最大特点就是网络健全、地位超脱,目前已形成了从中央到地方的与各级行政机构相对应的垂直的组织系统和学科纵横的网络体系。因此,“在组织形式上,每个全国学会和地方学会都是党委政府的科技思想库,从上到下共同构成一个科技特点突出、科协特色鲜明、资源共建共享的金字塔型思想库系统;在工作机制上,充分尊重科技工作者的主体地位,调动发挥全国学会和地方科协的积极性、主动性和创造性,有效地把科技工作者的个体智慧凝聚上升为有组织的集体智慧;在功能定位上,能够满足不同层次、不同方面的决策咨询需求,促进科学决策,引领社会思潮,更好地为经济社会发展服务”。①

中国科协一贯尊重科技工作者在决策咨询中的主体地位,积极支持和

① 中国科协:《中国科协关于加强决策咨询工作推进国家级科技思想库建设的若干意见》,2010年7月5日。

引导科技工作者从本学科和专业领域出发，运用自己的专业知识参与国家的决策咨询工作。科协还遴选了一批政治素质好、政策水平高、决策能力强的专家，构建了“中国科协决策咨询专家库”，充分发挥科协的科学技术优势、人才资源优势和组织网络优势，不断提高决策咨询水平，扎实推进国家级科技思想库的建设。

地方各级科协也密切加强与地方党政部门之间的沟通与联系，积极搭建不同层次、不同形式的决策咨询平台，开展专家月谈会、季谈会、调研月等活动，建立与党政部门政策研究机构定期联系的机制，畅通科技工作者建议报送渠道，更好地为推动当地经济发展建言献策。

经过不懈努力，中国科协与地方科协、全国学会与地方学会已共同构建起一个纵贯全国的国家级科技思想库体系。在组织形式上，“每个全国学会都作为一个国家级科技思想库的子库，每个地方科协都作为一个国家级科技思想库的分库，”①从上到下共同构成金字塔型思想库体系。在工作机制上，科协有效地把科技工作者的个体智慧凝聚上升为有组织的集体智慧，实现上下级思想库的对接机制。在功能定位上，科协作为国家级科技思想库，要能够满足不同层次、不同方面的决策咨询需求，服务科学决策，引领社会思潮，成为推动国家科技创新事业发展的一支不容忽视的力量。

（二）科协在国家创新体系中具有独特的地位和作用

科协“是国家创新体系的重要组成部分和促进社会和谐的重要力量”②，在国家创新体系中具有独特的组织网络资源优势、特殊的地位和不可或缺的作用。正确理解和认识科协的地位和作用，对推进创新型国家建设具有十分重要的意义。

科协具有独特的组织网络资源优势

科协作为具有中国特色的非政府组织，既不同于政府，也不同于企业、高校、科研机构和一般的社会团体或中介组织。科协不仅担负一定的组织职能，而且具有独特的、以科技群体和科技工作者为主体的网络资源优势。主要表现在：一是组织的系统性。科协由各级科协、所属学会和企事业单位科协组成，具有从中央到地方，纵贯全国的网络优势；遍布各个学科的，跨越

---

① 邓楠：《在中国科协人才和调宣工作会议上的讲话》，2010年6月8日。

② 韩启德：《在中国科协七届三次会议上的工作报告》，2008年1月15日。

行业的学术化组织优势;组织网络体系的节点遍布企业、科研机构和高等院校,构成了庞大的社团组织系统。二是网络的广泛性。在遍及城乡的组织网络中,既有学术团体,也有科普团体,还有农村科技组织。使科协的组织网络覆盖到城市和乡村的各个群体。三是主体的特殊性。科协以科技工作者为主体,包括顶级专家在内,拥有众多科学家,这是科协独有的人才资源优势。科协强调科技工作者密集的地方就要建立科协组织,就是为了使广大科技工作者能够参与科协组织和活动,为科协组织网络所包容。可见,科协的组织网络资源优势是任何一个企业集团、科研机构、高等院校或其他社会组织所无法比拟的。国家创新体系各个主体和子系统都离不开科协组织和工作对象,由此形成科协组织网络与国家创新体系网络的高度吻合。

科协作为特殊主体在国家创新体系中发挥着积极作用

在国家创新体系中,科协虽不是单项创新的主体,但却参与了各项创新。无论是技术创新、知识创新、制度创新,还是国家创新体系的其他活动,都离不开科协组织和会员参与其中。科协作为特殊主体,在国家创新体系中发挥着积极作用。

一是积极推动以企业为主体、市场为导向、产学研相结合的技术创新体系。企业科协围绕中心工作,组织科技工作者开展科技研发和攻关,直接推进技术创新;同时,科协及其所属学会运用各种形式,促进产学研合作,从更高的层次、更广的范围推进技术创新。近几年来,各学会广泛开展以技术创新为主要内容的"院士专家企业行"活动,建立健全依托学会、依托专家、依托企业科协的科技咨询网络体系,把科技知识引入企业,把科技人才引入企业,着力推动以企业为主体的国家创新体系的建设与发展。

二是促进知识创新。科协充分发挥学会的学术交流职能,努力提高自主创新能力。只有不同观点的碰撞,各种思想的互相渗透,充分的学术交流,才能产生思想的火花,进而产生创新,提高自主创新能力。学术交流不仅可以使科技工作者发表学术观点和成果,提高学术水平,更重要的是为人们的探索提供新的视角和思路,从更广的领域推进知识创新。科协各级学会发挥自身优势,积极组织高水平的学术交流活动,着力搭建多种形式、不同层次的学术交流平台,充分发挥学术交流对自主创新的先导作用。从2006年以来,中国科协所属学会共举办国内学术会议6.6万场,860余万人次的科技工作者参会交流。每年一度的中国科协年会也已成为科技界的学术盛会。还先后举办126期青年科学家论坛和5届博士生学术年会,49期新观点新学说学术沙龙,11期中国科协论坛和学术报告会。科协组织的跨学科、综合性的学术交流对于知识创新具有重大的推进作用。

三是促进制度创新。在制度创新中,科协可以发挥人才荟萃、智力密集的优势,开展研讨论证、建言献策和决策咨询,组织科技工作者参与国家科学技术政策、法规的制定和相关事务,努力提高科技工作者的参与度。在宏观层面上,积极做好政治协商、民主监督、参政议政和科学决策等工作,把科技工作者的建议和呼声及时反映到各级政府,从而推动政府职能转移,推进体制、机制创新。在微观层面上,促进企业通过有效的制度安排,消除发展的制度障碍,实现可持续发展。

四是建立完善科技人才激励机制,努力营造崇尚科学、鼓励创新的社会氛围。各级学会和科协大力表彰优秀科技工作者,引进举荐高层次科技人才,推动杰出科技创新人才脱颖而出。近年来,中国科协和全国学会设立的120多个科技奖项和地方科协的品牌奖项已经成为我国科技奖励的重要组成部分。

五是大力开展科学普及工作,努力提高全体人民的科学文化素质,构建具有科协特色的人才成长服务体系。作为科普工作的主力军,各级科协组织大力弘扬科学精神,普及科学知识,传播科学思想,倡导科学方法,努力把提高全民科学文化素质这一关系国家科技创新事业的基础性工作抓实抓好。2004年以来,针对青少年举办了不同层次的科技创新大赛,约5000万青少年参加,2800余名青少年科技爱好者获得全国大赛奖项;针对农民和城镇劳动人口广泛开展技能培训和创新创业培训,培养出一大批具有良好科学素质、职业素质和职业技能的实用技术人才;围绕增强领导干部科学决策和管理能力,加大面向领导干部和公务员的培训工作力度,将科学素质工作纳入领导干部和公务员培训体系,通过举办科技讲座、报告会等活动,促进形成一支具有科学素养、富有创新精神、掌握科学决策方法的高水平干部队伍。如今,以科学普及和科学素质工作为基础,具有鲜明科协特色的人才成长服务体系越来越得到社会公众的认可与支持。

中国科协及所属学会和地方科协,正在通过扎扎实实的工作,为国家创新体系建设、为国家科技创新事业发展作出自己卓越的贡献。

强化科协的地位和作用是国家创新体系建设的客观需要

一是随着体制改革的深化,政府机构将变小,职能将变少,许多政府职能将逐步转移到科协及所属协会、学会，因此必须不断强化科协在国家创新体系中的地位和作用。为了适应这一形势，科协须进一步健全组织网络，加强学会建设，提升科协工作者的整体素质，把科协建成科技工作者之家，使科协成为国家创新体系的重要基础。二是科协要通过各种活动培养人才、发现人才、举荐人才、促进优秀人才脱颖而出。科协要发挥科技团体的特有优势，积极创造条件，组织开展继续工程教育和各种培训活动，帮助广大科技工作者更新知识、提高能力，使科协成为国家创新体系的人才基地。三是科协要紧密结合科技发展实际，组织开展学术活动，并不断提高活动的质量和水平。以学科建设和原始性创新为重点，开展综合性、跨学科、多层次、开放性的学术活动，倡导和鼓励学术上的探索、讨论和争鸣；促进自然科学与社会科学的交叉、渗透和融合，推动"两科联盟"的建立；加强国际学术交流，促进国际科学技术合作，引进国外先进的技术和管理，推进我国自主创新与高新技术的发展；为国家创新体系的建设做出更大的贡献。

第四节　学科建设与科技创新的典型案例分析

一、北京科技大学冶金工程学科建设与科技创新

我国冶金工程学科的发展历程

冶金，在我国可以追溯到商周时期的青铜器时代，那时丰富的冶铜技术是中国冶金行业的源头。商周时我国的青铜技术就已达到很高的水准，创造了世界上最灿烂的"青铜文明"。之后，我国的冶金技术在世界上又率先取得突破，逐渐掌握了金属冶炼所需要的高温技术和较高水平的冶金处理技术：如柔化处理技术、炒钢技术、百炼钢技术、灌钢技术等。15 世纪，明代中叶我国已开始大量生产金属锌，明钱币"永乐通宝"就具有较高的含锌量，而欧洲直到 18 世纪才开始冶炼锌。明宋应星的《天工开物》即有关于密封加热冶炼"倭铅"(即锌)方法的记录；此外还记载了我国古代冶金技术的许多成就：如冶炼生铁和熟铁的连续生产工艺，退火、正火、淬火等钢铁热处理

工艺等。

新中国成立以来，国家一直非常重视冶金工业的发展。由此，相关的冶金高等学校和科研机构也得到很快的发展，冶金工程学科一开始就成为国家重点建设的学科。

冶金工程学科是工学门类下的一级学科，下设钢铁冶金、有色金属冶金和冶金物理化学3个二级学科。冶金工程学科是一门研究从矿石提取钢铁或有色金属材料并进行加工的应用性学科，培养的是冶金工程领域科学研究与开发应用、技术攻关与技术改造、新技术推广与应用、工程规划与冶金企业管理等方面的高层次专门人才。全国普通高等学校目前设置有冶金工程本科和冶金技术专科的学校共有38所，详见表2-7。

表2-7 全国冶金工程专业(冶金技术专业)设置情况

序号	学校名称	所在地（省、区、市）	学校、类别	办学层次	备注
1	东北大学	辽宁沈阳市	“985”、“211”	本—硕—博	
2	北京科技大学	北京市	“211”	本—硕—博	
3	中南大学	湖南长沙市	“985”、“211”	本—硕—博	
4	重庆大学	重庆市	“985”、“211”	本—硕—博	
5	上海大学	上海市	“211”	本—硕—博	
6	辽宁科技大学	辽宁鞍山市		本—硕—博	
7	昆明理工大学	云南昆明市		本—硕—博	
8	武汉科技大学	湖北武汉市		本—硕—博	
9	江苏大学	江苏镇江市	重点大学	本—硕—博	
10	辽宁科技学院	辽宁本溪市		本、专科	原本溪冶金高专04年升本
11	四川大学	四川成都市	“985”、“211”	本—硕	
12	湖南工业大学	湖南株洲市		本科	
13	河北理工大学	河北唐山市		本—硕	
14	江苏科技大学	江苏镇江市		本—硕	原镇江船舶学院
15	河南科技大学	河南洛阳市		本—硕	原洛阳工学院合并
16	重庆科技学院	重庆市		本、专科	原重庆钢专2004年合校升本

续表

序号	学校名称	所在地（省、区、市）	学校、类别	办学层次	备注
17	兰州理工大学	甘肃兰州市		本一硕	
18	攀枝花学院	四川攀枝花市		本科	
19	河北科技大学	河北石家庄市		本科	
20	上海应用技术学院	上海市		本科	原上海冶专2000年合校升本
21	内蒙古科技大学	内蒙古包头市		本一硕	
22	西安建筑科技大学	陕西西安市		本一硕	
23	贵州师范大学	贵州贵阳市		本、专科	
24	贵州大学	贵州贵阳市	“211”	本一硕	原贵州工业大学并入
25	江西理工大学	江西赣州市		本一硕	
26	太原理工大学	山西太原市	“211”	本一硕	
27	青海大学	青海西宁市	“211”	本一硕	
28	红河学院	云南红河州		本科	
29	安徽工业大学	安徽马鞍山市		本一硕	
30	太原科技大学	山西太原市		本一硕	
31	昆明工业职业技术学院	云南昆明市		专科	
32	山西工程职业技术学院	山西太原市		专科	原太原冶金工业学校升格
33	吉林电子信息职业技术学院	吉林省吉林市		专科	
34	河北工业职业技术学院	河北石家庄市		专科	
35	昆明冶金高等专科学校	云南昆明市		专科	
36	四川机电职业技术学院	四川攀枝花市		专科	
37	内蒙古机电职业技术学院	内蒙古呼和浩特市		专科	
38	邢台职业技术学院	河北邢台市		专科	

在38所高校中进入“211工程”的院校9所，其中“985工程”高校4所，非“211工程”的重点大学1所，一般本科院校20所，高职高专学校8所。全国每年招收冶金工程本科和冶金技术专科学生大约3 800～4 500人。近年来国家实施新世纪高等教育改革工程，进行国家级特色专业建设点的遴选，至2009年已有9所学校的冶金工程专业入选国家特色专业建设点，详见表2-8。

表2-8 冶金工程专业批准为国家特色专业建设点的学校

序号	学校名称	入选时间
1	北京科技大学	2007年
2	东北大学	2007年
3	内蒙古科技大学	2007年
4	河北理工大学	2007年
5	昆明理工大学	2007年
6	辽宁科技大学	2007年
7	安徽工业大学	2007年
8	武汉科技大学	2008年
9	中南大学	2009年

（二）北京科技大学冶金工程学科简况

北京科技大学冶金工程学科的历史渊源，可追溯至1895年北洋大学创办的矿冶学科。1952年全国高校院系调整时，将北洋大学、唐山交通大学、西北工学院等5所高校的矿冶学科组建成当时的北京钢铁工业学院（1987年改名为北京科技大学），并设立冶金系。北京科技大学于1994年设立冶金工程学院。目前该院设冶金工程学科，下设3个二级学科：钢铁冶金、有色金属冶金和冶金物理化学。冶金工程学科是北京科技大学的优势特色学科，也是教育部批准建设的全国高等学校特色学科，在教育部组织的历次学科评估中，均列该学科全国第一。本学科点具有学士、硕士和博士全部学位的授予权，是国家首批博士后流动站和一级学科博士点，并是国家“211工程”建设的重点学科。

本学科点还是中国金属学会冶金物理化学、炼铁及炼钢3个二级专业学会的挂靠单位；与美、德、日等国的多所著名大学合作培养博士研究生，和国外十几所大学如德国亚琛工业大学、日本东北大学、韩国浦项工业大学等的相关学科保持着长期或经常性的学术交流及合作关系。现有专任教师60余名，其中教授、博导35名，院士2名，国家学位委员会委员1人，国家突出贡献专家4人，“长江学者奖励计划”特聘教授2人，国家杰出青年科学基金获得者2人，“国家百千万人才工程”入选者1人，教育部新世纪优秀人才6人，北京市教学名师1人，魏寿昆科技教育奖1人。每年招收硕士生130名，博士生80名，一定数量的博士后。该学科点在国际冶金界具有较高的知名度。

北京科技大学冶金工程学科下设的冶金物理化学和钢铁冶金两个二级学科都是国家级重点学科。其中钢铁冶金是全国首批具有硕士、博士学位授予权并设立博士后流动站的学科点，1987年被评为全国重点学科，是首批进入“211工程”重点建设的学科。现有国务院学位评定委员会委员1名，博士生导师17名。冶金物理化学也是全国首批具有硕士、博士学位授予权并设立博士后流动站的学科点，1987年被评为全国重点学科，是首批进入“211工程”重点建设学科。其覆盖较宽的研究领域，先后创立了物理化学系、腐蚀系、无机非金属材料系、有色金属材料系等，同时拥有国内领先的高温物理化学实验室。现有中科院院士2名，博士生导师10名，构成了一支老中青相结合、富有朝气和创新精神的师资队伍。有色金属冶金二级学科为博士学位授权学科，现有中国工程院院士1名，教育部长江学者计划特聘教授1名，博士生导师4名，全系45岁以下教师均拥有博士学位。现承担国家“863”、科技部“十五攻关”、国家自然科学基金等多项研究课题。有色金属系注重国际间人才培养和科研合作关系，目前与美国、日本、挪威、法国等相关大学和科研机构建立有广泛合作与联系。

（三）努力发展与开拓先进的科研方向

我国钢铁工业的快速发展为冶金工程学科的发展提供了空前机遇与前提。我国钢铁工业在20世纪90年代崛起并迅速发展，至今已经成为名副其实的钢铁大国。但从更深层面来看，我国是钢铁大国而非钢铁强国。究其根源，在于整个行业技术力量相对薄弱，研发能力不足。企业自主创新能力是增强钢铁产业国际竞争力的核心，但目前我国钢铁企业自主创新能力较弱。由此造成一系列深层次的问题：一方面缺乏高附加值钢材的生产技术经验和专利，特别是特种钢材还不能自给，必须大量进口高附加值的钢材;同时大量生产低附加值、质量差的产品;另一方面,低效率、高能耗、高污染的生产给我国的资源、能源以及环境造成巨大压力。如果继续沿用现有生产模式,势必会加快资源枯竭的速度,造成沉重的环境负荷和生态包袱,影响我国钢铁工业的可持续发展和竞争力的提高。

2005年5月,我国《钢铁产业发展政策》出台。新的钢铁政策明确提出,我国钢铁工业今后的发展重点是:技术升级和结构调整,改善产业布局,发展循环经济,降低物耗能耗,重视环境保护,提高企业综合竞争力,实现产业升级,把钢铁产业发展成在数量、质量和品种上,基本满足社会发展需求,并具有国际竞争力的产业。社会经济发展的需要,要求冶金工程学科的发展必须做出与之相适应的调整。

北京科技大学冶金工程学科紧跟冶金工业发展的新趋势,及时调整科研方向,积极占领冶金科技领域的前沿,努力开拓崭新的研究领域和方向。这些研究领域包括:高炉炼铁新工艺与新技术、直接还原与熔融还原、高品质钢的品种及质量研究、凝固理论与连铸技术、特殊钢冶金、新钢种冶金工艺、材料和冶金过程中反应的物理化学、冶金物理化学与反应工程、有色金属冶金新工艺新理论、有色冶金过程模拟控制和节能优化、冶金工业生态与环保、资源高附加值循环利用技术开发、冶金能源技术等。这些研究方向大多是国家或企业急需的研究课题,有很强的针对性。冶金工程学科正是利用其学科优势在与各钢铁企业的合作中,既为企业带来了可观的效益,也为社会创造了巨大的经济价值,同时也极大地促进了学科的发展。

(四)努力探索和改进冶金科技创新人才的培养模式

为实现把我国建设成为世界冶金强国的目标,培养综合素质好,创新能力强,具备大冶金学科知识和能力的通用型、宽口径、复合型冶金工程专业人才势在必行。要求人才培养必须从专才向通才过渡,从知识型向能力型、复合型、创新型发展。作为以冶金工程学科为龙头的北京科技大学,肩负着为我国冶金工程行业培养德、智、体全面发展,具有坚实的冶金基础理论,掌握冶金生产的工艺、技术和设备知识,综合素质好,具有创新能力和组织管理能力的高级人才的重要历史使命。

学校受原苏联模式影响,学科划分过细,如冶金物理化学专业偏理科,学生工程适应能力较弱;而钢铁冶金专业面过窄,在面对世界范围激烈竞争的大冶金来说,学生的适应性明显不足。在这种情况下,学校积极探索创新型人才培养模式。首先,在校内建立了一批工程训练中心、科学实验中心及专业实验室;与企业合作建立了一些创新基地;提倡本科生进实验室,接触科研项目,高年级本科生、研究生都可以去创新基地实习。其次,学校以校企共建研究生工作站、双导师制的模式对工程硕士和研究生进行联合培养。原来的研究生培养过多局限在实验室,"师弟"跟着"师兄"走,选题重复的几率很大,这种培养方式难以满足高层次人才培养和学生就业的需求。目前,学校已分别在宝钢、鞍钢、首钢、邯钢等企业建立了近 20 个研究生工作站,每年选派近百名研究生到企业进行论文选题和科学研究工作。指导老师由企业和学校共同组成,研究方向由学校和企业共同制定。此种人才培养模式,实现了学校与企业人才培养上的"无缝对接",学生通过在生产一线进行现场实践和科学研究,增强了创新精神和实践动手能力,并切实为企业科技创新解决了一些关键问题。企业也以这种方式更好地了解学生,有助于学生的顺利就业。

在学校改革的基础上,冶金工程学科按照"厚基础、宽口径、强能力、高素质"的原则对冶金工程学科的课程体系和人才培养模式进行了改革:(1) 建立一级学科上的宽口径专业教育。旨在为冶金工程领域培养跨学科的复合型人才。这一模式有两种方案:一是双学位模式或主辅修模式;二是"本-硕"或"本-硕-博"统筹型人才培养模式,这一模式主要为本学科领域培养高层次杰出人才。(2) 在正确认识当今冶金工程技术发展趋势的基础上,建立相应的课程体系。在新的课程体系中加强基础、拓宽专业,加强人文社科知识和外语、计算机学习;重视实践教学环节,加强工程训练;并改进教学手段,加强对现代教学技术的研究和投入;力求培养出符合新世纪需要的冶金工程专业的创新人才。

为了配合人才培养模式的改革,冶金工程学科还在传统实验教学模式的基础上从实验教材、实验性质、科研成果引用、开放性实验、科技创新等 5 个方面进行了实验教学改革:(1) 建立独立设课的实验课程,2004 年在冶金工程本科专业建立独立设课的实验教学体系。首先编写实验课统一教材,由院工程实践能力强、实验经验丰富的教授主编,结合当时的教学设备仪器情况,将所有专业课程中的实验项目集中起来,按照冶金工艺分类和先后顺序重新整合,编写实验课教材《冶金工程实验技术》,教材结合专业特点,加强对实践知识和研究技能、创新手段的全面了解。(2) 增加综合性、设计性实验，以科研训练为主，吸引、激发学生的求知欲，培养学生综合把握和运用学科知识的能力，突出学生的创造性。(3) 将科研成果引入教学实验，建立开放的实验教学模式。(4) 为了激发学生的创新思维、培养学生的科研能力，还经常举办科技创新活动。这套实验教学模式，对培养学生的创新素质和能力取得了良好的效果。

总之，冶金工程学科新的人才培养模式突出了应用型人才培养，强化学生在生产第一线进行生产组织、技术管理及解决工程实际问题能力的训练；学生培养紧密结合生产实际，实施校企合作，共同育人，走产学研结合的道路；教学内容紧跟冶金工业新技术的发展前沿，充分利用和发挥建在学校和企业的教育基地、科研基地的有利条件，加快人才培养模式的转变。

(五) 努力创建冶金科技创新研究的新模式

冶金工程学科作为具有鲜明行业特色的学科，肩负着创建国家冶金工业科技创新体系的历史责任。

北京科技大学经过对我国冶金工业的深度剖析，针对国际钢铁工业技术发展趋势，学校认为，目前应当下大力气，重点抓住3项国家重要需求：第一，钢铁新流程、新技术研究。迫切需要通过新流程和创新技术来解决目前钢铁行业对资源、环保、能源等方面带来的巨大压力。第二，重大工程材料结构安全服役行为研究。我国国民经济正处于高速发展阶段，大量国家重点工程相继投入使用，如何保障重大工程安全可靠、高效长寿的运行，已成为国家急需解决的重大需求。第三，能源的高效清洁利用和环境友好的新技术。面对这三项国家重要需求，必须实现学科之间的高度交叉、集成和研究资源的全面整合，转变原来散兵游勇的科研状态，形成集团军力量，通过整合锻造深厚“内功”，以适应钢铁工业的技术集成性需要。基于这样的考虑，经过一系列酝酿和组织，学校于2005年组建了一种新的冶金科技创新研究模式——冶金工程研究院。

冶金工程研究院瞄准新型工业化目标以及国际钢铁工业技术发展趋势，以提升为冶金行业服务能力与水平为目的，以矿产资源、冶金、新材料和先进制造为主线，以学校的高效轧制国家工程研究中心、冶金技术工程研究中心和鞍钢-北科大联合研发中心等校内外资源为基础，有效地整合了冶金、材料、机械、信息等多种学科领域的研究力量。形成了以资源整合、学科交叉为发展目标，技术集成、工程化研究为主要功能，以冶金前沿技术研发、进入国民经济主战场为方向，以构建市场需求竞争机制、大型项目整合机制、以人为本激励机制为体制创新目标，以形成人员交流平台、研究开发平台、性能检测平台为主要特色的指导原则。冶金工程研究院的建立，拓展了冶金工程学科的研究领域，大大提升了学科的整体水平。

冶金工程研究院的建设目标是，通过对校内钢铁冶金工艺领域研发资源的整合和合理调配，借助国家以及国内重点钢铁企业、大学和科研院所的力量，瞄准冶金技术前沿，面向国民经济发展和国防现代化的重大需求，充分发挥已有优势，开展具有前瞻性和战略性的科学研究，注重成套技术集成、关键工艺装备开发，建成世界一流的、集基础研究—应用基础研究—新技术开发—新技术产业化为一体的产学研创新体系。形成能够对钢铁冶金领域重要新工艺新技术进行深度开发的研究平台，将工程化成果向设计院和钢铁企业转化，并计划通过5～10年的建设与发展，使冶金工程研究院成为我国冶金行业的基础理论研究和交叉学科研究的创新基地、共性和关键技术的研发基地、成套技术及其工程化的转化地，成为国际著名的冶金科技研究中心。

冶金工程研究院的成立打破了原有科技工作体制和科研合作模式的界限，使学校与企业的合作转变为以多学科、多学术团队为主体的科研合作模式。这种合作模式，克服了原来科研创新中存在的研究目标分散，人员流动性大的弱点，充分发挥了学科的创新能力。冶金工程研究院不仅是学校在科研体制、机制上的创新力作，而且还有效推动冶金工程学科向整体、交叉、实用的方向发展，提高了全面为冶金企业提供高水平、集成化和实用化技术的能力与水平，增强了科技竞争力，继续保持和引领冶金工程学科的优势。目前，冶金工程研究院已经成为北京科技大学与国内大型钢铁企业科技合作的主角，在推动学校与冶金企业的科技交流与合作向着纵深、整体、全面发展上发挥着非常重要的作用。学校为其确立了这样一个定位：要成为一个能够对钢铁冶金领域重要新工艺、新技术进行深度开发的研究平台，面向国民经济发展和行业重大需求，开展具有前瞻性和战略性的科学研究，注重成套技术集成、关键工艺装备开发，建成集“基础研究—应用基础研究—新技术开发—新技术产业化”为一体的科技创新体系。

冶金工程研究院的建立，大大拓展了冶金工程学科的研究领域，并将学科的科技创新活动融入国家与企业的科技创新体系之中，打造行业创新平台，与国家和企业的重大需求紧密结合，更多地承担起促进产业结构调整、推动行业进步的重任，也使学科的科研更具前沿性，有效提升了学科的整体水平。

（六）积极建立产学研合作的冶金科技创新体系

2004 年，教育部与宝钢、鞍钢、武钢、首钢四大公司签署协议，决定共建北京科技大学，开创了学校与钢铁企业科技合作与交流的新局面，也为冶金工程学科的发展创造了更加有利的条件和机遇。学校与四大钢铁集团公司通过联合研发项目、成立研发中心、设立研究生培养基地等方式积极建立产学研合作的科技创新体系。当年 5 月鞍山钢铁集团公司与北京科技大学首先签订“关于建立冶金技术研发中心的协议”，正式揭开了学校与四大钢铁企业新一轮战略合作的序幕。2005 年 5 月，学校与鞍钢共建“鞍山钢铁集团公司—北科大冶金技术研发中心”，首批确定了包括管线卷板、双相钢、高性能结构钢等 6 个研究项目，总经费达 3 100 余万元。9 月，学校与首钢共建“首都钢铁集团公司—北京科技大学汽车用钢联合研发中心”，合作金额达到 1 500 万元。同期，学校还与武钢制定了在硅钢、汽车用钢、高强结构钢等领域进行全面合作的方案。2006 年 10 月，上海宝山钢铁集团与北京科技大学签署“全面合作协议”，决定组建相对固定的人员合作研发，以促进冶金工程学科的基础研究和应用研究的发展。产学研合作既让冶金工程学科的科学研究实现了与市场的接轨，也大大缩短了企业自主创新的研发期，为企业带来了可观的效益，让企业从产学研合作中尝到了甜头。

例如，在首钢—北科大联合研发中心，北科大的 10 名教师与首钢派来的 16 名研究人员组建联合研发团队，双方互设办公室，针对汽车用钢技术开展研发，3 年为一个合作周期，首钢每年投入 500 万元的研发经费。通过联合研发，3 年实现了首钢汽车钢板进入 10 个汽车生产企业、月产数千吨的目标。如果没有这样的合作，要达到这个目标一般要用 10 年。

为了建立长期、稳固、友好的产学研合作关系，及时掌握钢铁企业科技发展动态，及时交流钢铁企业的科技需求信息，及时使钢铁企业了解学校最新的科技成果，学校抓住与四大钢共建这一契机，积极筹建了“北京科技大学—钢铁企业科技合作组织”（简称“钢合组织”），旨在搭建一个钢铁冶金新技术、共性技术交流的平台，和与钢铁企业定期沟通联谊的平台，这标志着产学研合作进入了更加规范的轨道。

以“钢合组织”为平台，学校还组织了“钢铁冶金新技术发展论坛”。在2004～2007年间，共举办了4届“钢铁冶金论坛”，吸引了宝钢、鞍钢、武钢、首钢等30余家国有大、中型钢铁企业的总工程师以及负责技术开发的领导参加。论坛以世界钢铁工业科技发展趋势为引领，以先进钢铁冶金技术交流与研讨为主题，以行业高校与钢铁企业相结合为特色。通过论坛的方式，搭建了冶金行业的新技术交流平台、冶金行业的技术服务平台和冶金行业的联谊沟通平台。在“钢合组织”的框架下，以冶金工程研究院为依托，通过“钢铁冶金论坛”的推动，使冶金工程学科建设与钢铁企业的合作不断取得新进展，有力地推进了产学研合作的冶金工业科技创新体系建设的新局面。

在这种集基础研究、应用基础研究、新技术开发、新技术产业化为一体的产学研合作的科技创新体系下，北科大还积极拓展政校企间的产学研合作模式。2005年9月，教育部与广东省签定合作协议，强强联合，携手推动产学研结合工作。北京科技大学把握这一机遇，依靠冶金工程学科的优势，及多年来与广东省广钢、珠钢、韶钢等冶金企业悠久的合作历史，在省部合作协议的指导下，与广东地区的地方政府、企业、科研院所一起，积极建设“以企业为主体、市场为导向、产学研相结合的技术创新体系”。在对广东地区重大技术需求进行深入调查研究分析的基础上，归结了4个双方最具前景的合作领域：即钢铁新流程新技术研发、金属材料加工新技术研发、材料服役性能评价与防护技术以及新能源技术。2006年，北科大先后在广东合作成立了4个平台，即行业发展平台：广钢—北京科技大学联合研发中心；高技术研发平台：北京科大—香港科大联合研究中心；应用型研发平台：广州中科院工研院—北京科技大学材料与加工技术研究中心；服务中小企业发展平台：北京科技大学佛山研究院。这种政校企间的产学研合作模式，将产学研合作的科技创新体系又向前推进了一大步。

二、东北大学控制科学与工程学科建设与科技创新

（一）控制科学与工程学科的发展及特点

11世纪，我国北宋时代发明的水运仪象台，最早体现了闭环控制的思想。到18世纪，欧洲国家在近代工业中采用了蒸汽机调速器，表明控制科学思想开始运用于工业领域。但直到20世纪20年代，才逐步建立了以频

域法为主的经典控制理论，并在工业中获得成功应用，开始形成一门新兴的学科——控制科学与工程。

此后，经典控制理论继续发展并在工业中获得了广泛的应用。在空间技术发展的推动下，50 年代又出现了以状态空间法为主的现代控制理论，并相继发展了若干相对独立的学科分支，使本学科的理论和研究方法更加丰富。60 年代以来，随着计算机技术的发展，许多新方法和技术进入工程化、产品化阶段，显著加快了工业技术更新的步伐。在控制科学发展的过程中，模式识别和人工智能与控制相结合的研究变得更加活跃，并由于对大系统的研究和控制学科向社会、经济系统的渗透，形成了系统工程学科。特别是近 20 年来，非线性及具有不确定性的复杂系统向控制科学与工程学科提出了新的挑战，进一步促进了本学科的迅速发展。目前，本学科的应用已经遍及工业、农业、交通、环境、军事、生物、医学、经济、金融、人口和社会各个领域，从日常生活到社会经济无不体现本学科的作用。

在各学科相互交叉与渗透中，本学科的活力表现得尤为突出。与信息科学和计算机科学的结合开拓了知识工程和智能机器人领域。与社会学、经济学的结合使研究的对象跨越了工程系统的边界，进入到社会系统和经济系统的范畴。与生物学、医学的结合产生了生物控制论等等。本学科的这一特点，使它对各门学科的发展起到了有力的推动作用。反之，相邻学科如计算机、通信、微电子学和认知科学的发展也促进了控制科学与工程学科的新发展。当前，本学科所涉及的研究领域不断扩大，特别是各种检测、建模、控制理论与方法的新发展，进一步开拓了控制科学与工程研究的新领域。

目前，我国控制科学与工程学科是工学门类下的一级学科，下设 5 个二级学科：控制理论与控制工程，检测技术与自动化装置，系统工程，模式识别与智能系统，导航、制导与控制。

（二）东北大学控制科学与工程学科的发展简况

东北大学控制科学与工程学科历史悠久，其前身可以追溯到 1923 年东北大学成立时，在工学院设立的电工学系。经过多年发展，1949 年成立的电机工程系，是东北大学控制科学与工程学科正式创建之始。1953 年成立的工业企业自动化专业，是国内最早成立该专业的高校之一。1955 年老一辈控制论专家郎世俊教授主持建立了工业自动化研究所，1981 年工业自动化学科获得首批博士学位授予权。1980年中国科学院院士张嗣瀛教授主持建立了自动控制理论与应用研究所，1984年获得控制理论与应用学科的博士学位授予权。1991年建立自动控制学科博士后科研流动站。1998年获得首批控制科学与工程学科一级学科博士学位授予权，拥有5个二级学科博士授权点。2001年控制理论与控制工程学科被评为国家重点二级学科。在两轮全国一级学科整体水平评估中，控制科学与工程学科分别为第1名和第2名。2002年，东北大学控制科学与工程一级学科在教育部学位与研究生教育发展中心组织的全国一级学科整体水平评估中名列第一。2007年国家重点学科评估中，系统工程学科被增补为国家重点二级学科，随后控制科学与工程学科被认定为首批国家重点一级学科，成为国家“211工程”和“985工程”建设的重点学科。

1999年建成国家冶金自动化工程技术研究中心，2000年建成国家863/CIMS流程工业综合自动化重点实验室，2005年建成国家电工电子基础课教学基地。现有专任教师137人，其中，两院院士2人、长江学者特聘（讲座）教授5人、国家杰出青年科学基金获得者4人、国家教育部跨世纪人才1人、国家教育部新世纪人才6人、博士生导师26人，具有博士学位的教师比例达到78%，拥有国家自然科学基金委创新群体2个。

东北大学控制科学与工程学科，面向流程工业综合自动化的基础理论研究与关键技术研究，已形成优势；建成了冶金工业综合自动化科技创新实验平台，具有良好基础；以国家科技创新群体为标志的教师队伍，整体实力强；该学科在国内外学术界有较大影响。本学科主要研究方向包括复杂控制系统对称性及相似性结构的理论和微分对策理论、模糊建模与软计算方法、流程工业综合自动化理论与关键技术、物流的实时调度与优化、复杂工业过程的网络化控制与多智能体控制、智能检测与先进控制装置等。

东北大学控制科学与工程学科包括5个二级学科，简介如下：

1. 控制理论与控制工程学科。该学科主要开展流程工业综合自动化的基础理论研究与关键技术研究，面向经济建设主战场承担国家重大应用研究项目，解决重大关键技术问题能力强，并取得令人瞩目的成就，建成了冶金工业综合自动化科技创新实验平台等。2001年以来，围绕学科重点发展的研究方向，建立了一支以院士为核心，长江学者特聘教授、国家杰出青年科学基金获得者、新世纪优秀人才等为骨干，业务素质高、结构合理、具有创新精神的学术队伍。学科现有两院院士2人、长江学者3人、国家杰出青年科学基金获得者3人、新世纪优秀人才2人、教授29人、副教授31人,54人具有博士学位。该团队2004年被评为教育部创新群体,2005年被评为国家自然科学基金委创新研究群体,整体实力很强;并形成了相对稳定、各具特色的研究方向;已在教学、科研和学术研究等方面取得了较好的成绩。

2. 系统工程学科。东北大学系统工程学科由我国著名冶金自动化专家杨自厚教授创立,1981年成立系统工程教研室;1986年获得硕士学位授予权;1998年获得博士学位授予权;2002年成为辽宁省重点学科;2007年评为国家重点学科。系统工程学科覆盖系统工程研究所、物流优化与控制研究所,首席负责人为教育部长江学者奖励计划特聘教授唐立新。系统工程学科现有科研人员48人,其中博士生导师10人、教授14人、副教授16人、讲师18人,40人具有博士学位。在教师队伍中,有国家自然科学基金创新群体1个、教育部长江学者奖励计划特聘教授1人,教育部长江学者奖励计划讲座教授1人,国家杰出青年科学基金获得者3人,中国青年科技奖获得者1人,教育部高校青年教师奖获得者2人,教育部新世纪优秀人才培养计划5人,国家自然科学基金委学科评审组成员2人。

以国家、地方科技需求为导向,结合系统工程学科的发展趋势和多年的研究成果,本学科现已形成以生产计划与调度的理论、技术和应用为核心的4个研究方向:流程工业生产与物流调度、混合智能优化方法及在复杂工业和服务系统中的应用、生产运作管理的非确定性建模方法及应用、装备制造业设计与生产系统优化。这4个方向相互促进、彼此渗透,形成了有特色、高水平的系统工程学科。

3. 检测技术与自动化装置学科。检测技术与自动化装置学科作为工业信息的源头,是极具发展潜力的交叉边缘学科。学科成立于1958年,依托自动化仪表研究所。该学科1981年获得首批硕士学位授予权,1990年获得博士学位授予权,是当时国内该专业仅有的两个博士点之一;2002年成为辽宁省重点学科;2007年成为国家重点学科。本学科现有博士生导师3人,教授5人,副教授14人。多年来共为国家培养各层次仪表专业技术人才3 000余人。

4. 模式识别与智能系统学科。模式识别与智能系统学科于1997年被批准为博士学科点,现为国家重点学科、辽宁省重点学科。本学科现有博士生导师3人，教授4人，副教授8人。

5. 导航、制导与控制学科。导航、制导与控制学科1998年获得博士学位授予权；2007年成为国家重点学科。该学科现有教师15人，其中中国科学院院士1人，“长江学者奖励计划”特聘教授1人，校内特聘教授1人，博士生导师4人，教授4人，副教授4人。

（三）努力开展创新教育，科学构建创新人才培养体系

创新是一个民族的灵魂，也是一个学科得以发展的推动力。东北大学控制科学与工程学科采用适应社会发展需求、厚基础、宽口径、重实践、重创新的人才培养模式，培养具有良好的思想品德和文化修养、基础理论扎实、专业知识面广、实践能力强、富有现代科学创新意识，能够从事工业企业、国防、高校和科研部门的运动控制、过程控制、导航制导与控制、现代集成制造系统、模式识别与智能控制、人工智能与机器人、系统工程、现代检测技术、信号处理与控制、网络与计算机应用等领域的科学研究、技术开发、工程应用与组织管理的高素质、创新型、复合型高级人才。高层次人才培养是国家重点学科建设的中心工作之一，人才培养的质量是衡量学科发展的重要标志．该学科长期以来一直注重学生能力的培养和知识结构的优化，不断地加强学生全面素质和创新能力的培养，使人才培养的质量显著的提高。

高素质师资队伍是培养创新型人才的前提。中国科学院院士、全国“五一劳动奖章”获得者、辽宁省“功勋教师”张嗣瀛教授，中国工程院院士、国务院学科评议组成员、全国“五一劳动奖章”获得者柴天佑教授，都在本学科从事教学、科研和人才培养工作。控制科学与工程学科已经形成了一支以院士、长江学者、国家杰出青年科学基金获得者等学术带头人为核心，中青年学术骨干为主体、结构合理、年富力强的学术队伍，拥有国家自然科学基金创新研究群体2个。控制科学与工程学科教学力量雄厚、实验设备先进，在国内学科评比中一直名列前茅。半个多世纪以来，为国家培养、输送了大量高素质的控制学科的优秀科技人才，其中院士、长江学者特聘教授、国家杰出青年科学基金获得者等高水平学科（术）带头人10人，在国外高校担任教授的有20余人、在国内高校担任校领导及学科（术）带头人的有40余人，任政府机关、大型企业领导的有80余人。

在学科建设中，积极开展创新教育，科学构建创新人才培养体系。首先，要求教师在教学活动中开展创新性教学，开展问题式、研究式教学，培养学生的思维和理解能力、善于提出问题和解决实际问题的能力。其次,是在课程体系中增加创新教育的课程,设置的课程要与社会经济科技发展同步,内容要不断更新。再次,加强科研训练和创新体验,鼓励和引导学生参与教师的科研活动,为学生提供施展才智的舞台和知识创新、科技创新的舞台;积极鼓励和支持学生参加各类科技竞赛,体验创新乐趣。努力创造全员参与科技创新人才培养的文化氛围。

控制科学与工程学科始终把高层次人才的培养和学科的科学研究结合起来,坚持"以研究为本的学习,以研究为本的教学"的教学理念,在科学研究的第一线培养人才,又通过人才的培养,促进学科科学研究水平的提高,增强学科学术梯队的整体素质,从而推动学科的良性发展。利用学校构建的按学科知识基本结构进行课程整合,按学科知识综合化组织课程内容,形成具有基础性、学术性和发展性特点的"专业平台课群"(占计划学时的22%左右),培养学生大工程意识及其能力。利用学科的基础建设优势,实现科学试验与教学实验相统一,开展高水平实验教学。坚持产学研相结合,实行产学研合作教育。在办学实践中,先后与宝山钢铁集团、济南钢铁集团、东软商用软件公司等高科技企业合作,创立并实践了"3+1+1"(基础学习+企业工作实践+专业学习),"4+1"(复合专业人才培养),"3+1"(复合软件加强班)等产学研合作培养模式,形成了产业和科研支持教学,科研为产业提供成果,教学为科研和产业提供人才的良性循环机制。例如,工业自动化博士点是国内首批博士点之一,在郎世俊、顾兴源两位博士生导师的指导下,在自适应控制、智能控制等领域内取得了一系列的重要研究成果,从中培养一批博士,而他们又留校成为该博士点的新一代学科带头人和学术骨干,进一步推动了学科向多变量自适应控制等前沿方向发展,取得了国际上具有较大影响的研究成果。

(四)积极开展科学研究,不断提升科技创新水平

学科建设最终目标往往通过相应的标志性成果来体现,而标志性成果离不开科学研究,离不开科研项目。只有参加高水平、高起点的科研项目,才能提高学术水平和科研能力。本着"有所为,有所不为"的原则,通过创新型"学术特区"的建立,学科对重点培育的创新团队和专注于探索性研究、有发展前途的青年教师实行特区政策,为优秀拔尖人才的成长及其队伍建设提供了政策保障。该学科成员一直将"敢为人先"作为一种行为理念,勇于探索，勇于攀登。学科带头人要求青年学者戒除浮躁，潜心研究自己的课题，并用学科经费为年青人设立了"预研基金"，为他们申报国家基金做前期准备。各方向带头人努力带领自己的团队申报和完成 863 计划、973 计划等重大项目，在项目执行过程中形成具有原创性的标志性成果，不断提高学科的科技创新水平。

据不完全统计，近 3 年来本学科承担各类科研项目 306 项，总计科研经费 20 123 万元。其中包括：国家 973 计划项目 2 项，国家创新研究群体科学基金 1 项，长江学者计划特聘教授基金 2 项，国家杰出青年基金 2 项，国家自然科学基金（重大、重点、面上）35 项，国家 863 计划项目 11 项，国家科技攻关项目 2 项，国家高技术产业化专项和国家企业技术创新基金等 4 项，省部级课题和企业重大技术改造项目 150 多项。研究成果在国内外主要学术刊物及重要学术会议上发表论文 1 000 余篇，其中被 SCI 收录 151 篇，被 EI 收录 504 篇。出版专著 16 部。在重要国际会议上做特邀大会报告 4 次。完成了许多有重大科学价值、重大经济效益和社会效益的科研课题。例如"黑体空腔钢水连续测温技术与传感器"已经在全国 38 家大中型钢铁企业及境外企业推广应用，"冶金电炉自动控制系统"已经在全国 30 多家企业推广应用，"长距离输油管道故障与定位系统"已经在胜利油田、中原油田、鲁皖成品油管道局等 20 多个场站推广应用，酒钢选矿厂全流程综合自动化系统填补了国内外的空白。由于成绩突出，获各类科技奖励 40 项。其中国家技术发明二等奖 1 项，教育部提名国家科技进步奖一等奖 1 项、二等奖 2 项，省部级科技进步一、二等奖 19 项等；还获得国家科技发明专利 24 项（其中 6 项已获得授权）；此外，《自动控制原理》和《电子技术基础》两门课程被评为国家级精品课。

任何学科的发展都是以其包涵的二级学科的发展为依托的。东北大学控制科学与工程学科的发展，正是由于其包涵的 5 个二级学科长期以来都十分注重科学研究，并都取得了可喜的成绩，才使学科的整体科技创新水平得以不断提高。具体介绍如下：

控制理论与控制工程学科，"十五"以来，承担各类科研项目 331 项。其中国家自然科学基金委创新研究群体科学基金、国家自然科学基金（杰出、重点、面上）、国家 973 重大基础研究计划、国家 863 高技术研究与发展计划项目和国家攻关课题、省市级等科研课题 102 项，企业重要技术改造项目

220多项。总计科研经费27 739万元(进款额24 782万元),其中纵向科研经费为7 282万元(进款额6 430万元)。在国内外学术期刊和国际会议上发表学术论文1 891篇,其中有1 129篇被SCI、EI、ISTP检索收录。申请/获得专利、软件著作权55项,出版专著、教材共46部。在IEEE和IFAC等重要系列性国际会议上做特邀大会报告4次。获得2项国家科技进步二等奖,2项国家技术发明二等奖,18项省部级科技奖励。《自动控制原理》课程被评为国家级精品课。

系统工程学科,2001～2006年,承担国家自然科学基金创新群体项目、国家自然科学基金重点项目、国家杰出青年科学基金、国家863计划、国家自然科学基金面上项目等各级各类科研项目136项,总经费达2 721.4万元;发表学术论文658篇,其中在等重要国际杂志上发表92篇,被SCI收录79篇,EI收录283篇;获省部级二等以上科技进步奖6项:其中基础理论研究获教育部提名国家自然科学二等奖、辽宁省自然科学二等奖等,应用研究获国家科技进步二等奖、中国青年科技奖、冶金科技进步二等奖、陕西省科技进步二等奖等。

检测技术与自动化装置学科,2000年以来,承担了国家自然科学基金、国家863计划课题、国家九五攻关项目以及面向钢铁冶金、石油等企业的科研项目70余项。获得国家技术发明二等奖一项、省部级科技进步奖10多项。出版专著2部,教材3部。在国内外学术杂志上发表了学术论文几百篇,其中国际杂志论文20余篇。1995年5月经国务院批准,本学科联合英国、美国、日本、意大利和俄罗斯等国家的不同学术组织共同发起,在我国组建"国际粉体检测与控制联合会(IFMCGM)",并已成功召开了7次学术会议,在国际上已形成一定规模的学术影响。

模式识别与智能系统学科,近10年来,承担国家863计划、国家自然科学基金、国家国际合作重点项目、国家重大科技攻关项目、省部基金以及重大横向科研项目50余项。在模式识别、智能机器人系统、系统仿真与应用、图像处理与机器视觉、建筑智能化技术、虚拟现实技术与应用、工业过程建模与控制、无线网络技术等领域进行了广泛深入的科学研究,取得了一批具有国际先进水平的研究成果,获得了一批具有良好产业化前景的高技术成果,形成了鲜明的学科特色与优势。获得国家级和省部级科学研究和教学研究成果奖20余项;编写出版学术著作、教材30余部;在国内外重要学术刊物和会议上发表有影响的学术论文400余篇。教师指导的学生参加各种国际、国内大学生科技竞赛,荣获奖项30余项。

导航、制导与控制学科,近年来承担各类基金和科研项目数十项。获得国家科技进步奖、省部级科技进步奖10余项。在国内外学术杂志上发表论文500余篇。同美国、英国、日本、加拿大、澳大利亚、新加坡、马其顿、土耳其以及中国香港的多所著名大学建立了长期的学术合作关系。

自1986年国家自然科学基金设立至今,东北大学控制科学与工程学科就一直是国家自然科学基金资助的主要学科,取得了重大的成绩。此外,近年来已经同美国、加拿大、英国、日本、德国、澳大利亚、新加坡、韩国、西班牙、香港等国家和地区的40多所大学和研究机构建立了学术交流和各种合作关系。每年都邀请国外相关领域知名专家学者来校讲学,并选派骨干教师赴国外参加国际会议和学术交流及合作科研,提高了学科的国际化水平。

(五)坚持产学研紧密结合,促进学科建设与科技创新共同发展

东北大学的一个办学特色就是坚持产学研相结合,多渠道、多模式办学。学校利用学科优势,不断充实产学研合作内涵,坚持产学研紧密结合,积极推进科技成果转化,不断提高社会服务能力,促进企业技术创新与发展。学校充分利用科技、人才优势,以孵化高新技术产业作为服务社会的坚实支撑点,探索出了一条产学研相结合,创办高新技术产业的有效途径。1995年,东北大学软件中心被确定为当时唯一的计算机软件国家工程研究中心;1997年,学校自动化中心被确定为国家自动化工程技术研究中心;东北大学科学园是我国第一个大学科学园。

东北大学的控制科学与工程学科依托冶金行业需求,在"复杂系统结构的基础理论"、"非线性奇异系统的基础理论"、"智能机器人系统"、"流程工业计划、调度与物流管理方法"等领域的研究成果显著,科学研究综合实力强,利用其控制学科的优势为冶金行业的发展做出了重大贡献。

例如,东北大学与中国铝业股份有限公司山西分公司合作的"熟料窑智能优化控制系统"开发项目(含6条熟料窑),合同总金额1000余万元。该项目结合国家"863"计划项目"大型回转窑优化控制技术攻关"的最新研究成果,研制开发了熟料窑智能优化控制系统,并在6条熟料窑上应用。系统运行后,每台熟料窑因控制系统提高了技术装备水平,年净经济效益296万元。该项目的产学研合作模式实现了基础研究与应用研究相结合,创造了

显著的经济效益和社会效益，在铝行业熟料烧成回转窑过程实现自动化方面有重大突破，是采用工业自动化高技术改造与提升传统产业、用信息化带动工业化、走新型工业化道路的成功范例。

"轧制技术及连轧自动化国家重点实验室"覆盖冶金、材料加工、计算机、自动化等多个学科，在用高新技术改造传统产业方面进行了成功的探索，取得显著成效。如在"首钢总公司—东北大学宽厚钢板联合研发中心"基础上开发的"首钢 3 500 mm 中板轧机核心轧制技术和关键设备研制"项目，该项目是国家发改委国家重大技术装备研制项目。首钢 3 500 mm 中厚板轧机工程的开发，集成了中厚板生产急需的高精度厚度控制技术、TMCP 技术、控制冷却技术、平面形状控制技术、板凸度和板形控制技术、组织性能预测与控制技术、人工智能应用技术、中厚板厂全厂自动化与计算机控制技术等一系列具有自主知识产权的关键技术，建立了以 3 500 mm 强力中厚板轧机和加速冷却设备为核心的整条国产化的中厚板生产线，实现了中厚板轧制技术和重大装备的集成和集成基础上的创新，从而实现我国轧制技术各个品种之间的协调发展和中厚板轧机的全面现代化。该项技术已经推广到我国 10 余家中板厂，为中国中厚板轧机的改造和现代化做出了突出贡献。控制科学与工程学科在其中发挥了重要作用。

"以服务为宗旨、在贡献中发展"，东北大学正是秉承了这样一种产学研合作的宗旨和态度，坚持"顶天立地"的方向，围绕国家战略需求，不断创造国内外高水平成果；面向国民经济和社会发展主战场，解决发展实践中大量的科技问题，同时也实现了学校自身的发展。东北大学校办科技产业发展的成功实践说明，具备一定研究开发能力的大学，在发挥大学的社会服务功能、牢牢把握办学规律和方向的前提下，利用其自身的科技优势和特色学科，按照产业发展的特点和现代企业制度来创办科技产业，不但可以避免高校直接承担企业经营风险及因企业经营问题冲击影响高校正常的教学和科研秩序的负面影响，而且还可以大力促进产学研相结合，推动人才培养和学科建设，在高新技术产业领域为国民经济建设做出应有的贡献，同时学校也可以获得丰厚的回报。

在"985 工程"建设中，学校依托控制科学与工程等优势学科，构建了"流程工业综合自动化科技创新平台"，通过基层学术组织改革、科技资源整合和科技产业及大学科技园的发展，形成了较为完整的科技创新体系，适应了建设高水平大学和建设国家创新体系的总体要求，增强了产学研合作的能力，促进了学校、学科与科技创新共同且可持续发展。

三、中国化学学科建设与科技创新

（一）化学学科的发展历程及趋势

化学知识的形成、化学学科的发展经过了漫长而曲折的历程。它伴随着人类社会的进步而发展，是社会发展的必然结果。而它的发展，又促进生产力的发展，推动历史的前进。化学学科的发展，主要经历以下几个时期：

化学的萌芽时期

从远古到公元前1500年，人类逐步学会在熊熊的烈火中由黏土制出陶器、由矿石烧出金属，学会用谷物酿造出佳酒、给织物染上颜色，这些都是在实践经验的直接启发下经过长期摸索总结出来的最早的化学工艺，但还没有形成化学知识，只是化学的萌芽时期。

炼丹和医药化学时期

约从公元前1500年到1650年，化学被炼丹术、炼金术所控制。为求得长生不老的仙丹或象征富贵的黄金，炼丹家和炼金术士们开始了最早的化学实验，而后记载、总结炼丹术的书籍也相继出现。随着炼丹术、炼金术的衰落，化学方法转而在医药和冶金方面得到正当发挥，中、外药物学和冶金学的发展为化学成为一门科学准备了丰富的素材。

燃素化学时期

这个时期从1650年到1775年，是近代化学的孕育时期。随着冶金工业和实验室经验的积累，人们总结感性知识，进行化学变化的理论研究，使化学成为自然科学的一个分支。这一阶段开始的标志是，1661年英国化学家波义耳为化学元素指明科学的概念。继之，化学又借燃素说从炼金术中解放出来。燃素说把大量的化学事实统一在一个概念之下，解释了许多化学现象。认为化学反应是一种物质转移到另一种物质的过程，化学反应中物质守恒，这些观点奠定了近代化学思想的基础。这一时期，不仅从科学实践上，还是从思想上都为现代化学学科的形成做了准备。

现代化学学科形成和确立时期

学术界基本公认，现代化学学科的形成和确立时期，以18世纪末期的化学革命为起点，到19世纪中期为终点。化学作为一门科学，在这一时期有过几次重大的突破：

第一次是18世纪末法国化学家拉瓦锡领导的化学革命。化学革命的主要成果是建立了化学界的第一个学科纲领——氧化学说，开启了现代化学学科建制化的序幕。化学革命初步明确了化学研究的目的、范围和方法，使化学成为一门独立的学科，而不再是其他学科的附庸。

第二次是1803年英国化学家道尔顿提出原子学说，合理地解释了当时的一些化学现象和规律。进而明确地阐明了化学变化是原子间的化合与分解，从此揭开了化学的神秘性。

第三次是1814年意大利化学家阿伏伽德罗阐述和论证了现代分子论思想。1860年，随着现代分子论的确立，一个有机物可以用几种化学式表示的混乱状况，最终得到彻底改变。

到19世纪中期，现代化学学科基本上完成了建制化，其标志主要体现为：在知识层面上，道尔顿和阿伏伽德罗的现代原子—分子论得到确认；在社会层面上，化学建制化进程与化学工业化的发展也达到一个新的高度，基本实现了职业化和建制化。

现代化学学科的发展趋势

自19世纪中叶到现在的一个多世纪以来，各种不同类型的物质被人工合成出来，各种化学反应相继被人们发现，人们积累了丰富的实践经验和大量的实验数据。各国对化学的基础研究、应用研究和开发研究的大量投入使得化学学科得到了蓬勃发展，从原来的有机化学、无机化学、物理化学3个分支学科发展到今天的有机化学、无机化学、高分子化学、分析化学、物理化学、环境化学和化学工程7个分支学科，并且在各学科之间还不断出现了一些边缘学科：如生物无机化学、生物有机化学、物理有机化学、金属有机化学等，呈现出一派生机盎然的局面。

近20年来，化学的发展是如此迅速和深入，化学自身结构以及与相邻科学之间的关系都起了根本变化。化学理论在计算机科学革命性突破的帮助下，已成为学科的中坚；物理学全面地提供了强有力的诊断工具，使得化学的实验领域大为扩展；分子生物学在解释生命过程方面的辉煌进展，向化学提出了许多挑战性的问题，要求化学在分子水平上加以解释；材料科学的发展需要化学弄清物质的结构、性能及其关系，并能实现分子剪裁、设计与分子工程等等。

有人预计,化学键理论的研究将会引起新的突破。1916 年德国化学家柯赛尔和美国化学家路易斯创立了经典的电价理论和共价理论。从 1927 年量子力学应用于化学开始,化学键理论发展很快,已建立起比较完整的体系,成为化学的重要基础理论——现代化学键理论。它将揭示物质的性质和结构之间的本质联系,为研制新材料,探索新能源,研究生命现象,模拟生命体内的化学变化等各方面提供充实的理论依据。

化学学科在成长的过程中,一方面积累了大量的感性认识,另一方面以此为基础,逐渐形成自己的理论体系,反过来又在实践中指导化学研究,二者密切结合,相互促进与发展,使化学学科逐渐从描述性的学科过渡到推理性的学科,从定性阶段走向定量阶段,从宏观走向微观,发展成为今天如此庞大的学科体系。

可以预期,化学将有可能达到人们向往已久的分子工程的水平,使人们能根据化学所累积的大量信息,经过电子计算机的运算,设计出具有指定结构和性能的化合物,并选择出最优的合成路线。

(二) 新中国化学学科的发展及其特点①

新中国成立前,化学学科遭受严重挫折,学科整体基础薄弱,有的领域甚至是空白。1949 年新中国的成立,使化学学科获得新生,零散的化学学科逐步整合,化学学科体系得以重建和迅速发展。

高等教育机构化学学科的发展

1950 年 6 月教育部召开第一次全国高等教育会议,根据会议精神,各大学开始建立化学教学研究组或教学组。如北京大学化学系成立了普通化学组、有机化学组、物理化学组等。

1952 年高校院系调整,在北京大学等 13 所综合性大学和北京师范大学等 31 所师范院校均设化学系,各系下设二级学科,成立相应的教研室负责教学和科研工作。院系调整的另一个任务就是调整、组建化工院校。如由原东吴大学、震旦大学、江南大学等相关学校化工系调整组成的华东化工学院(今华东理工大学),成为新中国第一所化工学院。至 1958 年左右,又先后组建南京化工学院、北京化工学院、北京石油学院等。专业化工学院的

① 本节编写参考中国科学技术协会:《中国化学学科史》,北京:中国科学技术出版社,2010 年。

建立，对新中国化学学科的发展起了重要的推动作用。

1981年化学学科开始招收硕士和博士研究生。到80年代末，化学学科设有200多个硕士点，80多个博士点。1985年开始设立博士后流动站。

1990年，全国高等理科教育工作会议在兰州召开。兰州会议后，增设了应用化学专业，明确应用化学专业属应用理科，主要培养应用型人才，是化学学科的拓展，不仅是化学与化工的衔接，而且应该实现与生命、医药、能源、材料、环境、信息等学科的交叉、渗透，发挥化学基础学科对相关学科的支撑和促进作用。

1991年起教育部分批设立"国家理科基础科学研究与教学人才培养基地"化学专业点，即"化学基地"。先后建立"化学基地"的有南京大学、北京大学等18所大学。"化学基地"的建立大大推动了化学专业教育改革的进行。

化学学科经过逐步发展，已形成化学和化学工程与技术两个一级学科的综合体系。化学一级学科从原来的有机化学、无机化学、物理化学3个二级学科，发展到今天已有机化学、无机化学、高分子化学与物理、分析化学、物理化学(含化学物理)等5个二级学科。化学工程与技术一级学科有化学工程、化学工艺、生物化工、应用化学和工业催化等5个二级学科。

科研机构化学学科的发展

新中国成立后，形成由中国科学院及其所属与化学(工)相关的研究所、各工业部门所属与化学(工)相关的研究机构及高校的化学研究所等相互结合、相辅相成的化学科研体系。

1949年11月中国科学院成立后即建立了一批与化学相关的研究所，如中科院上海物理化学研究所、中科院上海有机化学研究所等。以后又陆续组建了中科院大连化学物理研究所、中科院长春应用化学研究所、中科院北京化学研究所、上海生物化学研究所、中科院广州化学研究所、北京化工冶金研究所、中科院成都有机化学研究所、中科院上海硅酸盐研究所、中科院新疆化学研究所、中科院青海盐湖研究所等。

1952年院系调整后，许多高校也相继创办了化学类研究所，如北京大学的物理化学研究所、南开大学的元素有机化学所、南京大学的配位化学所、吉林大学的物质结构研究所、中山大学的高分子化学所等。这样在新中国成立后短短的十几年中，我国就形成了专业比较齐全，具有一定水平和规模的化学研究机构。

80年代开始，我国开始启动国家重点实验室和国家工程实验室计划，这是国家科技创新体系的重要组成部分，是国家组织高水平基础研究和应用基础研究、聚集和培养优秀科学家、开展高层次学术交流的重要基地。目前国家已批准了8个石油和化工行业的国家工程实验室、40余个化工国家工程研究中心以及20多个石油和化工企业技术中心。

化学学科体系的发展，有赖于理论研究、应用研究和应用推广之间建立良性互动机制。我国化学工业的发展状况正是化学学科成果的应用表现，而化学工业的应用需求恰是化学学科现实发展的动力。在学科进步与产业发展的互相推动下，建立起产、学、研有机结合的化学工业研究-开发-应用体制，是整体上带动化学学科和化学工业发展的必由之路。

我国化学学科发展的特点

长期以来，我国化学学科发展强调满足国家发展战略需要，重视基础理论研究，完善学科教育体系，关注学科队伍建设，大力推进成果转化，学科得到迅速发展，并呈现以下特点：

第一，学科门类逐步齐全，学科发展体制逐步完善；

第二，学科发展呈现综合化趋势；

第三，学科发展始终和社会发展密切相关；

第四，学科发展整体水平仍需大幅提升。

（三）结合化学学科实际，改进科技创新人才的培养模式和教学方式

化学学科肩负着为化学科学和化学工业的发展培养大批高层次科技创新人才的重任。因此，化学科技创新人才培养要立足于教育思想和体制的改革，转变单纯传授知识的教学体系为传授知识与探索研究相结合的新教学体系，加强基础，建立以传授知识与探索研究结合、教科结合、师生结合、内外结合（课内外和校内外）的化学科技创新人才培养模式。

化学创新人才培养模式的建立要以转变教育思想和观念为前提，以创新为核心的素质教育为基础，以实施个性化教育为途径，以科学研究全面渗入教学为根本保证。具体从以下几方面着手：首先，构建学科基础课平台，优化课程结构。根据化学学科分支学科较多的特点，设置学科基础课平台，通过平台课程与各分支学科专业课程的科学组合形成各具特色的专业培养计划。其次，建立比较完善的实践教学体系是化学学科人才培养的关键，要尽早为学生提供开展科研的各项条件,加强教学实习和实践环节。再次,按大类招生培养这一模式,比较符合化学学科的人才培养规律,既可满足学生个性化发展的需要,也能顺应学科发展综合化、人才需求多元化的趋势。

在教学方式的改革上,要努力把科技创新思想引入日常教学过程,在教学实践中通过改革教学手段和教学模式等多种方式来培养大学生的自主学习能力和科研创新能力,从而培养和造就高素质的创新型人才。在教学过程中,要以现代化学的基本知识和原理为经,以与化学密切相关而又被社会特别关注的能源、材料、信息、环境和生命等学科的交叉内容为纬,注重化学与社会、经济、技术的联系的事例分析,以强化科技创新能力的培养。

例如,浙江大学化学学科近几年以创新型人才培养为目标,加强教学与科研的互动,以高水平科研促进创新人才培养,逐步形成了从课堂到课题组、从开放实验室到社会实践活动的,全方位、多层次的创新人才培养模式。主要从制订创新人才培养方案、加强科研训练、采取特殊的教学方法和手段、提高学生综合素质等几方面着手。其中,按大类招生及培养是改革传统招生方式和培养模式的一条有效途径。浙江大学化学学科以宽口径、厚基础、高素质为原则,形成化学大类新的人才培养模式,构建学科基础课平台,优化课程结构,为化学类各专业人才培养提供了保障。

又如,南京师范大学应用化学专业采用“产学研三位一体”模式对本科生进行创新能力培养,通过在实习阶段深入了解企业生产环节来培养学生发现和解决问题的能力,并通过“学研”结合的方式来改善毕业论文的写作,密切联系学科发展和社会发展的实际,取得了较理想的效果。

(四)结合化学学科特点,深化产学研科技创新体系

产学研科技创新体系建设应以学科的建设和发展为依托,而科技创新的发展又从理论与实践上促进了学科的进步和发展。在学科进步与产业发展的互相推动下,我国结合化学学科的特点,建立起产、学、研有机结合的科技创新体系。

现代化学学科的发展充分现实了多学科性与高新技术相结合的特点。因此,从产学研合作的层面分析,就需要合作各方改变以往的合作方式。企业在与高校、科研院所合作时,要重视多学科的交流和合作,重视多层次的跨学科合作。这样才能使“产学研合作”改变以往的仅仅是“购买”高校、科研院所某种专利技术,解决某种技术难题的那种单纯技术方面的合作,而进入深层次的合作。例如,江苏省根据国内石化产业发展的要求和趋势,提出要重点发展石油和化学工业,并努力打造化学学科与化工产业紧密结合的产学研科技创新体系。正是这种产学研合作的科技创新体系为该省化工产业带来新的技术升级,同时也为化学学科的发展提供了不懈的动力。

学科专业的创新与发展决定于创新型人才的培养,而实施合作教育,构建产学研三位一体人才培养模式是培养化学化工类专业创新人才的有效途径。它的最大特点是利用了学校与产业、科研等单位在人才培养方面的各自的优势,把以课堂传授间接知识为主的学校教育环境,与直接获取实际经验、能力为主的生产现场环境有机结合于学生的培养过程之中。

高等职业技术学院建立的校外产学研校企合作实训基地就是最好的实例。学校对每个参加实训的学生提出明确的实训要求,学生直接参与企业的生产过程,依靠企业管理和指导,学生将所学的理论知识应用于实践中并转化为生产的技术和技能;同时感受企业文化,将现代化企业的经营与管理理念引入到学校,在实践中明确了用人单位的需求和所需的知识结构和能力结构。常州工程职业技术学院化学制药专业与当地制药厂建立了长期合作关系,形成了多处校外实训基地,如:常州天普生物化学制药有限公司实习基地、常州制药厂实习基地、常州佳尔科药业有限公司实习基地等。同时高职院校还利用自身的优势,积极主动地参与企业的新产品开发和技术革新活动,同企业一起攻克技术难题。学校还与企业建立了市场导向型的科研开发模式,由企业投资,高职院校进行科研立项,将所研究的成果推向社会。如该校制药与生物工程技术系成立应用化学研究所,与一些药厂进行横向合作,开发新技术、新产品,将研产紧密结合在一起,加速高新技术的产业化,也促进了化学制药学科的发展。

高职化学制药专业校企产学研合作基地建设,不仅实现学校教学与社会需求的双赢,而且有效地提高了学生的创新精神和实践能力。

(五)发挥化学学科优势,依靠科技创新推动产业结构升级

化学学科是一门实用性很强的学科。它的发展与社会生产和生活有着紧密的联系,具有极强的社会性,在为人类提供食物、开发新能源、提供穿和住、为日益减少或稀缺材料提供可再生的代用品,在有益健康和征服疾病以及监视和保护环境,在增强国防实力和保障国家安全等方面都起着关键性的作用。化学和化工产业已成为国民经济的重要支柱。充分发挥化学学科的优势，依靠科技创新推动化工产业结构升级是化学学科发展的重要任务。

利用化学学科的优势，努力提高科技创新水平，提高科技进步对经济增长的贡献度，提高化学工业的发展质量。转变经济增长方式，归根到底要靠科技进步和提高劳动者素质，关键是抓好科技创新和教育，不断提高化工产业科技进步水平，增加化工产品的科技含量，依靠科技进步和科技创新，推动化学和化工产业结构升级。

产业升级主要是指产业结构的改善和产业素质与效率的提高。产业结构的改善表现为产业的协调发展和结构的提升；产业素质与效率的提高表现为生产要素的优化组合、技术水平和管理水平以及产品质量的提高。产业升级必须依靠技术进步。进入21世纪，中国加快了推进现代化建设的步伐，化学工业的结构升级与优化成为一项紧迫的任务。产业结构的升级和优化，体现为连续不断的把现代科技成果用于改造企业和发展高新技术。现代化工生产与传统化工生产的区别，主要在于是否以科学技术为主要推动力。加快化学工业结构优化升级需要做好以下几项工作：(1) 按照专业化分工协作的规模经济原则，加快化工企业的结构优化。(2) 重视老化工基地改造，淘汰落后企业产业。(3) 在调整地区化工产品结构时，应按优化原则进行。(4) 采用高新技术，加快传统化工产业的技术改造。(5) 振兴化工行业，提高化工装备水平。强调采用高新技术，加快传统化工产业的技术改造。而高新技术的开发与应用一定程度上依赖化学学科的发展。

(六) 适应社会与时代需求，推进化学学科发展

随着时代的进步、社会经济的发展，要求化学学科的发展、化工产业的发展要与社会的可持续发展相结合，要适应经济增长方式的转变。于是，新的学科应运而生。

绿色化学是在一定的社会需求的基础上产生的基础学科，是化学学科发展的必然趋势。绿色化学相对于传统化学来说，是具有社会生态效益的更高层次的化学。它是利用化学的技术和方法去减少或消灭那些对人体健康、生态环境有害的物质产生。绿色化学的理想是不再使用有毒、有害的物质，不再产生废物，不再处理废物。它是一门从源头上防止污染，最大限度地合理利用资源，实现环境保护及生态平衡等，全面满足人类可持续发展的化学。

绿色化学研究的基本内容是，围绕化学反应、原料、催化剂、溶剂和产品的绿色化展开。即采用无毒无害、可再生资源为原料，实现原料的绿色化；使用无毒无害的催化剂，实现催化剂的绿色化；使用无毒无害的溶剂，实现溶剂的绿色化；以实现整个化学反应的绿色化，最后得到绿色化的产品。绿色化学彻底抛弃了那种先发展后治理，发展经济以牺牲环境为代价的发展模式，进而采用绿色与环境友好相容的发展模式，从源头上堵住污染的产生，从根本上减少或消除污染，满足了现代社会可持续发展的要求。因此，绿色化学是21世纪化学学科发展的新方向。

第五节　我国学科建设与科技创新中存在的主要问题

一、学科管理体制对学科发展的制约

体制是关丁机构的设置、隶属关系及权限划分的制定。日前，我国学科建设是在政府的宏观调控下，高校和科研院所自主管理的一种实践活动。宏观管理层面，我国学科建设的管埋主体包括国务院学位委员会、教育部学位与研究生教育发展中心、各学科专业教育指导委员会、各省学位委员会等管理机构或组织，可称之为宏观管埋主体。微观管理层面，各高校、科研院所都设有专门的诸如学科建设委员会、学科建设领导小组、学科建设规划办公室等机构，学院或系的学科建设领导小组及各个学科的领导小组等，可称之为微观管理主体。

下面我们就从这两个层面分析当前学科管理体制对我国学科建设的几点制约。

（一）学科分类不能适应学科建设和社会发展的需要

自20世纪50年代，我国由于受苏联体制影响，按行业划分学科体系，形成许多过细、过窄的学科门类，对我国的学科建设产生深远影响。长期以来，造成学科分散，合作性不强，基本处于自发的、分散的、封闭的发展状态中。学科之间联系很少，难以渗透、融合，整合度欠缺，阻隔了学科的交叉发展，不利于复合型人才的培养，也不能适应科技创新发展的趋势。

目前，由国务院学位委员会制定的我国的学科专业目录分为哲学等13大门类，下面再分为一级学科，一级学科下面再划分为二级学科。随着我国经济建设、社会文化以及科学技术的发展，这样的学科分类仍难以适应学科建设和社会发展的需要。例如：电子商务、现代物流、工业设计、建筑景观、公共传播、印刷包装等学科，原有的学科目录均未设置。为了适应这种要求，国务院学位委员会从2000年开始，建立学科点备案制度，即有条件的学校在一级学科点下面可以根据需要自设二级学科点。但是，对于那些没有相关一级学科，而又有条件兴办新学科的大学来说，就面临十分尴尬和困难的局面。这种学科管理体制在一定程度上制约了学科的发展和建设。①

（二）学科结构调整不能满足科技发展和产业升级的需要

首先，从宏观上看，我国的学科结构是与传统经济结构相适应的，即以重工业为核心组织的学科结构，传统工科教育比例较大，文、理、工学科结构严重失衡，适应新产业结构发展需要的新兴学科不足。在传统学科与新兴学科的关系上，习惯于注重发展传统学科，往往忽视新兴学科的建设，进而影响我国交叉学科、边缘学科的发展，使学科结构的调整不能紧跟科技发展的步伐，不能满足科技创新的需要。

其次，由于学科管理体制的制约，我国学科结构与经济发展的适应性不强，学科结构调整与经济发展失调，学科结构升级滞后于产业结构的升级。进入21世纪以来，为了保证经济长期、稳定、可持续的发展，我国正在进行产业结构的重大调整，迫切需要学科结构也能相应地进行调整和改革。但是，在相对死板的学科管理体制下，学科调整的主导性、适应性都跟不上企业结构调整的步伐，也远远不能满足产业升级的需要。

（三）学科建设单位缺乏学科建设的自主权

由于历史的原因，我国高校和科研院所的制度建设远远落后于市场经济发展的要求，在学科设置、专业选择及招生考试上还带有明显的计划经济时代的特征，还未真正做到自主办学和自主管理。在管理体制上，省、部（委）之间对高校和科研院所管理的“条块”分割仍然存在，使高校与高校、高校与科研院所之间存在严重的隔阂，人事管理制度的滞后阻碍了科技人员

① “高校学科建设”课题组：《我国高校学科建设存在问题及对策》，《国家教育行政学院学报》，2005年第8期。

的正常流动。无论是科技人员,还是学科建设单位,都只能在固有的框架内,按上级的意志和指令办学科、建学科、管学科。学科建设自主权的丧失,严重制约了学科建设单位的积极性、主动性,阻碍了学科的正常发展。从宏观管理层面看,学科建设自主权的缺失应是制约我国学科发展的最主要原因。

(四)对设置全局性、战略性的学科建设管理机构认识不足

任何一项重要工作,都应当设立专门的管理机构进行管理,学科建设也不例外,因为强有力的组织保障是学科正常运行的必要条件。

从目前实际情况来看,各学科建设单位所设立的学科建设管理部门不尽相同。有的高校设立专门的发展规划处管理学科建设;有的单位将学科建设直接划归研究生院(部)管理,或将专门设立的学科建设管理部门挂靠研究生院;还有的高校成立了多头管理机构,学科建设发展规划由某一职能部门如政策研究室或高教研究中心负责制定,"211工程"重点学科建设项目由"211办"负责,省部级重点学科由科技处或社科处负责,学位授权、学科专业点申报由研究生处负责;遇到重大事情由校领导牵头、相关职能部门分工落实。各单位学科建设管理部门设置上的多样性,不仅说明,高校在究竟应当设立什么样的机构管理学科建设的问题上还没有达成共识;而且也说明,对设置全局性、战略性的学科建设管理机构的重要意义认识不足。

同时,由于学科建设的许多问题是与科研、人事、研究生部(处)、财务、设备等部门密切相连的,虽然各职能部、处工作的主要职责归根结底都是在为学科建设提供保障,但如果职责范围划分不明,又缺乏有效协调,就容易形成各职能部门之间政策衔接性不一致,甚至在某些方面存在矛盾,相互抵触,使各学科建设无所适从,造成学科建设"政出多门"的现象,必将严重影响学科建设的效果。

(五)在学科建设中学术管理与行政管理的关系尚未理顺

首先,各单位学术委员会在学科建设中存在以下问题:一是由于学术委员会组成成员主要是各个学科专业的专家,代表不同的学科专业,他们只熟悉本专业学科发展动态,但对其他学科的发展就没有足够的洞察力,因而,在此基础上制订的学科发展规划往往是各专业学科发展规划的简单相加,缺少综合性和融合性。这种情况在以工科为主的院校中尤为突出。二是由于学术委员会是一个学术组织,它不行使行政管理职能,只为管理部门的决策提供借鉴依据，因此许多专家的意见往往只基于学术的考虑，但却缺少必要的可行性论证。尽管这种宏观的规划对学科发展是必不可少的，但由于它忽略了实现规划的实际条件，行政管理部门在具体实施时不得不经常做出大量的调整，使学科规划成为一纸空文。三是学术委员会在学科建设中，重视总体规划，忽视实际指导作用，在目标和实施之间缺乏可靠的保证环节，造成各个院系及科研队伍仍然按照各自意愿从事科学研究，研究方向与学科发展方向往往不一致，导致学科点的研究力量分散，不能形成合力和整体优势。

正是由于学术委员会在学科建设上存在以上问题，虽然各单位普遍设有各类学术职能机构，然而却很难发挥应有的作用。现实中往往是上级主管部门红头文件一下，检查、评估、验收、立项等任务一来，学校行政部门就召集有关学术职能机构人员研究如何过关，而不是由学术职能机构先有目的、有计划地开展相关研讨、论证[①]。等到上级的检查任务一结束，就仍由各学科自行发展，缺乏有针对性、有目的、有组织地规划和引导。

其次，部分学科带头人的领导地位不仅局限于“学术”上，而是扩大到与学术有关的人、财、物的支配权力方面，有行政化的趋势。[②] 在学科建设与管理工作中，以行政权力代替学术权力、以行政管理代替学术管理等行政专制的倾向，或集学术权力与行政权力于一身的权力借用和学术专制的现象，在高校中亦不少见。这种现象，往往造成某个行政领导者或学术领导者及他们所代表的某集团的利益主导了单位学科建设的方向，从而严重制约了学科建设向科学、健康的方向发展。

二、缺乏科学的学科发展规划对学科建设的影响

学科发展规划应首先明确本单位学科建设的定位、目标、体系、结构、布局，确定相对稳定的学科研究方向及其协调与整合的方法，确立学科群建设的目标等问题；最终做好人才引进、经费投入、国际交流等规划。然而，实际

---

① 王为一：《论大学内部管理模式转型——从管理学术型到学术管理型》，《高教探索》，2002 年第 1 期，第 37－39 页。

② 王楚鸿、陈兆平、安宁：《高校科研力量分散化问题的思考》，《高教探索》，2003 年第 4 期，第 34－36页。

情况则是，各学科建设单位普遍对学科发展规划制定工作不够重视；缺乏具有指导意义的、科学的、合理的学科发展规划；或对已制定的发展规划执行不坚决，带有很大的随意性；从而造成在学科建设中科学性与合理性的缺失。

（一）学科设置缺乏特色

由于缺乏对学科建设的定位和对学科发展的目标设定，因而使很多单位在学科设置上缺乏特色。如一些高校没有根据自己的实际情况和国内外同学科的发展趋势以及国家、地区的社会和经济发展现实，片面追求学科门类齐全，设置学科时盲目追求大而全、小而全，使各校的学科设置千篇一律，没有形成各自的特色。学科设置陈旧，盲目地设置专业，脱离社会现实，导致学科设置与国家社会、经济和科技的发展不相适应，学科设置无法满足多样化的社会发展需求；特别是自高校扩招以来，一些高校纷纷设立一些短平快、低成本的通用专业来应对规模扩张，由此导致学科专业设置趋同，低水平重复。由于缺乏科学的学科发展规划，使学校只是盲目增加专业而不是发展学科，以至于形成错误观念，学科建设仅是发展新专业，而并不重视学术队伍建设、科学研究、科技创新和学科管理。

即使是许多自主设置的学科也特色不鲜明，大学特色学科建设也只是喊喊口号而已，特色学科特色不明显，水平低下。所以，虽然我国高校众多，层次、科类不一，但却普遍没有形成自己的学科特色和优势，创新能力水平低下。

（二）学科体系不健全

首先，我国大学学科设置上基础性学科缺乏。高校过于急功近利，在学科体系中，重视应用学科的建设，却忽视了基础学科的重要作用。

其次，很多大学没有作为支撑的主体性学科，学科的价值取向单一，由于缺少主体性学科，学科发展后劲不足。

第三，很多大学传统学科多，新兴学科少，单一学科多，综合交叉学科少。

（三）学科研究方向存在“老、同、活、散”的问题

首先，研究方向陈旧，与本学科领域内国际国内研究现状和发展趋势脱节，创新性严重欠缺。

其次，不同个体学科研究方向雷同，缺乏自己的特色，缺乏独创性研究，

难以形成具体研究方向的优势。

第三，学校过分追求经济效益，学科发展散漫，研究方向带有很大的随意性，无稳定的研究方向，只重视眼前利益，忽略长远发展。如引进人才与学科发展不一致，研究生论文选题也很随意，与导师和学科发展的方向相差甚远。

第四，学科研究方向选择上的盲目性，不切实际。学科发展方向不明晰、不新颖，出现不分重点和主次的现象。许多高校盲目追求学科专业的大而全，完全不根据本校的实际力量，而将学科中所有研究方向都兼顾，正是由于学科方向贪多，无重点，有些高校出现了一个课题一个研究方向，甚至一个人一个研究方向，而没有很好地考虑学科点全体人员一致的主攻方向，导致有限的人力、财力、物力分散，致使每个学科研究方向都力量单薄，最终因条件有限，使得学科整体水平下降，学科发展停滞不前。

（四）学科结构的调整和学科群的建设未受到足够重视

有些单位的学科仍然习惯于单一的、独立的学科建设，因此，很难对学校内部各学科的交流与合作进行统一的规划和部署，不利于学科结构的调整，不利于新兴的、交叉学科的产生，也不利于学科群的建设。

首先，由于历史原因，一些高校学科普遍存在规模小而散，结构、布局不尽合理，人员、仪器设备、资金配置零乱分散，且重复设置，致使本来就有限的资源不能得到合理有效的利用。

其次，学科之间知识渗透存在不平衡现象，强势学科对非强势学科的知识渗透存在着天然优势；强势学科与强势学科的渗透则具有较大的壁垒；而弱势学科之间的渗透最为困难，由于相互之间缺少渗透动力，即使建立起一定的融合通道，相互之间的渗透也是有限的。知识渗透障碍不仅与学科之间的壁垒有关，同时也存在于校园环境中。在许多大学，多个校区的存在对学科之间的交叉融合形成了天然障碍；管理体制的缺陷又构成了学科之间知识渗透的体制障碍；校园文化的缺失形成了知识渗透的文化障碍；学科带头人与学科建设负责人之间责权利的不明晰，以及学科内人员的不稳定性形成了知识渗透的人际障碍。①

---

① 赵文平、徐国华、吴敏：《学科发展规律与学科建设问题的研究》，《学位与研究生教育》，2004 年第 5 期。

学术梯队建设、经费投入、学科评估等工作是在科学规划基础上的更具体的工作，因此，不在这里阐述，详见下文。

三、学科梯队建设存在的问题

学科梯队建设的好坏关系到学科建设的长远发展，关系到学科人才培养的质量，一定意义上，学科梯队建设是学科建设之源。由于历史、制度、政策、机制等众多原因，我国学科梯队建设方面还存在诸多问题，严重影响了学科建设的发展。

（一）学科梯队带头人老化

我国学科梯队带头人年龄老化，很多都在60岁以上，有点甚至年近古稀。国内外知名的学术大师和顶尖的学科带头人也较少，且学科带头人的学术结构不合理，传统学科带头人多，新兴学科带头人少。我国一些知名的学术大师大都年龄偏大，并集中在传统学科。

（二）学科梯队中青年骨干缺乏

我国学科梯队中缺少35～45岁年龄段的优秀中青年骨干，造成了学科梯队人才力量的断层。有的学科梯队甚至没有稳定的学术队伍，存在临时拼凑的现象。究其原因，由于受教育体制、学科条件、学术发展的制约，或物质利益的诱惑，致使很多优秀青年人才纷纷外流，导致学科梯队中青年骨干的不足。

（三）学科梯队近亲繁殖现象严重

在一些单位的学科点，出于本位思想，其学科梯队全部或基本为本专业毕业留任人员，形成了几代同堂的现象，学科梯队里呈现“近亲繁殖”，非但不能形成不同学科的优势互补，反而在一定程度上出现了学术队伍的“退化”现象，极不利于活跃学术气氛，也十分不利于学术带头人的产生和成长。

（四）学科梯队管理不协调

在学科建设中，通常各单位除了学科带头人以外，还有一个行政负责人比如院长、系主任、所长等，在人、财、物的管理问题上，有时学科带头人和行政负责人之间的意见不一致或不团结，使学科梯队管理不协调，常常也是影响学科梯队建设的制约因素。

例如，目前有些单位为了各种目的和追求各种利益，往往引进一些与学科发展方向、目标不一致的科研人员，造成学科梯队在数量、年龄、职称、学历上不协调，制约了学科梯队的发展。

（五）人才培养质量下降

人才培养质量下降，可以说是学科梯队建设存在问题的最直接的反映和后果；从长远来看，它又全面而严重地制约着我国学科梯队的建设。

1. 在计划经济体制影响下，我国长期以来的专科型人才培养模式，现在已不适应市场经济体制下既懂科学技术，又懂经济、管理的复合型人才的需求了。复合型人才不仅要懂得本专业的知识，还应是全面发展、适应性强、应用性广泛的高质量人才。

2. 受学科发展与经济发展不相协调的影响，我国在人才培养上呈现出结构性失调，一是不能应社会急需，及时培养出新兴学科、交叉学科、边缘学科等相关人才；二是人才质量不高，缺乏创新性。

3. 由于过于追求现实经济利益，一些高校设立很多新的学科、专业，却又因为师资、教学条件的不足，造成人才培养质量明显下降。人才培养质量下降，对我国学科梯队建设的影响将是长远的、深刻的。

四、资源和环境方面存在的问题

资源因素和环境因素是学科建设的硬件和软件，是学科建设不可或缺的必要条件。因此，目前我国学科建设中在资源和环境方面存在的诸多问题，不可避免地制约了学科建设的顺利、健康发展。

（一）资源方面存在的问题

现代学科建设离不开配套的硬件设施，世界各国一流的学科建设点，都十分重视和下大力气投资学科的硬件方面建设，比如，教学设施、实验设备、科研资金、文献资料等。这些硬件设施的建设是学科发展的重要物质保障。而我国在学科建设的资源因素上存在以下问题：

1. 各个院、系和研究室都相对独立、分散，追求小而全，致使有限的资金被分散，在有限的资源条件下，造成只能购置水平较低的设备，不可能集中购置重大设备，因而很多学科设备陈旧，各项硬件设施跟不上学科发展的需要。

2. 由于学科分散，缺乏交流、融合，使得资源共享率低下，造成设备重复，利用率低。又由于现在科技发展速度很快，设备更新换代也很快，有些设备用不了几次就过时了，造成很大的资源浪费。

3．我国高校和科研院所的发展资金基本上靠政府拨款，但政府拨款有限，而各单位自主多渠道筹措资金的能力不足，所以，经费短缺也是制约学科发展的重要资源因素之一。

4．高水平的学科建设需要高水平的研究人员，而目前很多学科建设中人才资源匮乏，尤其是高水平、创新型拔尖人才严重匮乏。人才资源是学科建设中最宝贵的资源。所以，人才资源的不足也是制约学科发展的重要因素之一。

（二）环境方面存在的问题

环境建设是学科建设的重要一环，直接关系到学科队伍能否留得住、用得好，更关系学科建设能否取得成绩。然而，很多单位在注重人才的引进和硬件设施的建设时，却忽略了对学术环境的培养。

1．学术气氛不足，教师和科研人员的主体性地位不够突出。由于竞争机制、激励机制没有真正建立起来，人员的待遇和贡献没有真正挂钩，使得相当一部分教师和科研人员没有学术压力和生存危机意识，缺乏科学研究的主动性和学科建设主体的认同感。另外，一个学科队伍中常常存在按资排辈的现象，盲目迷信权威，压制年轻人发展，学术气氛不够活跃、民主。

2．学术道德问题堪忧。当前学风浮躁，造假严重，研究成果的抄袭现象屡禁不止。而且各个学派之间互相讥讽、文人相轻，学术环境不够宽松和谐。这种不尊重科学、不尊重知识的态度，侵袭了学科梯队的团结、合作，扼杀了学术思想的创新、发展。

3．学术保障和服务不够。主要表现在管理上，管理人员没有树立为教学科研、为学术服务的意识，教学科研设施及配套的后勤保障跟不上，没有形成有利于学科发展的良好环境。在学科管理人员中，一些人不安心实验室工作，部分人员业务素质不高，不愿意承担服务性的工作，致使很多具体事务都落到了教授们身上，使教授们不能集中主要精力进行学术研究。学科管理人员是学科梯队的重要组成部分，承担着提供学术保障和服务的任务，他们工作的优劣也会对学科建设产生直接的影响。

4．科协及其学会在学科建设中的作用未能充分发挥。由科技工作者组成的各类学会和各级科协，在学科建设中具有地位超脱，专业同一，行业广泛，人才聚集，全局性强等得天独厚的优势。但是，在现实学科建设中，往往拘泥于学校、院所等个体单位的学科建设，而忽略了在国家层面上学科的整体建设，忽略了全国性学会在国家学科建设中的特有地位，未能充分发挥学会在学科建设中已有的优势和作用。另外，由于中国科协所属学会的发展不均衡，有少数学会对学科建设不够重视，工作不利，甚至处于半工作状态。

五、学科评估存在的问题

学科评估是学科建设的推进剂，科学的、正确的学科评估能有效地推进学科建设和发展。我国学科建设的评估，从最初的试点与探索到后来的推广，取得了一些可喜的成绩，但也存在不少问题。

（一）学科评估机制不够健全

从已进行的几次学科评估情况看，参与评估的对象选择都以自愿参加为基础，通常由各学科点自己上报相关数据资料，再由评估机构审核。在这种机制下，各个学科点为了切身利益，可能只是“有选择”地上报数字，即所谓合理合法地作假，造成材料失真。如为了提高具有博士学位教师的比例，相对少填无博士学位人员数；为了提高人均科研成果水平，而少填或不填成果少的人员，或从其他相近学科临时“引进”高水平教师以“提高”学科实力等。正是在这种评估机制下，造成了学科评估的“适应性材料”，而这种“适应性材料”往往很难通过核查发现，因而造成评估结果难以完全令人信服，也易引起争议。

（二）学科评估机构缺乏自主性、独立性

目前我国的学科评估机构要么是政府直属的评估机构，要么是属于政府主导型的社会中介评估机构，评估活动大都是在政府统一安排下进行的。学科评估在本质上是学术性评估，坚持学术标准是学科评估最重要的原则。但现实中，学科不单单是学术上的分支，学科建设与诸多的支撑因素和制约因素相关联，所以学科评估不可能做到“纯”学术。行政介入，对学科评估而言，事实上是无法避免的。从宏观管理层而言，比如全国重点学科的评选，既要由各个高校主动申请，更要由国家在宏观上进行学科布局，并根据需要进行学科建设。关键问题是，在学科评估所坚持的原则和标准中，除了学术

标准外，行政介入和非学术干预应当掌握到怎样的程度？如何建构能够沟通高校、社会、政府三者联系的独立的中介机构？因此，在进一步完善现有学科评估机构基础上，开拓学科评估的新路子，建立真正中立、独立、非盈利和规范性的学科评估机构，还任重而道远。

（三）学科评估的内容和评估体系不尽合理

当前的学科评估内容过于注重量化的结果，而忽视了学科本身的内涵发展。对学科的水平评估也是选择能够直接量化的方面作为指标，对于其中一些不能量化的方面，比如学术氛围、团队建设等则忽略不计。又如授予博士和硕士学位数、人均收录的论文数等都是以数量为依据的，仍没有摆脱对质量的忽视。这种重量轻质的指导原则，容易造成学科建设和科学研究中的浮夸作风，对学科建设是极其不利的。

从现在的学位与研究生教育发展中心的学科评估体系表来看，也存在一些不尽合理的地方。比如，代表国家科技成果最高荣誉的国家科技成果一等奖数的权重只有全国优秀博士学位论文数的一半；此外，一些世界通用的学科也未能实现与国际的成功接轨；在指标体系的设计中还缺少对创新性成果的鼓励；在对一些重要指标进行设计时过度细化，易造成“千校一面”的趋同效应，亦不利于学科的特色发展。

（四）学科评估还未建立起相应的反馈机制

学科评估的目的在于不断发现问题、解决问题，使学科建设朝最优化发展。但是，当前我国的学科评估在实际操作上往往为评估而评估，不能形成一种有效的反馈机制去指导学科的建设，所以许多问题在评估工作结束后，又反弹回来，甚至这些问题根本得不到解决，未能达到以评促建、以评促改的目的。

另外受政策影响，各学科点都比较重视上级政府部门安排的学科评估，不少单位对学科建设的自我评估没有足够重视，对自我评估的重要意义还认识不足。有些单位虽开展了自我评估，但评估水平不高，实践经验不足，工作不够严谨和规范。事实上，主动而自觉的自我评估是建立学科评估反馈机制的有效途径。

（五）学科评估的信息难以反映各学科的动态变化

目前，学科评估的数据资料主要来源为官方定期公布的统计公报和学校自身定期发布的年度报告等，这些都是静态的数据，是对学科点过去的描述和评价，难以准确反映学科建设的动态变化和未来发展的趋势。

（六）有关学科评估的规章制度和法律法规不完善

虽然《中华人民共和国教育法》和《中华人民共和国高等教育法》中都明确提到要实行教育评估制度。但至今除1990年颁布的《普通高等学校评估暂行规定》外，就再没有制定专门的有关学科评估的规章制度和法律法规了。这样，就使得无论是各单位为了提高学科建设水平而进行的自我评估，还是政府有关机构对学科质量进行的检查评估，以及社会中介机构对学科建设进行的监督评估等，都缺乏应有的规章依据和坚实的法律支撑。

第六节 促进学科建设与科技创新发展的对策

一、加强学科管理的制度建设

任何一项重要工作，都应当设立专门的管理机构进行管理，学科建设也不例外，因为强有力的组织保障是学科正常运行的必要条件。综观国际上知名的大学，无一不是具有多元化、开放性的办学理念，通过吸引国际上的一流人才，带动学科建设与科研水平的提高。因此必须处理好政府的学科管理机构与高校、科研院所之间的关系，保障高校、科研院所具有学科建设的自主权。

只有认识上的提高还不够，重要的是通过制度性设计，以合理、高效、创新的制度作保障，促进学科建设的发展。从学科建设需要的管理机制来看，首先要加强现代大学的制度建设，给高校充分的自主权，在学科设置、专业选择、人员流动等方面建立适合市场经济体制的管理制度。从目前我国高校的发展来看，高校管理体制的滞后已经影响到了学科建设，高校面临的许多问题已经不是学校内部所能解决的，必须通过制度建设从宏观层面给高校更广阔的发展空间。

微观层面，如前所述，学科建设是一项综合性、长期性、复杂的系统工程，多样化的管理内容决定了高校和科研院所必须建立专门的职能部门和管理人员，统一管理和协调学科建设。因此，要想抓出实效，必须坚持统一领导。统一领导包括3个方面，一是领导思想，要在思想上切实解决学科建设“扛什么旗、走什么路、实现什么目标”的问题，并把它内化为全体成员的思想信念。只有这样，才能把大家团结起来，齐心协力，一心一意搞好学科建设。二是管理学科建设的职能部门必须是一个具有战略性和全局性的综合管理、协调部门，它不仅仅是具体学科项目的管理机构，更重要的是以学科建设为对象的策划、谋略机构，工作层次要高，人员设置要好。三是领导组织，应成立由核心人物领导的核心机构，如由校长直接领导下的配备专职领导、专职管理人员的学科建设办公室来具体负责学科建设的各项管理和协调工作。特别是要抓好各级组织、各个部门的领导班子建设，并通过各级组织、各个部门的合理分工和密切配合，方能抓出实效。

综上，只有人人重视、关注、参与学科建设，并保证学科基层与学校最高行政决策机构之间畅通的信息交流，才能使学科建设真正具有实效而非一句空洞的口号。

二、搞好学科建设规划，适时调整学科结构与布局

（一）合理规划学科建设

宏观层面的学科管理机构要树立科学的发展观，精心规划、合理定位、分层建设，并在实践中对学科进行动态的控制和协调。国家学科建设管理机构必须在咨询、讨论、调研的基础上，根据社会需求和各办学主体的实际情况制订切实可行的学科建设规划，保障学科建设符合学科发展规律，并基本实现总需求与总供给的平衡，即根据社会、经济发展实际需要，确定重点学科建设目标和规划，并鼓励各单位做好基础学科建设，保障基础研究为社会、经济发展提供原始动力。

微观层面，首先，高校和科研院所也要以科学发展观为指导，坚持全面、协调、可持续发展的理念，遵循学科发展的规律。其次，要知彼知己。知彼，就是要了解省内外、国内外，同类或不同类、同层次或不同层次院校同类学科的发展现状、特点和趋势；知己，就是要了解本单位本学科发展的现状、实力、潜力、优势，及与国内外的差距。第三，要坚持突出重点、形成特色。不同的学校在不同的发展阶段有不同的发展重点，优势学科、弱势学科、空白

学科都可以成为重点。世界一流大学，没有一所可以做到在所有学科上都达到一流水平，一所大学之所以成为世界级的著名学府，无一例外都是因为在某个或某几个学科上处于世界领头的地位。高校的学科建设，必须集中力量优先发展自己的特色学科，有所为有所不为。只有把若干重点学科建设成一流的学科，才能实现学科建设水平的跨越式发展，从而推进学科整体水平的提高。

首先要加强高校学术委员会的组织建设，按照学科发展规律建立院(系)、学科群两级基层学术委员会，并建立健全相应的管理制度。校级学术委员会要充分听取基层学术委员会的意见，并在此基础上进行统筹规划，既要促进各学科协调发展，又能确定规划层次，有重点、有步骤、有组织地落实到基层承办单位，保证学科规划的具体实施。其次，学术委员会在制定学科规划时，要加强学科规划的可行性研究，学科建设要与学校的人才建设、基础设施建设及相应管理工作紧密结合起来。同时，要适当吸收相应的行政管理部门的管理专家参加到学科规划中，使学术专家可以了解学校目前的状况，从而提出切实可行的规划目标。

(二) 科学调整学科布局

学科建设是有规律可循的。例如，当代学科呈现高度分化又高度综合的发展趋势。因此，宏观层面，政府的学科管理部门和咨询类组织，首先要组织专家研究有关学科建设的规律，依据国内外学科建设的经验指导高校、科研院所的学科组织开展工作；其次对学科发展出现的新趋势、新问题做出科学预测和判断，以制定全国的科学的学科发展规划；第三是适时发布国内各学科建设信息，方便各学科组织了解“外部”环境；第四是收集并发布国内外学科建设经验，为各学科组织实现跨越式发展提供信息资源。

学科建设主体更应重视并运用学科发展规律，做好本单位内部的学科布局调整。现代学科发展是高度分化与综合的对立与统一，这一学科发展趋势的本质决定了高校与科研院所都必须重视学科交叉、学科综合给科技发展带来的全面影响，要注重学科之间的相互融合和知识渗透，把学科之间的相互融合作为学科建设的重点。学科结构要从学科链、学科共生和学科网络的相互联系进行考虑，各个学科不是随意拼凑起来的拼盘，而是有规律的有机共生，彼此提供营养，相互作用。要根据学科组织现有的办学实力和发展潜能，集中力量重点建设关键学科。同时，基础学科是学科建设的基础，各学科组织都必须加以重视。

具体而言，学科建设主体在进行学科结构布局时，要注意以下几个问题：

第一，要处理好基础学科、主干学科、支撑学科以及交叉学科的关系。从学科建设的角度看，一个学校的学科体系，主要由基础学科、主干学科、支撑学科以及交叉学科4个部分构成。它们是相互联系、相互制约又相互促进、相辅相成的学科整体。学科组织在制定学科建设规划和实施学科建设时，应在具体分析现有学科及其博士硕士点的基础上，理顺本单位的学科建设体系，重点建设主干学科，加强基础学科，扶植发展新兴交叉学科，处理好支撑学科与主干学科的关系，从而促进学校学科建设的协调和持续发展。最理想的结构是基础学科、主干学科、支撑学科以及新兴交叉学科都有一两个博士点或硕士点；最理想的布局是学校的主要学院系所都有一两个博士点或硕士点。这样就可以充分发挥这些点的核心作用和辐射作用，有利于资源的优化配置，有利于学科群的建设。[①]

第二，要处理好文科、理科、工科三大学科领域的关系。建构综合化的学科体系，在学科布局上要涵盖文科、理科和工科三大学科领域。这里的文科、理科和工科，分别指的是人文社会艺术科学、自然科学和应用科学。中外著名大学的办学实践证明：办大学，没有文科，办不出氛围；没有理科，办不出水平；没有工科，办不出效益。没有一定数量的人文社会艺术学科、自然科学学科和应用学科就不可能实现学科的综合化，如哈佛大学、耶鲁大学、芝加哥大学等在学科布局上基本涵盖了人文社会艺术学科、自然科学学科和应用学科。再如麻省理工学院虽然以工科为主，但它的自然、社会、人文学科的实力也很强，经济学、语言学世界闻名。牛津大学原来以人文学科为主，但现在它的自然科学学科、应用学科，如冶金、材料、医学的实力也很雄厚。但是，综合化并不等于学科门类齐全。世界著名的研究型、高水平大学大多是综合性大学，但学科门类并不齐全。建构综合化的学科体系，并不是说学科布局越全越好，学科综合化有程度、层次和水平之分。不同层次和类型的学校，要根据自己的学科实际，有选择地调整学科布局。

第三，在学科建设中，要瞄准世界一流学科目标，对现有的学科进行战

---

① 谢桂华：《关于学科建设的若干问题》，《高等教育研究》，2002年第9期。

略结构调整。综观世界著名大学，除了学科门类较全，综合性强之外，更主要的是这些学校都有一些独具特色的世界公认的一流水平的学科。美国加州大学伯克利分校校长田长霖在清华大学做的《21 世纪如何创新重组研究型大学》的演讲报告中明确指出：研究型大学一定要想办法扶植最优异的学科，把它变成全世界最好的，然后其他学科才会相应地发展起来。世界上地位上升快的学校，都是在一、二个领域首先突破。一个学校不可能在很多领域同时达到一流，一定要有先后。如果你确定要把某个专业办成世界一流，那就让每个系都去配合它。可见，在一定程度上高水平学科（重点学科）就是一所大学腾飞的引擎，是一所大学跻身一流的基础，是创建一流研究型大学的重中之重。

（三）深化改革高等学校的院系设置

学术组织是学科布局的载体，学科发展必须以学术组织为依托。没有一定的学术组织或学术组织设置不合理，学科的发展就会受到很大的制约。高等学校的院系和科研院所的研究室等是学科最基本的建设单位，因此，及时调整和改革高校院系设置将有助于学科建设的发展。

国外院系设置经验一般为：通常情况下，一所大学应根据自己的实际只设其中的几个学院，以体现自己的特色。在学院之下，一般设系或研究所等基层学术组织。除此之外，大学和学院还设有许多跨学院或跨系的研究中心，以培养跨学科的研究生和从事跨学科研究。

国外著名大学的这种院系建制非常值得我们学习。我国大学应结合实际，积极进行学科组织的改革：一要适当减少学院数量，规范学院设置，提高学院内学科设置的综合性；二是尽快成立本科生学院，把本科教育从与研究生教育、职业教育混为一体的状态中剥离出来；三是加快发展职业学院，把职业学院做大做强；四是根据需要，成立各种跨学科的研究中心或研究院，比如北京科技大学的冶金工程研究院等。

（四）积极组建综合化的研究中心

根据学科发展规律的要求，组建交叉、创新、综合化的研究中心。如美国麻省理工学院（MIT）在第二次世界大战后，结合科学技术发展出现的整体化趋势的要求，在雷达、辐射实验室的基础上，建立了电子实验室等若干个跨系、跨学科的实验室和研究中心，这一重大举措促进了 MIT 的学术水平和教学质量，目前 MIT 已建立了 40 个跨学科研究中心，进行综合性课题研究,在校内形成了不同学科之间相互渗透的学术氛围,使新的研究方向不断涌现,经常提出创新性的学术理论。因此,要打破院系围墙,在全校范围内进行学科优化重组,构建学科大平台,建立跨学科、跨学院和跨系的研究中心,促进学科的交叉和融合,发挥学科的综合优势,力求使学科平台办出特色和品牌。当然,学科之间的交叉融合不仅需要一定的时间和过程,更需要融合的条件和切入点,需要在不同学科之间建立相容性良好的知识渗透界面,主动建立知识渗透的融合通道。

(五)正确选择科学研究方向

学科结构的调整最终要落实到各个学科研究方向的确定上。研究方向就相当于三级学科。在确定科学研究方向时,应注意以下几点:其一,研究方向应该参考新的专业目录简介中的学科范畴,结合本单位的实际情况确定,但不能东拼西凑。其二,研究方向应该在考虑自身学科优势的同时,密切关注对科学技术、经济建设和社会发展具有重大意义和深远影响的一些重大领域。其三,研究方向应该宽窄适度,相对集中,不宜太散。研究方向不能等同于研究课题,也不能是几个课题的简单叠加。其四,作为一个研究方向,它应该有学术带头人和一支结构合理的学术队伍。其五,作为一个研究方向,应有相应的理论体系。有了理论体系才能形成自己的学术特点,并在这个基础上,经过努力,发展成为学派。

三、切实加强学科梯队建设

学科建设成功与否,关键取决于学科梯队的建设。只有运用科学、合理的人才培养和选拔措施,建设一支素质优良、结构优化而又相对稳定的学术队伍,才能为学科的顺利发展保驾护航。

(一)学科梯队建设必须坚持以人为本

在学科梯队建设中坚持以人为本,就是要准确把握学者的特点,要认识到“主宰学者工作生活的力量是学科而不是所在院校”,“学者们对学科的忠诚往往大于对事业单位的忠诚”。管理者需要将组织发展目标内化为学术队伍个体认同的理想,实现组织和个人目标的统一,同时在学术队伍内部要建立一种和谐的人际关系。和谐的人际关系可以使个体产生一种归属感和荣誉感,激发个体的积极性,并为学术队伍的建设和巩固提供必要的前提和条件。同时,以人为本还需要兼顾对个体的激励和保护。管理者要兼顾激励因素和保障因素,给予个体工作机会、赋予工作权限、强调工作职责,使其潜能得到最大程度的发挥。

(二) 学科梯队要形成合理的结构

虽然不同的学科有不同的特点,如基础学科的研究强调自由、独立;应用学科的研究注重团队合作。但作为一支队伍,要形成合力,就必须有合理的结构,包括年龄结构、能力结构、专业结构、学历层次结构,还有合适的学缘结构,避免“近亲繁殖”。当然,学科梯队的建设有一个过程。有一位院士讲到他的体会时说:“一个学科组没有十年的人际磨合,达到共识,选准方向,形成合力,参与学术竞争,是难以立足于国内外学术界的。”一般而言,一支健全的学科队伍,应有1名学科带头人,3~5名学科骨干和一个包括若干科研助手、事务助手、技术助手在内的支撑体。

(三) 充分发挥学科带头人的作用

拿破仑有一句名言:一群由一只狮子率领的绵羊能够打败一群由一只绵羊率领的狮子。带头人对一支队伍的战斗力具有决定作用。在学科梯队建设中,必须高度重视并充分发挥学科带头人的作用。学科带头人的作用,具体表现在对学科队伍的定向作用、管理作用和整合作用三个方面。学术带头人要全面,不只学术水平高,还要有组织管理能力和协调能力,能够团结带领大家开展协作攻关;一位好的学术带头人和一支好的学术队伍,还要有浓厚的学术氛围和良好的学术环境,特别是要有一个好的学风,具有良好的科学道德,杜绝浮躁和急功近利,处理好名利关系;学术带头人要善于选拔、扶植与培养学术骨干等;学术带头人一定要有强烈的竞争意识,有不甘落后敢创一流的勇气。在学术带头人的人选上,除避免传统的论资排辈之外,学术带头人应当是自然形成的,或者是经推选产生的,而不能是用行政手段安排的。学术带头人一般应当相对稳定,当然也不宜长期不变。特别应当将有高水平的科研成果、能团结人、有组织能力的年轻人推上学术带头人的位置。此外,应当给学术带头人充分的学科自主权,包括学科建设的人事权、财权,在学术问题上更不能行政干预。

(四) 充分发挥学科梯队的整体优势

学科建设的主要目的是整合资源,实现人才队伍的黄金搭配,确保个人能力的充分展示。因此,发挥学科梯队的整体优势至关重要。

学科梯队是一个需要其成员相互适应、整体配合的团体，不仅要在愿景、理念上达成一致，而且要在心理、习惯和行为上达到和谐、统一。一致性越强、向心力越大，成员的心理、情感结合越紧密，梯队的创新绩效就越高。为使每个人都愿意运用其才能，为组织多做贡献，需要营造温馨、融洽、和谐的人文氛围。梯队带头人的公正廉明，团队成员之间的和谐融洽，教授、学者之间互相尊重、互相欣赏十分重要。行政管理人员要善待学者，使人才有效地发挥自己的能力。要从人才资源的自身要求、价值取向和心理意愿去把握，立足于人才、智力资源的开发利用，通过影响科研人员的工作态度和行为，建立起开放和信任的内部环境，从而激发他们的主观能动性，去完成更艰难的任务，以达到更高的目标和产生更好的效益。始终坚持“以人为本”的信念，不断注重新的激励机制的创造，使每一个人超越自我，使每一个人都成为梯队的“自觉”成员，并建立起整个梯队的风气和标准，实现梯队在共同目标基础上的高度整体配合，从而提高梯队的创新绩效。

所以，在组建学科梯队队时，不仅要考虑到人员的水平、才智和能力，更要注意人事上的编组、调配和他们之间的协调关系。学科梯队规模大小应由实际需求而定，应考虑学术带头人的素质、成员对学术带头人的认同程度、成员间的约束、科研任务及时间要求等因素。一般以学术带头人 1 人，研究骨干 4～6 人，总人数 10 人左右为宜，从而形成以院士或知名专家为学术带头人，优秀中青年科学家为研究骨干，具有多学科的、有特色的、学术协调的学科梯队。

四、营造学科建设的良好环境，扩大国际交流与合作

（一）统筹、协调学科建设的各个部门和环节

首先，要根据教育的规律和学科发展规划的要求设置机构功能，减少机关的行政色彩，转变机关的工作方式，对机关人员的素质进行结构性调整。

其次，要建立灵活而科学的聘任、考核和激励机制。学科建设的主要问题不是物质基础，而是机制。制度创新必须以人为本，最大限度地激发人们的积极性。这就要营造一个宽松的学术氛围，更要建立一个公平竞争的机制，通过机制的作用，使人才流动起来。

第三，加强校园文化建设，营造民主、活跃的学术气氛，做到不盲目迷信

权威,不压制年轻人,通过展开各种形式的学术研讨会,创造条件,推出年轻的学术带头人,扩大其知名度。同时要理顺学科内的人际关系,倡导尊重专家意见的领导作风,尽可能做到专家治学。

第四,鉴于科协和学会的独特地位和优势,应高度重视学会在学科建设中的作用;要进一步加强学会的自身建设,给予学会更多的自主权和更大的发展空间;还应深入挖掘学会在学科建设中更多的功能,如确立学科整体发展方向、评估学科发展水平、扩大学科交流、鼓励学科融合与创新等;使科协和学会在国家学科建设中发挥更大的作用,做出更大的贡献。

(二)确保学科建设投入

学科建设事关创新人才培养和科学研究,是国家创新体系建设的重要环节。因此,公共财政必须给予保障和支持。因此,宏观层面,加大对学科建设的投入是政府履行职能的表现。项目是目前我国学科建设的突破口,也是得力的"抓手"。项目不仅指科研项目,诸如"211 工程"、"985 工程"、专业、学位点、重点实验室、重点学科、精品课程、国家教学名师、优秀博士论文等都可以看作学科建设的项目。国家学科建设的经费大部分通过项目下拨到高校、科研院所等学科建设单位。

学科建设单位通过项目的争取,不仅有可能获得学科发展所必需的经费和条件支持,获得大成果,培养大学者,同时,在项目申报和评审过程中,还可以获得有关学科研究方向和突破点的合理性的评价信息反馈,可以在更广泛的范围内传播和扩展学术影响。项目获取的过程,实际上也是高校、科研院所的学科水平得到国内外同行专家认可、发展和壮大的过程。

当然,高校、科研院所获得国家的项目支持后,还要通过自己设立项目,达到宏观调控、重点建设的目的,还能提高学科建设经费的使用效益。学校在设立项目时,要考虑到不同学科的特点,既要重视"小学科",又要重视"大科学"。清华大学在"211 工程"和"985 工程"的实施中,确定了四种类型的重点科研项目:一是以原始性创新为主要目标的基础研究;如"天然煤污染防治与生态优化"、"纳米材料与结构"等;二是以战略高技术及重大攻关为目标的科技创新研究,如"航天清华 1 号微小卫星"、"生物芯片"等;三是以社会经济发展的重大理论和改革为目标的宏观战略研究,如"黄河断流的成因与对策"、"中国制造"等;四是以推动产业进步和高技术产业发展为目标的重大科技成果转化项目,如"大型集装箱检测系统"、"光盘软硬件技术"等共40多项。这些重点科研项目的实施,推动了一批优势学科的发展。复旦大学在“十五”“211工程”重点学科建设过程中,根据已有的基础,着眼于学科的长远发展,将40个国家重点学科融入23个学科建设项目中进行建设,收到了较好的效果。这些项目分为三大类:一是体现传统优势,旨在加强基础学科,促进原创性研究的项目6个;二是发挥学科综合优势,争取在若干方向取得重大突破的项目,包括5个医学与生物学及其他学科结合的项目和4个临床医学与基础医学及其他学科联合攻关解决临床医学重大问题的项目;三是以探索和解决国家及上海经济建设、社会发展中的重大问题为目标的项目8个。

(三)加强学科基地建设

基地是学科发展的物质基础和平台,它可以为学科发展提供良好的实验、研究环境和条件。我国大学在基地建设中存在的突出问题是:部门或个人占有,小而全,低水平重复,利用率低,投资效益差,装备不平衡。要改变这种现状,就需要对基地的建设和管理体制进行改革,这是宏观管理主体的职责。国家学科建设管理机构可尝试建立基地共享平台,按照“统建、专管、共用”的原则,在建设上,坚持高起点、高标准、高水平,确保能为从事前沿性、基础性、应用性较强的高、大、精、深、新的课题研究提供有效的支撑;在管理上,由专门机构和人员负责管理;在使用上,确保基地的通用性、共享性、开放性。

高校和科研院所在基地建设上也应该贯彻“统建、专管、共用”的原则。日本筑波大学在基地建设上,为了给学科建设提供强有力的教育和研究支撑,他们把学校的所有为教育和研究服务的设施、机构统一设置为外国语中心、体育中心、农林技术中心、教育机器中心、加速器中心、低温中心、学术信息处理中心、同位素中心等18个中心。这些中心的任务有两条:一是负责保养、管理教育、研究活动所必需的大型、特殊的设施;二是对凡属共同广泛使用的设备、标本资料及有关研究的辅助业务实行集中管理,以提高利用率和效率。我国兰州大学在“九五”“211工程”建设中,把用于购买仪器设备的经费分配至各学科点,由各学科点的各个方向自主购买仪器设备并实施管理。这样虽在一定程度上增强了各学科点自主购买仪器设备的自主性,却造成了一定的重复购置。为提高基地建设的水平,兰州大学在“十五”“211工程”重点学科建设项目总经费当中,将2/3以上的经费用于建设成分分析类、形貌与结构分析类、生命科学类3个校级跨学科设备平台，以支撑所有的重点学科建设。在购置上，坚持“必须符合学科建设的整体要求并尽量做到覆盖面广、通用性强、辐射面宽，必须使拟采购的仪器设备与现有仪器设备之间具有相关性和配套性，必须具有先进性、能够立即投人使用，并在学科建设、科学研究和大型项目中发挥作用”的原则；在管理上，成立了由学校主管领导、相关职能部门负责人和有关专家组成的“大型科学仪器管理委员会”和各平台学术委员会，统筹管理，聘请专人操作、维修和技术指导，较好地促进了学校的学科建设。

（四）加强国际交流，扩大合作渠道

经济的全球化，必然带来教育特别是高等教育的国际化。联合国教科文组织是高等教育国际化的积极促进者，在其有关政策性文件中指出：知识是无国界的，知识的探求发展和传播通过国际学术界集体努力得到很大的推动。因此，国家学科建设管理机构首先应成为学术交流平台的搭建者。同时，高校和科研院所也应积极组织或参与国际学术交流。

第一，加强教师之间的交流，不断提高师资队伍国际化的程度。目前我国尚不具备大量聘请国外高水平教师的条件，但应在可能条件下，将更多教师选派到国外学习进修，进行学术访问和合作研究，这是提高师资队伍学术水平的必要举措。与此同时，也应争取聘请少量著名的外国学者到我国高校任教，可以长期聘任，也可以短期讲学。另外，我国有很多留学生在美国、英国、法国、日本等发达国家取得博士学位后，在这些国家的一流大学任教，他们虽在国外工作，但很愿意继续为祖国的高等教育做出贡献，这是一支很有活力的“海外兵团”。我们应积极争取他们回国讲学或合作开展科研工作，也可以充分发挥他们在学术上进行国际交流与合作的联络作用。

第二，积极招收培养国外来华留学生，逐步提高学生国际化的程度。国外很多一流大学的留学生比例占到1/10，甚至是1/5。我们现在还没有一所大学达到这种程度，但我们应该努力去吸引更多的外国留学生来华留学，逐步提高学生国际化的程度。例如，我们也可以尝试扩大交换生的办法，一方面使我们的学生开拓眼界、增长见识；另一方面也可以通过提高交换生培养质量来增强我国的影响力和美誉度。

第三，积极参与国际学术交流和合作科研，不断提高学术国际化的程度。在学科建设中，只有积极参与国际学术交流活动，努力争取国际合作科研项目，才能及时进入科学技术的前沿，了解世界科学技术发展的动态与趋势，不断提高学术国际化的程度。随着我国国际地位的日益提升，一些重要的国际学术会议在我国召开的次数也在不断增加。一方面我们要努力向会议提交高水平的学术论文，另一方面也要派人积极参加会议。

五、完善学科评估体系

（一）扩大学科评估的覆盖面

由于评估工作自 2002 年启动以来，运行的时间比较短，再加上实行的是自愿参加的原则，这样很多学科点并未参加评估，因此，应该利用多种途径，扩大对学科评估工作的宣传，使相关部门正确认识学科整体水平评估工作的目的、特点和意义，积极地参与和支持学科评估工作。尽量采用非自愿的原则，扩大学科评估的覆盖面，使更多的乃至全部具有硕士或博士学位授予权的一级学科踊跃参评，以此来扩大学科评估的代表性，使学科评估结果更加公平、公正，令人信服。

（二）构建多元的学科评估机制

当前，国内的评估机构政府主导性十分明显，难以保持独立性，很难全面反映社会要求。目前我国的普通高校已有 1 000 多所，这么多高校的学科发展存在许多差异，仅仅使用一个评价体系，显然是不够公平合理的，需要建立专门的独立的外部评估机构，鼓励和引导民间评估的发展，建立独立的民间评估机制，可以不受官方的影响，可以对不同学校保持中立的立场。

构建多元主体的学科评估机制，需要不同的部门发挥不同作用。政府部门主要职责是对学科建设水平进行合格评估与激励引导，进行宏观上的管理和指导。社会评估机构从学术队伍、科研成果、人才培养等方面对学科质量和水平进行评估。高校在评估中主要任务是配合政府和评估机构开展有关评估工作，同时要积极开展自我评估，通过加强对学科建设的自我评估，促进自身学科建设的良性发展。

（三）逐步建立和完善学科评估数据库

当前在接受评估中，各学科点在上报有关数据中难免会存在虚假上报的问题，为保证评估信息的可靠性，首先要充分利用现代信息技术采集数据，评估所利用的数据信息要公开、可查，加强社会监督的力度，保证学科评估工作的公开、公平和公正。比如可以在有重大影响的网站上公布(不涉密)数字,以加强监督。此外,为保证数据来源的客观性和权威性,要逐步建立和完善学科评估数据库,尽可能少地采用各学科点自报的指标数据,这样不仅可以大大减轻评估机构对数据的收集和统计工作,又可以提高数据的真实性。但要注意数据要根据各学科点发展的最新情况,及时更新,做到及时准确地反映学科发展的最新情况。

(四)制定更加科学合理的学科评估指标体系

学科整体水平评估包括很多方面,既包括师资队伍状况、人才培养、科学研究和学科声誉等可以量化的指标,还包括学术氛围、学科团队建设以及对社会贡献等很多不可量化,却对学科发展有着至关重要作用的一些方面。因此,在设计指标体系时要考虑周到。另外,鉴于当前的很多指标体系未能实现与国际接轨,要考虑各项指标的国际可比性,以国际视野来看待学科评估问题。最后,要根据专家的意见,对指标体系进行不断地修改和完善,既要考虑数量指标也要考虑质量指标,考虑到学科对社会发展的贡献指标。在指标体系的指标权重设置上,要牢牢紧扣最能体现学科水平的重要指标和标志性成果,要适当降低反映数量的指标的权重,提高反映质量水平的指标的权重,尤其在指标权重上要增加学科创新的权重。

(五)设计合理的评估周期

目前我国将学科评估周期暂定为3年,即每3年对现有一级学科(除军事学门类外)进行一轮评估。但是不同门类的学科均有自身发展的规律和特点,以及所需的建设周期,不能一概而论来确定一个完全统一的评估周期。学科建设是一个复杂的过程,如果评估周期过短,则不能准确反映各学科的建设水平;如果周期过长,又不能很好地发挥评估的功能。因此只有根据各个不同学科自身的特点和所需的建设周期来确定,每隔几年进行新一轮的评估较为合理,只有通过合理的周期性评估,才能为各学科建设单位提供全面、客观的信息,合理的周期性评估能够全面而准确地反映学科发展的情况,达到“以评促建,以评促改”的目的。

(六)实施动态评估,建立学科评估的反馈机制

学科是不断发展的,所以在对某一学科作“静态评估”的同时还必须对它作“动态评估”,即要评估学科的发展趋势和发展速度,评估学科为追踪和促进社会发展而采取的改革步伐,特别是要评估它所具有的不断改善自己发展状况以适应发展着的社会需求的自觉性。各个学科点只有保持与时俱进的步调，才能不拘泥于传统和习俗的束缚，且具有强烈的开拓精神和创新意识，培养出适应社会需要的学科建设型人才，真正促进学科自身的发展进步。

当前我国的学科评估后续工作不足，学科评估不是为了评估而评估，而是要借评估的手段，发现学科建设中的问题和不足，从而建立及时、准确的信息反馈机制，去指导学科点的学科建设，发挥评估对学科建设的监督和激励作用，真正实现学科建设与学科评估的联动发展和良性循环。

六、以官产学研合作带动学科建设

产学研一体化即将生产企业、高等学校和科研机构组合成一个有机整体，集生产销售、人才培养和科学研究为一体，推动科技与经济的结合，推动高等教育与经济的结合。企业有资金、有生产能力，高校或科研院所有基础理论研究、分析实验和人才优势。产学研合作，既促进学校的科研水平，又提高了教师的实践能力，还能为现代社会提供发展全面的实用型人才。同时，产学研平台有利于凝练学科的方向，使学科发展与市场需求更加契合，加强学科建设为经济建设服务的主动性。产学研合作还会促进学科划分和专业设置的调整和改革，克服分散，加强联合，发挥综合优势。

学科建设是学科主体义不容辞的职责。但是，仅凭高等学校和科研院所的力量，学科建设还存在诸如资金不足、评估不尽科学、科学研究和人才培养与社会脱节等问题。目前，在我国国家创新体系建设中，强调要实现政府、学校、科研院所、企业、社会中介等各方面力量的合作，实现教育、科技、经济的有效互动，以推动国家的科技创新。前面的典型案例分析已经说明，产学研合作是学科建设的有效途径。但在有中国特色的学科建设中，我们认为有必要进一步加强官(政)—产—学—研合作，以促进学科的可持续发展。

有效合作模式的基础主要包括两点：一是促进学科建设的自主创新能力和面向社会的应对能力，二是实现学科建设单位、政府和企业的“多赢”。

建立研发联盟是官产学研合作的有效组织形式。教育部《关于加快研究型大学建设，增强高等学校自主创新能力的若干意见》指出，要“鼓励研究型大学积极与企业合作，构建产业技术创新联盟”。校企联盟中的工程技术研究中心是一个比较有效的形式，反映了学科和企业的根本需求，从项目层次的合作到以组建研发联盟为主要形式的战略合作是官产学研合作发展的大趋势。为提高我国官产学研合作的层次和水平，应本着自愿互利、职责明确、收益共享、风险共担的原则，在行业主管部门的引领下，运用政府科技计划和科技政策等手段推动以行业骨干企业为龙头、联合科研实力雄厚的大学和科研机构、组建多种形式的官产学研的研发联盟。

实现互利多赢是官产学研合作成功的关键。官产学研合作体系中，政府、企业、高校处于不同的地位，发挥着不同作用：高校提供创新信息、技术和人才；企业是科技创新的孵化器；政府结合进去就使得官产学研更好地体现政府的需要，通过政策和项目支持达到产业调整的目的。官产学研合作的成功不仅需要便利的条件，更需要合作对四方都产生效益，这样，官产学研结合才能够长久地进行下去。要使政府、企业、高校、科研院所之间形成一种有效、长期、稳定的和谐关系，必须以市场为驱动，以技术创新和产品创新为纽带，以全行业的改造创新、以新兴产业崛起为志向，实现与市场的沟通，与社会的对接，获得科技创新的持续动力，促进相关学科的持续发展。

强化管理、科学评价是官产学研合作持续发展的动力之源。研发联盟必须按照企业模式运行，实现管理方式的创新，同时积极探索新兴学科的管理模式，为学科发展和高等教育改革积累经验。要建立扁平型的管理结构，保证组织的高效运行。要打破组织的外部边界，实现虚拟化运营。以项目为模块，合理组织各类专业人员进行技术联合攻关和人才联合培养，组建多功能团队，促进专业交流、融合和交叉。企业的工程技术人员和市场开拓人员，学科的高水平研发队伍，政府的项目编制和发布、评选和技术推广人员共同组建学科队伍，形成项目申请、研发、产业、推广一体化的多功能学科队伍，智力资源、信息资源在得到充分利用的同时，也提升了学科队伍应对社会和自主创新的能力。同时要建立科学的政产学研联盟成果评价体系，促进多方的持续发展。①

① 高兵：《政产学研合作促进学科建设的实践与探索》，《教育探索》，2009 年第 12 期。

参考文献

著作类

1. 谢桂华.20世纪的中国高等教育·学位制度与研究生教育卷[M].北京:高等教育出版社,2003.
2. 刘晖,侯春山.中国研究生教育和学位制度[M].北京:教育科学出版社,1988.
3. 胡健雄.学科组织创新[M].杭州:浙江大学出版社,2001.
4. 刘仲林.现代交叉科学[M].杭州:浙江教育出版社,1998.
5. 刘洪涛.国家创新体系(NIS)[M].西安:西安交通大学出版社,1999.
6. 张凤,何传启.国家创新系统:第二次现代化的发动机[M].北京:高等教育出版社,1999.
7. 石定寰,柳卸林.国家创新体系:现状与未来[M].北京:经济管理出版社,1999.
8. 伯顿·克拉克.研究生教育的科学研究基础[M].王承绪,译.杭州:浙江教育出版社,2001.
9. 伯顿·克拉克.探究的场所:现代大学的科研和研究生教育[M].王承绪,译.杭州:浙江教育出版社,2001.
10. 路甬祥.创新与未来:面向知识经济时代的国家创新体系[M].北京:科学出版社,1998.
11. 教育部学位管理与研究生教育司.2003～2005研究生教育创新计划实施报告[M].北京:北京理工大学出版社,2006.
12. 阎立钦.创新教育:面向21世纪我国教育改革与发展的抉择[M].北京:教育科学出版社,1999.
13. 刘锟,李燕.创新教育基础理论[M].济南:齐鲁书社,2000.
14. 柳卸林.21世纪的中国技术创新系统[M].北京:北京大学出版社,2000.
15. 佟景才.创新教育与创新人才培养[M].北京:北京铁道出版社,2000.
16. 彭坤明.创新与教育[M].南京:南京师范大学出版社,2000.
17. 汪刘生.创造教育论[M].北京:人民教育出版社,2000.
18. 中国社会科学院研究生院.知识经济与国家创新体系[M].北京:经济管理出版社,2000.
19. 顾明远.跨世纪创新人才培养国际比较[M].北京:人民教育出版社,2000.
20. 何传启,张凤.知识创新:竞争新焦点[M].北京:经济管理出版社,2001.
21. 李志仁.高等教育与国家创新体系建设[M].郑州:大象出版社,2005.

22. 殷朝晖.国家科研体制建设与研究型大学发展[M].青岛:中国海洋大学出版社,2007.

23. 国家创新体系建设战略研究组.2008 国家创新体系发展报告[M].北京:知识产权出版社,2008.

24. 沈红.美国研究型大学形成与发展[M].武汉:华中理工大学出版社,1999.

25. 马万华.从伯克利到北大清华—中美公立研究型大学建设与运行[M].北京:教育科学出版社,2004.

26. 中国科学技术协会.学科发展报告综合卷(2008～2009)[M].北京:中国科学技术出版社,2009.

27. 中国科学技术史学会.中国化学学科史[M].北京:中国科学技术出版社,2010.

28. 谢桂华,许放.研究生教育与国家创新体系[M].北京:光明日报出版社,2010.

论文类

1. 宣勇.基于学科的大学管理模式选择[J].中国高教研究,2002 年第 4 期.

2. 方文.社会心理学的演化:一种学科制度的视角[J].中国社会科学,2001 年第 6 期.

3. 李晓群.学科建设的要素及原则[J].学位与研究生教育.2001 年第 9 期.

4. 石磊,张海英.国立科研机构在研究生教育方面的作用[J].教育与现代化,2005 年第 3 期.

5. 卢惠民.冶金工程专业人才培养方案的探索与实践[J].中国冶金教育,2002 年第 4 期.

6. 韩丽辉.冶金研究型人才工程能力与创新素质的培养[J].实验技术与管理,2008 年第 5 期.

7. 杜长坤,吕俊杰.冶金工程专业培养高素质创新人才的探索与实践[J].中国冶金教育,2005 年第 6 期.

8. 陈思远等.努力建设国家重点学科—以东北大学控制科学与工程学科为例[J].中国冶金教育,2010 年第 2 期.

9. 刘恒义.东北大学校办科技产业的成功实践[J].中国高校科技与产业,2010 年第 1 期.

10. 张耀伟,闫维超.东北大学—产学研互动推动企业创新与发展[J].中国高校科技与产业,2010 年第 3 期.

11. 房喻.化学学科发展与化学教育:挑战与机遇[J].中国大学教学,2009 年第 9 期.

12. 唐有祺.化学学科的发展历程[J].化学世界,2002 年第 1 期.

13. 李克华.化学化工类专业产学研合作教育模式研究[J].长江大学学部(自然科学版),2008 年第 3 期.

14. 李龙凤,张茂林.化学大类人才培养模式的探索[J].淮南师范学院学报,2009 年第 5 期.

15. 肖艳芳,吴冰,仇光永,网维明.高校学科建设管理的问题与思考[J].研究与发展管理,2006 年第 4 期.

16. 田恩舜.我国高校学科建设的问题及对策[J].兰州铁道学院学报(社会科学版),2002 年第 2 期.

17. 赵文平、徐国华、吴敏.学科发展规律与学科建设问题的研究[J].学位与研究生教育,2004 年第 5 期.

18. 任华.关于高校学科建设可持续发展问题的探讨[J].宁波大学学报(教育科学版),2008 年第 1 期.

19. 胡益波.论地方性高校学科建设与学科梯队优化[J].浙江树人大学学报,2006 年第 3 期.

20. “高校学科建设”课题组.我国高校学科建设存在问题及对策[J].国家教育行政学院学报,2005 年第 8 期.

21. 王为一.论大学内部管理模式转型:从管理学术型到学术管理型[J].高教探索,2002 年第 1 期.

22. 王楚鸿,陈兆平,安宁.高校科研力量分散化问题的思考[J].高教探索,2003 年第 4 期.

23. 谢桂华.关于学科建设的若干问题[J].高等教育研究,2002 年第 9 期.

24. 高兵.政产学研合作促进学科建设的实践与探索[J].教育探索,2009 年第 12 期.

25. 孙洪志.高校学科建设管理工作探讨[J].学位与研究生教育,2003 年第 8 期.

26. 方祖烈,王兰香.完善学科建设评估工作的若干思考.

第三章　国际科技强国学科发展促进科技创新的范式研究[①]

第一节　引　　言

近年来，现代科学技术的日新月异，给学科建设和发展提出了新的科学问题，中国的社会经济发展、各行各业的特定发展状况以及世界经济环境特别是金融危机等也对支撑各个行业发展的科学技术学科提出了新的国家战略需求。

在世界政治格局和经济格局中，科学技术从来都是实现和保持一个国家经济竞争能力和政治实力的重要支撑因素。而一个国家科学技术发展水平、科技创新能力水平，通常与这个国家的学科发展水平有着密不可分的关系。

以美国为例，美国是世界综合经济实力最强的国家，也是高等教育头号强国。以瑞士洛桑国际管理学院公布的“世界竞争力年度报告”中的年报数据为例，美国已经连续30年全球竞争力排名第一，同时经济总量、生产效率、技术设施和科学研究设施均始终全球排名第一。高等教育结构体系十分完备，拥有一大批世界著名学府以及众多处于世界领先水平的学科，强大的学科基础极大地支地撑了科学研究、培养人才和服务社会的学科和高等教

---

① 研究单位：中国食品科学技术学会；课题负责人：陈坚；作者：陈坚、陈洁、山丽杰、徐玲玲、华霄、缪铭、张娟、周鹏、陈卫、江波、杨瑞金、郭勇、张欣然（中国食品科学技术学会）。

育的功能。美国著名的“硅谷”就是20世纪50年代开始在斯坦福大学的支持下逐步建立，斯坦福大学对“硅谷”的兴起和发展作出了不可磨灭的贡献。

时至今日，美国已习惯于依赖大学以及相关学科解决其国防、空间探索、疾病、保健以及当前的工业生产率和创新问题。

同样的，日本在二战后30年内实现了经济的腾飞，并在随后的30年中，继续保持了迅猛的经济发展能力和技术辐射力。

中国在过去的30年以来，变化更是举世瞩目，经济总量逐年上升。但是根据瑞士洛桑国际管理学院公布的“世界竞争力年度报告”中的年报数据，我们国家从1994开始，在人口2000万以上国家的排名中，从34位一直上升到2007年的第15位，然后从2007年开始一直在15～20位之间徘徊。

在这样的背景环境下，作为经济迅猛发展和政治实力主要推动力的科学技术学科，迫切需要重新思考如何才能更好地为国家科学研究、人才培养以及行业发展提供支撑，为实现和保持国家持续稳定发展提供支撑。

基于上述现实背景、我国国情和研究宗旨，本研究以美国、日本等国际科技强国以及亚洲新兴国家韩国等国强势学科的发展历程、发展模式、以及这些强势学科发展与相关领域和行业科技创新之间的相关性为基本研究点，重点以食品科学、生物技术、材料三个领域为例，探索了强势学科发展与建设的基本经验及教训，了解了学科发展与领域、行业和国家科技创新之间的相关性，获悉了不同国家不同社会经济发展阶段学科发展与国家科技创新之间的关系，得出了美、日、韩不同人才培养模式和学科发展促进科技创新的模式对于国家发展的价值。最后通过综合各个科技强国的学科发展的经验和模式，设计出了符合我国目前社会经济状况的对策建议，为我国学科发展提供范式和有益启示，以期为我国经济稳定持续增长提供动力支持。

第二节　科技强国的强势学科发展的内在逻辑因素

研究本课题——国际科技强国学科发展促进科技创新的范式研究，首先需要探析科技强国的强势学科发展的内在逻辑因素，因此本节以美国、日本等科技强国以及亚洲新兴国家韩国等为主要研究国家，以生物技术、材料和食品科学三个领域的学科建设为主要研究对象，重点研究科技强国特色学科或强势学科的学科发展历程、学科设置和调整依据以及成败评价、基础研究和尖端技术研究水准、人才培养效果和服务社会能力等五个方面的变迁规律，进而分析科技强国的强势学科发展的内在逻辑因素。

一、各自的学科发展历程

（一）美国

食品学科发展历程

美国食品学科的发展历程与其食品科学发展相适应，开始于1900年左右，源于化学（主要是分析化学）、微生物学以及后来出现的食品工程学。前期食品企业还很小、食品技术很不发达的时候，食品科学院系及课程的设置无从谈起。1913年，马萨诸塞科学院（Massachusette Institute of Technology）和俄勒冈州立大学（Oregon State University）率先开始食品工业技术研究并开设食品技术课程，并在1920～1950年间发展出5门课程。1939年IFT成立，而美国大学食品学科教育尚未真正形成。

1950～1960年间，食品学科教育在大学中广泛兴起，乳制品加工、动物科学、植物学等单一的食品相关研究逐渐向"食品科学"大多方向发展，系所设置和课程开设也逐渐多样，出现了"乳制品与食品科学"、"食品技术与营养"、"食品科学与生物技术"等学科名称。出于工业需求，该时期内大学食品课程的设置具有突出的实用特征，食品基础原理和理论也得到重视。1958年IFT提出了"模范课程"（model curriculum）以及1966年和1977年提出的"最低标准"（minimum standard），在很大程度上影响和规范了美国大学生食品教育。

1980～1990年间，美国大学食品学科进一步发展壮大，全国约有69所大专院校开设食品相关课程，年均培养本科毕业生1 300～1 350名，硕士毕业生350～400名，博士毕业生120～160名。

1990～2010年间，在美国科技整体水平跨越式发展的大背景下，美国食品科学与食品工业互相促进，最终促成食品学科的空前发展。俄亥俄州立大学、密歇根大学、普度大学、加州大学戴维斯分校、康奈尔大学、伊利诺斯大学、罗格斯大学等名校的食品学科建设名列世界前茅，食品科学以及交叉学科在各大学中广泛开展。

生物技术学科发展历程

美国生物技术学科是在分子生物学发展基础上成长起来的。1953 年，美国科学家沃森和英国科学家克里克用 X-衍射法得到了遗传的物质基础核酸的结构，从而使揭开生命秘密的探索从细胞水平进入了分子水平，对于生物规律的研究也从定性走向了定量。在现代物理学和化学的影响和渗透下，一门新的科学分子生物学诞生了。在以后的十多年内，分子生物学发展迅速，取得许多重要成果，特别是科学家们破译了生命遗传密码，并在 1966 年编制了一本地球生物通用的遗传密码“辞典”。遗传密码辞典将分子生物学的研究迅速推进到实用阶段。

1973 年，以美国科学家科恩为首的研究小组，应用前人大量的研究成果，在斯坦福大学用大肠杆菌进行了现代生物技术中最有代表性的技术——基因工程的第一个成功的实验。1974 年，他们又将非洲爪蛙的一种基因与一种大肠杆菌的质粒组合在一起，并引入到另一种大肠杆菌中去。结果，非洲爪蛙的基因居然在大肠杆菌中得到了表达(“表达”是指该基因在大肠杆菌内能合成生长激素抑制因子)，并能随着大肠杆菌的繁衍一代一代地传下去。

经历了起源期后，美国的生物技术学科进入了发展期。在艾滋病、克隆、干细胞、人类基因组和人类蛋白组等研究领域，美国作为科技和经济大国均占据了领先地位，各种生物技术产品被广泛应用于医疗、工业、农业、海洋和国防等领域。全球上市的生物技术公司有 55% 来自美国，他们在全球该产业的税收总额中占 72%，同时拥有 70% 的研究费用。2003 年，美国生物技术研发费用高达 420 亿美元，其中美国国立卫生研究院(NIH)的经费由 20 世纪 90 年代的 180 亿美元提高到 270 多亿美元，增加了 50% 以上，资本总额逾 3 500 亿美元。截至 2003 年底，美国已有生物技术公司 2 000 多家，其中有 300 多家公司上市，市场资本总额达到 3 308 亿美元，生物技术已经成为美国高技术产业发展的核心动力之一。

进入 21 世纪后，生命科学的发展重点从人类基因组测序转向了基因功能探测和蛋白质功能探测，美国又率先拉开了以蛋白质和药物基因学为研究重点的后基因组时代的序幕。相应地，美国的私立和政府研究机构与高校分别启动了基因变异鉴别工程，目的是寻找出20万个与人类疾病有关的变异基因，这方面的成果将有助于开发更有效、副作用更小的药物。美国联邦卫生部门还在着手进行“临床蛋白组学计划”，组研究为基础的癌症诊疗技术。

如今，美国崛起了波士顿、旧金山湾、华盛顿、圣迭戈和北卡研究三角园等5大生物产业基地。美国5大生物技术产业基地不仅已成为地方经济的支柱，更是美国生物技术产业规模化的基础，还带动了全美其他地区的生物技术产业的发展。这5大生物产业区都拥有实力雄厚的大学和研究机构。如波士顿的哈佛大学和麻省理工学院，旧金山湾区的加利福尼亚大学旧金山分校、加利福尼亚大学伯克利分校和斯坦福大学都是蜚声全球的名校，圣迭戈的加利福尼亚大学圣迭戈分校则是全美大学中获得美国联邦科研费用最多的高校之一。大华府地区则云集了一批世界级的教学、研究、管理机构，如美国国家卫生研究院、美国食品和药物管理局、霍华德休斯医学院研究实验室、马里兰大学研究中心和约翰斯霍普金斯大学等。北卡罗来纳研究三角园则毗邻北卡罗来纳州著名的杜克大学和北卡罗来纳大学教堂山分校。产业与高校的汇聚使得资源进一步整合，发展速度相应加快。

材料科学与工程学科发展历程

美国西北大学 M. E. Fine 教授等人首先于上世纪60年代初提出了材料科学与工程(MSE)这一大学科概念。20世纪40年代以前，基础科学和工程之间的联系并不十分紧密。如图3-1所示，在20世纪20年代固体物

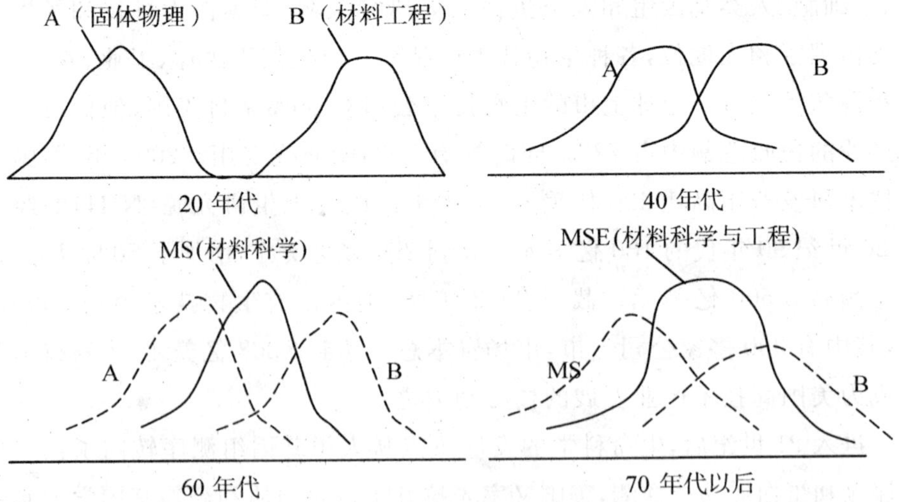

图 3-1 “材料科学与工程”的形成和发展

理和材料工程两学科是分离的，到 40 年代两学科才有交叉。从 60 年代初开始出现了材料科学，到了 70 年代，材料科学和材料工程的学科内涵大部分重叠，材料科学兼备自然科学和应用科学的属性，故“材料科学与工程”(MSE)作为一个大学科逐步为科技界和教育界所接受。

20 世纪 60 年代以前，国内外高校均没有明确完整的 MSE 教育。此时，材料科学与技术人才的培养分属冶金、化工或机械等专业。从 60 年代初起，欧美等国家高校中冶金、机械或化工等与材料有关的系或相关的专业及学科开始改设“材料科学与工程系”、“材料科学系”、“材料工学系”。至 80 年代中后期，欧美等国大部分高校已完成此项工作。这种教育符合材料科学技术发展趋势。

1997 年美国金属学会(ASM)冶金/材料教育年鉴收录了总共 95 个冶金/材料系和专业，总计 104 个冶金/材料系和材料专业。

在这 104 个系与专业中，有 41 个系的名称中具有“材料”一词。例如，名称中包括“冶金与材料工程”或“材料科学与工程”。这些系是“Core MSE”系，没有和其他的学科联合组建学科系，紧紧围绕材料学科提供从学士到博士学位的教育服务。除此之外，还有两个系不授予博士学位，但其教学也是紧紧围绕材料学科提供教育服务的，是成长性的“Core MSE”系，是核心系的后备力量；另外，还有 6 个独立的材料系只授予研究生学位，不提供学士学位等教育，这是材料学科发展的“横截面”，对于科研和培养人才也是一种有效的模式；材料学科发展的另一个形态类型是具体材料的学术系，如“冶金与采矿”，共 14 个(见表 3-1)。

表 3-1　1991 年美国材料学科概括

类　型	数量
核心 MSE 系，授予从学士到博士学位的独立材料系	41
不授予博士学位的独立材料系	2
仅授予研究生学位的独立材料系	6
涉及具体材料的系(如金属、陶瓷、聚合物)	14
与材料领域边缘学科联合的材料系	14
包括在其他系或学院中的材料专业	27
合　计	104

至2007年,美国有86所大学设有材料学科,授予冶金与材料工程、冶金工程材料科学与工程(MSE)等领域的理学士学位。其中的康奈尔大学(Cornell)和西北大学(Northwestern)分别占据了MSE的前两位(http://www.Cnelimb.com/sehool/US/34721_6.htrnl/2007-08-31)。

表3-2是美国麻省理工学院(MIT)材料学科专业由"地质与采矿工程"演变到"材料科学与工程"(MSE)的情况。表3-2反映的学科设置的变化反映了当时社会的需求与学科的发展趋势,具有典型意义。

表3-2　美国麻省理工学院(MIT)材料学科专业演变

时间(年)	专业名称	时间(年)	专业名称
1865～1879	地质与采矿工程	1927～1937	采矿与冶金
1879～1884	采矿工程	1937～1966	冶金
1884～1888	采矿工程(地质、采矿、冶金)	1966～1975	冶金与材料科学
1888～1890	采矿与冶金	1975～现在	材料科学与工程
1890～1927	采矿工程与冶金		

现在的材料系大部分是从原冶金系或采矿与冶金系演化而来的,金属材料是这些学科发展的基石和支柱。这些系有其特色,它们大部分提供的本科教育计划集中于一种或多种材料,强调该领域结构、工艺、性能、使用效能4个要素及其相互关系的学习。就美国而言,这里主要涉及的是这样一些材料系,它们具有宽广的材料研究范围,具有本科以及直到博士学位的研究生学术教育计划。这些系在该文中称为"核心材料科学与工程(Core MSE)"系。

这些系共同承担本科和研究生层次以及整个材料学科进行规范和广泛材料教育的任务。核心系不像包括在材料领域边缘系或与其联合系那样,没有别的学科的特别偏向。因此,正是这些系在学术界内界定了材料科学与工程领域的角色。在美国,Core MSE系给大学生提供了最大最好的材料学位份额。

(二) 日本

日本生物技术的发展从引进欧美技术开始,从1868年1月3日成立明治维新政府开始,日本经历140年的发展,已成为世界排名第二的经济强国。除了在汽车、通信等其他科技领域实力雄厚,其生物技术也名列前茅,医疗药品售量占世界医疗药品市场的11%。

迈入21世纪后,日本政府以建立生物技术产业的竞争力为目标,制定了

《生物技术战略大纲》，提出实现跨跃式发展的三大战略：大力充实研究开发、从根本上加速产业化进程，加深国民对科技的理解。实施生物技术战略的总体目标是实现健康和长寿(2010 年癌症治愈率提高 20%)，提高食品的安全性和功能性(粮食自给率从 2001 年的 40%提高到 2010 年的 45%)，实现可持续发展社会(到 2010 年生物能源的利用应相当于替代原油约 110 亿升/年)。

同时，截至 2001 年 4 月，日本通过改革国家科学与技术体系，将 59 个国家研究院转变成为独立管理的机构。政府科技改革的另一个特点是加强资金体系的竞争性。决策者们更多地关注研究项目的创新性和原创性，而年轻的研究人员，将有更多的机会获得独立的资金支持。

在重点项目资金资助方面，日本政府把遗传研究作为千年计划之一。2001 年生物技术产业的预算增加 34.8%，生命科学研究部分的预定经费为 5～35 亿美元，比 2000 年增加了 28%，其重点用于基因研究，希望透过人类基因的解析，有助于糖尿病、癌症等疾病的治疗，其中大约有 8 000 万美元，用于 3 000 多种蛋白质的结构分析。此外约有 44 亿美元用于新成立的机构。政府还拨款 5 300 万美元支持大学实验设备的更新。

此外，近年来，日本积极推行药物试验改革，进一步加速日本生物制药行业的新药开发。为协助增进药厂的全球竞争力，日本行政院筹措 8 200 万美元，为药物开发设立临床试验中心。同时这笔基金也资助国立大学医院研究癌症、中风等疾病的临床实验。此外该计划提供灵活的资金运用，使得雇用协助临床实验人员的经费更为充裕。

日本的生物技术产业市场 1998 年不超过 2 000 亿日元，2002 年增长到 1.2 万亿日元，2005 年为 6.67 万亿日元，约占全球生物产业市场的 10.7%，其中食品类占 77.9%，医药类占 12.3%。2005 年日本的现代生物类产业市场为 1.5 万亿日元，在分布比例上，医药领域高达 69.2%，化工类占 9.8%，生物技术服务类占 7.5%。这表明以基因工程、蛋白质工程、酶工程、细胞工程等为代表的现代生物技术领域应用更为广泛。日本日经产业新闻社不久前对日本有关企业进行的一项调查表明，多数企业认为，日本的生物技术产业前景光明，预计 2010 年，国内市场规模可发展到 10 万亿日元(约 746 亿美元)。

(三) 韩国

韩国生物技术发展起步较晚，到 2010 年为止，从整体而言，韩国的生物技术产业在世界上的竞争力还不是很强，除了发酵技术处于国际领先水平之外，多数技术还处于跟进阶段。同世界许多国家相同，生物技术同样是韩国重点发展的领域。在韩国政府先后颁布的一系列科技发展计划中，生物技术都以重点技术的形象出现，生物技术在韩国的科技发展、甚至国家战略层面都占据着十分重要的地位，在韩国科技部的一份文件中（如图 3-2），生物技术作为“提高工业竞争力”的基础性资源，位列关系韩国 21 世纪发展的六大战略技术之内。

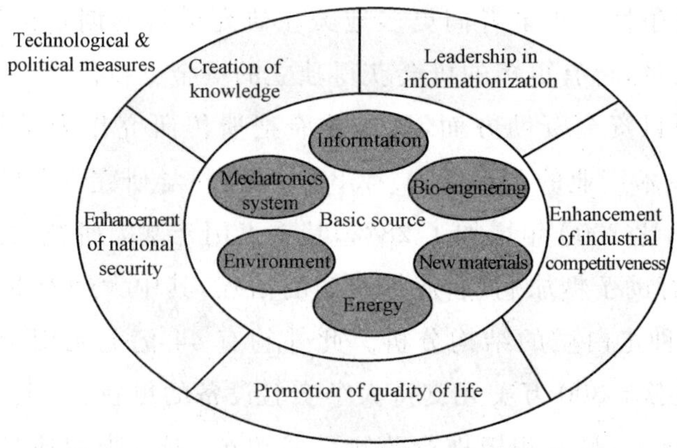

图 3-2　生物技术在韩国发展战略中的意义

韩国生物技术的发展历程呈现出“三步走”发展历程，可以分为以下三个阶段：

1981～1990 年——*蹒跚起步*

1981 年，重组 DNA、细胞融合等生物技术开始引入韩国；

1983 年“生物技术促进罚埃”颁布实施——韩国生物技术发展的“里程碑”事件；

1984 年起，生物技术研究结构纷纷建立，许多大学也纷纷开设生物技术课程；

1985 年韩国生命科学与生物技术研究所（KRIBB）成立。

1991～1995 年——*加速前进*

1991 年韩国生物技术产业协会（BAK）成立；

1992 年，高度先进国家发展计划（HAN 计划）出台；

1994 年韩国科技部颁布实施“生物技术 2000”计划，为期 14 年，七部委联合投资 200 亿美元，用于提升韩国生物技术水平。

1996～21世纪——全面起飞

1997年创造研究推进计划(CRI)出台;

1999年国家研究实验室(NAL)计划实施;

1999年,21世纪前沿研发计划出台,其中明确提出生物技术的重点发展地位;

2001年"科学和技术基本规划"实施,生物技术为"未来重点开发的技术"之一;

2001年被确立为"生物技术年";

2001年"培育生物工程的第二阶段发展规划"启动;

2002年"培育生物工程的第三阶段发展规划"实施;

2003年,支持应用研究商业化为重点的"Bio-Star计划"开始实施。

近年来,韩国生物技术水平不断提高,艾滋DNA疫苗开发、体细胞克隆牛、抗除草剂作物等研究领域达到世界水平。在专利方面,韩国在生物技术领域获得的美国专利20世纪80年代初平均每年2项,1984年后平均每年6.5项,1998年后年均超过15项,在人类遗传基因等领域的国内专利申请比别国落后4～14年,而在疾病预防与治疗、食品化学领域韩国的专利申请则处于优势地位。

由科技强国强势学科的发展历程可以看出,学科较快的发展和调整速度与学科本身的研发水平和速度相对称。以学术界研发的技术为基础,再通过政府的多项推动政策、资本市场的大力投入和有助产业发展的法规体系,促成了科技强国相应产业的快速发展,并保证了其在全球的竞争优势地位。

二、学科设置和调整依据以及成败评价

(一) 美国

目前,美国学科专业管理体制已经相当成熟,并建构起一套较为完善的学科专业分类系统(Classifieationof Instruetional Programs,简称CIP)。CIP在美国现行学科专业管理体制中起着举足轻重的作用,它不仅集中地体现出美国学科专业管理体制重引导轻计划、重宏观轻微观的特点,而且为这种体制的实施提供了技术保证。CIP先后在1985、1990和2000年进行过三次修订,CIP-2000于2000年4月最后定稿,其中,生物技术、食品科

学和材料学科主要涵盖于理学、工学、农学和交叉学科之中，见表3-3。

表3-3 CIP－2000中有关食品科学、材料与生物技术学科的设置情况

学科大类	学科群	学科（四位数代码）	专业（六位数代码）
交叉学科	交叉学科	生物与自然科学	生物与自然科学
		生物心理学	生物心理学
		营养科学	营养科学
理学	生物学与生物医学科学	生物学与生物医学科学（综合）	生物学/生物科学（综合）；生物医学科学（综合）
		生物化学、生物物理与分子生物学	生物化学；生物物理；分子生物学；分子生物化学；分子生物物理；结构生物学；图像生物学；放射生物学；生物化学/生物物理与分子生物学；生物化学、生物物理与分子生物学（其他）
		植物学/植物生物学	植物学/植物生物学；植物病理学；植物生理学；植物分子生物学；植物学/植物生物学（其他）
		细胞生物学与解剖科学	细胞生物学与组织学；解剖学；发育生物学与胚胎学；神经解剖学；细胞与分子生物学；细胞生物学与解剖学；细胞生物学与解剖科学（其他）
		微生物科学与免疫学	微生物学（综合）；医学微生物学与细菌学；病毒学；寄生虫学；真菌学；免疫学；微生物科学与免疫学（其他）
		动物学/动物生物学	动物学/动物生物学；昆虫学；动物生理学；动物行为与个体生态学；野生生物学；动物学/动物生物学（其他）
		遗传学	遗传学（综合）；分子遗传学；微生物遗传学；动物遗传学；植物遗传学；人类/医学遗传学；遗传学（其他）
		生理学、病理学及相关科学	生理学（综合）；分子生理学；细胞生理学；内分泌学；生殖生物学；神经生物学与神经生理学；心血管科学；运动生理学；视觉科学/生理光学；病理学/实验病理学；肿瘤生物学；生理学、病理学及相关科学（其他）
		药理学与毒理学	药理学；分子药理学；神经药理学；毒理学；分子毒理学；环境毒理学；药理学与毒理学；药理学与毒理学（其他）
		生物统计学与生物信息学	生物统计学；生物信息学；生物统计学与生物信息学（其他）
		生物技术	生物技术
		生态、进化、分类与种群生物学	生态学；海生生物学与生物海洋学；进化生物学；水生生物学/湖泽学；环境生物学；种群生物学；保护生物学；分类生物学；流行病学；生态、进化、分类与种群生物学（其他）
		生物学与生物医学科学（其他）	生物学与生物医学科学（其他）

续表

学科大类	学科群	学科(四位数代码)	专业(六位数代码)
工学	工学	农业/生物工程	农业/生物工程
		生物医学/医学工程	生物医学/医学工程
		材料工程	材料工程
		材料科学	材料科学
农学	农学与农业经营	农学(综合)	农学(综合)
		农业经济与管理	农业经济与管理(综合);农业经济与经营;农业经济学;农场和牧场管理;农业供应销售;农业经济技术;农业经济与管理(其他)
		农业机械化	农业机械化(综合);农用机械操作;农业机械技术;农业机械化(其他)
		农业生产经营	农业生产经营(综合);动物饲养与生产;水产养殖;农作物生产;奶酪生产;马科学与管理;农业生产经营(其他)
		农产品与食品加工	农产品与食品加工
		农业与家庭动物服务	家庭动物豢养;动物培训;马术;动物标本剥制术;农业与家庭动物服务(其他)
		应用园艺/园艺经营	应用园艺/园艺经营(综合);观赏园艺;温室经营管理;风景与庭院美化;苗圃经营管理;草皮经营管理;花卉经营管理;应用园艺/园艺经营(其他)
		国际农业	国际农业
		农业公共服务	农业推广教育服务;农业新闻与传播学;农业公共服务(其他)
		动物科学	动物科学(综合);动物育种;动物卫生;动物营养;乳品科学;家畜管理;家禽科学;动物科学(其他)
		食品科学与技术	食品科学;食品技术与加工;食品科学与技术(其他)
		植物科学	植物科学(综合);农艺学与农作物科学;园艺科学;作物育种;作物保护与害虫防治;放牧科学与管理;植物科学(其他)
		土壤科学	土壤科学(综合);土壤化学与物理;土壤微生物学;土壤科学(其他)
		农学与农业经营(其他)	农学与农业经营(其他)

注:“学科大类”根据美国的国家教育统计中心、国家自然科学基金会和国家科学院等权威机构统计口径及世界著名大学的院系设置统计等划分。“学科群”和“学科”分别是CIP目录中两位数和四位数代码表示的学科领域。

在 CIP－2000 的指导下，美国知名食品类高校的食品学科的发展也已十分完备。例如，UC Davis 食品科学与技术下设食品化学、食品安全、食物与人体研究等基础学科，以及果蔬加工、海产加工、功能性食品、食品微胶囊技术及其应用等应用学科，酿酒是其传统特色学科；普渡大学食品学院主要有食品科学、食品制造两大方向，重点突出食品化学、结构与功能，健康食品、食品安全与微生物、食品加工与新技术开发等领域（见表 3-4）。

表 3-4　部分美国食品高等院校食品学科设置情况

大学/院系	学科设置	优势或特色方向	学科交叉
普渡大学/食品科学系	食品科学、食品制造等	食品化学、结构与功能，食品安全，食品加工	食品、微生物、生物技术等
加州大学戴维斯分校/食品科学与技术系	食品化学、食品安全、食物与人体研究、果蔬加工、海产加工、功能性食品、食品微胶囊技术	酿酒、水产加工、功能食品、Phaff 酵母库	食品、化学、微生物、物理、生物学、纳米技术、水产科学、水产科学等
康奈尔大学/食品科学与技术系	食品风味化学、果蔬加工与工程化、乳制品、酿酒、垂直生长与生态	乳制品、食品风味	食品、化学、工程学、生态学、植物学、食品风味等
俄亥俄州立大学/食品科学与技术系	食品化学、食品安全与微生物、食品加工与包装、健康功能食品	食品加工与包装、食品非热加工技术、功能食品	食品、物理学、化学、电子信息工程、微生物学等
伊利诺斯大学/食品科学与人体营养科学系	饮食科学、食品工业与经济、食品科学、营养学	食品安全、食品营养、食品生物制造	食品、营养学、生物学、生物化学、临床医学、分子营养学、食品分析等
密歇根州立大学/食品科学与营养系	生物化学与分子营养、公共营养学、食品加工与品质增进、食品安全与毒性	生化营养、公众营养教育、植物蛋白利用、人体和动物健康、天然食品	食品、营养学、生物化学、微生物学、临床医学等
罗格斯大学/食品科学系	食品生物技术、食品化学、食品工程	功能食品、食品微生物、食品风味、航天食品	食品、微生物学、生物技术、化学、物理、纳米科学

续表

大学/院系	学科设置	优势或特色方向	学科交叉
马里兰大学/营养与食品科学系	营养与功能食品、食品化学、食品酶学、农产品深加工、营养学、食品安全、分子生物学	营养学、功能食品、饮食健康、食品与疾病	食品、营养学、生物技术、化学、微生物学、分子生物学
威斯康星大学麦迪逊分校/食品科学系	食品材料科学、食品与健康、可持续发展	乳制品、食品安全与健康、肉制品HACCP	食品、乳品科学、物理、化学、材料科学、工程学等
宾夕法尼亚州立大学/食品科学系	食品工程与加工、食品微生物、食品化学、食品的选择	可可、巧克力和蜜饯、食品安全、植物和蘑菇食品、乳制品、食品配料	食品、微生物学、工程学、化学、营养学

美国食品学科、生物技术学科和材料学科的调整主要依据食品、材料、生物技术学科发展的新趋势、社会需求、政府的相关政策引导、有关学科发展体系如金属材料核心体系和交叉学科的发展，并从学科设置与工业发展的适应性、学科设置对工业科技的促进作用、学科设置对学术进步的贡献等方面展开学科设置与调整的成败评价。

（二）日本

日本生物技术学科设置主要参照日本学科门类设置，着重强调生物技术在工学、理学、农学（水产）方面的学科设置（见表3-5）。同时，其学科设置的调整主要依据来源于市场和公众的评价（如功能性食品及其组学相关分析技术的应用），并根据产学研转化效果（如大宗发酵产品：谷氨酸、乳酸等）及其市场推广情况开展相关技术的成败评价。

日本食品学科的设置以日本京都大学为例，该校农学院的食品科学专业下设酵素（酶）化学，食品环境学、营养化学、食品分子机能学、农产制造学、食品未来战略等专业，强调“食品—生命—环境”的三方有机结合，汇集交叉了食品、生物科学、化学、生理学、环境学、酶学、心理学等学科。学院同时建有附属农场和牧场，为食品科学研究提供必要的研究场所、原料和试验基地。高知大学、爱媛大学和岐阜大学也是日本食品科学学科建设较好的典型。

表 3-5 日本大学的生物技术领域学科设置

学科领域	学科方向	具体学科
理学学科领域	生物学方面的学科	生物学科、应用生物学科、生物制药学科、生物学类、生物科学科、生物化学科、生物圈环境科学科、生物分子科学科、分子生物学科等
农学学科领域	农学方面的学科	农学科、农业生产学科、农业生命科学科、园艺学科、应用生物科学科、环境资源科学科、资源循环学科、资源生物科学科、资源生物环境学科、植物资源学科、生产环境学科、生物环境学科、生物圈生命科学科、生物资源学科等
	农艺化学方面的学科	应用植物科学科、应用生物化学科、应用动物科学科、酿造科学科、食品科学科、食品科学工学科、食品工学科、食品生产学科、食料生产科学科、农艺化学科等
	农业工学科方面的学科	农业工学科等
	农业经济学方面的学科	园艺经济学科、国际农业开发学科、国际地域开发学科、食品经济学科、食品流通学科、食料环境经济学科、生物企业信息(情报)学科等
	林学、林产学方面的学科	森林科学科、森林资源科学科、森林综合科学科
	兽医、畜产学方面的学科	兽医学科、畜产学科、畜产环境科学科、畜产管理学科、动物应用学科、动物资源科学科、酪农学科等
	水产学方面的学科	水产学科、水产海洋科学科、水产生物科学科、食品生产学科、栽培渔业学科、资源育成学科、资源管理学科、海洋环境学科、海洋生产学科海洋生产系统学科、海洋生物资源学科、海洋生物资源化学科、海洋生物生产科学科
	农业方面的其他学科	营养学科、应用生命科学科、应用生命工学科、应用动物学科、环境政策学科、环境生态学科、共生环境学科、国际资源管理学科、食品营养学科、食料生产环境工学科、生产环境科学科、生产环境工学科、生态环境科学科、生物环境学科、生物环境制御学科、生物机能科学科、生物机能化学科、生物资源化学科等

(三) 韩国

韩国食品与生物技术领域的学科设置参照韩国学科门类设置，着重强调食品和生物技术在工学、自然科学、农学、产学研协同学科方面的学科设置(见表 3-6)；其学科设置的调整依据主要来源于国际发展形势，从调整产业分类体系、完善生物技术与产品开发相关的标准制定、加强知识产权保护等环节入手。

表 3-6　韩国食品学科与生物技术学科设置

学科门类	一级学科		
	汉城大学	高丽大学	延世大学
农学	植物生产学科 应用生物化学学科 农业经济社会学科 森林学科 食品・动物生命学科 造景・地域系统工学学科	食粮资源学科 山林资源学科 农化学科 园艺科学科 应用动物科学科 农生物学科 生命遗传资源工学科 生命产业科学科 食品科学科 环境生态工学科	—
工学	化学生物工学科	化工生命工学科 环境工学科 生命信息工学科 食品生命工学科	生命工学科
自然科学	生命科学学科 地球环境学科	—	生物学科 地球系统科学科 生化学科

可见，随着科学技术的发展与调整，科技强国的强势学科专业管理体制已经相当成熟，并建构起较为完善的学科专业分类系统，而学科设置的调整主要依据国际发展形势、国家发展需求、产业结构调整的趋势等，并主要从相关产业发展的适应性、学科设置对工业科技的促进作用、产学研转化效果、学科设置对学术进步的贡献等方面展开学科设置与调整的成败评价。

三、基础研究和尖端技术研究水准

(一) 美国

新技术研究成果

近年来，美国生物技术学科的研究以转基因作物、生物能源、转基因食品、饲料添加剂、食品诊断为基础，并依托日益完善的技术手段不断在与人类生产和生活相关的领域进行深入探索。

在基因研究方面，发现一些新的药物，成为生物技术关注的热点。2001年5月，FDA批准诺华公司开发的Gleevec上市，这是一种治疗慢性白血病的良药。治疗癌症的另外一类生物技术药是单克隆抗体。到2000年，FDA批准了9个单克隆抗体，另外60多个产品正在进行临床试验。美国基因技术公司是全球十大生物技术公司之一，有十个基于蛋白质的生物医药产品上市，目前正在开发的产品有20多个，主要是癌症、心血管和免疫系统疾病的治疗药。

在农业生物技术方面，美国的St. Louis是全球农业生物技术发展最快的地区，该地区被认为是生物产业带。生物技术用于育种是一种快捷、有效的育种方法。通过引入特定的基因，可以改变动植物的品质。克隆技术用于动物，可以保留高品质动物的高产性能。市场上的农业生物技术产品主要是转基因的大豆、玉米、油菜、棉花等。2001年，世界上转基因植物的种植面积达5 300万公顷，比2000年增加19%。

在工业制造和环境管理方面，生物技术应用的目的是为了推动工业的可持续发展。微生物被认为是天然的化学工厂。微生物在工业生产过程中的应用，使工业生产变得清洁、高效，具有可持续性。酶也可以作为生物催化剂将生物质转化为能源、乙醇等。更诱人的是，通过生物酶，玉米秸秆可以转化为可降解的塑料，用于食品包装等。

生物技术在其他领域的应用。现在开发畜牧医用产品的生物公司越来越多，美国每年用于动物健康的产品市场约40亿美元，美国农业部批准的动物用生物制品约100种，主要是防止动物传染病和常见病的疫苗和治疗药。生物技术用于人类考古和犯罪调查，通过DNA分析可以研究人类种群的进化史。“9·11”事件后，美国迅速开发了针对炭疽和天花的疫苗。大约有24家美国生物技术公司正参与其他疫苗和药品研究与开发，美国政府拟支付6.4亿美元用于存积有关的疾病疫苗，以防止各种可能的生物恐怖事件。

美国的食品学科十分重视基础领域的研究，各食品高等院校均有食品化学、食品物性、食品组分、食品安全、食品营养、食品生物技术等基础学科的研究团队，并在近年取得了一批突破性的成果。同时，与食品工业相结合，积极开展应用技术研究是国外食品学科建设的一个重要特色。大多数著名食品高等院校均创立了工业中心或技术中试基地，如俄亥俄州立大学的食品工业中心、罗格斯大学的食品技术创新中心、普渡大学惠斯勒碳水化合物研究中心、威斯康星大学麦迪逊分校 Bobcock 荣誉乳品厂、宾夕法尼亚州立大学的技术工程化中心等，其主要职能包括：① 作为教学基地，与基础研究相辅；② 接受企业委托，开发工业技术与工艺；③ 前沿理论转化为新技术的实践场所。这些工程中心在当地甚至全国均有一定影响力，可视为学科在工业技术研究开发水平的代表。

高水平论文产出

据 Science Watch 调查，面对亚太地区科研论文产出的稳步上升，美国科研产出所占世界份额有所下降，但是依然位居第一，在一些主要领域，美国的引文影响力仍然大幅超越世界平均水平。表 3-7 为美国在 21 个主要科学领域论文所占的世界份额和篇均引文情况，依据近五年各领域与世界平均水平的相对影响力排名。物理学占据第一位，其篇均引文为 6.15，超出世界平均水平(3.96)55%。在所有学科领域尤其是物质科学领域，美国论文的影响力均远高于世界水平。

表 3-7　美国科研论文产出及影响力的学科领域分布

（依据与世界平均水平比较后的相对影响力排名，2003～2007 年）

排名	学科领域	占世界份额（%）	美国论文数（篇）	美国篇均引文	相对影响力（%）
1	物理	23.26	125 406	6.15	+55
2	化学	20.70	125 799	7.33	+52
3	材料科学	18.10	30 590	4.23	+47
4	地球科学	34.62	44 846	5.40	+42
5	计算机科学	35.27	20 732	2.10	+40
6	微生物科学	34.01	31 693	9.90	+39
7	临床医学	36.92	367 956	7.84	+36
8	生物学与生物化学	37.10	111 479	10.33	+35
9	空间科学	49.17	25 606	10.48	+34
10	物理学	30.84	27 515	7.23	+34
11	经济学与商学	48.19	31 870	2.75	+32

续表

排名	学科领域	占世界份额（%）	美国论文数（篇）	美国篇均引文	相对影响力（%）
12	工程学	28.06	102 445	2.59	+31
13	农业科学	23.88	24 401	3.81	+30
14	分子生物学与遗传学	45.96	53 682	15.45	+29
15	数学	29.86	26 186	1.85	+28
16	神经及行为科学	43.44	69 397	10.15	+26
17	免疫学	45.51	29 104	13.57	+26
18	生态/环境	35.65	43 661	5.10	+26
19	植物及动物学	30.27	77 547	4.00	+25
20	心理学/精神病学	51.97	59 095	4.80	+18
21	社会科学	52.29	85 084	2.51	+17

数据来源：Thomson Reuters 研究前沿数据库。

借助 Thomson Reuters 的特有资源——科学前沿数据库，从另一个角度来了解当前的美国科学。前沿领域是通过核心论文来反映的，而所谓核心论文是指先前发表的、并且最近被大量引用的文章。表 3-8 为近期核心论文所反映的八个研究前沿，这些研究领域的核心论文的作者主要来自美国，可以说，表 3-8 主要是对美国近期研究的一个呈现。位列第一的是关于细胞染色质状态的全基因图谱、启动与调控转录因子、胚胎干细胞的调控以及细胞分化其他方面的一系列相关研究，该核心论文有 87%以上的作者来自美国研究机构。其中一篇核心论文（T. Mikkelsen 等，染色质状态在多潜能性和谱系定型细胞中的全基因组图谱，Nature，448[7153]：553－60，2007）曾出现在不久前的生物 Top10 行列，在 Science Watch 2008 年 11/12 月一期中，生物通信作者 Jeremy Cherfas 还就此做过评论。

另一篇以美国为主的前沿性研究是关于二硼化锆及碳化硅陶瓷材料的制作程序，这些材料可以应用于超音速飞机以及暴露在极高温度环境下的其他应用。排在第三位的是有关癌症治疗的 0 期试验，其核心论文也有超过 80%的作者来自美国研究机构。0 期试验是相对较新的名称，是指对少数病人给予微剂量化合物，以评估其在开展 1 期和随后试验前的基本生化效力。相关研究的核心论文探讨了 0 期试验在开发抗癌药物方面的实用性，但没有涉及道德因素。表 3-8 所列其他前沿研究包括石墨烯、量子点以及宇宙中紫外线的检测等，这些研究是当前美国在物质科学领域热门研究的典型。

表 3-8　美国作者所占比例较高的部分前沿研究

研究前沿	平均发表年份	美国作者所占比例(%)
细胞分化过程中染色质状态、转录及调控	2007	87.5
二硼化锆及碳化硅陶瓷的无压烧结	2006	84.6
癌症治疗的O期临床试验设计	2007	83.3
G蛋白偶联受体激酶，Tau蛋白病理学和神经退行性疾病	2006	79.7
生物传感中的微流控和单细胞芯片技术	2006	75.8
用于传导和其他应用的氧化石墨烯的合成	2007	74.0
医学成像和癌症治疗中的量子点	2007	73.4
“银河系演化探测者”计划的紫外线检测结果	2007	70.8

数据来源：Thomson Reuters 研究前沿数据库。

（二）日本

新技术研究成果

近年来，日本生物技术学科的基础研究不断涌现出前沿研究及与之相关的成果转化，并主要体现在抗体、生物芯片、肝细胞、功能性化妆品和再生医疗等方面。

抗体是用生物技术生产的具有抗病毒功能的物质。例如，用于肾移植排斥反应的小鼠CD抗体，用于结肠、直肠和卵巢癌诊断的单克隆抗体，用于肝癌的肝癌单克隆抗体，用于乙肝的乙肝单克隆抗体，用于B细胞淋巴瘤的抗CD20基因工程抗体。日本国内生产的抗体主要类型见表3-9。

表 3-9　日本抗体生产主要类型

阿巴斯金	治疗大肠癌。是人类抗血管内皮细胞增子因子毛能克鲁尔抗体。	2006年获卫生劳动部批准，开始销售。
捷吾阿林	治疗滤胞性B细胞性非淋巴网状肿瘤。是放射性同位素钇90标记的抗CD20“毛能克鲁尔”抗体。	2006年12月26日通过药、食品卫生审议会的审议。
雷米健都	治疗风湿性关节炎，口眼生殖器综合征的难治性网膜葡萄膜炎，“克隆病维疗法”。是抗肿瘤坏死因子α单色抗体。	2002年5月以克隆病为对象而获准出售。

生物芯片产业是生物技术产业中最新的产业之一，其中DNA芯片的应用直接惠及大众。DNA芯片可制作成诊断仪，检查复数遗传基因组合或

单倍体，给患者提供最佳医疗方案。最近出现用染色体高速程序仪诊断病情。日本理化研究所购买 9 台最新染色体高速程序仪，开展研究工作。随着生物芯片制作成本降低，伴随着最新高速染色体程序仪的普及化，如变成目前听诊器那样的时候，生物芯片市场规模将达几千亿日元。

日本的干细胞研究成果属世界领先地位。京都大学再生医学研究所的山中伸尔先生，在 2006 年 8 月“细胞”杂志上首次发表了引起世界轰动的“鼠体细胞制备诱导多功能细胞”论文。他成功证明 ips 细胞类似于胚胎干细胞，具有分化成其他细胞的功能。2007 年 11 月 20 日，山中伸尔还在相关的科学杂志上，发表了由人体皮肤细胞制备干细胞的论文。干细胞的实用化有两个方向：一方面干细胞应用于再生医疗。自 2006 年开始，山中伸尔和庆应大学的罔野荣之，共同研究脊髓损伤治疗法。日本人理化研究所研究人员正在研究包括：干细胞制备网膜色素上细胞和红血球前驱细胞；干细胞应用于新药开发等问题。武田药品工业公司正在探讨由 ips 开拓新药，由干细胞培养心脏细胞、肝细胞等应用技术。

随着生物技术的发展，化妆品行业里逐渐出现生物法生产的化妆品。最近出现的是 EFG，即上层细胞成长因子系列化妆品，即将从人体克隆的 EGF cDNA 转入大肠菌进行生产。目前日本 EGF 协会所属的公司有 17 个，2007 年度销售额已达 28 亿日元。

再生医疗指人体器官损伤等利用生物工程方法制作相关的器官，而修补损伤器官的医疗。日本开发的再生医学设备有细胞分离及播种、培养基交换、洗净、回收等细胞加工的自动化设备。现在大学医院等医疗机构可抽取患者身体组织，骨髓液，分化细胞或间叶系干细胞后，分离培养干细胞，进行损伤的角膜或软骨、心筋等的再生临床研究。目前，日本应用再生医疗技术，进行去皱纹、丰胸等美容整形的诊所不断出现。

高水平论文产出

科研规模、科研工作的影响力和科技竞争力是构成国家整体研究能力的三个方面。为了揭示各国国家整体科研水平，中国科学院国家科学图书馆遴选了 ESI 数据库发布的论文数、引文数和高影响力论文等 6 项文献计量指标来反映国家科研规模、影响力及科技竞争力，分 19 个学科统计了各国的数值，采用标准分统计方法得到了世界科学综合排名表，并列出了综合排名表中 TOP25 国家在各学科中的世界排名。结果表明，美国科学综合排名第一，日本排名第四。日本作为后来居上的国家，在重要科学成果的产出上表现出很好的成长性，例如，就高被引论文而言，1996 年，日本占世界总量的份额为 6.2%，至 2005 年，这一比例达到 7.1%，与法国并驾齐驱。此外，日本的热门论文占世界 8.5%，超过了日本 SCI 论文占世界的份额（见表 3-10）。

表 3-10　1998～2008 年日本各学科的科研论文产出及影响力

学科	学科排名	10 年论文 a	位次	10 年引文 b	位次	Hot 论文 c	位次	High 论文 d	位次
生物学与生物化学	3	62 145	2	843 769	2	9	4	392	4
分子生物学与遗传学	4	25 806	3	561 546	4	10	3	187	4
微生物	6	13 801	3	154 198	5	0	–	77	5
动植物学	4	31 567	4	255 215	4	14	4	418	4
农林	8	11 871	2	53 451	7	2	7	71	9
材料	3	53 138	3	305 603	2	6	5	422	3

注：学科排名为日本该学科在世界学科中的排名；a 指 1998～2008 年统计日为止的全部被 SCI 收录的论文；b 指 1998～2008 年统计日为止上述 147 个国家 SCI 论文的被引频次；c 指以最近两年的 SCI 论文以最近 2 个月为统计时间，分 22 个学科，将每年各学科中被引频次最高的前 0.1%的论文遴选为热门论文。这组论文集中了世界科学家最近共同关注的重要科研成果；d 指以 1998～2008 年 12 月为统计时间跨度，分 22 个学科，将每年各学科中被引频次最高的前 1%的论文遴选为高被引论文。

（三）韩国

新技术研究成果

韩国生物技术学科的基础研究力度和能力不断提升，相应的尖端技术水准也不断提高，主要体现在生物医药、发酵工业、生物能源、特色生物制品。

生物医药是韩国生物产业的主要领域。韩国生物技术公司中 60%左右为生物制药企业，占生物产业市场的一半以上，韩国拥有一批自主知识产权的生物药，第一个获得国际认可的新药是 Factive，于 2003 年获得美国食品与药品监督管理局的认可。此后，许多新药研发成功并投入生产。从 2000 年以来韩国生物产业的规模每年增幅都高于 20%。据预测，到 2010 年底，韩国生物产业产值将达到 65 亿美元。1994 年到 2005 年，韩国生物产业销售额的年均增长速度为 27.7%。预计到 2016 年，韩国生物产业的市场规模将增长到 600 亿美元。

韩国的发酵工业涉及氨基酸、酶制剂、抗生素等多个产业，是其生物技术产业中最具国际竞争力的领域，仅氨基酸产品就占全球市场的20%。韩国的发酵产品众多，泡菜（Kmi chi）最具代表性。2005年汉城国立大学的研究人员已发现韩国发酵的辛辣甘蓝泡菜的一种提取物可治疗禽流感和其他鸡的疾病。作为2010年上海世博会韩国馆的国礼，纳豆多肽已成为蜚声海内外的发酵后提取保健产品。韩国纳豆多肽由韩国木浦大学、南部大学和美国耶文大学组成的科研项目组共同合作研发成功。

韩国是世界十大能源消费国之一，原油100%依赖进口。从70年代初开始，韩国就以大学研究院为中心对生物能源进行研究，从1988年开始根据替代能源发展促进法在政府范围内开始进行技术开发（见表3-11）。目前韩国生物乙醇中的轻油生产技术以及淀粉界乙醇生产技术已经正式进入试用阶段，木质界乙醇生产技术也已经研制成功。生物柴油作为一种石油燃料的替代品在韩国受到高度重视。韩国发展生物柴油的起步时间与我国近似，但此后的产业进步明显快于我国，而且生物柴油的实际使用量已经超过我国。目前，韩国通过与本国相适应的生物能源技术的引入及开发，生物能源技术正在向商业化方向发展。计划到2012年为止，通过运输用生物燃料以及发电工程的推广达到普及生物能源的目标，即生物能源的产量达到105万吨/年。

表3-11　韩国生物能源技术开发的基本计划

第一阶段 （2007～2009年）	第二阶段 （2010～2012年）	第三阶段 （2013～2015年）
有机废弃物能源技术开发及建立为确保木质原材料和运输用原材料的系统	生物气化、木质原材料活用技术及生物燃料生产技术的开发	提高效率及要素技术开发的预处理等

韩国拥有一批自主研发、享誉世界的生物制品。如，韩国Cheiljedang公司生产的“CJ-lysine”和“CJ-tide”，其产量和产品的多样化程度都在不断提高。在第一框架计划期间（1994～1997年），韩国尚无自主生产的生物制品，处于空白状态；在第二框架计划期间（1998～2001年），韩国自主研发并生产了2种生物制品；在第三框架计划期间（2002～2005年），韩国自主研发并生产的生物制品达到了14种。初期，大多数韩国自主研发并生产的生物制品都是功能性食品；如今，逐渐出现了生物医药类和生物诊疗类制品。

近年韩国加强了遗传基因、系统生物学、结构生物学等领域的基础研究，加大对生物信息学、纳米生物、医疗信息系统、新生物化学、信息技术/生物技术复合技术等多学科复合技术领域的支持力度,并集中对遗传基因新药研究、发育生物学研究、功能性作物及动物开发研究、新生物材料研究、脑科学研究、基因治疗和预防研究等。通过以上举措,韩国生物产业逐步突破传统优势领域,在多个领域与国际接轨。2004 年韩国科学家在世界上首次成功克隆人类早期胚胎,并从中提取出胚胎干细胞,2005 年首次培植出对治疗性克隆意义重大、与患者基因相匹配的 11 株胚胎干细胞系。

高水平论文产出

根据中国科学院国家科学图书馆统计的世界科学综合排名表,表 3-12 为 1998~2008 年韩国各学科的科研论文产出及影响力在世界对应学科中的排名,可见,在韩国生物学与生物化学、分子生物学与遗传学、微生物、动植物学、农林和材料等学科中,材料学科的论文产出水平和影响力遥遥领先,其次是微生物和生物学与生物化学。

表 3-12 1998~2008 年韩国各学科的科研论文产出及影响力

学科	学科排名	10 年论文 a	位次	10 年引文 b	位次	Hot 论文 c	位次	High 论文 d	位次
生物学与生物化学	17	12 777	12	112 312	18	3	9	34	20
分子生物学与遗传学	25	3 702	18	42 639	20	0	–	27	19
微生物	14	5 253	8	30 968	17	1	5	7	23
动植物学	25	6 542	25	34 883	25	1	14	65	18
农林	24	3 443	15	15 403	22	0	–	22	19
材料	6	22 262	6	108 313	7	5	6	169	7

注:学科排名为韩国该学科在世界学科中的排名;a 指 1998~2008 年统计日为止的全部被 SCI 收录的论文;b 指 1998~2008 年统计日为止上述 147 个国家 SCI 论文的被引频次;c 指以最近两年的 SCI 论文以最近 2 个月为统计时间,分 22 个学科,将每年各学科中被引频次最高的前 0.1%的论文遴选为热门论文;d 指以 1998~2008 年 12 月为统计时间跨度,分 22 个学科,将每年各学科中被引频次最高的前 1%的论文遴选为高被引论文。

四、人才培养效果

美国农业和生物科学领域培养的本科及以上人才的统计数据显示,从 2000~2007 年,美国农业和生物科学领域毕业的本科生和硕士生人数,分别从 2000 年的 83 130 人和 10 190 人增长到 2007 年的 97 040 人和 12 920

人,年均增长率分别达到2.3%和3.5%。从2000～2007年,美国农业和生物科学领域培养的博士生的人数除个别年份有下降外,整体仍呈现出一定的增长趋势,从2000年的5.98增长到2007年的7.77,年均增长率最高为4.0%,说明高学历毕业生的培养速度较快,见表3-13所示。不断增长的人才为农业、食品工业和生物技术科技创新与发展提供了源源的动力和支持。

相对农业科学和生物科学而言,材料工程学科培养的本科生、硕士生和博士生人数有一定差距,从2000～2007年一直呈现缓慢的增长,尤其是博士毕业生的培养数量(见表3-13)。在美国研究生层次至少是博士研究生层次,与本科层次情况相比,更为具体地集中于MSE学科某一狭窄的领域,这肯定是合理的。美国的博士生教育计划在取得博士学位的资格方面仍然是独一无二的,包括大量的课程作业、考试以及学位论文研究。在美国,现存的、独立于任何其他系的本科冶金/材料系有52个,但班级规模明显偏小。半数班级不足20人,只有2个班级超过40人。应该认识到,未来美国金属材料系将面临巨大的压力,可能会联合或并入采矿或机械工程等这些传统的工程系中。

表3-13 2000～2007年美国农业、生物科学和材料工程领域本科、硕士和博士生毕业人数

单位:千人

	学历	2000年	2001年	2002年	2003年	2004年	2005年	2006年	2007年
农业科学	本科	18 245	17 465	17 359	17 703	17 058	17 120	17 307	17 696
	硕士	3 858	3 752	4 019	3 955	4 221	4 171	4 100	4 126
	博士	984	934	969	1 060	1 016	1 004	1 037	1 068
生物科学	本科	64 887	62 010	61 675	63 517	64 750	67 972	72 972	79 348
	硕士	6 329	6 487	6 341	6 883	7 644	8 120	8 718	8 794
	博士	4 992	4 750	4 596	5 212	5 491	5 925	6 138	6 703
材料工程	本科	972	930	933	950	865	906	1 006	1 025
	硕士	759	706	624	717	800	790	765	787
	博士	454	454	381	457	494	514	611	663
	共计	101 480	97 488	96 897	100 454	102 339	106 522	112 654	120 210

数据来源:National Center for Education Statistics, Integrated Postsecondary Education Data System, Completions Survey; and National Science Foundation, Division of Science Resources Statistics, WebCASPAR database, http://webcaspar.nsf.gov. See appendix table 2-12.

据 OECD 的统计数据显示（见表 3-14、3-15），总体而言，从 2000～2006 年，日本、韩国的物理/生物技术学科培养的本科毕业生和博士毕业生人数均呈较大幅度的上升趋势；日本农业科学培养的本科毕业生和博士毕业生人数也呈上升趋势，其中博士毕业生人数的上升幅度大于本科毕业生；而韩国农业科学培养的本科毕业生和博士毕业生人数呈下降趋势；工程学的情况是，日本工程学培养的博士生人数呈上升趋势，而本科生人数则呈略微的下降趋势，而韩国工程学培养的本科生与博士生人数均呈现较大的增长。这些毕业生培养情况的变化趋势与日本和韩国的产业结构调整与国家发展策略的变动基本一致。

表 3-14　2000～2006 年日本和韩国农业、生物科学、工程学科本科毕业生情况

	学科	2000 年	2001 年	2002 年	2003 年	2004 年	2005 年	2006 年
日本	农业科学	15 562	14 084	16 393	15 933	15 865	16 015	16 019
	物理/生物技术	13 300	14 192	19 369	19 549	19 727	19 260	19 805
	工程学	103 156	104 478	103 682	101 401	98 431	97 931	96 675
韩国	农业科学	5 859	5 555	5 910	2 387	3 228	4 401	4 021
	物理/生物技术	13 427	13 915	12 864	17 035	15 811	14 093	14 237
	工程学	56 508	62 316	64 942	70 500	70 374	70 802	68 601
中国	农业科学	19 154	19 005	22 462	29 758	34 078	35 419	36 740
	物理/生物技术	49 214	63 517	72 526	103 409	134 164	163 076	194 807
	工程学	212 905	219 563	252 024	351 537	442 463	517 225	575 634

数据来源：Organisation for Economic Co-operation and Development, OECD. Stat Extracts, http://stats.oecd.org/Index.aspx; United Kingdom—Higher Education Statistics Agency, special tabulations (2009); United States—National Center for Education Statistics, Integrated Postsecondary Education Data System, Completions Survey; and National Science Foundation, Division of Science Resources Statistics, Integrated Science and Engineering Resources Data System (WebCASPAR), http://webcaspar.nsf.gov.

表 3-15　2000～2006 年美国、日本和韩国农业科学、生物技术学科博士毕业生情况

	学科	2000 年	2001 年	2002 年	2003 年	2004 年	2005 年	2006 年
日本	农业科学	1 147	1 241	1 248	1 258	1 348	1 257	1 321
	物理/生物技术	1 579	1 586	1 602	1 651	1 679	1 543	1 633
	工程学	3 800	3 964	3 955	3 921	4 077	3 915	4 195

续表

学科		2000 年	2001 年	2002 年	2003 年	2004 年	2005 年	2006 年
韩国	农业科学	242	260	288	169	203	228	214
	物理/生物技术	614	581	590	711	788	737	817
	工程学	1 654	1 638	1 899	1 868	2 040	2 273	2 267
中国	农业科学	462	536	626	756	977	1 093	1 544
	物理/生物技术	2 306	2 655	2 808	3 705	4 518	5 458	7 241
	工程学	4 484	4 341	5 252	6 573	8 054	9 427	12 130

数据来源：同表 3-14。

科技强国人才培养的效果不仅体现在数量与质量方面，而且表现在满足工业人才需求的能力方面。根据美国农业部统计，2005～2010 年美国食品、农业以及自然资源领域每年能够提供约 52 000 个就业岗位，相应的美国高校每年约能为这些岗位提供 49 300 个合格毕业生。UC Davis 食品科学与技术专业培养的毕业生，主要进入美国以及世界知名大型食品企业，包括 Anheuser-Busch，Del Monte Corp.，M&M/Mars，Baskin-Robbins Corp.，Dole Company，Nestle，Blue Diamond Corp.，General Mills，Procter & Gamble，Campbell Soup Co.，Hunt Wesson，Unilever，Clorox Company，Kellogg Company，USDA，Coca Cola，Kraft/General Foods，部分也进入政府机构，研究所以及与食品科学相关的行业。乔治亚大学的研究生毕业生，部分进入 Bravo Foods、Nestle、Pepsi、Kraft Foods，Inc.、Coca-Cola 等世界著名食品企业。日本京都大学食品生物科学专业 2008 届毕业生中，有 45%进入食品行业企业工作，有 17%进入化学行业，11%投身制药企业，19%进入金融、高等院校等其他行业，剩余 8%选择继续深造。2009 届毕业生中，上述比例分别为食品行业 55%，化学行业 12%，制药业 6%，其他行业 12%，深造 18%。就业企业包括味之素、高砂香料、三洋化工、协和发酵、大正制药、日清等日本著名公司。

统计结果表明，2005～2010 年，在美国所有农业、食品科学和自然资源学科毕业生(大学及以上)中，有 46%从事食品和农业的商业、经济与管理类工作(如技术服务代表、食品经纪人、市场分析、果蔬营销代表、销售经理等)；有 25%的毕业生走上成为科学家、工程师、技术专家的道路，提供这些就业岗位的包括大企业和政府的研发中心；有 16%的毕业生进入农业和林业科学技术领域工作；有13%毕业生进入相关教育、公共服务、政府部门工作（如图3-3）。

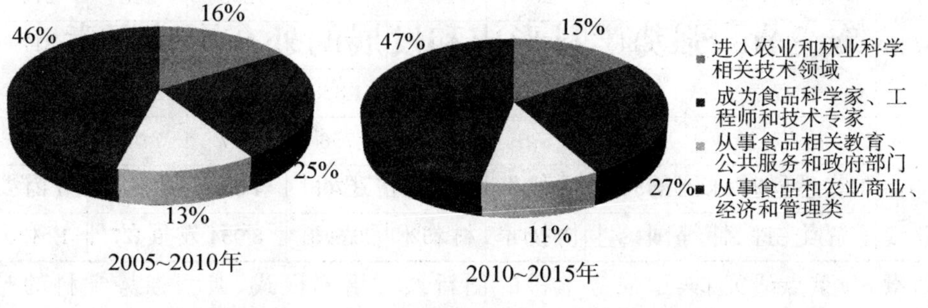

图3-3　2005～2010年美国食品科学毕业生就业情况

数据来源：USDA "Employment Opportunities for college graduates in the US food, agriculture, and natural resource system 2005-2010", "Employment Opportunities for College Graduates in Food, Renewable Energy, and the Environment United States, 2010 - 2015" http://www.csrees.usda.gov/newsroom/news/csrees_news/USDA_05_Report2.pdf.

由上述分析可见，在人才培养方面，国际科技强国注重培养基础知识宽厚，富有创新精神和创新能力，具有全球化视野，在生物工程、食品科技及相关领域具有国际竞争力的高素质人才，且效果显著。

五、服务社会能力

服务社会是大学的基本职能之一，这点在国外高等院校中也有充分体现。国外食品和生物技术高等院校常常开展一些公益性活动，例如对中小学生进行食品安全、营养知识的宣传教育，对中小学教师的继续培训，对公众开展食品科普宣传等。

国外大学中设立了不少工程中心、中小型试验基地等，还承担了为企业、社会团体提供专业技能培训和示范的功能。例如，俄亥俄州立大学食品科学与技术系设立的"食品工业中心"(Food Industry Center)，可为有创意的企业和个人提供食品工程技术相关服务，包括食品制造工艺设计、中试放大，新技术开发、风味和感官分析等，几乎涵盖了食品制造全过程，同时中心也为食品企业提供技术人员培训，开设了HACCP、品质控制等课程，同时这也是企业—学科共建的形式之一。

第三节　强势学科形成和发展的外在影响因素

在获悉科技强国的强势学科发展的内在逻辑因素的基础上，本节需要继续了解美、日、韩等国的生物技术、材料和食品科学学科发展的外在逻辑因素，并重点研究：典型强势学科的创新人才培养模式、典型强势学科的与产业互动模式，强势学科与强势产业的关系、学科发展与经济社会发展的互动模式、各个国家的科研投入状况和政府在学科建设中的引导效果等。通过以上研究，分析科技强国的强势学科发展的外部影响因素。

一、强势学科其发展规律

(一) 长期积累

优势学科的建设离开不长期的积累。国外不少知名食品高等院校都有百年以上历史，经过一个多世纪的建设才形成现在多学科交叉、多领域学术成果丰硕的局面。例如，瓦格宁根大学(Wageningen)是荷兰唯一一所以农业与食品科学为主的高校，在全世界食品科学界享有很高的声誉。该校始建于1876年，由政府合并当地农业学院而成，开创了荷兰农业科学教育的先河，之后荷兰第一个农学研究站(1877年)、国家鱼类研究中心(1888年)、林业与农作学院(1903年)、果蔬加工研究所(1936年)、农业经济研究所(1940年)等先后成立，直至现在发展成为年培养博士1 400多人，硕士2 400多人，本科3 200多人，教授200多人，在健康、生活、食品、生态、环境等各领域学术活跃的综合性农业与食品科学高等院校。

又如美国罗格斯大学(Rutgers)环境与生物技术学院食品科学系始建于1946年，刚成立时仅有1个教授和2个助理，1947年开始了本科教育，1954年开始研究生教育，热处理工程(1940年代)、食品包装(1950年代)、油脂化学/风味化学(1960年代)、毒理学分析(1970年代)、食品酶学(1970年代)、流变学(1980年代)、食品微生物/发酵工程(1980年代)等分支学科先后建立。时至今日，已经发展成为融合食品科学、计算机模拟技术、生物技术、环境科学、营养科学等领域，在乳品、食品风味、食品生物技术方面具有特色的知名学科。

(二) 政策引导

一国政策的引导很大程度上会影响食品学科的发展方向。例如，20世纪50～60年代日本政府通过法律形式提出一系列国民营养保障措施，就带动了日本食品科学对食品营养研究的热潮；美国FDA对食品安全的一系列法规的出台也促进了美国大学对食品品质控制和安全问题的广泛而深入的研究。时至今日，能源、环境、资源已经成为世界各国发展的共识，欧美日各国纷纷出台科技创新政策，鼓励食品科学技术创新，因此食品相关的深加工、节能制造、绿色生产、营养成分设计、资源再利用等领域的研究受到广泛重视。

(三) 政府投入

美国历届政府均高度重视对科技创新和人才培养的投入，以保持美国在科学和技术方面的领先地位。2006年1月，美国总统布什就在《美国竞争力计划》中提出大量加大科学研发和人才培养投入的意见。美国教育部《Strategic Plan for Fiscal Years 2007－12》中，也明确提出为应对21世纪技术快速发展以及对高素质人才的需求，必须增加对高等教育的经费投入以及加大对大学科学研究的资助。

在2011年财政预算中，美国政府安排了660亿美元用于技术创新，为国家自然科学基金委员会(NSF)、能源部(DOE)科学办公室和国家标准和技术局(NIST)三大关键科学机构安排了133亿美元研究经费，并为高等教育STEM(科学、技术、工程和数学教育)项目安排了37亿美元。递增的经费投入直接促进了包括食品学科在内的工程技术学科建设不断发展完善。

(四) 完善的学科建设标准

IFT“Education Standards for Degrees in Food Science”是美国食品学科建设的代表性标准(见表3-16)。1966年，IFT首先制定了食品科学研究生课程的最低标准，该标准随着学科建设的发展而不断发展，每10年修订一次。在最新的2001版本中，标准将课程分别为5大类：食品化学和分析(Food Chemistry and Analysis)、食品安全和微生物(Food Safety and Microbiology)、食品加工和工程(Food Processing and Engineering)、应用食品科学(Applied Food Science)以及成功技巧(Success Skills). 同时制定了科学而灵活的学习评估程序。比如,导师可以采用考试、课后作业、周报等传统考评方式,也应该采用包括口头汇报、产品设计、实际问题解答、问卷调查等手段。

美国材料科学的教育中心“核心材料科学与工程(Core MSE)”系为金属材料学科发展建立了新范式,为合理决定该学术领域的是与非,以及确定与其他学科进行合作提供了一个主体框架。根据金属材料核心体系可以确认复合材料处于 MSE 学科的边缘,而不是在内部;高分子材料的很多性能、工艺以及使用效能处于 MSE 的领域。同时,根据核心体系还可以引导计算机技术更好适应 MSE 领域的正四面体,或者在该领域的某个环节是关键和突破点。核心体系还为课程改革提供了新的方向和自由。在本科层次上,尤其在基础知识教育阶段要教的学科不是冶金、炼铁、炼钢,而是材料,即不需要教授具体的材料科目,主要应该做的是探讨结构—工艺—性能—使用效能的知识体系,即掌握材料学科的整体框架和建构系统模型。

表 3-16 IFT 关于食品科学学科研究生培养标准(2001 版)

食品科学核心竞争力		
核心	内容	学生应该掌握
食品化学和分析	食品组分的结构和性质(水、碳水化合物、蛋白质、脂类、其他营养素和添加剂)	理解食品组分的化学性质和反应
	加工、储运和使用过程中的化学变化	有足够的食品化学知识以控制食物中的反应 了解影响食品货架期的主要化学反应 掌握食品化学基本实验技术并能应用
	食品和食品组分化学、物理和生化分析的原则、方法和技术	理解食品分析技术的原理 能选择合适的分析方法解决实际问题 在实际操作中能熟练应用实验室分析技术

续表

食品科学核心竞争力		
核心	内容	学生应该掌握
食品安全和微生物	食品中的致病菌和孢子	能鉴定食品中重要的致病菌和孢子,知道它们的生长条件 知道食品中重要致病菌的失活、杀灭和无害处理条件 能应用实验室技术鉴定食品中的微生物
	食品系统中的有益菌	理解通过发酵技术保藏食品的原理
	食品系统对微生物生长和存活的影响	理解在不同环境中微生物失活、进化以及环境因子的重要性
	微生物的控制	掌握食品中重要致病菌失活、杀灭或无害化的控制条件
食品加工和工程	食品原材料表征	掌握食品原材料的来源和特点,及其对食品加工操作的影响
	食品保藏的原则(水活度,温度等)	了解食品腐败和变质的机理,以及预防控制方法 掌握食品质量安全原理和方法
	工程原理(质量和能量平衡、动力学、流体、传质和传热)	掌握食品加工中单元操作的相关理论和实际应用 对于给定的食品加工操作,能计算质量和能量平衡 掌握给定产品的单元操作
	食品加工技术原理(冷冻干燥、高压、杀菌、挤出等	掌握当前食品加工技术的原理和应用,以及加工参数对产品品质的影响
	包装材料和方法	掌握各种包装材料的性质和用途
	清洗和消毒	理解食品加工单元中清洗和消毒的原理和实际应用
	水和废弃物处理	理解食品和食品加工中水的使用和废弃物处理

续表

食品科学核心竞争力		
核心	内容	学生应该掌握
应用食品科学	食品科学原理的应用(食品化学、微生物、工程/加工等)	能在解决实际问题中应用食品科学原理
	计算机技术	了解如何应用计算机技术解决食品科学问题
	统计技术	能应用统计学技术解决食品科学问题
	质量控制	能应用食品科学原理实现食品质量控制和保证
	使用统计学方法进行食品感官性质评定	掌握感官评定的基本原理
	食品科学的前沿问题	了解食品工业中前沿问题的重要性
	食品相关法律法规	了解食品制造和销售相关政府法律
成功技巧	沟通技巧(口头和书面交流、阅读和会谈能力)	掌握口头和书面表达技巧,包括撰写技术报告、计划,为非专业人士写的技术信息通讯,正式和非正式场合的报告等
	重要的思考和解决问题能力(创造力、常识,科学理论、分析能力等)	正确认识问题,给出可行的解决方案,并作出合理的建议 用思考方法分析新问题
	职业能力(道德、品质、应对复杂情况能力等)	具有高职业道德和品质 与不同文化背景的人合作的能力
	终生学习能力	为解决问题而自觉不断学习
	合作能力(团队合作、领导力、网络工作、人际关系能力等)	与他人有效率地合作 在不同情况下表现出领导力 正确处理个人和集体矛盾
	信息检索能力(利用书面和电子检索、数据库、网络等)	独立检索科学和非科学信息 广泛利用图书馆资源
	组织能力(时间和计划安排能力)	如何提高效率 制订团队计划 处理多重任务和压力

(五) 广泛合作

食品学科是应用学科，特别强调与食品工业的结合；同时食品学科又是一门交叉学科，需要其他学科的支撑。欧美日各国知名的食品高等院校在学科建设过程中都很注重这两个方面的规划。

在联系工业方面，几乎每个大学的食品科学系均建有工业中心、合作中心或产学研中心，一方面为企业提供技术服务或承担企业科研任务，另一方面也作为实验室技术工业化的试验基地，成功的例子如俄亥俄州立大学的工业中心，普度大学的 Whistler 碳水化合物研究中心等。

在学科交叉方面，很多大学的食品科学系的建设发展均与农业科学、生命科学、生物技术科学等学科紧密联系，研究方向多元化，研究组成员来自化学、物理学、材料学、纳米科学、生物技术，甚至心理学、统计学等不同领域。典型的例子如日本京都大学食品生物科学系、荷兰瓦格宁根大学农学技术与食品科学系等。

由上述分析不难发现，科技强国强势学科的发展离不开长期的积累，政府的政策引导和资金投入，完善的学科建设标准，学科与相关工业的广泛合作等。

二、创新人才培养模式

(一) 美国

美国大学率先倡导的“以学生为中心”的理念，包括学生参与有关高等教育问题的讨论，参与评估，参与课程和教学法的改革，并在现行体制范围内，参与制定政策和院校的管理工作。例如，设立导读课程，所谓导读，不是一门课，而是以小班教学为特色的一系列低年级课程创新项目的集合，其中包括“科学、数学和工程核心”以及“写作和批判性思考”等，此外还有一年级研讨班、二年级研讨班、二年级对话课等。所有导读的课程，虽然其中一些带有“导论”的性质，但它们并不是那种强调知识的系统和全面的“概论”课，而是强调“引导”，强调激发学生对学科(以后很可能成为某些学生的主修)的兴趣，强调举一反三和知识的融会贯通，强调使学生接受特定学科研究方法的训练，因而有相当的深度。

美国大学对学生课程的计划还体现了“知识拓宽与综合教育”并重的特

点，培养计划中十分重视自然科学课程和基础课。例如美国 UC DAVIS 食品科学专业自然科学课程包括化学、生物、物理和数学，基础课包括社会人文科学以及食品专业选修课。每门课学时都很少，例如，食品化学、食品生物化学原理、食品特性学、食品微生物学、畜产加工原理等重要课程讲授都各只有 3h，麦芽制造酿造学、乳及乳制品化学与工艺学等课程讲授顶多也只有 4h；但对实验课学分与理论课大体相当，另外在课程中还有食品产品开发、新产品设计等训练学生创新思维的课程。美国大学还特别注意社会科学与经营管理知识学习，人际关系能力学、宏观经济学、微观经济学、政府商业法规、营销管理学等。

同时，在学科建设方面注重少而精，而不追求大而全；在所有层次，包括本科层次，提倡创新的研究工作；在科学教育之外，坚持对本科生进行人文教育。在学生培养过程中，提倡学生和教师在学术和社交上的密切交往，鼓励学生开展科学研究。

CDIO 是美国麻省理工学院工程教育的一种经典模式(见表 3-17)。该模式强调工程教育应当关注实践，以科技为基础，将教育过程置身于产品/系统生命周期的具体情境中，以培养新一代高水平工程师为目标。CDIO 工程教育模式的一个标志性成果就是课程大纲的出台。该大纲是 CDIO 工程教育的指导性文件，详细规定了 CDIO 工程教育模式的目标、内容以及具体操作程序。从表 3-17 的内容设计可见，CDIO 课程大纲实现了 3 种能力结构的有机结合，一是理论层面的知识体系，包括未来工程师个体必须掌握的基础科学、核心工程基础和高级工程基础等知识体系；二是实践层面的能力体系，包括未来工程师个体必须具备的工程推理与问题解决技能、实验与知识发现技能、能够系统思维能力等；三是人际交往技能体系，包括团队合作与沟通能力、外语交际能力以及在企业与社会环境中构思、设计、实施和运作(CDIO)工程产品/系统的能力。

美国大学中的生物技术人才培养十分重视让本科生(包括低年级学生)参与研究工作，认为这是培养创新人才的重要一环。如通过建立本科生研究项目办公室，促进本科生对新知识创造的参与，帮助学生找到可以参与的相关系和教师的相关研究项目。学校不仅鼓励学生与教授联系参与教授的研究课题，而且鼓励系和教授设计适合学生参与研究的课题。鼓励本科生参与研究，既有益于教授，也有利于学生。教授得到了富有挑战性的问题，

表 3-17　CDIO 课程大纲三级目标体系

1. 技术知识与推理
  - 1.1　基础科学知识
  - 1.2　核心工程基础知识
  - 1.3　高级工程基础知识

2. 个人与职业技能
  - 2.1　工程推理与问题解决技能
    - 2.1.1　问题鉴别与形成
    - 2.1.2　建模
    - 2.1.3　估测与定性分析
    - 2.1.4　不确定性分析
    - 2.1.5　问题解决与建议
  - 2.2　实验与知识发现技能
    - 2.2.1　假设的形成
    - 2.2.2　纸质和电子文档调查
    - 2.2.3　实验调查
    - 2.2.4　假设的验证与推翻
  - 2.3　系统思维
    - 2.3.1　整体思维
    - 2.3.2　系统出现与交互作用
    - 2.3.3　优先级排序与聚焦
    - 2.3.4　解决方案的权衡、决断与平衡
  - 2.4　个体知识与态度
    - 2.4.1　冒险的积极性与意愿
    - 2.4.2　恒心与弹件
    - 2.4.3　创造性思维
    - 2.4.4　批判思维
    - 2.4.5　对个体知识、经验和态度的认知
    - 2.4.6　好奇心与终身学习
    - 2.4.7　时间与资源管理
  - 2.5　专业技能和态度
    - 2.5.1　职业道德、诚信与责任感
    - 2.5.2　专业行为
    - 2.5.3　对某一职业的主动规划
    - 2.5.4　紧跟世界工程前沿

3. 人际交往能力:团队合作与沟通
  - 3.1　团队合作
    - 3.1.1　创建高效率的团队
    - 3.1.2　团队运作
    - 3.1.3　团队成长与发展
    - 3.1.4　领导
    - 3.1.5　技术合作
  - 3.2　沟通
    - 3.2.1　沟通战略
    - 3.2.2　沟通结构
    - 3.2.3　书面形式沟通
    - 3.2.4　电子/多媒体沟通
    - 3.2.5　图形化沟通
    - 3.2.6　口述与人际沟通
  - 3.3　外语沟通
    - 3.3.1　英语
    - 3.3.2　区域性工业国语言
    - 3.3.3　其他语言

4. 在企业与社会环境中构思、设计、实施、运作
  - 4.1　外部与社会环境
    - 4.1.1　工程师的角色和职责
    - 4.1.2　工程在社会中的影响
    - 4.1.3　工程的社会规则
    - 4.1.4　历史与文化环境
    - 4.1.5　时代性问题与价值
    - 4.1.6　全球化展望
  - 4.2　企业和商业环境
    - 4.2.1　欣赏不同的企业文化
    - 4.2.2　企业战略、目标和规划
    - 4.2.3　技术化企业家
    - 4.2.4　在组织中成功工作
  - 4.3　构思与工程化系统
    - 4.3.1　设定系统目标和需求
    - 4.3.2　定义功能、理念与框架
    - 4.3.3　为系统建模,以保证目标的实现
    - 4.3.4　开发项目管理
  - 4.4　设计
    - 4.4.1　设计程序
    - 4.4.2　设计程序的阶段与方法
    - 4.4.3　在设计中使用知识
    - 4.4.4　学科性设计
    - 4.4.5　多学科设计
    - 4.4.6　复合型目标设计
  - 4.5　实施
    - 4.5.1　设计实施程序
    - 4.5.2　硬件制造过程
    - 4.5.3　软件实现过程
    - 4.5.4　硬件与软件集成
    - 4.5.5　测试、核实、验证与认证
    - 4.5.6　实施管理
  - 4.6　运行
    - 4.6.1　设计和优化运行
    - 4.6.2　培训和运行
    - 4.6.3　支持系统的生命周期
    - 4.6.4　系统改进与优化
    - 4.6.5　处置与生命终结问题
    - 4.6.6　运行管理

数据来源:Edward F. Crawley. The CDIO SyllabusA Statement of goals forUndergraduate Engineering Education:6.

有时取得了某些突破。教授领导的项目也使学生在开始研究时比较容易。在参加研究的过程中,学生学会了提出问题,研究经历也促使学生应用在课堂上较少用到的创造技能。

在基础性研究方面,美国有大量生物学术机构获得政府在财政和商业化上的帮助,越来越多的大学开始设置如生物信息这样的专门学科,将差异较大的计算机和生物学科结合起来,培养短缺的综合人才。在技术性员工的培养方面,很多州建立了2年期的技术员培训计划;有"生物公交车"这样的流动实验室,作全日制、半脱产学生和全日制工人的教育之用,增加了培训活动的影响面,并充分利用了技术资源。

此外,为了满足社会的需求和照顾学生的兴趣和个人规划,材料学科设置了很多特色专业,如陶瓷工程、冶金工程、高分子材料等。这些特色专业不需要过宽的材料学习范围。金属材料学科也是这样的特色专业,学生们被分散在不同的学术梯队进行学习,以利于他们的专业知识向深度发展。在本科层次上,金属冶金材料的学生们大部分在"冶金与材料科学"或"材料科学与工程"学科点接受教育,有一部分在"冶金与物理"等联合学科点学习,还有一部分在"机械工程"等其他学科点接受教育。这种分散式的教育体系能更好地促进金属材料学科和相关学科建立交叉学科,以培养T型人才。在研究生层次,更强调多学科教学和交叉学科的发展,金属材料学科学生们不仅在上述材料系中学习,而且还在其他工程、物理、化学、生物学等学系接受教育。在2000～2005年间,材料系每年授予约600个冶金/材料硕士学位和450个冶金/材料博士学位。其中,冶金/材料系的研究生约占材料领域中工作的科学家和工程师的1/3。

美国金属材料学科的学生虽然在不同的学科系分散培养,但其主流还是集中在"核心材料科学与工程(Core MSE)"系进行培养。MSE学科的课程中设置的科学、工程科学以及其他技术内容需要严密审查,以确保它们涉及的内容对该领域未来的从业者将是最有用的。例如课程内容,一方面有晶体学、金属熔炼和相图理论,另一方面有数学模拟、生物材料技术以及信息技术,审查的目的是督促课程安排取得平衡并且能相互照应,相互促进。美国Core MSE体系的中心是结构—工艺—性能—使用效能。这种核心体系不仅可以拓宽学生基础知识面,还可以使其更适应快速变迁的技能需求,从而适应社会发展。

（二）日本

注重社会调研，高度重视高校和企业的科技合作是日本生物技术创新人才培养的鲜明特色。经过几十年的发展，目前日本正建立如联合研究制度、合作研究制度、合同研究制度等多种形式的横向联合。日本高校通过引入市场机制，努力建立教学、科研、开发利用与生产实践一元化体系，引入竞争机制，让高校与生产科研内部发生直接联系，如高校通过与企业签定培养合同等。同时，日本生物技术领域的研究生教育引进了德国的讲座制和美国的研究生院制，创建了美国式的研究生院，但也发展了自己的官产学一体化的研究生培养模式和"工业实验室"为主的研究生教育和科研模式。所谓工业实验室为主的研究生教育和科研模式，在日本就是工业实验室已经替代大学成为主要的科研中心和研究生教育基地。工业公司为科研人员提供资金、课题和就业机会，反过来，由于有大量的科研人员，工业公司也获得更大的发展，因此有更大的热情和实力在内部进行研究生教育工作。由于企业特有的创新精神和进取精神的发挥，这种研究生培养模式产生了更大的生命力。日本的这种以工业实验室为主的研究生教育和科研模式提供了一种以工业为基础的连接科研与教学和学习的典型。在这样的大环境下，日本的官产学教育模式大大地促进了研究生教育的发展和人才培养质量的提高。

比如，京都大学农学院的食品生物科学专业下设酵素（酶）化学，食品环境学、营养化学、食品分子机能学、农产制造学、食品未来战略等专业，强调"食品—生命—环境"的三方有机结合，汇集交叉了食品、生物科学、化学、生理学、环境学、酶学、心理学等学科。其课程体系大体分为A群（人文、社会科学系）、B群（自然科学系）、C群（外国语）、D群（保健体育）、E群（专门科目）五个类别，食品专业的学生必须修得16个学分以上的A群课程，E群课程中实验课程必须达到15个以上，日本高校的本科生一般只接受3个学年的课程教学，第4学年都参与到各个实验室或研究小组进行课题研究。因此学院同时建有附属农场和牧场，为食品科学研究提供必要的研究场所、原料和试验基地。高知大学、爱媛大学和岐阜大学也是日本食品科学学科建设较好的典型。

不仅如此，日本还采取了如下的具体措施来促进高层次创新型人才特别是研究生创新型人才的培养，如设立研究生院大学和独立研究科，实施研究生入学资格的弹性化政策，大力推进“研究生院重点化”建设，大力开展创造性教育活动，注重科学研究据点建设，注重加强学生个性的培养。

（三）韩国

为应对快速发展的生物技术对高层次创新型人才培养的需求，韩国政府在上世纪末启动了一系列教育改革政策，其中最突出的就是教育理念从以施教者为中心向以学习者为中心的转移，强调高等教育是施教者为受教者提供的服务，实施以学生为中心的“顾客指向性”战略，采用完全学分制，在制度上保证学生享有学习的自由和选择的权利。首先，建立宽松的选课制度，即学生入学以后可以按照高考时填报的志愿进入专业，也可以在第一学年结束时决定自己学习的主修领域，在专业及课程的取舍上有充分的选择余地和丰富的自我完善空间。学生在学期间，可以根据自己的意愿跨专业、跨学科选择自己喜欢的课程，构建自己的知识结构体系。最近韩国国内大学又突破过去形式上的学术交流，尝试崭新的交流方式：学生不仅可以在本校选择不同专业的科目，还可以在大二、大三期间择校插班入学，新学校承认学生原来所修的学分，在总学分达到一定要求后准许毕业，颁发学位。

其次，韩国生物技术领域的创新型人才培养注重以社会需求为导向设置课程。韩国经济增长战略从政府驱动向企业和大学驱动的转变促进了高校课程与就业市场的紧密联系。在这种大背景下，韩国政府提倡和鼓励大学教育机构广泛培养社会所需要的专门人才，要求大学提供专门化和特殊化的课程并安排产学结合的现场教育课程。韩国高校也提出了大学类型及模式多样化的主张，并一致强调在具体学科领域营造尊重专门性的氛围，以主动适应21世纪信息化社会的要求。为此，韩国高校积极摆脱以学问为主的课程束缚，在开设专业时非常注重学科的应用性和实效性，积极引进实用性价值和职业性要求高的教学内容，统筹优化课程体系，打破课间壁垒，提高课程的综合性、系统化和现代化水平。除一些理论课之外，着重教授专业实用性技术，强调与就业市场的衔接，为社会发展所需的各种产业培养高学历的技术人才。例如，为改变学校教育培养的人才与企业的实际需求相脱节的状况，韩国启动了第七次课程改革计划，更新教学内容和教学设备，按照就业环境的技术标准和要求编写教材，以需求为导向，打造独具特色的地方性大学。在“BK21 工程”的实施过程中，韩国政府大力改革大学教育课程，学习国外大学在教育课程的设置、教学法及行政管理等方面的经验，使之与世界一流大学接轨；加强产学合作，通过强化产学合作和实习提高受教育者的外部适应能力等。

此外，韩国生物技术领域的人才培养还以能力培养为重点实施教学。随着韩国高等教育大众化和普及化的实现，韩国高校本科教育已成为平民化教育而非精英教育，学生进入高校接受教育的最终目的是提升自己的能力，更好地就业，而不只是为了学历。它的目标是最大限度地使每个人根据其才能和兴趣得到发展，从而为社会发展培养高质量的人才。教学模式突破以往的给予型，变为以讨论为主的课程大型作业，在研讨过程中培养学生多方面的能力。教师在教学过程中一般只是提纲挈领地指出各个知识点中最需注意的地方，其他的都靠学生自己去看，查阅资料并进行研究和实验。

随着全球化、知识经济时代的到来，韩国在进行生物技术领域人才培养的同时十分重视国际化的办学理念。近年来，韩国各大学把以国际视野指导办学放到了相当重要的地位。为了应对全球化时代的变化、促进校园的国际化，韩国各大高校如建国大学已经与三十几个国家和地区的133所大学签署了友好合作与交流协定，进行着多形式、多角度、多方位的学生、教授、研究等方面的沟通与交流。

由上述分析可见，各国的国情和发展速度不同，人才培养的模式也有所差异，但也有一定的共同点，即注重从课程结构、时间和学分方面的设置来调动学生的兴趣和培养适合社会需求的高质量人才，还注重学习过程中的实践环节，鼓励本科和研究生参与研究工作，培养具有创新精神和满足产业发展需求的毕业生。

三、学科与产业互动模式

就世界平均水平而言，在20世纪60年代初，大学教育经费来自政府研究基金占70%，来自工业界占30%。今天，两者的比例正好反过来，工业界的支持达到了总数的70%。对于学术界，这是一个全新的世界，如果恰当管理，校企合作将成为大学发展的不竭动力。因此，食品、生物技术和金属材料学科除了自身努力以外，还需要寻求来自企业和诸如ASM和TMS协会的更大帮助和投人。

校企合作的基础是双方互惠互利，其连接的基础纽带是进入企业界工作的大学毕业生。金属材料学科只有在发展工艺和强化使用效能方面努力，拓宽视野并把重点放在先进材料上，才能吸引到足够数量的学生就读，从而提供大量、高质量的毕业生服务于整个工业界，包括那些传统的工业界。企业界和材料系可以进行各种形式的合作。这样，工业界既能按照工业发展的需要影响学术系的发展过程，同时也能满足公司的目前或将来利益，它也将会得到最好的服务。

产业由企业构成，企业在协同机制中是新技术、新产品的主要需求者、推动者和转化平台。世界500强中食品企业，比如雀巢、可口可乐、百事等，均在全球各地建立了自己的研发中心，开发自主的新技术和产品，这些研究中心大多与世界各国知名的食品高等院校和科研院所建立合作关系，聘请专家兼任中心成员或顾问。而对于中小企业来说，在研发上大笔投入受到资金不足的限制，因此中小企业多通过与当地高校合作进行新技术开发。尽管中小企业规模不如跨国企业，但其数量较多，总体规模可观，因此它们在食品科技创新中起到重要的推动作用。美国科技创新的法案、政策和财政预算中，对中小企业的投入和支持一直是重点之一。

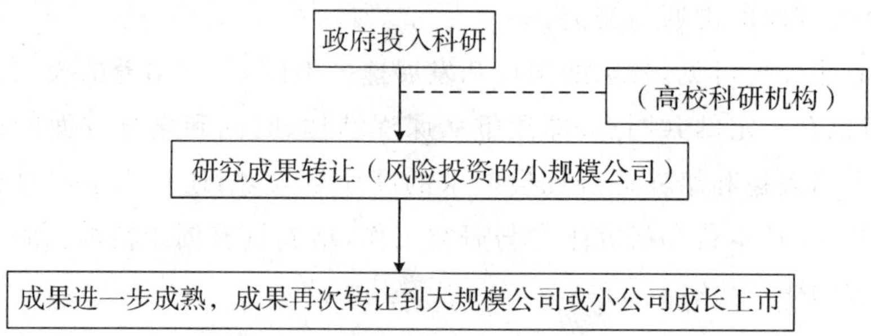

图 3-4 美国学科与产业互动的模式

随着高校和企业互动的推进，很多国外食品高校在专业（对学生而言）和研究方向（对教师和研究者而言）设置上综合包含了基础理论（课程）研究和工业应用（课程）研究。例如，美国康奈尔大学拥有食品科学系以及食品科学与技术系（日内瓦）两个专门从事食品领域研究的团队。食品科学系主要开展食品加工和安全基础理论和技术原理的研究；食品科学与技术系则在生态学与葡萄栽培、风味化学、食品与健康、食品安全与质量控制、资源高附加值等应用领域上有较为深入的研究，开发出一批新技术，同时与当地企业共同建立了果蔬中试加工线、葡萄栽种与酿酒技术实验室。

同时,美国拥有世界领先的波士顿、旧金山、圣迭戈、华盛顿和北卡罗来纳研究三角园等5大生物技术产业区。它们不仅已成为地方经济的支柱,更是美国生物技术产业规模化的基础,还带动了全美其他地区的生物技术产业的发展。生物技术产业在这个地区崛起绝非偶然,而是由许多重要因素促成。在美国5大生物产业区都有实力雄厚的大学和研究机构,充当强大的基础研究后盾。如波士顿的哈佛大学和麻省理工学院,旧金山湾区的加利福尼亚大学旧金山分校、加利福尼亚大学伯克利分校和斯坦福大学都是蜚声全球的名校,圣迭戈的加利福尼亚大学圣迭戈分校则是全美大学中获得美国联邦科研费用最多的高校之一。5大地区还有其他各自的优势,如波士顿的名校、北卡罗来纳州的低消费水平和紧密的社区合作氛围、圣迭戈的生活环境出众等。在旧金山湾,科研人员在这里可以自由地来往于大学和私营企业之间。华盛顿地区的公司因为靠近政策出台之地,因而具有近水楼台先得月的优势。

学科与企业之间的互动案例,如普渡大学设立的"食品工业合作项目"(Industrial Associates Program),旨在与各大食品企业加强技术创新和人才培养联合。目前参与该计划的食品企业有 Alfa Laval, Cargill Food System Design, Coca Cola, General Mills, Nestle R&D Center, Pepsico Beverages and Foods 等。雀巢公司成立了雀巢营养建议中心(Nestle Nutrition Council),其中有34位来自美国、瑞士、澳大利亚、爱尔兰、法国等的知名大学教授,他们的研究领域包括食品科学、营养科学、医学。自从2004年开始,每年召开科学年会,为公司的发展提供建议。荷兰瓦格宁根大学食品加工研究组与 Friesland Campina, Unilever, Philips, Océ, DSM, ECN, Aquamarijn, Nanomi, Medspray, Demcon, Indes, Micronit, Stork Veco, Danone, NIZO 等公司建立了合作研究关系。著名的中西部高级食品制造联盟(MAFMA)就是一个由美国中西部地区13个优势食品学科高等院校和研究所,以及数个大型食品企业共同建立的技术联盟,旨在开发和转化先进的食品加工和制造技术。2006～2009年,该联盟批准普渡大学、俄亥俄州立大学、堪萨斯大学、密歇根大学、伊利诺斯大学、内布拉斯加大学林肯分校等高校进行高技术研究立项27个,投入190万美元,典型的新技术有 Cleaning-In-Place (CIP)系统,辐照杀菌、超声辅助加工、超高压杀菌、臭氧杀菌、高级氧化等。

在日本前沿生物技术领域中,生物制药、抗体研发以及功能性食品的开发正在成为学术界和产业界紧密联系的新兴纽带。

当然,与美国相比,日本生物技术产业的支撑有赖于大学等研究机构不断推出新研究成果,只有将这些成果及时转移至相关企业,才能实现产业化。日本主要大学虽然相继设立了技术转移机构(TLO),但其功能目前尚未得到充分发挥,创新的经营管理人才还不是十分充足。

目前,日本的生物技术风险企业每年均呈现持续增长的态势,资生堂、三菱等老牌企业也纷纷将投资的重点转移到生物产品的开发上。在已经面市的生物技术公司中,价值性分数是反映各企业的研究开发潜力、独创性、商品开发力、企业的合并和收购或股价上升等企业成长情况的指标。表3-18是日本生物技术公司的综合排名情况。

表 3-18 日本生物技术综合排名(2007 年)

一级	麒麟集团、武田药品工业、中外制药、宝生物
二级	协和发酵工业、阿斯德拉斯制药、味素(加鲁比斯)、大塚制药艾滋伊、第一三共、三菱化学、安基艾斯 MG·劳修大亚斯
三级	花王、日本化学、积水化学工业、富山化学工业、富士胶卷、玖拉玖苏·斯米斯玖兰、奥林巴斯、知恩滋伊模、万有制药、巴伊艾鲁药品、三得利、努巴鲁德伊斯、后亚滋、瓦伊斯、撒努伊、GE 横河、雅克鲁德本社、阿斯德拉捷内加
四级	苏世集团、帝人、阿后美德利玖斯、大日本住友制药、化学及血清疗法研究所、旭化成/旭化成化学、阪大微生物病研究会、医学生物研究所、加内加、日本伊拉伊利利、日本蛋产业、美拉加宝鲁天玖斯、富士录像、德鲁毛、佳巴斯、东累、生化学工业、持田制药、荣研化学、北里研究所、雪印乳业、资生堂、科研制药、DNA 片研究所、东洋纺、三洋电机、不二制血、东芝、旭硝子、明治制菓、免疫生物研究所、大正制药、氨基酸化学、日本化药、奥利恩达鲁酵母工业、医药分子设计研究所、丰田汽车、合同酒精、创晶

在 20 世纪 70 年代以前,韩国除了一些研究性大学如汉城国立大学(SNU)等少数大学外,企业几乎没有进行研究与开发活动。目前,具体到生物技术领域,韩国为技术开发和成果转化的配套服务主要有:

其一,加快生物工程信息化步伐,加强国内外生物工程技术信息的搜集、加工、流通。为提高信息的使用率，构筑生物工程信息系统的网络，持续不断地搜集、分析、加工、普及国内外生物工程研究开发和产业化的技术信息，建立可与先进国家竞争的生物工程信息流通体系，为技术密集型中小企业创业提供支持。

其二，制定产学研的分工合作方案，扩充未来新技术领域(遗传基因、系统生物学、结构生物学等)的基础，加强对多学科复合技术领域(生物信息学、纳米生物、医疗信息系统、新生物化学、信息技术/生物技术复合技术研究)的支持。选择能创出高附加值的领域和固有生物资源领域(遗传基因新药研究、发生生物学研究、功能性作物及动物开发研究、新生物材料研究、脑科学研究、基因治疗和预防研究、生物多样性利用技术开发、固有食品研究开发等)进行集中投资。

其三，大力培育具有创新意识的中小企业，制订实用化措施，确立技术、专利等评价体制，探索技术引进、交易资金的补助措施，扩大对实用化和企业研究活动的支持，通过孵化中心、技术转让中心对基础、应用研究成果进行搜集分析，并加强产业化和工艺流程的研究。

其四，在全国建立了3个生物技术特性化园区和2个农业生物工程(植物、动物)研究中心基地，引导地方政府加大对生物技术的投资。倡导风险/中小企业以新技术与大企业的资本、生产规模、销售网相结合，建立紧密的合作关系。根据各地区的不同特点，选择特定领域和技术，建立全国性的生物技术地带，在部分地区，将产、学、研相对集中起来，以扩大研究开发和产业化的效果。从中长期考虑，将追加选定部分地区，并制定具体的战略和落实计划。

此外，为了促进当地生物技术的国际化发展，韩国还在美国等先进国家设立生物技术风险企业，了解国外动态，开展合作研究；设立“国际合作协调委员会”，负责制定国际合作方案、政策，促进生物技术产品出口，确立基础和实用化技术的国际共同开发战略。

由科技强国的学科与产业互动模式的分析可以发现，科技强国的食品科学和生物技术等强势学科与产业发展之间已经基本形成了相互拉动，相互促进，共同发展的良性互动模式，进而有利于科技强国的产业科技进步和国家科技创新。

四、学科发展与经济社会发展的互动模式

学科发展与经济社会发展之间的关系历来引起了众多学者的研究与关注,并发现学科发展水平与经济社会发展水平之间尽管存在着相互促进和共同发展的关系,但并不是简单的线性关系。

首先,运用统计学方法对高等教育与经济水平关系进行定量分析,研究高等教育入学率与人均 GNP(国民生产总值)之间关系。通过收集世界 173 个国家和地区的 22 年的数据进行统计分析,归纳出高教入学率与人均 GNP 的回归曲线表现出先急后缓的凸型曲线性质(如图 3-5),二者不是线性同步增长的关系,而是在经济增长初期,入学率随经济水平发展而有较快的增长;然后增长速度逐渐放慢。说明在经济发展初期,高等教育迅速发展,完成高等教育规模的初步积累;进入大众化阶段后,高等教育规模的增长速度低于人均 GNP 的增长速度。这说明二者非同步增长关系。中美两国数据也显示经济增长水平较低时高教发展速度快于经济发展水平,然后增长速度逐渐放慢。

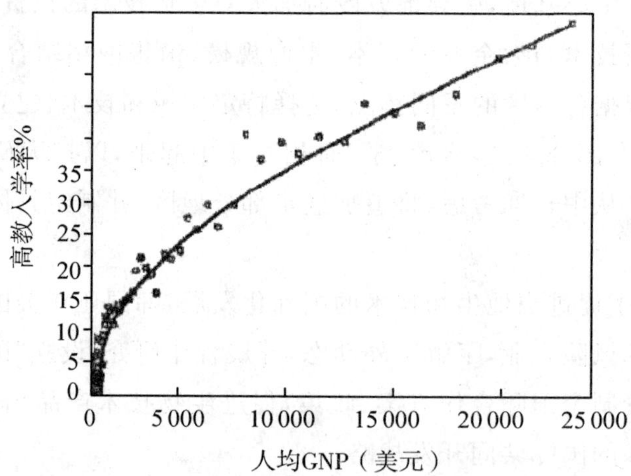

图 3-5 世界 173 个国家和地区高教入学率与人均 GNP 的抛物线型关系曲线

其次,为了深入分析经济发展水平与学科发展的互动关系,有研究选择我国台湾地区和韩国对经济发展阶段与高等教育投人水平的关系进行比较分析。高等教育投人水平主要以高等教育经费水平、大学生在总人中的比

重和高等教育人学率水平等来衡量。结果见表 3-19。

表 3-19　我国台湾地区、韩国的经济发展水平与高教投入水平比较

人均 GNP(美元)		≤300	300<人均 GNP<5 000	≥5 000
产业结构	产值构成(%)	X<45 Y<40	45<X<50 40<Y≤45	X>50 Y≥45
	就业构成(%)	X<40 Y<30	40<X<45 30<Y<40	X>45 Y>40
高等教育增长(H)与经济增长(E)关系		H>E	H<E	H<E
公共教育经济占 GNP 的比重(S)(%)		S<4	4<S<5	S>5
高等教育经费占公共教育经费的比重(%)		18 左右	14 左右	16 左右
年生均高教经费水平(P)(美元)		P≤1 200	1 200≤P≤2 400	P>2 400
高等教育入学率(M)(%)		M<15	15<M<30	M>30
大学生占总人口的比重(N)(%)		N<3	3<N<20	N>20

注:X 表示第三产业,Y 表示第二产业。

数据来源:《台湾年鉴》、《台湾教育统计》、《韩国经济年鉴》、《韩国经济主要统计资料》、《世界发展报告》。

台湾地区人均 GNP 达到 300 美元左右是在 20 世纪 60 年代末。这一时期第三产业比重的产值和就业构成分别超过 40%和 30%,第二产业比重的产值和就业构成分别超过 30%和 20%。公共教育支出在 GNP 中的比重低于 4%,高等教育经费占公共教育支出的比重约为 18%左右,年生均经费低于 1200 美元。由于这阶段经济开始起飞,产业结构升级变化,对占总人口比重不足 3%的受过高等教育的人力提出了大量需求。因此,高等教育规模以 19.4%的速度增大,超过经济增长率。

在人均 GNP 超过 300 美元水平时,台湾地区的产业结构进一步升级转换。这个阶段,第三产业产值和就业构成比重分别达到 45%和 40%左右,第二产业的产值和就业构成比重分别超过 40%和 30%。经济水平的提高,为高等教育的发展提供了财力,并对高等教育在总规模和结构上提出了新要求。公共教育经费支出占 GNP 的比重介于 4%～5%之间,高教经费占公共教育经费的比重降为 14%左右,年生均教育经费介乎 1 200 至 2 400 美元之间,高等教育人学率高于 15%,规模扩张的速度放缓(4.9%),低于

经济增长率。这时的重点是结构的完善问题，以适应经济发展的质和量需求。当人均 GNP 超过 5 000 美元以后，经济发展在更高水平上对高等教育的发展产生供求关系。这个阶段，公共教育经费支出占到 GNP 比重的 5%以上，年生均教育经费高于 2 400 美元，高等教育入学率也超过 30%。这时，高等教育规模处于饱和状态，主要是适应人口和经济增长对高等教育需求而发展，速度趋于平稳(4.34%)。

韩国人均 GNP 实现 300 美元的时间比我国台湾稍晚些，大均在 20 世纪 70 年代初。这个时期，韩国第三产业的产值和就业构成比重才超过 40%和 30%，第二产业的两者指标为 35%和 25%左右，公共教育经费支出占 GNP 比重约 2.8%左右，年生均教育经费低于 1 200 美元，高等教育入学率低于 15%，大学生在总人口中的比重小于 3%。为改变高等教育滞后的情况，适应经济全面腾飞对高级人力的大量需求，韩国高等教育以超过经济增长率(9.5%)的速度迅速扩张(12.1%)。

20 世纪 70 年代以后，韩国人均超过 300 美元而接近 5 000 美元。这个阶段，产业结构升级转换，第三产业的产值和就业构成分别接近 45%和 40%，第二产业两者分别接近 40%和 30%。公共教育经费支出占 GNP 的比重介于 4%到 5%之间。生均教育经费处于 1 200 至 2 400 美元之间。高等教育入学率超过 15%，但低于 30%。这个时期高等教育的重心在调整内部结构，规模速度放慢(6.5%)，高等教育经费支出占公共教育支出的比重稍为有所降低(14%)。当人均 GNP 水平超过 5 000 美元之后，韩国产业结构也进一步高级化。经济水平的提高，为高等教育的发展提供了坚实的物质基础。这个阶段，公共教育经费占 GNP 的比重超过 5%，年生均教育经费高于 2 400 美元，高等教育入学率超过 30%而达 37%，满足了经济发展对高级人力的需求。

由学科发展与经济社会发展的互动模式的分析可以发现，社会经济的发展不断需要强势学科为其提供高级人才，进而会加大对强势学科的投入而促使其发展，随着学科发展和人才规模的扩大，又会反过来推动社会经济的发展。

五、科研投入状况

(一) 研发经费投入

高等院校是科研活动和科技创新的重要场所，美国政府、企业乃至社会对高校研发投入的力度很高。据美国国家自然科学基金委统计(图 3-6)，2001～2008 年，美国农业科学和生物科学领域高校得到的所有包括来自政府、企业、自身和研究机构等部门的研发经费投入呈现稳步增长的趋势，分别从 232.2 亿美元增长到 299.4 亿美元和从 595.7 亿美元增长到 976.9 亿美元。与 2001 年相比，2008 年联邦政府对农业科学和生物科学领域高校研发经费的投入增长明显，但在所有研发经费投入来源中所占的比重逐年下降，这种现象说明企业、协会、高校以及社会捐助等非政府投入在美国农业科技和生物科技研发中占有更重要的位置。

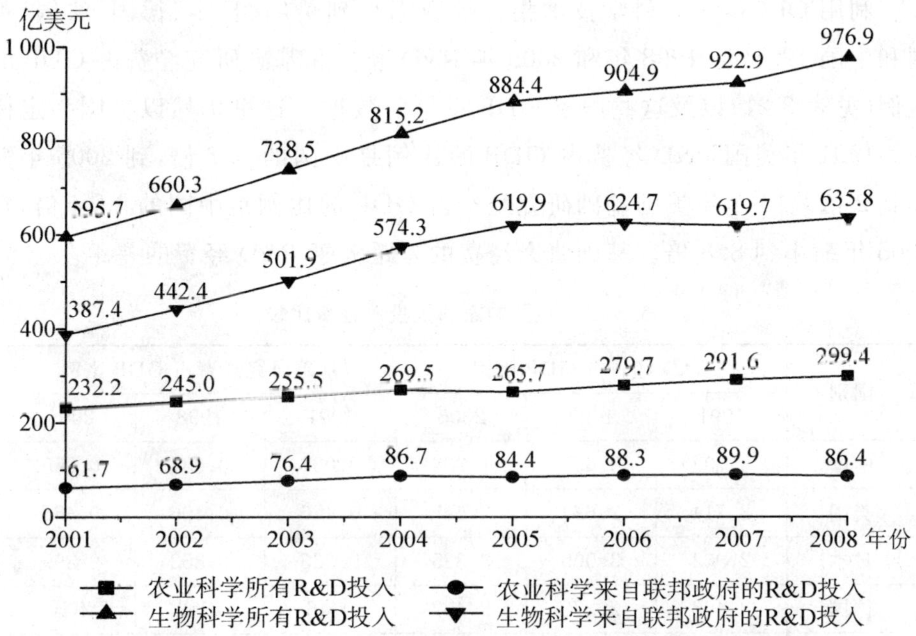

图 3-6　2001～2008 年美国农业科学和生物科学领域高校研究经费投入来源与金额

数据来源：National Science Foundation/Division of Science Resources Statistics, Survey of Research and Development Expenditures at Universities and Colleges, FY 2008.

在日本文部科学省制定的“竞争性资金制度”中，一直长久保持并且金额数量最大的是“科学研究费补助金”。在1993～2007年的15年间,“科学研究费补助金”增加了1.6倍,从736亿日元增加到1 913亿日元(见表3-20)。“科学研究费补助金”的资助对象涵盖人文、社会科学及自然科学所有的学术研究领域。资助内容分“科学研究费”、“研究成果发表促进费”、“特定奖励费”、“特别研究员奖励费”和“学术创立研究费”等几个类别。

表 3-20 日本科学研究费补助金额的变化(1993～2007)

年度	1993	1994	1995	1996	1997	1998	1999	2000	2001	2002	2003	2004	2005	2006	2007
预算额(亿日元)	736	824	924	1 018	1 122	1 179	1 314	1 419	1 580	1 703	1 765	1 830	1 880	1 895	1 913
比上年度增长率(%)	13.9	12.0	12.1	10.2	10.2	5.1	11.5	8.0	11.3	7.8	3.6	3.7	2.7	0.8	0.9
指数								1.00	1.11	1.20	1.24	1.29	1.32	1.34	1.35

数据来源:日本学术振兴会:《科研费》,http://www.jsps.go/jp/j-grantsinaid/index.html。

利用OECD主要科学技术指标等数据得到美国、日本、德国、法国、英国和中国1991年、1998年和2005年R&D经费和基础研究经费占GDP的比例(见表3-21)以及这些国家GDP总量的数据。这里仍然以美国为定标国。1991年美国R&D经费占GDP的比例是中国的3.7倍,到2005年缩小到2倍。1991年美国基础研究经费占GDP的比例是中国的13.4倍,到2005年缩小到8.8倍。基础研究经费的差距大于R&D经费的差距。

表 3-21 主要国家科技投入经费比较

国别	R&D经费占GDP比例			基础研究经费占GDP比例		
	1991	1998	2005	1991	1998	2005
中国	0.732	0.653	1.338	0.034	0.034	0.055
美国	2.714	2.624	2.617	0.456	0.406	0.485
日本	2.962	3.005	3.325	0.365	0.362	0.399
德国	2.466	2.272	2.462	0.46	不详	不详
法国	2.334	2.138	2.128	0.474	0.536	不详
英国	2.066	1.795	1.777	不详	不详	不详

数据来源:基础研究比例数据取自OECD Main Science and Technology Indicators 2007－1,1972～1980年,R&D经费比例数据取自日本Science and Technology Indicators,1981～2005年R&D经费比例数据取自,OECD Main Science and Technology Indicators2007－1。

（二）研发设备资金投入

研发设备是高校从事科技研发的主要工具之一，研发设备的投入情况能反映高校科研投入的力度与水平。从表 3-22 可知，2000～2008 年，美国高校对农业技术领域研发设备的资金投入波动较大，2008 年较 2000 年增长了 35.1%。2000～2004 年，生物技术领域研发设备的资金投入逐年增长，但从 2005 开始出现回落，直至 2007 年，随后又开始回升，2007～2008 年，生物技术领域研发设备的资金投入增长了 10.6%。联邦政府往往通过研究合同或分开的设备合同对高校的研发设备进行资助。农业技术研发设备投入资金中来自联邦政府的投入从 2000 年的 2 800 万美元开始增长，到 2005 年达到 4 250 万美元的高峰后逐步回落至 2008 年的 2 720 万美元，生物技术研发设备投入资金中来自联邦政府的投入从 2000 年的 6 020 万美元增加至 2004 年的 6 330 万美元，随后逐步下降至 2008 年的 5 310 万美元。由此可见，非联邦政府对高校农业和生物技术研发设备的投入比重不断增加。

表 3-22　2000～2008 年美国高校研发设备资金投入和其中来自联邦政府的金额

单位：百万美元

专业	2000	2001	2002	2003	2004	2005	2006	2007	2008
农业技术	77	83	72	78	79	72	75	79	104
生物技术	269	284	296	337	348	326	301	272	308
其中联邦政府的投入									
农业技术	28.0	28.0	29.8	40.5	39.5	42.5	36.2	30.6	27.2
生物技术	60.2	58.7	59.5	63.8	63.3	62.6	59.6	56.2	53.1

数据来源：National Science Foundation, Division of Science Resources Statistics, Survey of Research and Development Expenditures at Universities and Colleges. Science and Engineering.

可见，科技强国已充分认识到基础研究对推动科技创新的重大作用，而高校是从事基础研究的主要场所，因此政府、企业乃至社会对高校强势学科研发投入的力度都很高。

六、政府在学科建设中的引导效果等

（一）政策引导

1986 年，美国制定了《国内税收法》，规定一切商业公司和机构一旦增加研发经费，则该公司或机构即可获得相当于新增值20%的退税。该法还规定，研发经费可以由该公司或机构使用，也可以委托其他机构代为研发。费用构成包括雇佣研究人员的工资、必要的物质投入(不包括土地和可折旧设备)、计算机上机费以及为研发活动直接提供支持的服务性活动。除公司外，个人从事的研发活动如有明确的商业化目的且研究成果的确已商业化，则研究投入同样可以享受20%退税。此外，2000年美国制定了《技术转让商业化法案》，2006年制定了《美国竞争力计划》，这些法案对美国企业、高等院校及各种非营利机构等支持基础性科学研究起到了很大作用。

1988年，日本提出以信息、生物技术等产业为主导的口号。1992年的科学技术政策大纲、1993年的产业科学技术研究开发制度、1996年科学技术基本计划、1999年的国家产业技术战略都把经济发展重点放在高新技术产业上。为实现这些目标，日本政府制订了几十个大型计划，其中包括生物技术领域有脑科学研究计划、面向21世纪的先导性科学研究计划、生命科学研究开发基本计划、新纪元高技术开发计划等。在这些计划支持下，日本生物技术研究开发投入明显增加，1997年，各省厅对生物技术研究开发投入达2508亿日元，大大高于高技术项目平均投入。

同时，日本形成了从“知识的传播与扩散”向“知识的创新”的创新政策调整和创新政策的功能耦合，即在创新系统结构中，运用供给层面、需求层面和环境层面的创新政策分别调整资源要素、主体要素和环境要素的投入比例和配置关系，使三个要素之间互为因果、互为条件，并通过调节三个要素的相互作用关系实现创新政策的整体功能(图3-7)。创新政策协同机制的构建是创新政策功能耦合的实现条件，强调用协同的基本理论和方法指导创新政策制定与实施的实践活动，其内容包括政策目标协同、运行管理协同和子系统功能协同。创新政策的转变，大力推进了日本学科发展和国家创新体系的改革。

韩国生物技术的发展有非常深的“政府背景”，且不说负责引导与调控的科技部、工商能源部、健康福利部等七个部委在制订计划、出台政策，投入资金等方面所起的作用，单单是与生物技术相关的中介机构也都与政府有着密不可分的关系，例如生物技术产业协会和生物技术风险投资协会隶属于工商能源部，生物技术研究协会隶属于科技部等等。这些中介机构上联政府、下联高校和研究机构、企业与投资机构，作为节点，联结出了一个集科研、投资、产业化、政策于一体的生物技术发展网络。在这一网络中，政府处于最高能级，其政策导向往往对技术产出具有重大的影响。例如从 2005 年 1 月 1 日起，韩国政府允许科学家进行以治疗不育等症为目的的人类胚胎干细胞研究，但是涉及人类生殖细胞的商业交易仍在严格禁止之列。

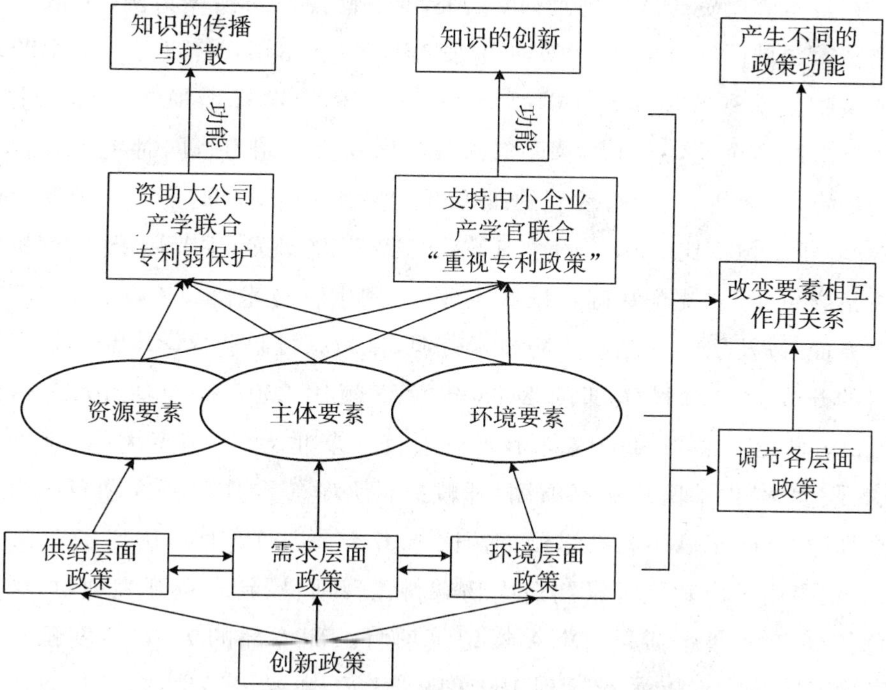

图 3-7　日本创新政策三层面和三要素相关关系

上述所有政策和计划无一例外地均提出扶持科技创新、培养科技人才的措施，特别是加大了对能源、环境、资源和食品安全等重大问题的解决投入，对企业、高等院校及各种非营利机构等支持基础性科学研究起到了很大作用。在农业领域，食品生物技术、节能环保食品加工新技术、食品安全和食品资源高效利用是战略发展的重点方向，也得到广大食品学科高等院校的认可和重视。

（二）资金投入

政府资金投入对引导食品科学与生物技术学科的发展起着举足轻重的作用。

在美国农业与食品科学方面，2011 年农业部国家食品和农业研究院（NIFA）启动了核心竞争力研究计划，其中农业食品与研究启动项目（AF-

RI)投入 4.29 亿美元,相比 2010 年的 2.62 亿美元增长了 63%,内容包括“儿童预防肥胖计划”、“全球食品品质安全”、“食品安全”、“生物质能”,以及“1890 大学计划”,全国每个州均有 2～6 所食品高等院校参与了 AFRI 项目。

在日本政府资金投入方面,以 2008 年生物技术的预算为例,2008 年度生物技术领域国家预算比 2007 年增加 16%,达到 3 025 亿日元。卫生劳动部的生物技术领域预算是 1 610.25 亿日元,比 2007 年增加 24.4%。主要用于支援高新企业,帮助大学研究成果转化成治疗能力。同时用于高新企业的培育,临床研究、治疗环境的改善、再生医疗、创新药的推广。经济产业部 2008 年度预算比 2007 年增加 1%,达到 223 亿日元,主要用于“医疗机械开发指导事业”、“统合基础数据库事业”、“用生物技术固定 CO_2 的研究”等三个方面,以及用于纤维素生物技术资源,作为原料制造化学产品和燃料等项目的开发。文教科学部的 2008 年预算额比 2007 年增加 10%,达到 637.2 亿日元。主要用于脑科学研究项目。东北大学、东京大学、京都大学、大阪大学、尖端医疗振兴财团、札幌医科大学等参加脑研究项目。农林水产部的 2008 年度生物技术预算额比 2007 年增加 12.4%,达到 377.74 亿日元,主要用于由软纤维素制造生物燃料乙醇项目、新农业开发项目、稻类染色体碱基排列序项目、DNA 标记等项目。环境部的 2008 年度预算比 2007 年度增加 16.9%,而达到 169.61 亿日元,主要用于生物燃料、再生燃料的项目。

此外,日本政府对引导强势学科基础研究的经费投入力度较大。文部科学省是日本科技政策的宏观管理部门,负责日本科研领域的布局、科研政策的制定以及国家大部分科研资金的分配(见表 3-23)。从表中可以看出,日本政府各部门均在科研方面投入了大量资金。在各个年度中,政府各部门的科研资金虽然有增有减,但整个国家的科技资金预算却呈上升趋势,文部科学省的科研资金则一直保持增长态势。2004 年,文部科学省的科技经费预算占该年度日本政府科技经费预算总额的 63.2 %,2005 年,该比例上升到 64.4 %。资助领域是日本 2006 年度科研资助的重点,体现了日本国家科技发展的战略需求。日本科技发展战略在内阁会议制订的“科学技术基本计划”中有明确表述,将生命科学、信息通信、环境、纳米技术与材料作为国家科研战略的 4 个重点研究领域,把能源、制造技术、社会基础和新兴科技作为与国家发展基础关系紧密的 4 个基础研究领域。这 8 个方面的研究为日本政府科研经费资助的重点。

表 3-23　日本各政府部门的经费

单位:百万日元

事项及政府各部门名称	2004 年				2005 年			
	科技振兴费	其他普通会计中与研究有关的费用	特别会计中与科技有关的费用	与科技有关的经费总额	科技振兴费	其他普通会计中与研究有关的费用	特别会计中与科技有关的费用	与科技有关的经费总额
国会	956	77	-	1 033	970	47	-	1 017
内阁官房	-	63 169	-	63 169	-	62 457	-	62 457
内阁府	6 416	3 536	-	9 952	8 884	4 776	-	13 660
警察厅	2 164	-	-	2 164	2 166	-	-	2 166
防卫厅	-	185 522	-	185 522	-	144 581	-	144 581
总务省	51 843	17 902	10 400	80 144	57 831	14 663	10 300	82 793
法务省	2 167	-	2 167	2 162	-	-	2 162	
外务省	-	10 345	-	10 345	-	10 928	-	10 928
财务省	1 196	351	-	1 547	1 193	350	-	1 543
文部科学省	810 041	1 318 787	155 164	2 283 991	831 781	1 311 532	162 290	2 305 603
厚生劳动省	107 675	1 660	19 684	12 902	107 835	1 612	19 730	129 076
农林水产省	113 436	4 088	1 518	119 042	114 428	3 374	1 300	119 102
经济产业省	137 659	44 973	422 697	605 328	142 279	48 998	399 429	590 706
国土交通省	28 525	25 058	30 116	83 699	26 430	26 615	29 909	82 954
环境省	23 036	6 866	2 334	31 236	21 011	4 709	3 476	29 196
合计	1 284 115	1 682 333	641 913	3 608 361	1 316 971	1 634 541	626 433	3 577 945

数据来源:文部科学省,《科学技术白皮书》(2006 年版),第 194 页。

从上述分析可以发现,学科的建设离不开政府的政策和资金的引导,良好的政策和资金环境是强势学科建设的必要外部条件。近几十年内,欧美日等国相继出台的一系列政策措施和资金投入,为本国科技创新、科学研究和人才培养营造了良好的发展环境和资金支持。

第四节 科技创新能力与国家社会经济发展水平的相关性

通过本课题前两小节的研究,掌握了科技强国的强势学科发展的内、外在逻辑因素。在此基础上,本节将强势学科和对应领域的科技进步,进行比较分析,通过研究学科强弱变迁历史、科学中心的转移路线、强势学科发展与其他学科发展、领域产业发展以及社会发展之间的关系、科学中心与产业中心形成的相关性、学科发展与科技创新之间的关系等,获得科技强国学科发展促进产业发展、社会进步和科技创新的关系。

一、学科强弱变迁历史,科学中心的转移路线

在每一个历史时期,总有一个国家成为世界科学中心,引领世界科学技术发展的潮流,经过大约近一个世纪后转移他国。科学史家的研究还表明,如果某个国家的科学成果数占同期世界总数的25%以上,这个国家就可以称为“世界科学中心”。按照这一规律和标准,从16世纪的意大利到20世纪的美国,世界科学中心先后进行了四次大转移。

16世纪的意大利是第一个世界科学中心。意大利是欧洲文艺复兴运动的发源地,文艺复兴运动掀起了欧洲思想解放的高潮,终结了长达近千年的中世纪黑暗时代。这一时期的意大利,不仅产生了像但丁、达·芬奇这样的伟大诗人和艺术家,还出现了一批以哥白尼、伽利略为代表的著名科学家,诞生了《天体运行论》、《星空信使》和天文望远镜等一大批科学名著和科学发明。这些科学技术成果的诞生,极大地改变了人们对世界的看法,开创了崭新的实验科学新时代,近代科学第一个中心在意大利形成。但随着1600年布鲁诺被教会送上火刑柱,1642年伽利略的去世,意大利科学中心开始向北欧转移。

17世纪的英国是第二个世界科学中心。17世纪初,在弗兰西斯·培根

科学思想的影响下，英国政府和社会普遍重视知识的价值，提倡科学实验，成立皇家学会，研究自然科学。学会周围云集了牛顿、虎克、波义耳、哈雷等一大批科学家，先后诞生了牛顿力学、电磁场理论、进化论等一批科学理论。特别是1687年牛顿《自然哲学之数学原理》的出版，宣告了牛顿力学的诞生，这是近代科学发展中第一件震撼世界的事件，也成为英国科学革命理论的顶峰。科学上的成就成为了技术革命的先导，瓦特在前人的基础上发明完善了高效蒸汽机，蒸汽机技术和纺织机械技术的完美结合，引起了英国第一次工业革命，从而改变了整个生产和社会生活的面貌。1727年随着牛顿的去世，英国科学技术开始急剧衰落。

18世纪的法国是第三个世界科学中心。18世纪初，法国经历了一场空前的大革命，以狄德罗为代表的一批启蒙运动哲学家形成了法国百科全书派。他们竭力提倡科学和民主，进行了一次以反封建为主要内容的思想解放运动。同时，在牛顿科学理论的影响下，出现了以拉格朗日、拉普拉斯、拉瓦锡等为代表的一大批卓越的科学家，取得了《分析力学》、《概率论的解析理论》和《化学纲要》等一批重要科学著作，使法国成为世界科学中心，到19世纪初进入高峰。但法国过分学院式的科研方式以及不重视科学成果的转化和应用，日益动摇了法国世界科学中心的地位。

19世纪的德国成为第四个世界科学中心。德国科学的兴起始于19世纪初，首先进行了大学改革，把教学与科学研究紧密结合起来，使德国成为世界上第一个创立导师制的国家。德国全新的科研教育体制，吸引了许多世界最优秀的科学人才，成为科学研究的乐园，德国科学家不仅创立了细胞学说、相对论、量子力学等重大科学理论和学说，还为世界贡献了爱因斯坦、玻尔、欧姆、高斯、李比希、霍夫曼等一大批顶尖科学家。德国还特别注重科技成果的应用，使德国在19世纪70年代一跃成为世界工业强国。德国先进的电气工业和光学工业，为德国科学家提供了世界最先进的科学仪器，使德国科学家在电磁学领域做出一连串惊人的发现。但两次世界大战使德国经济受到重创，人才和资金大量流失，德国科学从此走向衰落。

20世纪的美国是第五个世界科学中心。美国科学的兴起一开始就站在了“巨人的肩膀上”，不但继承了英国科学的传统和德国科学的体制，而且特别重视科学人才的引进。在优越的科研环境下，造就了发明家贝尔、爱迪生，二次大战后又吸引了爱因斯坦、费米、弗兰克、威格纳、西拉德等一大批世界顶尖科学家，为美国科学技术发展作出了宝贵的贡献。世界各国优秀科学家的云集，使美国在整个20世纪引领了世界科学技术发展的潮流，包括原子能、计算机、空间技术、微电子技术、生物技术、互联网技术等等，使近70%的诺贝尔奖被美国科学家领走，至今仍保持着世界科学界领袖的地位。

进入21世纪以来，知识经济时代来临，生命科学与技术迅猛发展，信息技术和生物技术等领域成为国际科学研究的热点，通信、生命、计算机等也相应地成为发展最快的学科领域。由于现代科学技术的发展存在越来越大的惯性，目前还没有明显的迹象表明世界科学中心将转移出美国，并转向哪一个国家，但随着新兴国家和地区经济、科技迅速发展的势头，世界科学中心可能呈现多中心的局面。

二、强势学科发展与其他学科发展、产业发展以及社会发展之间的关系

(一) 强势学科促进和影响其他学科发展

生物技术和食品科学

在美国，生物技术和食品科学已经与越来越多的其他学科相结合，如：高速计算机，微电子，制造业和信息技术。此外，生物技术和食品科学对农业、环境和其他相关的学科领域都有深远影响。在日本，农业学科、生物技术、食品、环境等学科相互促进，共同发展。比如，日本大学的农学教育和研究是在19世纪末，作为支撑农业生产和加工的应用科学或者实学教育而起步。到21世纪，已远远超过当初的学科范围，发展成为环境科学、生命科学、人类科学、地球科学等多学科、跨门类、综合型学科。北海道大学农学部自1994年开始将原来的8学科、1个研究机构和4个附属农林牧场整合重组成7学科。将研究生院重组成3个专攻18个讲座。香川大学农学部设有生物生产学科、生物资源食品学科、生命机能科学科3学科、7个讲座。京都大学农学部设有生物生产学科、应用生命科学科、地域环境工学科、食品环境经济学科、森林科学科、食品科学科6学科。

材料科学与工程学科

不同的学术系从完全不同的优势点介入多学科的材料领域。从历史上来看，化学系向来感兴趣的是单个原子、分子及其相互作用，但他们正在逐

渐地转向凝聚态相。1985 年的 NRC(NationalResearch Council)报告“化学的机遇”加快了这种趋势。该报告指出了化学家用其合成和成分控制的特殊才干对材料领域做出贡献的特殊机遇。化学家开始介入材料时,常常感兴趣的是探索基本的化学现象,然后选择一种材料来研究这种现象。结果,他们常常发现自己感兴趣的是材料本身及其潜在应用。当今,典型的现代化学系中,有的教师分析和研究的是目前或将来使用的各种各样的材料,包括生物材料、聚合物、碳及其他纳米结构。

固体物理学家,或许较化学家有过之而无不及:开始介入材料时,先探讨基本问题,然后选择研究的材料。他们也已经将其重点由单个原子转向凝聚态相。他们开始时感兴趣的是高度相关电子态行为问题,但最终感兴趣的是高温超导体。或者,他们或许开始时试图弄清楚如何从原子的基本性能获得材料的性能,继之,感兴趣的是真正的电子和光学材料的性能。

化学工程曾经主要集中于大型原始化学工业和石油精炼工业,今天,正在迅猛地转向下游工业以及工业和社会上日益重要的技术领域,其中许多涵盖材料领域,如生物材料、电子和光学 - 光电子材料、聚合物等。近来有关化学与化学工程未来发展方向的几个报告[编译者注:NRC 发布的“化工前沿”(1998)和“关键技术:化学和化工的作用”(1992)和美国化学会发表的“美国化学工业 2020 年技术展望”(1996)三个报告]强调这些学科在材料领域的机遇。

学生求学的目的就是掌握能够直接为工业界或社会作出贡献的能力。材料学科更多偏重“科学”往往不具有这个能力。而机械或化学工程重视定量化和工程问题,符合学生求学的目的,于是被他们看成为社会作贡献所需要的基础和工具。材料学科也对定量处理工程问题给予高度重视(包括工艺和使用效能领域),以适应学生们的现实需求。借助于现在或很快掌握的计算机能力,材料学科能够以全新的方式达到定量处理的目标。这是美国非常重要的研究领域,NMAB(国家材料顾问委员会)的材料研究报告也提出了重视使用效能以及与之相关的设计方面的问题。

(二) 强势学科推动相关产业发展

食品工业

在强势学科发展推动下,科技强国食品工业始终保持较为稳定增长态势,以美国为例(如图 3-8),2007 年美国食品工业销售额约占制造业的 8.8%,占整个工业的 5.8%,总量约为我国的 5 倍多。在美国食品制造业中，除了糖果行业和烘焙行业波动比较大外，其他主要食品产业均处于相对稳定状态。这与美国食品科学发展水平达到相当高的水平有关。尽管美国的大部分常规食品的产量几乎呈现不变状况，但在1999～2007年间整体食品工业依然保持了3.67%的年增长态势。

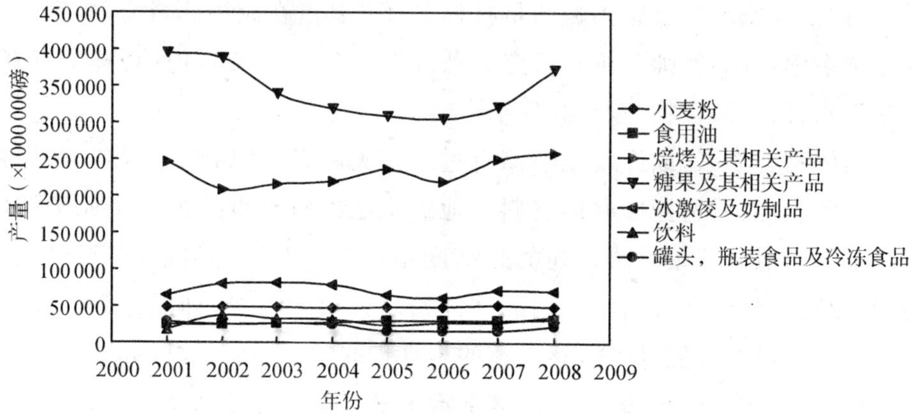

图 3-8　2000～2008 年美国部分产品产量变迁

数据来源：美国自然科学基金委员会，科学数据统计部。

同时，产品结构持续升级。发达国家食品工业的增长虽然具有一定的波动性，但始终在发展中不断优化升级。在美国，随着经济发展和消费者对健康需求的增长，功能食品的增速远远超过食品工业的平均增速，特别是营养增补剂、维生素和矿物质食品几乎呈线性增长状态（如图3-9、3-10）。1990～1995年日本经济危机之前，除了调味品、饼干、挂面和方便面以外，其余食品产量都呈上涨趋势；1995～2004年间日本金融危机爆发，大部分食品产量均呈现下跌趋势，但方便面、冷冻食品和蒸煮袋三类食品逆势增

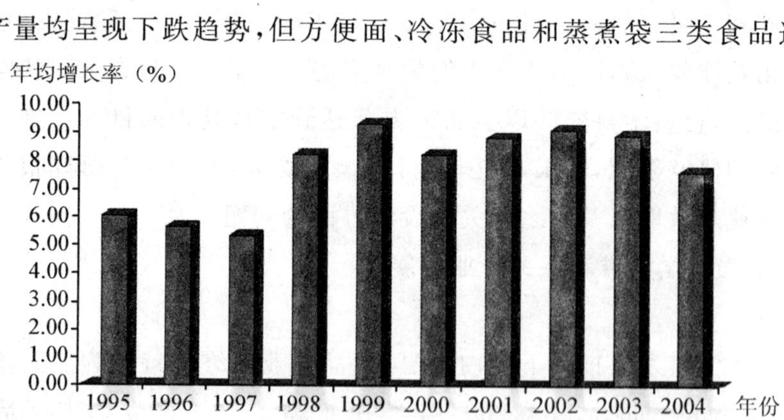

图 3-9　美国功能性食品在 1995～2004 年的增长

长;2004～2007 年间日本几乎所有的食品没有显著的升降,但蒸煮袋食品行业一枝独秀增长明显(图 3-11、3-12)。

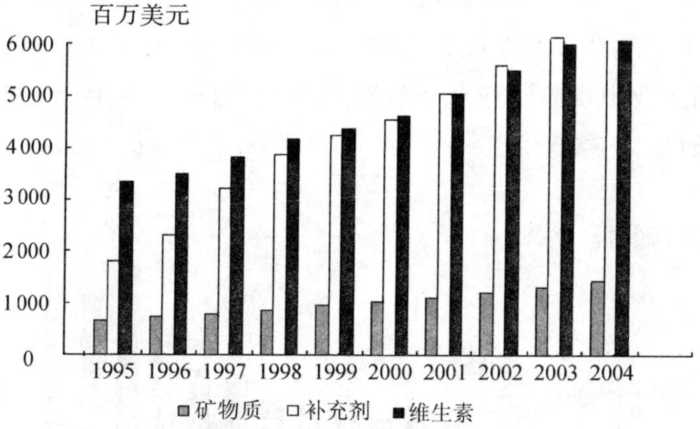

图 3-10　1994～2004 年美国三大类功能食品市场销售额

数据来源:美国自然科学基金委员会,科学数据统计部。

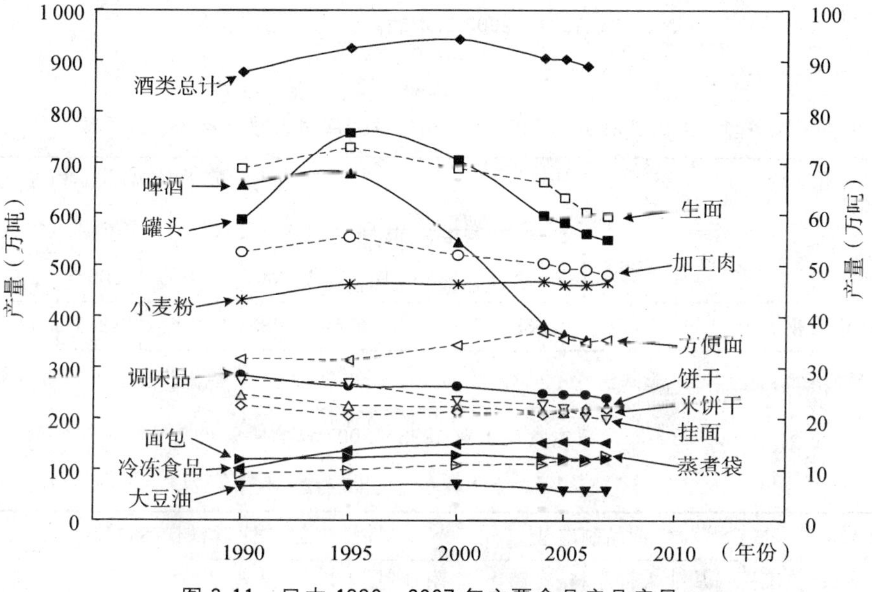

图 3-11　日本 1990～2007 年主要食品产品产量

(实线以左边为纵坐标,虚线以右边为纵坐标)

注:(1) 罐头单位为 100 万箱,其余均为万吨;(2) 罐头产品圆罐;(3) 面包、生面、挂面和方便面以原料小麦粉使用量计算;(4) 发酵制品只包含发酵酱、酱油、食醋、味精、沙司调味料和蛋黄酱。数据来源:日本统计年鉴。

技术创新是食品工业发展的强大动力。发达国家食品工业持续发展的基本动力来自于技术创新，校企研发合作与高端人力资源投入始终保持稳定。食品工业高度发达的美国，国内食品工业的研发人员仍保持一定的增长，且研发工程师占研发人员总数的比重仍在提升（见表3-24）；1995～2007年日本食品工业中食品制造业和饮料、烟草和饲料业的生产规模和附加值均持续增长（见表3-25）。

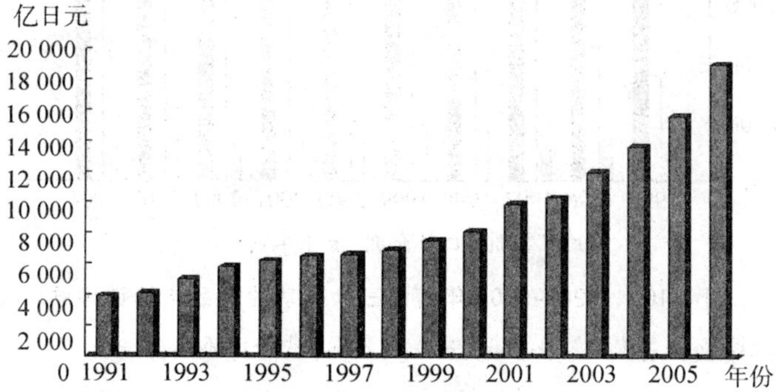

图 3-12 1991～2002日本功能食品市场销售额

数据来源：日本统计年鉴。

表 3-24 美国食品工业2007年度销售额和雇员人数以及研发人员数

	净销售额（百万美元）					国内研发人员的雇员数（千人）			
						总数		其中研发工程师	
	2007	2005	1999	3年平均增长	8年平均增长	2007	2005	2007	2005
食品工业	405 129	374 342	303 686	2.67%	3.67%	985	995	12.3	11.8

数据来源：美国自然科学基金委员会，科学数据统计部，工业研究与开发调研项目：2006和2007。

表 3-25 日本食品工业1995～2007年的主要状况

单位：从业人数，万人；金额，万亿日元

年份，从业者规模	食品制造业					饮料、烟草和饲料				
	工厂总数	从业人员数	原料价值	销售额	附加值(1)	工厂总数	从业人员数	原料价值	销售额	附加值(1)
1995	42 147	113.6	13.925	24.117	9.286	5 430	12.3	3.96	10.615	3.087
2000	39 395	112.7	13.725	23.888	9.13	5 376	11.3	3.732	10.933	3.443
2005(2)	34 196	110.4	13.266	22.678	8.529	4 869	10.3	3.366	9.666	2.929

续表

年份，从业者规模	食品制造业					饮料、烟草和饲料				
	工厂总数	从业人员数	原料价值	销售额	附加值(1)	工厂总数	从业人员数	原料价值	销售额	附加值(1)
2006	32 352	109.3	13.222	22.673	8.563	4 576	10.3	3.288	9.597	2.945
2007(3)	32 508	113.5	14.533	24.196	8.719	4 542	10.5	3.572	10.244	3.024
4－9 人	13 018	8.1	0.382	0.722	0.324	2 156	1.3	0.101	0.205	0.091
10－19	7 641	10.5	0.873	1.488	0.586	1 149	1.5	0.229	0.411	0.154
20－29	4 484	11.1	1.181	1.959	0.741	532	1.3	0.33	0.536	0.17
30－49	2 267	8.9	1.319	1.994	0.607	287	1.1	0.445	0.686	0.173
50－99	2 657	18.6	3.047	4.693	1.461	226	1.6	0.817	1.428	0.337
100－199	1 459	20.3	3.13	5.119	1.772	125	1.8	0.78	2.865	0.892
200－299	478	11.7	1.632	2.765	1.017	48	1.1	0.458	1.882	0.593
300－499	354	13.3	1.673	2.942	1.121	15	0.57	0.368	2.155	0.595
500－999	131	8.5	1.091	2.064	0.873	4	2.2	0.044	0.075	0.02
1 000 人以上	19	2.7	0.206	0.45	0.217	－	－	－	－	－

注：(1) 2005 年以前的附加值＝生产总额－国内消费税值－原料价值－固定资产折旧，2005～2007 年，附加值＝生产总额－(扣除消费税后的国内消费税值＋消费税估计值)－原料价值－固定资产折旧；(2) 由于工业门类统计方法改变，2000 年以前，出版业及相关行业、电机行业、设备制造和供应行业不包含在统计数据内；(3) 2007 年的原料价值、销售额、总产值和附加值与 2006 年及之前无可比性。

数据来源：日本统计年鉴。

生物技术产业

美国 5 大生物产业基地带动了全美其他地区的生物技术产业的发展，60%以上的生物技术成果集中在医药行业，用于开发特色新药或对传统医药进行改良。生物技术引入医药行业，使生物医药行业成为最活跃、进展最快的产业之一。如今美国市场上的生物技术药物 75%是在过去 6 年中被批准的。目前正在进行临床试验的生物技术药物制品和疫苗至少有 350 种。美国的农业科研、教学、技术推广体系，农作物种子、家禽畜种的培育、繁殖、加工、销售体系，农产品质量检测、监督体系，农业信息服务体系都很健全。这些体系与农业生产体系密切相联，共同作用，形成了一个庞大的农业产业体系。这一体系的形成和完善，有力地支撑着农业生产，促进了农业的发展。

日本的生物技术产业市场1998年不超过2 000亿日元，2002年增长到1.2万亿日元，2005年为6.67万亿日元，约占全球生物产业市场的10.7%，其中食品类占77.9%，医药类占12.3%。2005年日本的现代生物类产业市场为1.5万亿日元，在分布比例上，医药领域高达69.2%，其次化工类占9.8%，生物技术服务类占7.5%。这表明以基因工程、蛋白质工程、酶工程、细胞工程等为代表的现代生物技术领域应用更为广泛。日本日经产业新闻社不久前对日本有关企业进行的一项调查表明，多数企业认为，日本的生物技术产业前景光明，到2010年，国内市场规模可发展到10万亿日元(约746亿美元)。

虽然韩国生物技术总体水平尚处于跟进阶段，但生物技术发展对传统发酵工业、疾病预防与治疗、食品化学等领域均发挥了显著的促进作用(见表3-26)。生物技术产业方面，2000年韩国生物技术产业规模达到18亿美元，2005年已超过75亿美元。韩国生物技术企业大部分集中在生物医药领域(68%)，其次为生物化工占9%，生物加工处理占8%，生物农业、生物环保和生物食品各占5%。发酵工业是韩国生物技术产业中具备国际竞争力的领域，韩国的发酵产品具备相当的国际竞争力，仅氨基酸产品就占全球市场的20%。生物技术的发展已成为带动韩国相关产业乃至整体经济的强大动力。

表3-26 韩国生物技术产业化领域及主要产品

领 域	主要产品
生物化工	生物高聚物、工业生物酶、有机酸与氨基酸、生物农用化学品等
生物环保	污水与废水的生物处理、生物修复、污染监测、微生物技术等
生物医药	单克隆抗体，生长因子，血红蛋白，抗生素、疫苗、诊断试剂、基因治疗等
生物能源与资源	生物量与沼气，转基因动植物，育种及造林，海洋生物资源开发等
生物食品	食用氨基酸，功能性多肽、蛋白质及碳水化合物，食品添加剂、酶等
生物电子工程	生物芯片，生物传感器等
生物处理工程	发酵、细胞培养，生物转化，生物分离与提纯、生物工程等
生物监测与信息	安全评估、材料转化、仪器设备、标准化、生物信息技术等

材料产业

前文已述日本材料科学学科的科研产出能力在世界排名第三，学科较强的科研能力推动了日本材料产业的发展壮大。粘结磁体行业是日本材料产业中的重要组成部分，日本粘结磁体工业协会(JABM)自20世纪90年代中期即系统地统计和估算了日本和全球粘结磁体的产量、产值。2000～2007年间日本粘结磁体产量变化列于表3-27，总体而言粘结磁体行业的产值呈增长趋势。

表3-27　2000～2007年间日本粘结磁体产值(亿日元)的变化

	2000	2001	2002	2003	2004	2005	2006	2007
柔性铁氧体	62	57	45	38	29	33	31	30.3
硬质铁氧体	161	108	120	109	114	110	113	116.3
稀土粘结磁体	126 (−44.7%)	104 (−17.4%)	73 (−30%)	70 (−4%)	72 (+2.8%)	68 (−5.5%)	72 (+5.9%)	75 (+4.2%)
海外			192	200	306	317	355	
总计	349	269	430	417	521	528	571	

根据JEC(美国国会联合经济委员会)“复合材料工业的结构与动态”一文的预测，2005年全球复合材料的市场为530亿欧元，到2015年预期将增长至880亿欧元，而不同国家和地区的市场情况示于图3-13，其中中国的市场增长最快，其次是亚太地区，欧美的增长点主要在航空、风能、船艇及建筑业方面，目前越来越多的国外复合材料厂家登陆我国，一批国外汽车厂商在

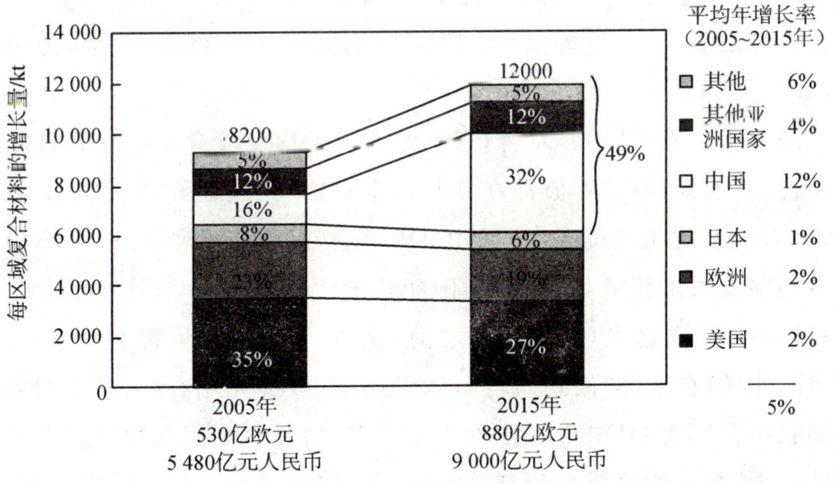

图3-13　2005～2015年全球按不同区域符合材料市场的增长预测

中国设立了研发中心，以达到本土化、降低生产成本和占领一席市场的目的。另据 CFRP(碳纤维增强复合材料)知名专家 Tony Roberts 在其著作“2006～2010 年全球战略市场评估”中预测，全球 CFRP 的产值将从 2006 年的 99 亿美元增至 2010 年的 136 亿美元，到 2025 年可望超过 250 亿美元，其中波音和空客到 2010 年的小丝束 PAN-CF 的用量，将占全球的 15%～20%，其次的大型用户是风能叶片，因此这两大应用领域仍是未来 CF 的主导市场。

(三) 强势学科带动社会发展与进步

1984 年美国的工业总产值已为世界第一，但美国人均 GDP 自 1830 年以来一直次于英国，居世界第二，直到 1913 年终于超过英国，一跃成为世界第一强国。此后 90 年来，美国的经济、军事、人力资本水平一直处于世界首位。

美国经济强盛不衰的主要动力来自高水平的人力资源、发达的教育水平，以及先进的教育、科技发展战略。美国本专科教育和研究生教育规模均为世界第一，高等教育最早进入大众化、普及化，大众化时间比英、法、德等发达国家早 30～40 年，普及化时间早 25 年左右。美国 25～64 岁劳动力平均受教育年限达 13.17 年，居全球首位。另根据麦迪森计算，1913 年以后，美国 25～64 岁人口平均受教育年限一直是世界第一，1913 年为 7.86 年、1950 年为 11.27 年、1973 年为 14.58 年、1992 年为 18.04 年(初等教育当量年，初等教育权重为 1，中等教育为 1.4，高等教育为 2)。如果不加折算，根据联合国开发署《人类发展报告》，2000 年美国该项指标为 12 年，仍居世界首位(如图 3-14)。

从图中可以看出：(1) 人均 GDP 与人口平均受教育年限之间有非常大的相关性，三条曲线的 R^2 值都在 0.9 以上；(2) 美国在经济起飞(1870 年)之前，人力资本就超过英国在同等 GDP 条件下的水平，此后一直保持着人力资本超前发展的优势，这也是美国能长期保持世界头号强国地位的重要原因；日本在经济起飞(1950 年)之前，其人力资本积累都超过处于相同 GDP 时美国的水平，然而到人均 GDP 为 12 000 美元左右后，日本的人力资本积累就不及同等 GDP 时美国的水平了，这也是日本能在短时期内缩小与美国的差距、却又始终没有超越美国的重要原因。

强势学科的高速发展还为美国农业科技革命、生物制药、生物能源的发展带来了契机。

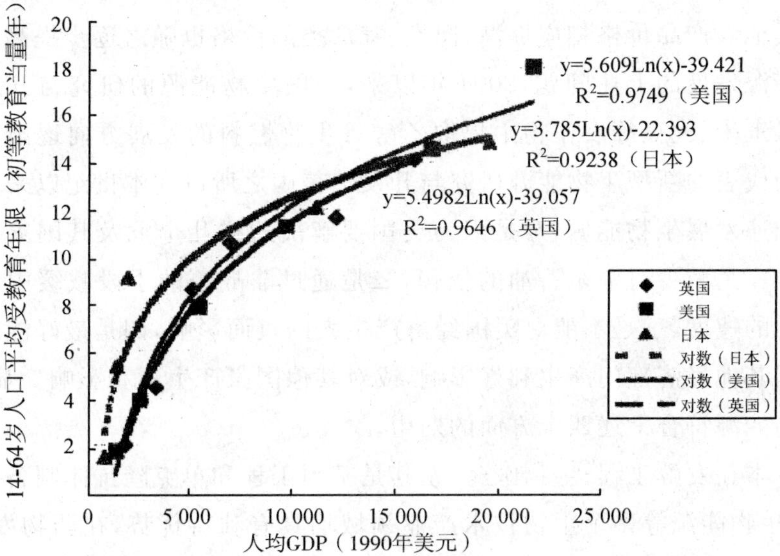

图 3-14　美、英、日人力资本发展进程与经济发展进程相互关系的拟合曲线

注:初等教育的权重为 1,中等教育为 1.4,高等教育为 2。

各类生物技术和相关产品已经在农业生产的各个方面得到广泛应用,发挥了重要作用,并为农业产业化、现代化注入了巨大的活力。例如,利用基因工程技术,把一些高蛋白基因引入谷物作物,获得高蛋白小麦和高蛋白玉米,有助于解决人类食物紧缺问题;将细菌的杀虫基因转入到棉花中,使棉花能够抗棉铃虫;将冷水鱼的抗低温基因克隆到西红柿中,得到抗冻西红柿,使西红柿的生产期延长。利用细胞移植技术,将花蕊、子房或其他组织离体培养出再生植株,获得多种稳定的、有某种优势的品系,大大提高了培育优良品种的速度;通过植入固氮微生物的基因,使谷物等非豆科作物产生固氮能力,减少对化肥和非再生能源的依赖,提高单产和蛋白质的含量等等。

美国已开始利用水果、蔬菜生产抗肝炎、霍乱等传统疾病的疫苗。在利用动物的奶和蛋生产药物领域,一些研究成果的前景看好,包括绵羊奶已用于治疗囊性纤维变性,山羊奶已用于治疗癌症,鼠奶已用于治疗类风湿,鸡蛋已用于治疗流感。

美国是世界可再生能源利用较早的国家,也是目前可再生能源利用最先进的国家之一。2008年,美国生产的生物燃料达265亿升。乙醇燃料的生产,导致对玉米需求量增加,玉米的价格也随之上涨,带动了玉米制品、大豆和其他农产品价格相应提高;肉类、家禽类的价格也随之逐步提高。基于生物能源发展的上述问题,2004年以来,美国生物能源的研究与开发已渐渐由从玉米、大豆等农作物中提取乙醇等生物燃料的发展方向逐渐转向以水藻为代表的新型生物能源研究与开发。美国之所以在本世纪以来大力推广和加速发展生物能源,乃是因为美国要解决这样几个危及其国家利益的问题。一是减少对中东石油的依赖,二是通过非战争的手段减缓中印等国家崛起的速度,三是不能对美国经济产生大的负面影响,四是最好能够间接对美国其他经济部门产生利好影响,或对其他国家产生不利影响。显然,只有生物能源符合上述四个方面的期望。

日本在发酵工程、生物医药(尤其是基因工程和单克隆抗体制备)、生物环保、生物能源等多个生物技术产业领域均具有独特优势,在药物发现、生物服务、生物仪器和功能食品等方面也已具有良好的前景。食品科学和生物技术学科的发展对日本经济的振兴具有举足轻重的意义。

日本的发酵工程技术及产业一直占世界主导地位,抗生素、氨基酸和酶的研究、开发及生产能力居世界首位。1979年全世界开发的新抗生素仅11种,日本就占了7种。自1980年以来,日本生产的新抗生素占世界总产量的1/5。20世纪40年代中期,日本谷氨酸盐发酵成功,大大推动了发酵工程的进展。日本早在1969年就开始应用固定化酶生产高果糖浆,以后又用固定化酶和固定化细胞生产天门冬氨酸和色氨酸等。20世纪70年代末,在全世界生产的26种酶中,日本生产的就占81%。

日本人均寿命居世界前列,是一个非常重视健康和保健的国家。因此,其瞄准健康的各种功能食品的开发非常广泛。2005年,日本健康类的功能食品市场规模达6 299亿日元,比2003财年增加11.1%。日本功能食品主要包括改善肠胃、促进牙齿健康、降低中性脂肪和身体脂肪的各类产品。尽管最近日本功能食品的市场增长率有所下降,但是,随着公众健康意识的不断增强,功能性食品研发技术将会不断创新,产业将会越来越大。

日本在生物医药领域的发展起步晚于欧美国家,但随着日本生物技术学科的发展和日本政府采取的一系列战略措施大力支持了生物医药产业的发展,成果显着。2003年,日本的生物药市场规模为3 795亿日元;2004年为4 182亿日元;2005 年达到 4 594 亿日元;呈逐步增长趋势。目前,生物药在所有批准的药物中占 5%～10%。由于日本在单克隆抗体药物制备方面具有优势,生物药中抗体药约占 10%,并且呈现进一步增长趋势。

除上所述,日本在动物克隆、转基因植物产业、学科交叉、生物服务等方面都有不错的成就。

从 20 世纪 70 年代初开始,韩国以大学研究院为中心对生物能源进行研究,从 1988 年开始根据替代能源发展促进法在政府范围内开始进行技术开发。到 1999 年,主要促进生物乙醇及甲烷气化技术的开发,并且在 1990 年以后,计划进行 LFG(LFG 即 landfill gas,指城市生活垃圾在垃圾场内厌氧环境下产生的气体,和普通沼气成分比较接近,甲烷含量 40%～60%,二氧化碳含量 60%～40%,还有气体微量气体)利用技术及生物运输生产技术等多领域的开发。

由上述分析可见,强势学科的发展不仅影响农业、环境、医药等其他学科的发展,推动了农业生产、生物医药行业、疾病预防与治疗、食品化学等相关行业的发展与进步,还带动了社会和人类生活方式的进步与发展。

三、科学中心与产业中心形成的相关性

目前,无论是在美国还是日本、韩国等国家,在发展生物技术和农业科学的同时,都将科技中心与产业中心的发展紧密结合起来。但为什么一定会形成产业聚集区?具备什么样的基本条件和要素才能成为产业聚集区或产业中心?现将以美国农业生产和生物技术产业形成集群模式的分析为例,解析科学中心与产业中心形成的相关性。

(一) 农业科学中心与产业中心形成的相关性

在美国,已形成牧草乳酪带、玉米带、棉花带、烟草和综合农业带、小麦带、山区放牧带、太平洋沿岸综合农业带、亚热带作物区等 8 个专业化农业生产带(如图 3-15)。东北部主要是乳畜带;东部主要是棉花带;东南部主要是亚热带作物带;中北部主要是春小麦、玉米带;中部主要是冬小麦带;中南部主要是混和农业带;西北部主要是小麦和林牧业区;西部主要是畜牧和灌溉农业区;西南部主要是地中海农业区。

美国的每个州因地制宜,都建立了本州特色的农业科研机构,如爱荷华

州的肉制品加工，加州、威斯康辛、宾夕法尼亚的乳品加工，伊利诺依州的小麦加工，加州的水果加工等。从纵向结构来看，全国的农业科研体系分为3个层次：联邦一级的农业部设有农业研究局，下设1个大的农业研究和实验中心；州一级的州立农业大学内设有农业实验站，全国56个州共设56个农业实验站，其经费来自州政府和联邦农业部研究局；第3个层次是农业公司和非营利机构，包括一些生产资料、食品加工、兽药、种子等，非营利机构主要是一些基金会，如洛克菲勒、福特、凯诺哥等，都为农业科研投资。3个层次的研究工作相互补充和完善，确保农业科研成果源源不断地产生。

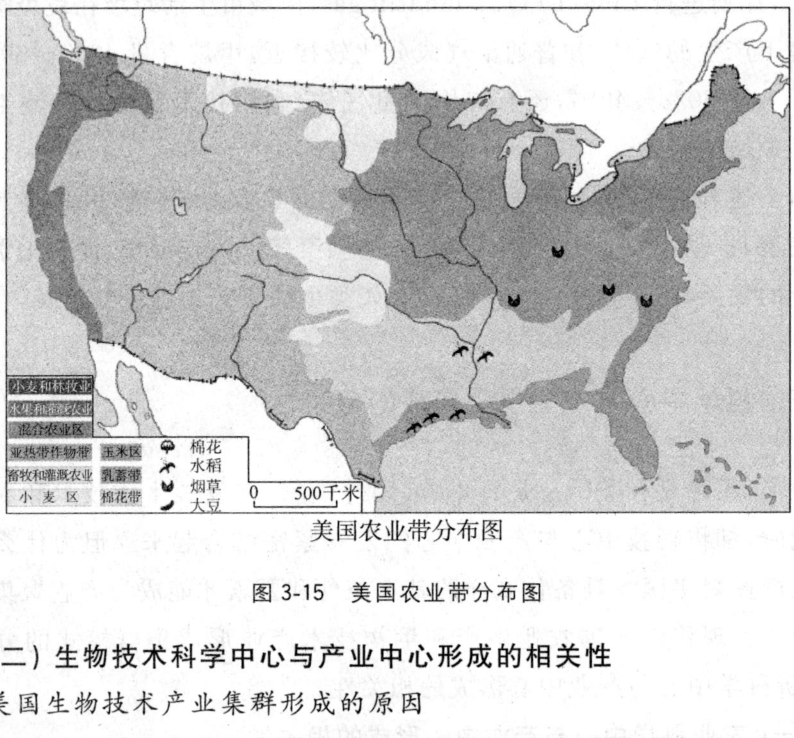

美国农业带分布图

图 3-15 美国农业带分布图

（二）生物技术科学中心与产业中心形成的相关性

美国生物技术产业集群形成的原因

美国的生物技术产业之所以形成如此明显的集群聚集倾向，主要有以下几个原因：一是生物技术产品和服务创新的成本昂贵，风险大，周期长，充满不确定性，一个成功的生物技术产品，经常要花几年甚至十几年的时间才能完成商业化过程，一个典型的生物技术公司总要经年亏损，需要不断融资来延续自己的研发经营；二是由于生物技术产业远未达到临界状态，新知识、新方法、新领域层出不穷，相关人员必须相互学习才能保证知识的及时更新；三是生物技术企业之间需要进行分工配套、合并重组，以此进行定位和增强竞争力。而产业集群化正是解决以上问题的有效途径，这是由生物技术产业相关知识的内隐性质决定的，是生物医药产业发展选择的必然结果。

一流的研究机构与人才是形成生物技术产业集群的前提

美国这9大生物技术产业集群成功聚集生物科技资金与人才的共同优势，是其都离世界一流学术研究机构很近。如哈佛大学、麻省理工大学、波士顿大学、麻省总医院、Beth Israel Deaconess医学中心、新英格兰医学中心等，都分布在波士顿环剑桥地区，这使波士顿地区成为美国获取国立卫生研究院资助和建立研发联盟最多的地方；旧金山是斯坦福大学和加州伯克利分校所在地；洛杉矶则有加州洛杉矶分校；圣迭戈的生物技术企业都聚集在加州大学圣迭戈分校、Salk研究所和Scripps研究所周围；西雅图最好的研究中心包括Fred Hutchinson癌症研究院和华盛顿大学；华盛顿—巴尔的摩之所以能成为生物技术产业聚集区之一，应该主要归因于国立卫生研究院和约翰霍普金斯大学；北卡州的生物技术公司则排列在三角研究带、北卡罗莱纳大学和杜克大学周围。由此可见，一流的大学、研究机构和科研人才是形成生物技术产业聚集区的必要条件。

充足的资金投入是形成生物技术产业集群的关键

旧金山生物技术产业最明显的优势是云集在斯坦福大学旁Sand Hill路的风险投资公司。在与波士顿128公路竞争谁能成为美国高科技活动的主导者的比赛中，风险投资产业为硅谷助了一臂之力，同样也为湾区的生物科技革命提供了资金。目前湾区的生物风险投资产业，实际投资规模比居第二位的波士顿高出50%以上。

西雅图没有像旧金山、波士顿和圣迭戈那么集中的风险资本，但微软的财富效应带动了生物技术的冒险精神。微软的创始人盖茨和保罗有意识地在美国西北地区积极支持生物科技发展，如盖茨曾向华盛顿大学进行大笔捐赠并将著名的基因科学家Leroy Hood吸引到了西雅图，后者则创立了包括系统生态学研究院在内的多个生物科技公司和研究机构；保罗也通过他的Vulcan风险投资公司为DNDN、SGEN和Rosetta Inp等公司提供了大笔资金；此外，2004年微软还在西雅图成立了以破解大脑功能为最终目标的全神经系统RNA表达谱研究所。

华盛顿和巴尔的摩一带的生物技术研究机构则获得了国立卫生研究院每年约10%的科研经费，这些科研投入对于形成贝塞斯达(Bethesda)、罗克韦尔(Rockville)和马里兰其他地区众多生物科技公司起到了巨大的刺激作用。

历史证明,技术不可能自动变成产业,风险投资在生物技术商业化过程中的功劳不可磨灭。由于生物技术开发投入大、风险大、耗时长,没有不畏失败勇于冒险、根植于当地文化的风险资本,生物技术企业根本不可能起步。其实当时在DNA结构发现之初,英国剑桥大学研究人员是DNA研究的先驱,麻省理工大学是孕育DNA科学的温床。但全球第一家生物技术企业Genetech却在1976年创建于旧金山,完全是因为当地具有世界上最好的风险投资环境。Genetech所开创的由大学教授和风险投资家联手创办企业的模式,至今仍是生物技术创业的基本模式。

新创企业是形成生物技术产业集群的首要

新创生物技术企业往往代表研究成功的新方向,并不断为生物技术产业集群注入新活力。新创企业的数量是衡量一个生物技术产业集群活力的重要标准。安永的一份研究表明:2000年湾区有76家生物技术上市公司,在生物技术新创企业数量方面具有明显优势。其他几个聚集区的情况是,包括波士顿在内的新英格兰地区有48家,圣迭戈有31家,西雅图有19家,华盛顿—巴尔的摩地区有20家左右,北卡州有13家。

与大医药企业相比,新创生物技术企业在创造性、敏捷性和成长性方面具有突出优势,与研究机构的风格相近,趣味相投。生物医药商业化产品的最新发现,主要依赖于创造力、集中力和知识更新速度。近年来Amgen、Genetics Institute、Genetech等大型生物技术企业纷纷与一些新创的生物技术企业建立联盟关系;一些大名鼎鼎的生物技术行业泰斗也常常离开生物技术巨头的首席执行官或董事长的位置,转而去从头创办新企业,新创生物技术企业的能力和魅力由此可见一斑。

龙头企业是是形成生物技术产业集群的支柱

在上面提到的美国主要生物技术产业集群中,都至少有一个或数个商业化相当成功的龙头企业,如湾区有Genetech和Chiron;波士顿有Biogen;圣迭戈的龙头企业是IDEC;西雅图最大的生物技术企业是Immunex;华盛顿则有Celera和MedImmune等。

一个成功的龙头公司会在促进形成地区性生物技术产业集群方面起到非常重要的作用。生物技术领域的企业规模优势非常明显,通常一个生物技术子领域的领袖，其规模在研究阶段是追随者的5到10倍，在商业化阶段可以是追随者的30到100倍。正是这种规模效应，为一个地区性产业集群吸纳和配备了一些关键性的资源，如产业化必须的工艺和管理人才，以及配套性服务提供者等。

此外，在美国一些比较成功的龙头企业的部门领导和中层经理经常自己开创或经营新的公司，这对形成产业聚集区也非常重要。在世界生物科技产业起源的湾区，Genentech 和 Chiron 公司就起到这样的角色：前 Genentech 公司的科学家和管理者，创立或经营了近30家生物技术公司；与 Chrion 公司有关联的人在15家生物技术企业中扮演同样角色；波士顿地区的 Biogen 公司也同样如此。

生物技术企业的管理者的人格和声誉能直接影响企业的股价。对投资者而言，管理团队和新领导人的生物技术企业血统，如在知名企业的工作资历背景，是生物技术公司成立以后的成功保障之一。

不同的生物技术产业集群也各具特色

这9个大都市区发展成为今日美国的生物技术集群，原因多种多样。根据各大都市区生物技术产业活动的情况，基本可以将其分为以下几类：

纽约、费城是美国制药行业的传统中心，美国大型制药制造商总部多选址于此，因而集中了大量生物技术活动。

波士顿和旧金山是全美当之无愧的生物技术之都。这两个城市于70年代开始崛起，长期致力于争取产业先发优势，并结合自身坚实的研究基础，是生物技术行业先驱公司的聚集地。两大都市不仅有着出色的生物技术研究活动，在商业化上也胜人一筹。全美20大顶级医学研究机构中有6家选址两市（各占3家），而且过去10年中全美生物技术相关专利逾3 000项在这2市产生。

洛丽、西雅图、圣迭戈在过去10年的生物技术商业化活动迅速增长，以资金雄厚的医药研究设施为本，集中了不少生物技术初创型企业，在催生新公司、确保风险投资，以及与制药企业签订研究合同等方面尤为成功。

华盛顿、洛杉矶两市集聚了研究机构和实力强劲的企业，各有所长。华盛顿都市区集中了大批生物技术公司，投资力量雄厚的美国国立卫生研究院和手握监管大权的美国食品和药品管理局等都位于该地区；该地区每年接受国立卫生研究院的投资占其年度预算的近10%，居全美第三，列波士顿和纽约之后。洛杉矶大都市区是全美第二大都市区，也是全美最大生物技术公司安进公司总部所在地。

总之，美国的生物技术产业集群经过近40年的发展，已在世界上形成了明显代际优势。世界一流的研究机构、活跃的风险投资、富有创造力的新创企业、不断壮大的龙头企业，是美国多个初具规模的生物技术产业集群的核心特征。尤其是强大的生命科学研究实力和将科研转化为商业的能力更是形成和发展生物技术产业集群的必不可少的先决条件。

四、学科发展与科技创新之间的关系

纵观美国、日本、韩国等国家强势学科发展推动科技创新的过程，不难发现，学科发展的过程是培育高层次创新型人才和进行基础研究的过程，随后通过科研成果转化，增加创新产出和高新技术产业发展，进而推动国家科技创新和技术进步。

（一）通过人才培养与科学产出推动科技创新

人才培养推动科技创新

前已述及，在美国、日本和韩国随着学科的发展与进步，不断为社会培养符合需求的高层次人才，人才对推动行业乃至国家科技进步的作用不言而喻。比如，与化工等产业由大公司主导研发不同，美国生物技术企业大都以高校、研究机构为起点，这些高校、研究机构对在生命科学新领域迅速批量生产博士和博士后，从而保证生物技术企业顺利发展起到了至关重要的作用。

同时，学科发展培养的高层次人才就业成为科学家与工程师，无疑将推动产业和国家科技创新。如图3-16所示，美国食品企业高级R&D人员的投入呈快速上升趋势，特别是2000～2004年间增长极为迅速。其中，食品制造业的科学家与工程师人数由2000年的8 100人增加到2007年的12 300人，累计增加了51.9%。饮料及烟草制造业的科学家与工程师人数由2000年的1 900人增加到2007年的6 300人，累计增加了231.6%。

科学产出推动科技创新

科学论文是科学研究成果最主要的载体，是最具普遍意义的科学产出形式。科学论文产出对科技创新的推动作用不容小觑。最近10年间，科技

5强美、英、德、日、法在科学产出上表现为小幅稳步增长的发展态势(见表3-28),1997～2006年的年均增长率在2.4%～3.6%。值得一提的是,中国的科学产出一直保持高速持续增长的发展势头,10年的年均增长率在19.7%。通过近10年来的快速发展,中国与科技5强在科学产出能力方面的差距明显缩小。

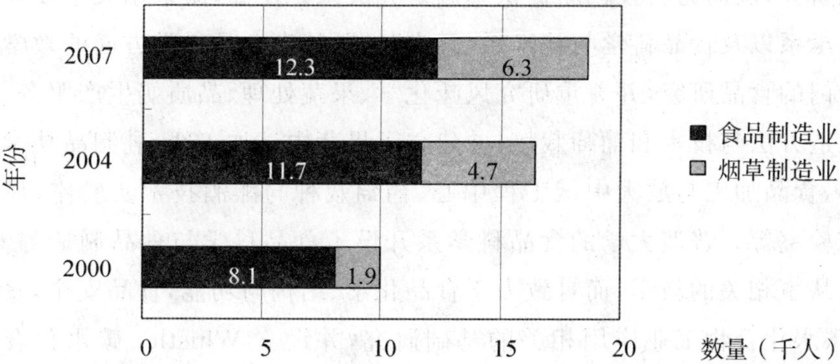

图3-16　2003～2007年美国食品企业的科学家与工程师人数变化趋势图

数据来源:National Science Foundation(NCF). U.S. Business R&D Expenditures Increase in 2007; Small CompaniesPerformed19% of Nation's Business R&D.

表3-28　中国与科技5强在科学产出上的差距比较

	科学产出差距(与中国相比)					
	科学生产力(倍)			学术影响力(倍)		
	1997～2001年	2000～2004年	2003～2007年	1997～2001年	2000～2004年	2003～2007年
美国	12.1	7.7	5.0	40.6	19.1	10.9
英国	3.2	2.0	1.3	8.2	4.1	2.4
日本	3.0	1.9	1.2	8.1	4.0	2.3
德国	2.9	1.8	1.2	6.9	3.5	1.9
法国	2.1	1.3	0.8	5.7	2.7	1.6

论文数量仅仅是科学产出能力的一个方面,学术影响力是科学产出能力的另一个重要方面,甚至是比论文数量更重要的一个方面。以美、英、日、德、法为定标国,用5年为时间跨度进行滚动统计得到表3-28数据。结果表明,无论是体现科学生产力的论文数量还是体现学术影响力的被引频次

数量，中国与科技5强之间的差距都在明显缩小，甚至学术影响力的差距缩小程度要大于科学生产力的差距缩小程度。

注重基础研究

美国著名的高等学府，都已成为“两个中心”，既是教学中心，又是科研中心。这些高校一般根据技术发展趋势、企业和国家的需求来展开相关的基础研究，从而为科技创新提供基础研究成果。比如，康奈尔大学设立的食品科学系以及食品科学与技术系（日内瓦）既从事食品科学方面的教学又从事专门的食品研究，并着重研究风味化学、果蔬处理、品质奶生产服务、葡萄酒酿造方法与技术和葡萄栽培，并建立了果蔬中试加工线、乳制品技术研究中心、食品加工与放大中试工程中心、葡萄栽种与酿酒技术实验室、风味分析实验室等。普渡大学的食品科学系开设了食品科学与食品制造等专业，不仅从事相关的教学，而且致力于食品化学、结构与功能，食品安全，食品加工、碳水化合物工业应用相关的基础研究，并设立 Whistler 碳水化合物研究中心（功能性糖质、糖工程技术等）。麻省理工学院设立了生物技术处理工程中心并鼓励本校教师和毕业生创办生物技术企业。

（二）通过科研成果转化推动科技创新

高校科研成果通过一定的方式为企业和社会应用，增加创新产出和高新技术产业发展，进而达到推动国家科技创新和技术进步的效果。创新产出和高新技术产业发展表现如下：

专利产出

专利申请被普遍视为衡量一个国家创新能力的指标。高校是科技创新中基础研发的主体，而食品学科新技术的研发与专利在推动食品工业科技进步中起关键性的作用。2008年，美国农业技术（包括食品技术）发明数量133项、专利应用数量114项、签署发明协议315个，技术成果转化收入3 950万美元。如图3-17所示，在政府签订的302个有效技术协议中，有40%是和大学签订成为技术共有人，30%是与中小企业签订，19%与大型企业或跨国企业签订。统计数据说明，高等院校在美国农业新技术研发中占据了第一位的比例，这得益于美国食品学科和农业学科建设的完备以及技术创新活动的广泛开展；中小企业签订数量为91项，比大型企业和跨国企业多出30项，这说明美国近年来从资金和政策上扶助中小企业技术创新的措施效果良好。而事实上，中小企业由于资金和研发人才的局限性，其技术创新模式大多还是采用与食品高等院校进行合作开发。

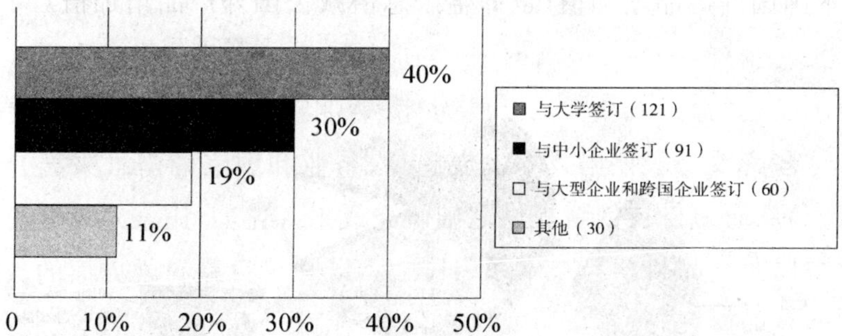

图 3-17　2008 年美国农业技术方面政府签订有效技术协议情况

数据来源：USDA Annual Reporting On Technology Transfer FY 2008.

考虑到不同国家专利法之间的差异，提高专利指标的国际可比性，本课题运用三方同族专利来测度各国的创新能力。三方同族专利是 OECD（经合组织）发明的，其定义是：来自欧洲专利局、日本专利局、美国专利与商标局保护同一发明的一组专利。大多数国家的专利申请数量都在增加。美国与日本的趋势相同，2000 年后日本回落较大（图 3-18）。美国占三方同族专利份额的 31%，比 1995 年（34.4%）低约 3 个百分点；而日本增加了 2 个百分点，2005 年几乎达到 29%；由于 2005 年 6%的良好数据，韩国的份额与排名也有显著提升（图 3-19），2000 年后韩国每年的增长速度都在 20%～37%之间。

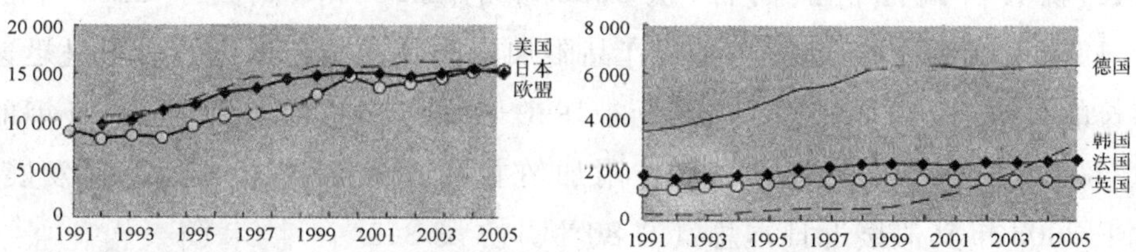

图 3-18　1991～2005 年科技强国三方同族专利申请趋势

数据来源：数据主要来源于 EPO 世界专利统计数据库（2007 年 4 月）。

高新技术产业

一个国家的经济发展主要得益于能够创造新产品和新工艺、刺激其他行业、扩大生产力以及带来高薪工作机会的高科技产业。OECD 所定义的高科技制造业包括 5 个行业领域：航空、医药、计算机与办公系统、通信设备以及科研仪器(医疗器械、精密仪器及光学设施)。以下分析均基于国内附加值即本国国内产品增加值(也即生产总值减去国外产品增加值)。

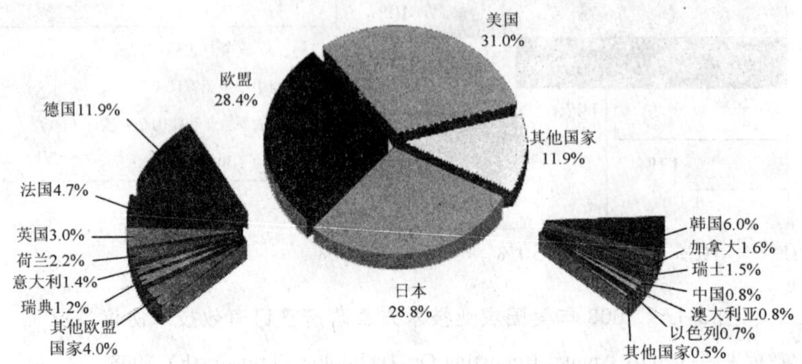

图 3-19　2005 年三方同族专利国家份额

注:专利计数标准——最早的优先权日期、发明人居住国家和分数计数。

数据来源:EPO 世界专利统计数据库(2007 年 4 月)。

1990～1997 年,亚洲创造的产品附加值占世界产品附加值的比重超过 1/3,高于美国和欧盟。但随后由于国际市场对美国通信设备及其他信息技术产品需求的迅猛上升,其份额降至美国之后。在 1990～2003 年间,美国的高科技产品附加值及其占国际份额始终居于榜首,且遥遥领先于其他国家;1990～2003 年,日本始终在亚洲高科技产品附加值贡献方面处于绝对的领先地位,但波动较大,在 2000 年增长到最大值后骤降,随后又开始缓慢增长,就其占国际份额而言,从 1990 年的 24.9% 降低到了 2003 年的 12.1%;相对于日本,韩国高科技产品附加值和其占国际市场的份额呈迅速增长的势头,占国际市场的份额油 1990 年的 1.8% 增长到了 2003 年的 3.7%(见表 3-29)。中国的高科技附加值制造业自 1998 年开始迅速发展,并于 2003 年其值接近日本总量的 80%。

至此,通过前三部分的分析,科技强国学科发展的内、外逻辑因素、学科发展与产业发展、科技创新和社会经济发展的关系模式已非常清晰,国际经验将为促进我国学科发展提供有益借鉴,为本课题提出促进我国学科发展的政策建议奠定良好的基础。

表 3-29　1990～2003 年目标国家或地区高科技附加值

国家或地区	1990 年	1992 年	1994 年	1996 年	1998 年	2000 年	2001 年	2002 年	2003 年
按 1997 年美元可比价（百万）									
美国	147 061	146 755	149 118	184 461	300 532	426 802	433 178	482 836	511 316
中国	9 224	13 157	20 139	25 596	34 532	59 042	67 596	86 770	113 497
日本	148 350	141 549	141 804	156 459	155 110	170 993	132 786	134 610	145 208
韩国	10 959	12 448	16 397	22 577	20 375	38 407	36 958	41 652	44 248
所占国际份额（%）									
美国	24.7	24.9	24.5	27.0	35.8	39.6	41.4	43.1	42.5
中国	1.5	2.2	3.3	3.7	4.1	5.5	6.5	7.7	9.4
日本	24.9	24.0	23.3	22.9	18.5	15.9	12.7	12.0	12.1
韩国	1.8	2.1	2.7	3.3	2.4	3.6	3.5	3.7	3.7

注：总附加值等于总产出值减去供给及投入的中间消费总额。高科技制造业具体包括：航空、医药、计算机与办公系统、通信设备以及科研设施（医疗器械、精密仪器及光学设施）制造业。亚洲具体只包括所列出的国家或地区；所有国家和地区则包括未单独列出的国家和地区。数据来源：美国环球透视机构，世界工业服务数据库（2005）；历史数据来自联合国工业发展组织；联合国统计部国民核算系统；世界经济合作与发展组织（OECD）；国家资料。

第五节　国内相应学科和发展状况以及相应领域的科技创新能力研究

在分析美国、日本、韩国等科技强国强势学科发展路径、规律和影响因素的基础上，本节对我国国内相应学科发展以及相应领域的科技创新能力展开分析，以期从中找出我国学科发展可能面临的问题与困境，从而为提出国际科技强国学科发展促进科技创新的范式对我国学科建设的借鉴以及提供依据。

一、国内相关学科发展脉络与水平

（一）食品学科

我国的食品学科历史悠久，自 1902 年中央大学创办农产与制造学科开始，已有一百多年的历史，纵观其发展过程，考察学科专业教育生成和发展的过程，按时间顺序大致可分为四个阶段。

萌芽期（1902～1952 年）

我国最早的食品学科是 1902 年创办的中央大学农产与制造学科，此后的江南大学、南京农业大学、江苏大学食品科学与工程专业便是由此渊源而来。截至 20 世纪 40 年代，我国设置食品科学与工程专业的院校主要有南京大学、复旦大学、武汉大学、浙江大学、原江南大学、中山大学、岭南大学、华南联合大学。另外，湖南大学、广西大学、山东大学等十多所院校也设有食品相关学科。由于受到战争影响，这一阶段我国的食品专业发展较为缓慢。

发展初期（1952～1978 年）

新中国成立以后，我国于 1952 年和 1958 年先后两次进行了院系调整，食品专业进入了较为规范的发展阶段。当时的南京工学院、华南工学院、天津轻工业学院、大连水产学院、山东农学院、西南农学院等均设有食品相关学科。南京工学院 1952 年在食品工业系中设立油脂专业组；1954 年，开创粮食工程专业，这两个专业发展为今天的粮食、油脂及植物蛋白工程二级学科。1958 年，南京工学院食品工业系整建制东迁无锡，建立无锡轻工业学院（现江南大学），设立食品工程、粮食工程和油脂工程等专业。我国农业院校的食品学科大多是在农学、园艺学以及畜牧兽医等学科的基础上建立的，早期的专业主要有畜产品加工、园产品加工、果蔬加工、蜂产品加工等。如沈阳农学院（现沈阳农业大学）于 1953 年设果蔬贮藏加工专业，1958 年东北农学院（现东北农业大学）设畜产品加工专业等。总之，在建国初期，我国的食品专业得到了较好的发展，一些院校纷纷设立食品相关专业；但是在 1966～1976 年期间，大学基本上停止了正常的招生，食品学科的发展基本上处于停滞状态。

发展期（1978～90 年代中期）

“十年动乱”结束后，我国迎来了食品学科发展的新时期。山东轻工业学院、郑州轻工业学院、杭州商学院、天津商学院等相继建立食品工程专业。随着我国经济体制改革和产业结构调整，特别是农村经济的改革和发展，20世纪80年代初，国内农业院校纷纷建立了农产品贮运与加工专业或食品科学系或食品工程（食品加工）专业，并在80年代后期和90年代初期又发展成为食品科学与工程专业，这其中包括中国农业大学、吉林农业大学、南京农业大学、华中农业大学、山西农业大学、西北农学院（现西北农林科技大学）、上海农学院（现并入上海交通大学）、福建农业大学、四川农业大学、内蒙古农业大学等在内的多所农业院校以及西北轻工业学院（现陕西科技大学）、上海水产大学、淮海工学院等。经过这一时期的发展，我国的食品专业已具备一定的规模，主要分布于轻工、农业、商贸等几类院校，各类高校中的食品专业也初步具备了自己的特色，如轻工院校的食品科学、食品工程，农业院校的农副产品加工，商贸院校的粮油食品加工等。

快速发展期（90年代中期～至今）

20世纪90年代中期以后相继又有很多高校设立了食品科学与工程专业，其中有一些学校是由专科或高职升级为本科。特别是1998年7月教育部颁布了新的本科专业目录后，新的食品科学与工程由原来的食品工程、食品科学、制糖工程、粮食工程、油脂工程、烟草工程、食品卫生与检验、食品分析与检验、粮油储藏、农产品贮运与加工、水产品贮藏与加工、冷冻冷藏工程、蜂学（部分）等专业合并组成，专业覆盖面涉及工农贸等大领域。先后又有几十所大学增设了食品科学与工程专业。截至2010年，全国已有235余所高校设有食品类专业。

表3-30　全国设置食品类专业的高校情况*

<table>
<tr><td>学校总数</td><td colspan="8">235所</td></tr>
<tr><td>学科层次</td><td colspan="3">本科院校
235</td><td colspan="3">硕士点院校
>100</td><td colspan="2">博士点院校
24</td></tr>
<tr><td>院校层次</td><td colspan="2">985院校
10</td><td colspan="2">985优势学科创新平台院校
7</td><td colspan="2">“211”院校
33</td><td>教育部直属院校
15</td><td>其他
177</td></tr>
<tr><td>院校类型</td><td>综合类
69</td><td>农林类
41</td><td>理工类
53</td><td>师范类
25</td><td>财经类
11</td><td>民族
5</td><td>医药
13</td><td>其他
18</td></tr>
</table>

注：*表示截至2010年，不包括港澳台地区。

（二）农业学科

新中国成立时，在我国高等教育系统的224所高等院校中，独立的农业本科院校有9所，独立的农业专科院校有9所，另有35所综合性院校中设有农学院。经过1951～1953年的高校院系调整，我国的高等农业院校增加为27所。经过这次的院系调整，我国的农业院校数量增加，培养规模扩大，然而也存在一些问题。例如，当时我国按照行政区而非自然生产区来规划农业院校，这不完全符合农业院校与农业生产相符合的标准。之后又陆续新建了19所高等农业院校，建设重点在农业机械以及水产，这大大丰富了我国农林院校的结构类型，但也带有明显的行业特征，导致学校的专业面过窄。尽管不同学校之间不断调整院系，但就学科和专业发展而言，仍局限在传统农学领域，以种植和养殖为主，辅以机械工程、植物保护、农业经济、土壤等，可以视为独立发展农学学科的独立性农林院校。

改革开放以后，我国根据农业生产和社会发展的实际需要，新建了15所高等农林院校。我国的高等农业院校和其他院校一样步入了快速发展时期，这期间可以分作两个阶段来解读其发展模式。从二十世纪七十年代末到九十年代初，可以作为第一阶段，在这段时间里，高等农林院校稳步发展，但有少部分与传统种植业和养殖业关系不大的学校改变了校名，逐步脱离了农林院校的队伍。学科门类和专业布局得到拓展，为第二阶段的综合化发展做了有益尝试，奠定了实践基础。从20世纪90年代开始算作第二阶段，农林院校开始分化，一部分开始向多科性/综合性院校发展，一部分则合并或组建进入综合性院校发展，学科和专业走向综合发展。

截至2008年6月，我国共计建设了完整建制的独立高等农本科院校60所，其中农业院校38所，农业机械学院7所，水产/海洋学院6所，畜牧兽医学院6所，粮食类学院3所。

（三）材料科学学科

中国的材料科学教育起始于采矿和矿冶等学科，有上百年的历史。其特点是，教学内容包括采矿、选矿、冶金、材料等内容，是一种不划分专业、宽领域培养模式。解放初期，我国高等教育承袭了原苏联培养模式与教学体系，由宽领域培养模式改为窄专业培养模式，材料科学技术人才被分割在十几个专业培养，分属于冶金、机械、化工等系内。仅金属材料就被细分为冶金物理化学、金属材料热处理、铸造、焊接、压力加工、金属腐蚀与防护、粉末冶金、高温合金、精密合金等专业。

1998年，我国将材料类专业合并为冶金工程、金属材料工程、无机非金属材料工程、高分子材料与工程、材料物理、材料化学等六个专业，同时在引导性专业目录中提出材料科学与工程专业，该专业有宽广的面向“所有材料”及材料四要素（或五要素）的整体特点。我国大学的材料科学与工程大体是从两类学校中通过不同的起点而发展。一类是在工科院校中通过冶金与机械，或金属、非金属、高分子三大类材料以及它们的复合材料所依存的专业而建立的学科。

如工科院校的材料科学与工程系等，这种类型的学科侧重于从具体应用的角度来探求新材料的性能评价与使用。另一类是一些综合性大学在追踪科技前沿的基础上，由物理学与化学孕育并分化形成材料物理与材料化学新学科，建立了材料科学系或研究所，其特点是材料学与物理学、化学等学科交叉结合。这两类不同起点的材料学科在前进中经过自我完善而相互靠近，理工结合，并逐渐向基础研究与应用研究相结合的方向发展。目前，浙江大学、北京科技大学、复旦大学、清华大学和同济大学等重点院校相继设立材料科学与工程（或相近名称）学院（系），十几年来参与改革的院校逐渐增多。此期间改革的主要内容大致有：在原设置专业的基础上扩充内容（如在金属材料与热处理专业教学中补充非金属工程材料的内容，增加功能材料内容等）；试办新专业，如材料科学、材料工程、材料物理（侧重于功能材料）、热加工专业等。总体体现了逐步打破原专业设置界限，加强专业（二、三级学科）间的渗透与联系及更新教学内容的思路。

截至2008年，我国具有材料科学与工程二级学科的全国普通高校超过200家，占高校总数的比例超过30%，培养出大量高层次的材料科学专业人才，为我国材料科学产业的发展提供重大支撑。

（四）生物技术学科

我国的生物学科人才培养具有悠久的历史，也取得了令人瞩目的成就。1913年前后，东吴大学开始了专科的生物学教育。1921年中国高等学校的第一个“生物学系”在国立东南大学（前身是南京高等范师学校）成立。截至到1949年，全国已经有燕京大学、清华大学、北平大学农学院等40多所大学设置了生物系。改革开放以来，我国生物技术专业设置、课程体系和教学内容的改革、教材建设、教学方法的改进等诸多方面进入了改革发展的新时期。随着生物学科的发展,生物产业的悄然兴起,高等生物学教育有了长足的发展。

1956年以前,全国各所大学生物系基本上设置的是生物学专业。1956年以后,生物科学的发展促进了生物学教育的发展。国内院校依据国际生物学分支学科的发展,根据生物学研究的内容,逐步设置了生物化学、遗传学、微生物学等专业。至1990年初,国内生物学本科设置了生物化学、遗传学、微生物学、病毒学、生物物理学、动物学、植物学、生态学等近十个本科专业。1991年,当时的国家教委针对本科专业设置过细的问题,提出调整人才培养方案,本科阶段进行宽口径培养的要求。根据国家教委的指导精神,1991年生物学教学指导委员会在内蒙古大学召开了工作会议,会议探讨了生物类专业设置问题,经过激烈的讨论和研究,提出了生物类本科专业设置的指导性建议,将生物类专业调整为生物化学、微生物学、生物学三个。强调本科阶段宽口径培养,重视学生能力训练。但是由于生物类专业设置历史沿革问题,此项改革的实施是逐步推进的。在很多所院校里,一些专业以生物学专业加专业方向的形式存在。1997年教育部生物学教指委威海工作会议在交流国内外调研情况的基础上,经过讨论,提出了将诸多理科生物类本科专业调整为"生物科学"和"生物技术"两个专业的建议。1999年,全国生物类本科专业设置按此方案全面实施至今。

如表3-31、图3-20所示,我国高校设置生物类的专业点数目由2002年的357个增长为2006年的703个,增加了91%。其中,生物科学专业点数目由130个增加为221个,增加了70%;生物技术专业点数目由122个增加为248个,增加了106%;生物科学专业点数目由105个增加为234个,增加了123%。

表3-31 2002～2006年我国高校设置生物类专业的情况

专业	2000年	2006年	增加的数量和比例
生物科学	130	221	91(70%)
生物技术	122	248	106(87%)
生物工程	105	234	129(123%)
总计	357	703	326(91%)

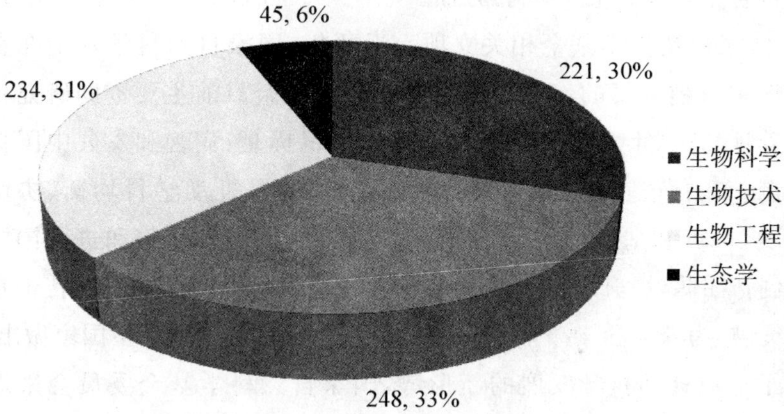

图 3-20 2006 年我国高校设置生物类专业的情况

二、学科研究水平现状分析

(一) 技术与科研水平上升

食品学科

食品科研方面的投入对于推动食品学科的发展起到非常重要的作用。首先,食品科学研究的开展可以优化食品学科专业资源配置,运用现代高新技术提高资源的效率;其次,食品科学研究的开展可以推动学科的交叉渗透,从而促进学科专业建设的综合化、现代化,构建出可持续发展的科研模式,为食品学科专业建设提供不竭的发展动力;再次,食品科学研究的开展还有助于研究队伍建设,特别是青年研究队伍的建设和发展。食品科学技术学科的快速发展与其科研队伍的建设相辅相承。一方面,具有自身专业优势和特色的学术队伍在食品科研领域往往做出更突出的成果;另一方面,以重大科研项目为支撑,组织一定数量的科研骨干力量,也有助于锻炼和培养食品科研团队,使之更好地成长。

据不完全统计,“十一五”期间,食品科学与工程学科目前已有教授 500 多人,研究团队 100 多个,外聘长江学者 8 人,讲座教授、客座教授上百人,研究队伍在数量和质量上有显著提高。研究队伍的快速成长为食品科研领域的突破和进展奠定了坚实的基础。在 2010 年前后,食品科学与技术领域取得了相当多的研究成果,集中体现在国家科技进步奖、高水平的研究论文和所取得自主知识产权(专利)方面。

1. 国家自然科学基金相关立项　近两年,国家自然科学基金在食品科研中发挥越来越重要的作用。国家自然科学基金目前主要资助研究项目和人才培养项目。“十一五”期间,其总体发展目标是:完善和发展中国特色科学基金制,着力营造有利于源头创新的良好环境,推动学科均衡、协调和可持续发展,培养和造就一批具有国际影响力的杰出科学家和进入国际科学前沿的创新团队,提升基础研究整体水平和国际竞争力,力争在若干重要领域取得突破,为繁荣科学事业、增强自主创新能力、建设创新型国家做出贡献。

为了适应食品科学发展的新形势,国家自然科学基金委员会采取了相应的措施。2009 年决定在生命科学部设立食品科学学科,自 2010 年起开始受理、评审食品科学领域的自然科学基金项目,食品科学学科主要资助以食品及其原料为研究对象的基础研究和应用基础研究。

2010 年,国家自然科学基金在生命科学部立项大大增加(264 项)的同时,化学学科部立项数基本未发生变化,为 85 项(见表 3-32)。另外,2010 年,生命科学部食品科学学科资助面上项目、青年基金和地区基金项目分别有 152(含小额 8 项)、84 和 27 项得到资助,资助率分别为 18.16%、21.27% 和 21.26%,平均资助强度分别为 32.53 万元/项、19.77 万元/项和 25.41 万元/项。不同研究领域资助情况分析发现,面上项目中食品生物化学领域受资助项目比例最高,资助率达 22.30%;而食品储藏、保鲜与机械研究领域受资助面上项目比例最低,资助率仅为 13.28 %。青年基金中食品加工学研究领域受资助项目比例最高,资助率达 24.79%;而食品加工的副产品加工与再利用研究领域资助率最低,仅为 8.82 %。地区基金中食品储藏、保鲜与机械研究领域受资助项目比例最高,资助率达 35.00%,而在食品检验学研究领域未有获得资助(见表 3-33)。

表 3-32　2010 年度食品科学学科项目资助情况

单位:万元

生命科学部领域	数目	金额	化学科学部领域	数目	金额
食品生物化学	51	1 456	食品化学	3	58
食品营养学	39	1 239	香料与染料化学	1	36
食品检验学	33	951	生物化工与食品化工	24	1 056.5

续表

生命科学部领域	数目	金额	化学科学部领域	数目	金额
食品油脂加工	6	181	生化反应动力学及反应器	1	38
制糖	6	169	生化分离工程	10	262.5
肉加工	13	332	生化过程的优化与控制	3	89
乳加工	10	297	生物催化工程	10	310
蛋加工	2	64	天然产物及农产品的化学改性	14	420
水果蔬菜加工	8	248	绿色食品工程与技术	2	57
食品发酵与酿造	21	522	化学环境污染与健康	8	204
食品焙烤加工	5	159	环境污染与食品安全	9	228
调味食品	1	34			
食品添加剂	18	447			
储藏与保鲜	32	1 269			
食品机械	3	74			
食品加工的副产品加工与再利用	16	501			
合计	264	7 943	合计	85	2 759

表 3-33　2010 年度生命科学部食品科学学科项目资助情况

研究领域	项目资助率(%)		
	面上项目	青年基金	地区基金
食品生物化学	22.30	23.33	28.57
食品营养学	15.60	24.24	25.00
食品检验学	14.81	17.57	0.00
食品加工学基础	21.99	24.79	20.00
食品储藏、保鲜与机械	13.28	20.45	35.00
食品加工的副产品加工与再利用	15.79	8.82	11.11

2. 科技奖励　食品科学技术研究的突飞猛进带来了丰富的成果，部分成果具有显著的科学、经济和社会意义，受到国家科技主管部门和相关协会/学会的认可和奖励。2009 年，282 项国家科学技术进步奖奖项中有 5 项与食品科学技术直接相关，55 项技术发明奖中有 2 项是与食品科学技术相

关的,2010年,食品科学技术项目在国家科学技术进步奖评审中取得了重大突破,214项国家科学技术进步奖奖项中有9项与食品科学技术直接相关,其中包括1项一等奖(粮食储备"四合一"新技术研究开发与集成创新);34项技术发明奖中有1项是与食品科学技术相关的(见表3-34)。这反映出食品科学技术学科在近年来的研究工作中取得了显著的进步。

表3-34 2009~2010年与食品科学技术相关的国家技术进步奖和项目

奖 励	项目名称	主要完成单位	主要完成人
2010年度科技进步奖	国家粮食储备新技术研究开发与集成创新	国家粮食局科学研究院,河南工业大学,中国储备粮管理总公司,国家粮食储备局成都粮食储藏科学研究所,国贸工程设计院,北京东方孚德技术发展中心,南京财经大学,国家粮食储备局郑州科学研究设计院,辽宁省粮食科学研究所,北京中谷润粮技术开发有限责任公司	吴子丹,卞科,徐永安,赫振方,郝伟,郭道林,宋伟,唐学军,卜春海,曹阳,蔡静平,陶诚,高素芬,张明学,王殿轩
	大豆磷脂生产关键技术及产业化开发	河南工业大学,江南大学,东北农业大学,上海良友(集团)有限公司,九三粮油工业集团有限公司,郑州四维粮油工程技术有限公司,山东渤海油脂工业有限公司	谷克仁,王兴国,江连洲,刘元法,李桂华,张根旺,王波,汪学德,于殿宇,梁少华
	食品微生物安全快速检测与高效控制技术	广东省微生物研究所,广东环凯微生物科技有限公司	吴清平,张菊梅,蔡芷荷,邓金花,陈素云,阙绍辉,吴慧清,张淑红,寇晓霞,郭伟鹏
	青藏高原牦牛乳深加工技术研究与产品开发	中国农业大学,甘肃农业大学,甘肃华羚干酪素有限公司,西藏农牧学院,西藏高原之宝牦牛乳业股份有限公司,青海青海湖乳业有限责任公司	任发政,甘伯中,韩北忠,敏文祥,王福清,罗章,童伟,毛学英,何林,郭慧媛
	海洋水产蛋白、糖类及脂质资源高效利用关键技术研究与应用	中国海洋大学,青岛明月海藻集团有限公司,山东东方海洋科技股份有限公司,浙江兴业集团有限公司,中国水产舟山海洋渔业公司	薛长湖,李兆杰,汪东风,马永钧,李八方,林洪,薛勇,张国防,周先标,赵玉山
	特色热带作物产品加工关键技术研发集成及应用	中国热带农业科学院,椰树集团海南椰汁饮料有限公司,海南椰国食品有限公司,云南省农业科学院热带亚热带经济作物研究所	王庆煌,王光兴,钟春燕,张劲,刘光华,赵建平,谭乐和,赵松林,黄茂芳,黄家瀚

续表

奖 励	项目名称	主要完成单位	主要完成人
2010 年度科技进步奖	农业食品中有机磷农药等残留快速检测技术与应用	华南农业大学,广州绿洲生化科技有限公司,广州达元食品安全技术有限公司,中国疾病预防控制中心营养与食品安全所,珠海丽珠试剂股份有限公司	孙远明,雷红涛,卢新,黄晓钰,王林,曾振灵,石松,刘雅红,徐振林,杨金易
	仔猪肠道健康调控关键技术及其在饲料产业化中的应用	中国科学院亚热带农业生态研究所,北京伟嘉饲料集团,武汉工业学院,广东省农业科学院畜牧研究所,双胞胎(集团)股份有限公司,武汉新华扬生物股份有限公司,广东温氏食品集团有限公司	印遇龙,侯永清,林映才,李铁军,黄瑞林,廖峰,邓近平,孔祥峰,卢向阳,谭支良
	贝类精深加工关键技术研究及产业化	大连工业大学,大连獐子岛渔业集团股份有限公司	朱蓓薇,董秀萍,李冬梅,吴厚刚,周大勇,孙黎明,杨静峰,吴海涛,辛丘岩,侯红漫
2010 年技术发明奖	脂溶性维生素及类胡萝卜素的绿色合成新工艺及产业化	浙江大学	李浩然,陈志荣,胡柏剡,王从敏,胡兴邦,黄国东
2009 年度科技进步奖	蛋白质饲料资源开发利用技术及应用	国家粮食局科学研究院、武汉工业学院、北京中棉紫光生物技术有限公司、国家粮食储备局武汉科学研究设计院、国家粮食储备局无锡科学研究设计院、江南大学、河南工业大学	李爱科、金征宇、杨海鹏、王毓蓬、胡健华、周瑞宝、刁其玉、何武顺、黄庆德、刘多敏
	粮食保质干燥与储运减损增效技术开发	武汉工业大学、江苏牧羊集团有限公司、国家粮食储备局郑州科学研究设计院、国家粮食储备局成都粮食储藏科学研究所、中国农业大学、湖南金健米业股份有限公司	刘启觉、王继焕、范天铭、张明学、高峰、王双林、李栋、周坚、李杰、肖勋伟
	大宗低值蛋白资源生产富含呈味肽的呈味基料及调味品共性关键技术	华南理工大学、佛山市海天调味食品有限公司、广东汇香源生物科技股份有限公司、广东海洋大学	赵谋明、章超桦、崔春、黄文彪、孔令会、王金水、刘通讯、李理、赵强忠、潘来灿
	功能性益生乳酸菌高效筛选及应用关键技术	江南大学、光明乳业股份有限公司、东北农业大学、内蒙古农业大学、哈尔滨工业大学	陈卫、郭本恒、张兰威、张和平、张灏、王荫榆、赵建新、田丰伟、艾连中、冯镇

续表

奖　励	项目名称	主要完成单位	主要完成人
2009年度科技进步奖	商品包装、储运安全关键技术研究与应用	湖南出入境检验检疫局检验检疫技术中心、中国农业大学、天津市检验检疫科学技术研究院、浙江大学、天津市华明集团公司	王利兵、罗云波、胥传来、李宁涛、陈健初、冯智劼、王晓兵、黄志强、于艳军、黄昆仑
2009年技术发明奖	海洋特征寡糖的制备技术(糖库构建)与应用开发	中国海洋大学	管华诗、于广利、于文功、李英霞、耿美玉、毛文君
	食品功能因子高效分离与制备中的分子修饰与吸附分离耦合技术	浙江大学	任其龙、杨亦文、吴平东、苏云、苏宝根、黄梅

在一些食品相关的各类行业协会/学会的奖励中，食品科学技术学科的项目也逐渐增多，科技部批准的可以设立科学技术奖的国家级协会/学会中，中国食品工业协会、中国粮油学会、中国食品科学技术学会所设立奖项都与食品科技相关，对推动食品领域的科技发展起到重大的作用。例如，2010年度中国食品科学技术学会科技创新奖产生了47个奖项，其中技术发明奖7项，科技进步奖30项，产品创新奖10项。这些奖项反映了我国食品工业在工业科技领域的发展中发挥了重要作用。

高水平学术文章。食品科学与技术领域的高水平论文近年来不断增加，从ISI Web of Science数据库检索主题“Food”，可以看出近年来食品领域发表的文章的增长情况(见表3-35)。2005年以来，食品科学与技术领域的研究论文发表量逐年递增，增长率达到37.9%；中国的增长速度比世界平均速度快了很多，增长率达到30.2%。在全世界所发的食品科学技术领域的研究论文里，中国发表的论文所占比例从2004年的3.71%提高到7.75%，增加了21.8%。

表3-35　食品领域SCI源期刊上发表论文的情况

年份	论文总数	中国发表论文数	中国所占比例(%)	国际排名
2005	29 143	1 081	3.71	8
2006	30 000	1 446	4.82	6
2007	32 678	1 951	5.97	5

续表

年份	论文总数	中国发表论文数	中国所占比例(%)	国际排名
2008	39 105	2 598	6.64	3
2009	40 383	3 131	7.75	3
合计	171 309	10 207		

注:所统计论文主要源于 ISI Web of Science 数据库收录的 103 本食品科技类杂志。

由于食品科学与技术领域以应用研究为主,目前高影响因子 SCI 论文并不多,2009 年,浙江大学张英教授团队在美国化学评论杂志 Chemical Review 上发表了影响因子高达 35.957 的特约综述"New Research Developments on Acrylamide: Analytical Chemistry, Formation Mechanism, and Mitigation Recipes"(109, 4 375—4 397),这是迄今为止食品科学领域发表影响因子最高的文章。另外,内蒙古农业大学张和平教授团队在国际蛋白质组学顶级杂志《Molecular and Cellular Proteomics》(SCI 5 年平均影响因子:9.48)上发表题目为"Proteomics Analysis of Lactobacillus casei Zhang, a New Probiotic Bacterium Isolated from Traditional Home-made Koumiss in Inner Mongolia of China"(8, 2 321—2 338)的文章。2010 年,华南理工大学胡松青副教授在美国科学院院刊 Proc Natl Acad Sci USA 上发表 Structure of bacterial cellulose synthase subunit D-octamer with four inner passageways(107,17 957—17 961)。2009～2010 年发表的文章中,影响因子在 10 次以上的超过 10 篇。2005～2009 年 10 月,中国在食品科学与技术领域的 SCI 源期刊上总计发表论文 10 207 篇,引用次数最多的是发表在 Nature 上的"The map-based sequence of the rice genome",引用次数达到 843 次。他引次数在 10 以上的达到 1 200 多篇。

3. 申请与授权国家发明专利　在食品科技领域,2010 年申请国内外专利达 8 300 余项,约占全国专利总数的 2%,比 2006 年的 6 500 多项增加 30%多。在 2007 年申请的 8 300 多项专利中,仍然以发明专利为主,这一方面反映了食品科技领域研究力量和成果的增加,另一方面也反映了研究人员对知识产权保护意识的增强。

农业学科

近年来农林高校承担科研项目的能力较之从前有了较大幅度的提升,部分科研项目的承担能力优于除部分综合性大学和工科类大学以外的其他科类大学,农业大学还承担了大量“863计划”、“973项目”以及国家自然科学基金重大项目等课题。科研项目的增加带来了科研经费的大幅度增长,获奖项目也呈快速上升趋势(见表3-36)。

表3-36 2005～2008年我国农林院校科研水平指标变化

时间	科技课题			出版科技专著(部)	发表学术论文(篇)	成果获奖合计	其中:国家奖
	课题数(项)	投入人数	实际支出(万元)				
2005	15 026	13 654	1 077 963	791	28 928	378	21
2006	17 029	13 598	1 289 426	819	32 160	309	11
2007	21 698	14 072	1 899 125	922	36 353	440	21
2008	23 746	2 475 575	3 161 092	1 162	40 968	386	25

数据来源:中国教育统计年鉴。

教师是提高教学质量和科研水平的重要保证。近年来,我国农业专业的教师人数大幅上升,具有高级职称的教师队伍不断壮大。与1999年相比,2008年我国普通高校的农学专业教师人数共计26 463人,增长了近一倍。其中,正高级教师4 046人,副高级教师8 409人,正副高级教师占总教师人数比例为47.07%(见表3-37)。

表3-37 普通高校专任教师数

年份	专任教师职称					
	正高级	副高级	中级	初级	无职称	总计
1999	1 902	4 805	5 141	2 481	630	14 959
2006	3 543	7 707	7 646	3 850	1 380	241 126
2008	4 046	8 409	8 839	3 912	1 257	26 463

数据来源:中国教育统计年鉴。

材料科学

在过去的30多年,尤其是近10年中,材料科学的发展异常迅猛,新材料、新工艺层出不穷,成为高技术的主要组成部分,为材料学科得以发展提供了强大的动力。又由于我国经济的快速发展,特别是全球制造中心正在向中国迁移,为材料的应用创造了巨大的市场空间,同时也为材料学科的发展提供了难得的机遇。

1. 国家自然科学基金相关立项　国家自然科学基金作为我国支持自然科学基础研究的主渠道之一，从成立伊始就把材料学科领域作为重点的资助领域之一。近年来，国家自然科学基金对材料科学方面的投入也逐年显著增加。如表 3-38 所示，国家自然科学基金的申请项目总数和金额在近十年来飞速上升。受理申请项目总数由 2001 年的 3 916 项增加为 2010 年的 11 319 项，增长了近两倍；受理申请金额的增长最为惊人，由 2001 年的 84 575 万元增加为 2010 年的 3 996 689 万元，增长了约 46 倍；项目资助金额占国家自然科学基金资助总额的比例也由 2001 年的 16.99%增长为 2010 年的 17.21%。上述数据显示，国家自然科学基金对材料科学学科的资助与扶持力度大大增加，这为我国高校材料科学的学科建设以及科研水平的提升提供了巨大的动力支持。

表 3-38　国家自然科学基金面上项目工程与材料科学部申请与资助情况变化

单位：万元，项，%

年度	受理申请		批准资助					
	项数	金额	项数	金额	资助金额比例		单项平均资助金额	项数资助率
					占全委	占学部		
2001	3 916	84 575	683	13 555	16.99%	100	19.85	17.44
2005	8 310	1 196 262	1 447	36 270	16.06%	100	25.07	17.41
2008	8 362	2 730 845	1 321	45 833	15.88%	100	34.7	15.80
2010	11 319	3 996 689	2 078	77 885	17.21%	100	37.48	18.36

数据来源：国家自然科学基金委员会。

图 3-21 描述了 2002～2005 年间材料领域在中国科技论文统计源期刊（中国科技核心期刊）上发表的论文数量和其中基金论文的比例。通过图中的对比可以看知，材料领域论文和基金论文数量同时保持快速增长的同时，基金论文的比例也呈现出增长的趋势。2002～2005 年，材料领域论文数由 1 620 篇增长为 2 888 篇。其中，基金支持的论文数由 846 篇增加为 1 835 篇，国家自然科学基金支持的论文数由 353 篇增加为 860 篇。此外，基金论文比也由 0.52 增加为 0.64。在各项基金资助产出的论文中，国家自然科学基金委员会支持产出的论文数量和在全部基金论文中所占的比例都保持增长的趋势。

2. 高水平学术论文　SCI论文发表总数以及被引用次数等文献计量指标是衡量一个学科发表论文水平的一个重要指标。采用Thomson Reuters科技集团的基础科学指标库(Essential Science Indicators,简称ESI)检索我国材料科学领域发表SCI论文的相关数据,得到的数据如下:1998～2008年,中国发表的材料科学SCI论文总数为46 325,被引频次为125 772。被引频次最高的前1%的论文中,中国材料科学的论文数为266,高被引论文的被引频次为13 715次。以SCI为指标的学术研究水平国际比较中,中国材料科学从2006年起就已位列世界四强之列,2008年上升为世界第二,仅次于美国。

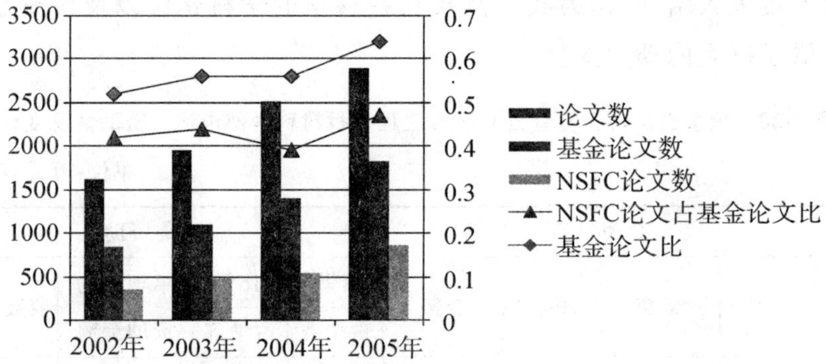

图3-21　材料科学领域基金论文和NSFC资助论文的数量和比例

如表3-39所示,根据SCIE统计数据,1996～2006年间,我国材料科学领域单篇论文引用次数最多的为660次,该作者是清华大学的Han WQ,发表于1997年的Science;其次为同济大学的Huang ZM发表于Compos,Sci,Techn的一篇论文,被引用次数为153;第三名为北京大学的Xu DS发表于Adv Mater的一篇论文,被引用次数为148次。

表3-39　SCIE统计中国1996～2006年材料科学领域单篇引用次数前10位列表

次序	被引用次数	作者/单位	来源
1	660	Han WQ/清华大学	Science,1997
2	153	Huang ZM/同济大学	Compos,Sci,Techn,2003
3	148	Xu DS/北京大学	Adv Mater,2000
4	124	Feng L/中国科学院化学研究所	Adv Mater,2002
5	116	Zhou Y/中国科学技术大学	Adv Mater,1999

续表

次序	被引用次数	作者/单位	来源
6	112	Zheng WT/吉林大学	J Vac Sci Techn A-Vac Surf Films,1996
7	96	Zhan JH/中国科技大学	Adv Mater,2000
8	94	Liang CH/中科院固体物理所	Adv Mater,2001
9	87	Huang JX/中国科技大学	Adv Mater,2000
10	84	Qi LM/北京大学	Adv Mater,2002

数据来源:SCIE 数据库统计。

生物技术

生物技术是近 20 年来发展最为迅猛的高新技术,越来越广泛地应用于农业、医药、轻工食品、海洋开发、环境保护及可再生生物质能源等诸多领域,对于提升传统产业技术水平和可持续发展能力具有重要影响。"十二五"期间,我国也把生物技术作为当前科技发展的重点。《国家中长期科学和技术发展规划纲要(2006～2020)》把转基因生物新品种培育作为 16 个重大科技专项之一。2010 年,生物技术产业规模约为 5 000～8 000 亿元。预计 2015 年左右,生物产业总产值力争达到 16 000 亿元; 2020 年左右,生物产业总产值达到 2～3 万亿元,形成我国国民经济新的支柱产业。生物技术产业的发展也带动了我国高校生物技术学科建设的提升(如图 3-22)。

高水平学术论文。以 ESI((Essential Science Indicators)数据库发布的论文数、引文数和高影响力论文等 6 项论文文献计量指标来反映国家科研规模、影响力及科技竞争力。2003～2008 年间,在与生物技术相关领域的国家排名中,我国排名在 2008 年均出现不同程度的上升。其中,生物化学由 2003 年的世界排名第二十二上升为 2008 年的世界第九;分子生物学由 2003 年的世界排名第十九上升为 2008 年的世界第十一;微生物学由 2003 年世界排名第二十上升为 2008 年的世界第十一。

以农业生物技术为例,搜索 WEB OF SCIENCE 数据库中的 SCI-EXPANDED 数据,以农业生物技术及相关词为主题进行检索,检索时间范围选择 1990～2009 年,得到的最终检索结果如表 3-40 所示。美国是论文发表最多的国家,论文数量为 1 010 篇。尽管我国位列世界第三,但论文数量仅为 201 篇,与美国有较大的差距。

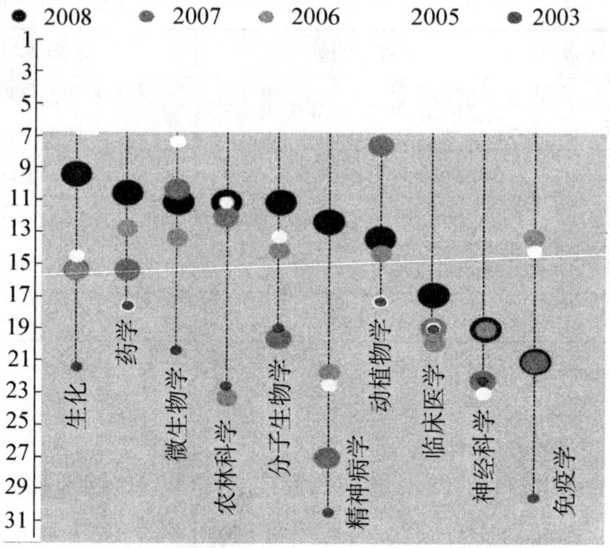

图 3-22 2003～2008 年与生物技术相关领域的中国各学科世界排名

表 3-40 1990～2009 年农业生物技术研究论文的全部作者国家/地区分布情况

序号	国家/地区	论文数量(篇)
1	美国	1 010
2	德国	282
3	中国	201
4	英国	199
5	加拿大	192

申请与授权专利。据统计,全世界每年授予的 1 万多项专利技术中,近三分之一出自生物技术。在生物技术研发过程中,专利的申请与授权对于提升研发水平尤为重要。与其他生物技术申请专利量相比,农业生物技术和食品生物技术专利申请数量最低,2003 年仅有 1 660 件,虽然到 2006 年出现明显上升,达到了 2 336 件,增幅为 28. 7%,但仍稍显不足。

(二) 科研投入状况

学科研发经费的投入是影响食品学科科技创新与发展最直接和最重要的因素。首先,就学科研发投入总量而言,2008 年美国高校研发经费投入总量约为 519 亿美元,而我国高校研发经费投入总量约为 733 亿人民币,其次，在各国研发经费使用量的分布中，与美国、日本、英国和韩国等国家相比，我国高校研发经费投入占全国研发经费投入的比重明显偏低。如图3-23所示，我国高校研发经费投入占全国研发经费投入的比重仅为8.5%，而在英国这一比重高达24.5%。

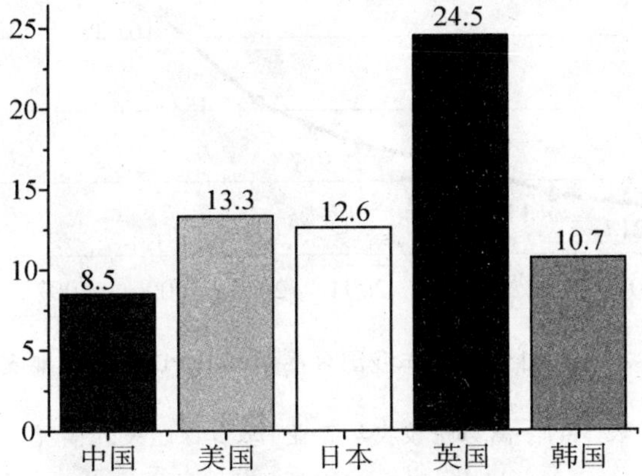

图 3-23　2008 年我国高校研发经费投入占全国研发经费投入的比重

数据来源：中国科技统计年鉴。

食品学科

我国食品学科的研发投入增长迅速。如图 3-24 所示，以 R&D 经费内部支出为例，2001～2008 年间，我国食品学科的 R&D 经费内部支出由 2001 年的 3 217 万元增长为 2008 年的 28 035 万元。在不到 10 年的时间里，该项支出增长了 7.71 倍，增长速度极为迅猛，这为我国高校食品学科的科研与创新水平的提升提供了强大的支撑。

农业学科

近几年来我国高校的农业学科研发课题投入总数和经费的内部支出都呈现出快速上升的趋势。如表 3-41 所示，课题总数由 2002 年的 6 468 个增长为 2008 年的 8 329 个，增长了 28.77%。课题经费的内部支出的增长更为迅猛，由 2002 年的 3.33 亿元增加为 2008 年的 13.02 亿元，增长了 290.99%，为我国高校的农业学科科研和创新水平的发展提供了强大的支撑。

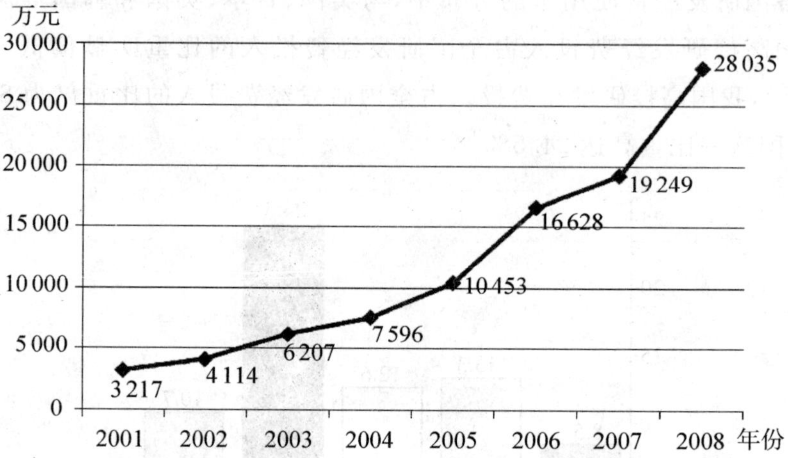

图 3-24 2001～2008 年我国食品学科 R&D 经费内部支出

表 3-41 高等院校农学专业 R&D 课题投入情况

单位:亿元

	课题数	课题经费的内部支出
2002 年	6 468	3.33
2005 年	7 856	5.41
2008 年	8 329	13.02

数据来源:中国教育统计年鉴。

此外,诸如"973"等国家重点研究计划对农业学科的扶持力度也在逐年加强。以"973"为例,如图 3-25 所示,中央对农业的财政拨款由 2001 年的 9 970万元增加到 2008 年的 16 982 万元,增加了 70.3%。

材料科学

我国高校的材料科学专业近年来 R&D 研发的课题总数、人员投入、经费支出皆出现快速上升趋势。2008 年我国高等院校材料科学专业 R&D 课题总数达到 12 547 个,参加人员达到 9 861 人。其中,科学家和工程师人数达到 9 634 人。此外,R&D 项目经费内部支出也达到 203 531 万元。

此外,中央在国家科技支撑计划/国家科技攻关计划中的财政拨款也呈逐年上升的趋势。如图 3-26 所示,材料方向的项目投入由 2001 年的 11 110 万元增加到 2008 年的 51 483 万元,增加了 363%。

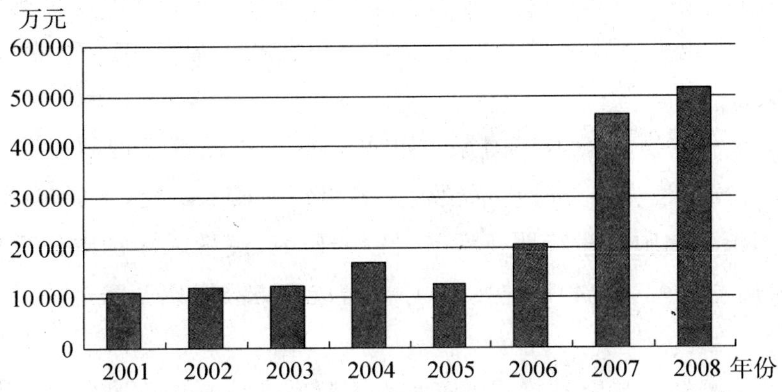

图 3-25 2001～2008 年“973”对农业的中央财政拨款

数据来源：中国科技统计年鉴。

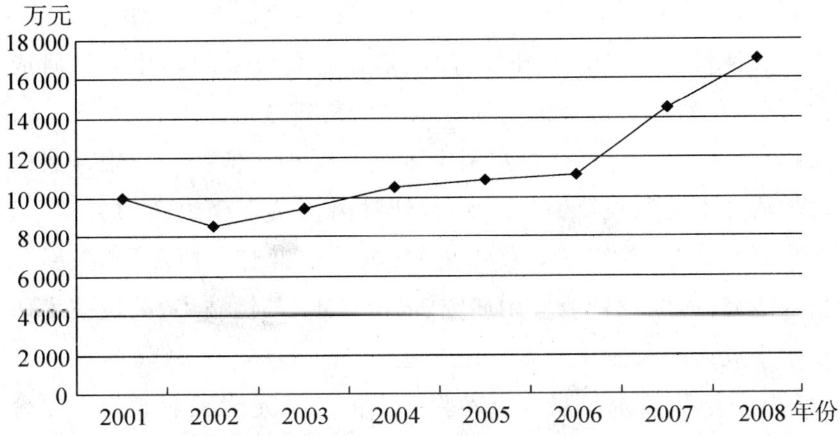

图 3-26 2001～2008 年国家科技支撑计划/国家科技攻关计划对材料科学的中央财政拨款情况

数据来源：中国科技统计年鉴。

(三) 科研基地与平台建设

食品学科

2009～2010 年，在食品科技平台建设取得重大突破，最突出的建设成果为企业国家重点实验室、产业技术创新战略联盟、国家工程实验室。

1. 企业国家重点实验室

企业国家重点实验室作为国家技术创新体系的重要组成部分，是开展行业应用基础研究、聚集和培养优秀科技人才、开展科技交流的重要基地，是发展共性关键技术、增强技术辐射能力、推动产学研相结合的重要平台，带动和促进行业技术水平和企业自主创新能力的不断提高。在企业建立重点实验室，深化了科技体制改革，是企业自身发展的需要，更是产业、国家发展的需要。

（1）啤酒生物发酵工程国家重点实验室　依托青岛啤酒股份有限公司，主要开展啤酒生物发酵技术领域关键和共性技术研究，主要包括 Lager 酵母基因组学细胞代谢特性及调节机制的研究，痕量风味物质分析检测技术，风味调控和人工智能评定技术，原料智能配方技术以及酿造关键技术的研究等。

（2）肉类加工与质量控制国家重点实验室　依托雨润食品产业集团有限公司，在肉品质量与安全控制技术的前沿和关键问题上，开展原料肉质量安全控制技术、肉品加工质量安全控制技术、肉制品质量安全控制技术等研究方向研究，解决制约肉类行业发展的关键技术难题开展应用基础研究、关键技术和共性技术的研究和开发，促进基础研究成果的转化和科研成果的产业化，建立我国肉类行业最高研究水平的科研基地。

（3）肉食品质量与安全控制国家重点实验室　依托厦门银祥集团有限公司，按“从源头到餐桌”的科学理念，针对肉食品安全生产的关键控制点，确定三个研究方向：养殖安全技术研究、肉品加工安全技术研究、溯源监测分析技术研究，以肉类行业应用研究、前沿技术、共性技术、关键技术研究和重大技术集成研究及制定行业标准为主。

（4）乳业生物技术国家重点实验室　依托于光明乳业股份有限公司建设的“乳业生物技术国家重点实验室”，将以技术中心为载体和平台，分别开展乳品发酵技术与新型乳品发酵剂的研究开发；乳品安全技术及安全控制；功能性乳制品的研究与开发；新型干酪的研究开发与乳品深加工技术等四个方面的研究。这些研究项目都是我国乳品行业中亟须解决的重大瓶颈问题，这些乳业的共性技术与核心技术的攻克，必将有力推动行业发展，有效促进行业的技术创新，提升我国乳业的整体竞争实力。

2. 产业技术创新战略联盟

产业技术创新战略联盟是指由企业、大学、科研机构或其他组织机构，以企业的发展需求和各方的共同利益为基础，以提升产业技术创新能力为目标，以具有法律约束力的契约为保障，形成的联合开发、优势互补、利益共享、风险共担的技术创新合作组织。产业技术创新战略联盟是实施国家技术创新工程的重要载体。推动产业技术创新战略联盟构建和发展，是整合产业技术创新资源，引导创新要素向企业集聚的迫切要求，是促进产业技术集成创新，提高产业技术创新能力，提升产业核心竞争力的有效途径。主要任务是组织企业、大学和科研机构等围绕产业技术创新的关键问题，开展技术合作，突破产业发展的核心技术，形成产业技术标准；建立公共技术平台，实现创新资源的有效分工与合理衔接，实行知识产权共享；实施技术转移，加速科技成果的商业化运用，提升产业整体竞争力；联合培养人才，加强人员的交流互动，支撑国家核心竞争力的有效提升。

目前食品科技领域已经形成了20余个产业技术创新战略联盟，如小麦加工、玉米加工、果蔬加工、大豆加工、肉类加工、油菜加工、水产品加工、非热加工、乳业、苎麻、花生、苹果、柑橘、枣、茶、杂粮、食用植物油、速冻米面及调制食品、食品添加剂、罐头食品、农产品贮运保鲜、食品冷链物流、食品装备等产业产业技术创新战略联盟。

3. 国家工程实验室

(1) 粮食储运国家工程实验室　以粮食储藏和运输过程中的保质和减少损失为重点，开展二氧化碳和氮气气调储藏、高效生物杀虫剂、环保型通风等节能安全的储粮技术研发，突破集装箱、集装袋等安全物流保质减损等关键技术，为提升粮食储运效率提供技术支撑。

(2) 粮食深加工国家工程实验室　以提高粮食生产效益和综合利用为重点，围绕粮食主要组分高效分离、功能性粮油食品加工、粮食加工副产物增值转化、粮食营养与安全测试等关键问题，系统研发粮食精深加工技术、加工品质量控制技术、副产品综合利用等技术，提升我国粮食深加工的技术水平。

(3) 粮食加工机械装备国家工程实验室　以提高粮食加工质量为重点，为突破粮食加工装备的可靠性设计、智能化采集和控制等关键技术的瓶颈制约，开发大型、高效、节能和智能化的粮食加工装备，满足粮食产品深加工对先进机械装备的技术需求。

生物技术学科

1997年教育部正式批准建立生物技术专业至今，我国生物技术学科在上述的大背景之下也发展迅速。特别是一些国家级的平台建设成绩极为显著。目前，与生物技术相关的国家工程实验室共四个，如表3-42所示。

表 3-42 与生物技术相关的国家工程实验室列表

	名称	承建单位
1	药物基因和蛋白筛选国家工程实验室	东北师范大学
2	工业酶国家工程实验室	中科院微生物研究所
3	酶高效表达国家工程实验室	福大百特科技发展有限公司
4	免疫诊断试剂国家工程实验室	湖南远泰生物技术有限公司 湖南景达生物工程有限公司、军事医学科学院基础医学研究所、中南大学肿瘤研究所

除此之外，与生物技术相关国家重点实验室的规模也不断扩大。截止到目前，该类国家重点实验室共有 16 个，如表 3-43 所示，主要由国家卫生部、中国科学院、国家教育部等单位主管。

表 3-43 与生物技术相关的国家重点实验室列表

序号	实验室名称	所属学科	主管部门	地区
1	癌基因与相关基因国家重点实验室	生命	卫生部	上海
2	病毒基因工程国家重点实验室	生命	卫生部	北京
3	病毒学国家重点实验室	生命	教育部	湖北
4	病原微生物生物安全国家重点实验室	生命	总后勤部卫生部	北京
5	催化基础国家重点实验室	化学	中国科学院	辽宁
6	淡水生态与生物技术国家重点实验室	生命	中国科学院	湖北
7	分子生物学国家重点实验室	生命	中国科学院	上海
8	农业生物技术国家重点实验室	生命	教育部	北京
9	农业微生物学国家重点实验室	生命	教育部	湖北
10	热带作物生物技术国家重点实验室	生命	农业部	海南
11	生化工程国家重点实验室	生命	中国科学院	北京
12	生物大分子国家重点实验室	生命	中国科学院	北京
13	生物反应器工程国家重点实验室	生命	教育部	上海
14	生物膜与膜生物工程国家重点实验室	生命	中国科学院	北京
15	微生物技术国家重点实验室	生命	教育部	山东
16	植物生理学与生物化学国家重点实验室	生命	教育部	北京

三、学科人才培养模式与效果

(一) 人才培养模式

食品学科

20世纪80年代以前，我国的传统教育受计划经济的影响，具有很大的针对性和计划性，轻工、农业、商业等各部委的院校食品专业学生的培养模式各不相同，但都是针对本行业的需要来培养的。在当时的培养模式下学校非常注重实践知识的培养，学生与工厂接触较多，因而学生的实践经验和动手能力很强，毕业生就业范围主要集中在国企，培养出来的人才大多成长为企业的技术骨干，为当时我国食品工业的发展做出了巨大贡献。

改革开放后，随着我国农业生产的多年连续大丰收，出现了大批针对农产品加工的乡镇企业，一些国营企业也得到了迅速的发展，如当时比较流行的蘑菇、水果罐头等加工企业均迅速壮大。在这种形式下食品企业对相应的食品加工、检测等人才产生了新的需求，因此食品专业的教育模式也发生了很大的转变。当时普遍采用一种专才教育的模式，非常注重对学生专业知识的培养，如为迎合当时国内设备、建厂以及技术等各方面的需要，学校非常注重学生的各类产品加工技术、加工原理、工厂设计以及设备开发等专业知识教育，如在很多院校中非常重视罐头、饮料、饼干加工等方面的专业知识的教育，而像罐头行业也曾一度在当时的食品行业中占据重要的位置。这种模式培养出来的学生具有扎实的专业知识，能够非常迅速地适应当时食品工业发展的需求。

20世纪90年代以后，随着我国改革开放的深入，私营、合资、独资企业大量涌现，而一些国企也先后改制，变换运营方式，企业形式或机制的重大转变使得企业机械化、规模化程度的提高，技术水平也相应提高，而食品生产的安全、卫生等要求也同时提高，这就必然带动对学生素质要求的提高。如一些外企对外语、计算机能力、企业管理甚至运输、贸易、文化等各方面能力都提出了很高的要求，要求学生很强的综合能力，能够独挡一面；另外随着企业规模的壮大、自动化程度的提高，对学生机械、自动化等方面的素质要求也大大提高而不再只是注重专业知识的需求。同时我国学生就业制度也发生了重大变革，打破了原来的统一分配制度，毕业生的就业范围和自主性大大提高，毕业生开始自主择业，而开始不再仅限于本专业内就业，进入到一些其他的相关专业，学生要在竞争中取胜需要有很高的综合素质和很强的适应能力。在这种形式下要求学生在具有扎实的基础知识的同时也要具有较强的综合素质，同时要有创新能力，以适应不同的社会需要。

目前国外欧美等国家大多采用的是一种通识教育和素质教育相结合的模式，是将创新教育贯穿于整个教学过程的素质教育。如美国的高等教育是一个不断实施教育创新，积极推进基于创新性人才培养的教育模式和教学方法改革的过程；德国则在保持传统学术自由的基础上为了促进学生个性发展，加大跨学科研究与教学，这种模式有利于培养学生拓展知识面，培养学生自主学习能力、发现问题和解决问题的能力、组织能力、创新能力与独立的科研能力；日本则将教育的目标定为广阔的胸怀、健壮的身体和丰富的创造力，把培养学生创造力提高到了前所未有的高度。

国外的这些重在培养学生创造力以及综合素质的培养模式正是迎合现代社会的需求而设立的，非常值得我们借鉴。而目前我国的教育也从精英教育转变为大众教育，为适应社会的需求也迫切需要进行教育模式的转变。因此，教育部提出了宽口径、厚基础、重素质的教育模式，随后国内很多大学如清华大学、大连理工大学、华中农业大学、江南大学等纷纷响应，改变原有的精英教育模式，采用宽口径的教育模式，使得中国的教育的发展方向逐渐出现综合的趋势。教育模式的转变随之带动了人才培养规格的变化，针对目前我国的社会需求情况，制定了新的人才培养规格，这将更注重人才的综合素质与创新能力的培养。

2010 年 6 月教育部启动了“卓越工程师教育培养计划”，目标是面向工业界、面向世界、面向未来，培养卓越工程师后备人才，这是贯彻落实《国家中长期教育改革和发展规划纲要（2010～2020 年）》和《国家中长期人才发展规划纲要（2010～2020 年）》的重大改革项目，也是促进我国由工程教育大国迈向工程教育强国的重大举措。该计划就是要培养造就一大批创新能力强、适应经济社会发展需要的高质量各类型工程技术人才，为国家走新型工业化发展道路、建设创新型国家和人才强国战略服务。

材料科学

建国初期，我国“材料科学与工程”学科人才培养模式基本上是承袭原苏联的纯工程师培养模式，往往以产品设置专业或者以行业设置专业，注重于培养专才。然而,随着材料科学技术的迅速发展,只具有单一理论知识的行业工程师人才已经满足不了人才市场对材料专业人才要求的条件,越来越多的复合型人才被需要,材料科学与工程呈现出相互渗透与交叉综合的发展趋势。一方面,材料科学的许多规律要借助于理科知识如物理(尤其是固体物理)和化学(尤其是物理化学);另一方面材料科学与其他科学如生命科学、信息科学及环境科学等的交叉渗透越来越紧密,以电子、生物、航天和能源为应用对象的材料代表着新材料发展的方向,材料科学也从过去的单一性金属材料、无机非金属材料和高分子材料转向以复合材料、纳米材料等高性能和高功能为主导的发展格局,材料科学人才培养逐渐转向交叉的大学科培养模式。材料学科不仅要继续教授学生传统的结构力学性能问题,而且还要向学生教授应用于微系统、纳系统、生物系统,以及主要以功能而不是结构为目的装置的共同原理。还要进行材料的结构、性能、工艺、功能等关系的广泛工程研究,不仅掌握必要的工程科学,而且需要认识工程实践和社会影响,这就要求高校能够为学生提供宽广、现代化的教育。

因此,"材料科学与工程"学科人才培养模式逐渐转向"宽口径、厚基础、强能力、高素质"的人才培养目标,体现素质结构、能力结构、知识结构协调发展的原则,以材料科学与工程"大学科"培养人才,使材料专业的学生能够适应众多行业对各种材料人才的需求。

(二) 人才培养效果

食品学科

1998 年以前,我国开设食品科学与工程本科专业的院校仅 70 所,而 2010 我国开设食品类专业的院校增至 235 所,增长了约 210%。随着食品专业培养的规模不断扩大,我国食品学科为食品工业输送的人才数量快速增加。如图 3-27 所示,我国食品学科的毕业生人数由 2005 年的 38 955 人增长为 2008 年的 77 630,增长了 99.3%,招生人数由 2005 年的 73 127 人增长为 2008 年的 104 895 人,增长了 43.4%。与此相对应,我国食品企业的科学家和工程师人数由 2005 年的 36 397 人增长为 2008 年的 68 125 人,增加了 87.2%。

1. 食品类毕业生就业情况良好　据不完全统计,近几年,我国食品科学与工程本科专业一次就业率约 80%,少数院校达到 95%以上。从一些院校的追踪调查表明目前食品科学与工程专业就业不存在市场饱和问题。

表 3-44是 8 所院校食品科学与工程专业近 2 年的毕业生工作性质情况，从表中可以看出，65.1%的毕业生从事本专业或与本专业有关的工作，考研和出国留学占 16.9%，这部分毕业生实际上仍属于本专业范围内，合计 82%。即毕业生大多数在食品领域内工作，只有 1/5 的毕业生脱离本行业。表 3-45数据是近年来食品科学与工程本科毕业生考研和就业流向，从全国范围内看，考研或出国比例略高于上述六所院校统计值。从全国就业流向看，东部沿海省市食品工业比较发达，因此，就业流向比率较高。

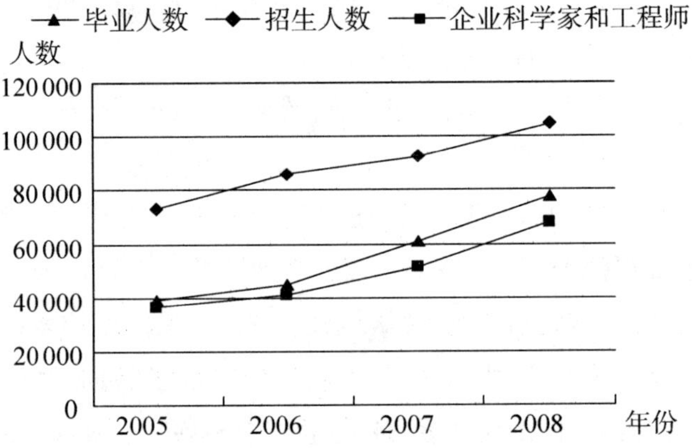

图 3-27 2005～2008 年食品学科毕业和招生人数与食品企业人才的变化情况

数据来源：中国教育统计年鉴，中国科技统计年鉴。

注：食品学科包括轻工纺织食品类。

表 3-44 毕业生从事工作类别情况(%)

食品企业管理	食品企业销售	食品企业品控	食品企业研发	食品相关单位	公务员	研究生或出国	其他
10.80	9.96	19.60	12.60	12.10	8.90	16.90	10.10

表 3-45 毕业生就业流向(%)

地区	考研出国	北京	天津	河北	山西	内蒙古	辽宁	吉林	黑龙江	上海	
2008 年	19.46	5.68	0.75	0.75	0.42	0.84	0.75	0.75	1.25	6.93	
2009 年	23.39	7.62	2.92	1.15	0.42	0.42	0.94	0.94	1.46	11.17	
地区	江苏	浙江	安徽	福建	江西	山东	河南	湖北	湖南	广东	广西
2008 年	7.44	8.60	4.26	1.34	0.25	6.52	0.58	4.93	0.75	8.77	0.92

续表

地区	考研出国	北京	天津	河北	山西	内蒙古	辽宁	吉林	黑龙江	上海	
2009 年	18.37	6.78	3.86	1.88	0.31	7.72	0.94	5.85	0.84	8.46	0.52
地区	海南	重庆	四川	贵州	云南	西藏	陕西	甘肃	青海	宁夏	新疆
2008 年	0.25	0.75	1.50	0.33	0.92	0.00	4.09	0.92	0.25	0.50	0.84
2009 年	0.52	1.15	1.98	0.42	0.84	0.21	9.81	0.84	0.42	0.31	0.94

农业学科

研究生毕业生人数由 1995 年的 1 111 人增加为 2008 年的 12 879 人，本专科毕业生人数由 1995 年的 32 975 人增加为 2008 年的 97 740 人，特别是 2001 年以后，增长速度更是极为迅猛，如图 3-28 所示。

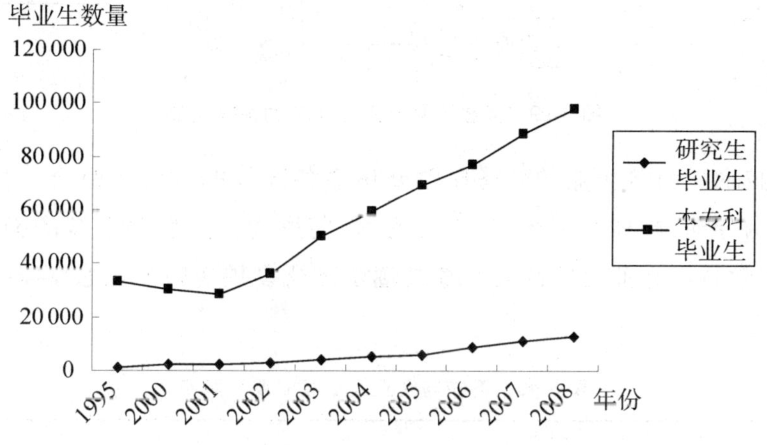

图 3-28 1995～2008 年农学毕业生人数变化图

四、学科提升社会服务能力，与产业展开积极互动

(一) 学科与产业互动模式

实现技术创新体系主体间的动态协作和主体间的和谐分工是创新体系建设的基础。高校学科发展的任务是创新和传播食品专业知识与技术、培养创新人才。并主要通过大众教育，为生产企业提供创新资源，以承担各类课题、转让技术或专利等方式参与企业创新。而且，高校学科的人才培养为企业提供大量的技术创新型人才，从而推动工业、农业的创新发展。在整个

关联机制中,政府提供创新环境与条件,市场需求为学科和工业、农业创新发展提供拉力和导向,高校的学科为企业创新提供创新资源动力,企业作为工业、农业的创新主体实现创新成果的转化。三者之间通过创新协同关联机制发挥各自作用(如图 3-29)。

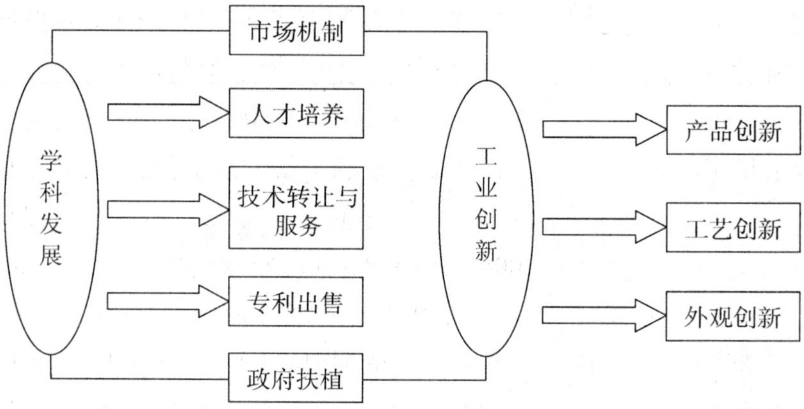

图 3-29 高校学科与工业创新的关联机制

高校的学科与企业的互动是创新体系各环节的对接和融合。目前,在以市场为导向、政府为主导、企业为主体、高校为依托互动组合的创新体系中,我国学科与企业之间的互动模式逐步演化发展为以下如表 3-46 所示的四种类型。

表 3-46 高校与企业互动模式及其特点

模式	特点
专利许可和技术服务	校企合作的初级形式,能够根据市场机制实现科研成果的交流与转化,但合作较为松散、随意而且行为短期化。
企业孵化器	孵化的对象是具有商业化前景新产品和小企业,形成了企业与高校之间优势互补、风险共担、利益共享的合作机制,但成功率较低。
科技工业园区	提供的高度专业化的一条龙式的服务使科技成果转化的成功大为提高,是校企合作的最高级形式。
合作研究中心及工程研究中心	是企业的研发载体,针对企业的需要开展课题研究,同时为企业培养工程技术人员。

（二）社会服务能力

食品学科

专利特别是发明专利是衡量我国食品企业研发与创新成果的主要标志。而作为创新主体(且往往以原始创新为主)的高校则以出售专利和授权知识产权等多种形式向企业输送创新成果，推动企业的创新发展。由于数据的难于获取性，而食品学科属于工学学科其中的一类，因此，本研究采用工学学科的专利出售和知识产权授权变化情况来近似的反应出食品学科的相关情况。如图 3-30 所示，从 2005～2008 年，我国高校工学学科的知识产权授权数稳定增长，专利的出售项数和专利出售实现金额在 2006 年出现小幅下降后又迅速上扬，在 2007 和 2008 年间增长显著。知识产权授权数由 2005 年的 5 117 项增长为 2008 年的 9 348 项；专利出售项数由 2005 年的 637 项增长为 2008 年的 764 项；专利出售实现金额由 2005 年的202 596万元增长为 2008 年的 412 401 万元。与此同时，2005～2006 年间，我国食品企业的专利申请和发明专利数均增长缓慢，而 2007～2008 年，我国的专利申请数由 2 723 项增长为 5 672 项，发明专利数由 645 项增长为 1 904 项，增长极为迅速，如图 3-31 所示。

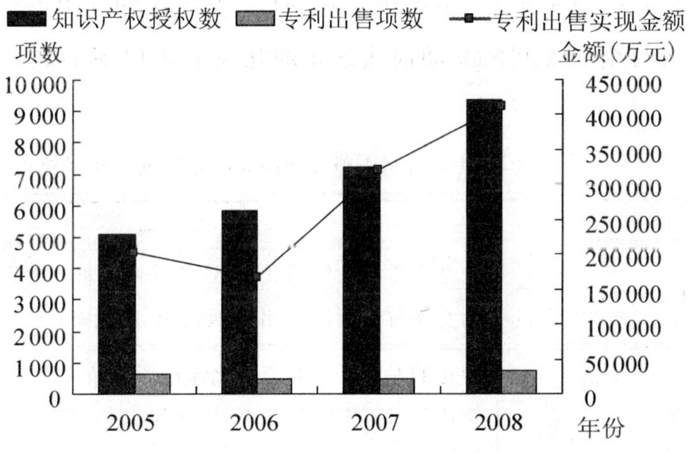

图 3-30　2005～2008 年我国工学学科专利变化图

数据来源：中国教育统计年鉴。

近年来，食品学科向社会各界提供的技术服务规模不断扩大。由于数据难以获取，仍然使用工学学科技术服务转让合同的变化情况来近似的反应食品学科的相关情况。如表 3-47 所示，2005～2008 年间，我国工科学科技术转让合同的金额呈上升趋势，由 2005 年的 917 732 万元增加为 1 328 779万元，总量增加了 44.8%。特别是 2008 年，我国工科学科的技术转让合同收入金额达到 845 718 万元，增长较为显著。在此期间，我国规模以上企业的科技活动也比较活跃，技术引进、技术改造、购买国内技术的金额总体呈上升趋势，累计增长率分别为 111%、6.9%、218%、32%，食品企业购买国内技术的增加率达到了 23%，与学科技术转让合同金额的变化趋势相一致(见表 3-48)。

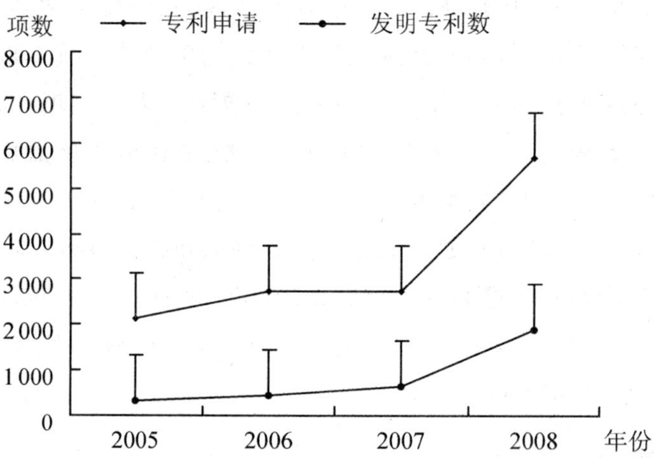

图 3-31 2005～2008 年我国食品企业专利变化图

数据来源：中国科技统计年鉴。

表 3-47 2005～2008 年我国工科学科的技术转让合同变化情况

年份	合同数		收入	
	数目(项)	增长率(%)	金额(万元)	增长率(%)
2005 年	5 232	/	917 732	/
2006 年	4 459	－14.8	776 203	－15.4%
2007 年	4 250	－4.69	845 718	8.96%
2008 年	5 163	21.5%	1 328 779	57.1%

数据来源：中国教育统计年鉴。

表 3-48　规模以上食品企业科技活动经费支出

年份	技术引进		技术改造		消化吸收		购买国内技术	
	金额	增加率	金额	增加率	金额	增加率	金额	增加率
2005 年	1 049 092	-	108 710	-	15 708	-	49 336	-
2006 年	1 266 469	20.7%	109 203	0.5%	18 806	19.7%	45 877	-7%
2007 年	1 617 334	27.7%	189 428	73.5%	54 362	189.1%	52 956	15.4%
2008 年	2 217 671	37.1%	116 188	-38.7%	50 031	-8%	65 129	23%
累计增加率	111%		6.9%		218%		32%	

数据来源：中国科技统计年鉴。

与我国高校食品学科研发水平以及社会服务能力快速增长相对应，我国的食品工业也在近年来获得了长足的发展。1980～2000 年我国食品工业年均增长速度约为 13%～14%，进入新世纪，我国食品工业进入全面扩张和高速发展的战略机遇期，年均增长超过 20%，连续 15 年居中国制造业之首。2008 年食品工业总产值达到 4.2 万亿元，比 1978 年的 480 亿增加了近 90 倍。2008 年食品工业增加值已占国民经济的 4.7%，出口创汇超过 650 亿美元，餐饮业产值达到 1.5 万亿元，10 年增长了近 7 倍。食品工业和餐饮业约吸纳了 3 000 万就业人员。食品工业已经形成 28 大类，共 525 种产品，能够基本适应未来市场对食品多元化的要求。其中，大米、小麦粉、食用食用油、鲜冷藏冻肉、饼干、果汁及果汁饮料、啤酒、方便面等产品产量已位居世界第一或世界前列。

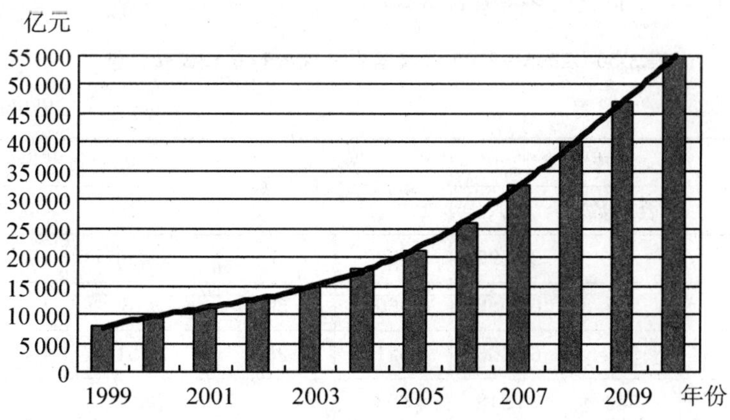

图 3-32　我国食品工业产值

我国“食品产业经济”的整体战略地位已充分显现，食品产业已成为我国国民经济的基础产业和支柱产业，在我国国民经济中增长最快、最具活力和发展潜力。

农业学科

我国普通高校农业学科的科技服务能力也在不断提升，无论是在科技服务人员方面还是在科技成果转让方面。如表 3-49 所示，2005～2008 年间，我国高校农业学科科技人力投入总体呈现上升趋势。其中，R&D 成果应用及科技服务人员由 2 828 人增加为 3 344 人，R&D 成果应用及科技服务全时人员由 1 695 人增加为 2 006 人。

表 3-49　2005～2008 年我国农林院校科技人力情况

时间	R&D 成果应用及科技服务人员		R&D 成果应用及科技服务全时人员	
	共计	其中：科学家和工程师	共计	其中：科学家和工程师
2005	2 828	2 710	1 695	1 624
2006	2 518	2 349	1 512	1 408
2007	3 350	3 211	2 014	1 927
2008	3 344	3 235	2 006	1 941

数据来源：中国教育统计年鉴。

科技成果转让情况的变化情况也基本相似。特别是技术转让方面，合同数和收入皆呈现总体上升趋势。合同数由 2005 年的 201 个上升为 2008 年的 642 个，技术转让收入由 2005 年的 38 695 万元增长为 2008 年的 73 918万元，增长了一倍多，见表 3-50。

表 3-50　2005～2008 年我国农林院校科技成果转让情况

单位：万元

时间	技术转让		知识产权授权数		专利出售	
	合同数	收入			项数	实现金额
2005	201	38 695	470	5	7 480	
2006	564	68 582	560	50	18 180	
2007	586	61 106	621	26	7 451	
2008	642	73 918	664	55	13 844	

数据来源：中国教育统计年鉴。

伴随着我国农业学科科技服务能力的不断提升，我国农业产值也呈现快速上升趋势。如图 3-33 所示，2000～2008 年，我国农业产值由 24 915.8 万元上升为 58 002.2 万元，总量翻了一番多。

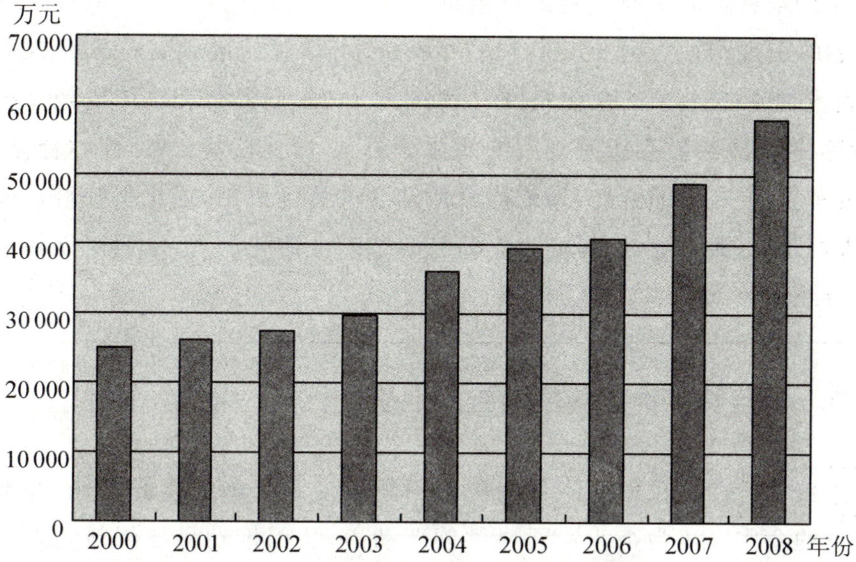

图 3-33 2000～2008 年我国农业产值变化趋势图

五、政府在学科建设中的引导效果

科学技术已经发展成为近 3 000 个学科组成的学科群，各学科在自身发展的同时也影响着其他学科的发展。每个学科都有自身的发展规律，有高潮也有低潮，有独自发展也有与其他学科共同发展。政府如何正确引导学科的整体发展是我国学科体系建设中的关键问题。

首先，在学科发展中，政府是投入主体，在投入的宏观布局中，兼顾科学技术的总体平衡与协调发展。例如，在某个时期某些学科可能会处于低潮，社会资金和人才都不愿意投向这些学科领域，这一时期这些学科不仅得不到增量资源的投入，存量资源也可能流失。在这种情况下，政府则会适当加大对该学科的扶持。反之，则相应减少扶持。

其次，政府既是高等教育的投资者，又是高等教育的管理者。具体说来，政府对高校的宏观调控与引导主要包括五个方面。一是对高校学科设立的宏观调控与引导。高校学科的设立原则上要与经济和社会发展的需要相适应，与国家整体高校结构与地方高校发展的需要相协调；二是对高校重点项目的宏观调控与引导。高校重点项目的发展要与地方经济发展的需要相结合，要服务于地方经济的总体规划，要与学科内部的发展状况相适应，以确保国家有限的资源得到最有效的配置和最合理的利用；三是对高校投资主体的宏观调控与引导。引入多元投资主体，并使区域高等教育投资的多元主体能形成共享的文化氛围，使舆论监督、行政监督和法律监督产生联动作用，提高高等教育资源利用的效益。同时，加强校企合作、校际合作、高校和科研院所之间的合作，形成产学研结合的良性机制，强化高校科技成果转化和工程化能力建设，提高大学科技园的产业孵化能力，从而使创新能力转化为经济效益。

六、学科发展推进科技创新的定量分析

高校学科在科技创新体系中扮演创新投入和实施主体的角色，并通过产学研的合作模式为企业发展提供创新动力，从而推动科技创新的发展和产业的整体进步。本研究以食品学科为例，运用模型定量分析学科发展对食品工业创新的关联度。

（一）研究方法

数理统计方法中回归分析法用得最多。但回归分析要求大量样本，且样本要有较好的分布规律。由于本研究统计数据有限，且现有数据灰度较大，数据波动明显，因此采用回归分析方法难以奏效。灰色关联分析是一种新的模型分析方法，是基于行为因子序列的微观或宏观几何接近，以分析和确定因子之间的影响程度或因子对主行为的贡献测度而进行的一种分析方法。根据因子间发展态势的相似或相异程度，衡量因子间关联程度。该模型是动态过程发展态势的量化分析，具有对样本容量多少与统计数据典型性分布特征要求不严，计算工作量小的特点，这些特点都非常适合本研究中学科发展与食品工业创新关联度的分析。

本研究中，灰色关联分析模型中关联度是因变量食品工业创新水平与学科发展的各自变量间关联性大小的量度，描述了二者之间在发展过程中，因子间相对变化情况，也就是变化大小、方向与速度等的相对性。如果两者在发展过程中，相对变化基本一致，则认为两者关联度大，影响力大；反之，

两者关联度小,影响力则小。

(二) 灰色关联模型的建立及数据分析

根据灰色关联的分析方法,从食品工业创新与发展的角度,建立一个灰色关联度模型,分析食品工业创新和发展水平与食品学科发展之间的关联,研究食品工业发展与食品学科创新水平的主要因素之间的相关性。

考虑到数据的可得性,本研究主要选取 2001～2008 年食品工业产值作为参考数列 X_0,以该数列指标代表我国食品工业的创新水平。选取同年的本学科学生招生人数、食品学科 R&D 经费内部支出、国外主要检索工具收录的我国食品科技论文数这三方面数据近似衡量食品学科发展水平。这四项分别是比较数列 $X_i(i=0,1,2,3)$。各相关因素数据如表 3-51。

表 3-51　食品工业创新发展及食品学科相关因素数据

年份	食品工业总产值(亿元)X_0	本、专科学生招生人数(人)X_1	食品学科 R&D 经费内部支出(万元)X_2	国外主要检索工具收录我国食品科技论文数(篇)X_3
2001	9 318	28 590	3 217	412
2002	10 759	35 742	4 114	615
2003	12 913	42 643	6 207	907
2004	16 163	52 607	7 596	832
2005	20 473	73 127	10 453	1 081
2006	24 808	85 690	16 628	1 446
2007	32 380	92 310	19 249	1 951
2008	41 997	104 895	28 035	2 598

数据来源:中国科技统计年鉴。

将原始数据无量纲化,方法通常有标准化、极差化、均值化和初值化等。本研究通过比较运用这些方法后的运算结果,发现采用极差化方法得到的关联系数表明被分析对象之间的差异体现最明显。所以采用极差化方法对原始数据无量纲处理。即 $Y_i(k)=\dfrac{X_i(k)-m}{M-m}(i=0,1,2,3;k=1,2,3,4,5,6,7,8)$,$M$、$m$ 分别是原始数据 X_i 的最大值和最小值。

计算绝对差序列 $\Delta_{oi}(k)=|Y_i(k)-Y_0(k)|$,同时可得到:$\Delta_{\max}=\max\limits_i\max\limits_k\Delta_{oi}(k)$;$\Delta_{\min}=\min\limits_i\min\limits_k\Delta_{oi}(k)(i=1,2,3;k=1,2,3,4,5,6,7,8)$。

计算关联系数 $\xi_{0i}(k)=\dfrac{\Delta_{\min}+\rho\Delta_{\max}}{\Delta o_i(k)+\rho\Delta_{\max}}$，其中 ρ 是分辨系数，且 $\rho\in(0,1)$，这里 ρ 取 0.5。

计算关联度：$\gamma_{0i}=\dfrac{1}{n}\sum_{k=1}^{n}\xi_{0i}(k)(n=8)$。

(三) 数据计算与结果

用极差化方法对原始数据表 3-5 无量纲化处理。即 $Y_i(k)=\dfrac{X_i(k)-m}{M-m}(i=0,1,2,3;k=1,2,3,4,5,6,7,8)$，得到一组新的数列，见表 3-52。

表 3-52　Y_i 计算结果表

Y_0	Y_1	Y_2	Y_3
0	0	0	0
0.025	0.094	0.036	0.018
0.055	0.184	0.120	0.580
0.170	0.315	0.176	0.348
0.147	0.584	0.292	0.468
0.308	0.748	0.540	0.565
0.496	0.835	0.646	0.718
1	1	1	1

计算绝对差序列 $\Delta o_i(k)=|Y_i(k)-Y_0(k)|$，同时可得到：$\Delta_{\max}=\max\limits_i\max\limits_k\Delta o_i(k)$；$\Delta_{\min}=\min\limits_i\min\limits_k\Delta o_i(k)(i=1,2,3;k=1,2,3,4,5,6,7,8)$。结果见表 3-53。

表 3-53　Δo_i 计算结果表

Δo_1	Δo_2	Δo_3
0(min)	0(min)	0(min)
0.096	0.011	0.007
0.129	0.065	0.525(max)
0.145	0.006	0.178
0.437	0.145	0.321
0.440(max)	0.232(max)	0.257
0.339	0.190	0.222
0(min)	0(min)	0(min)

根据前述的关联系数 $\xi_{0i}(k)=\dfrac{\Delta_{\min}+\rho\Delta_{\max}}{\Delta o_i(k)+\rho\Delta_{\max}}$ 这一计算公式，自变量本专科学生招生人数、食品学科 R&D 经费内部支出、国外主要检索工具收录我国食品科技论文数与因变量食品工业产值之间的关联系数见表 3-54。

表 3-54　关联系数计算结果表

ξ_{01}	ξ_{02}	ξ_{03}
1	1	1
0.696	0.913	0.974
0.630	0.641	0.334
0.603	0.951	0.596
0.335	0.481	0.450
0.333	0.333	0.506
0.394	0.376	0.542
1	1	1

将根据关联度的计算公式 $\gamma_{0i}=\dfrac{1}{n}\sum_{k=1}^{n}\xi_{0i}(k)(n=8)$ 带入上表得到表 3-55 的计算结果。

表 3-55　关联度计算结果表

关联度	本、专科学生招生人数	食品学科 R&D 经费内部支出	国外主要检索工具收录我国食品科技论文数
γ	0.632	0.713	0.616

由关联度计算结果可知，代表我国食品工业的创新与发展水平的指标，即食品工业产值与食品学科 R&D 经费内部支出的关联度最大，为 0.713；与本专科学生招生人数的关联度位居其次，为 0.632；最后为国外主要检索工具收录我国食品科技论文数，其关联度为 0.616。

（四）结果分析

上述模型的计算结果，具有重要的价值，并隐含着未来提升我国食品学科与促进食品工业创新发展的实现路径。

第一，食品学科 R&D 经费内部支出与食品工业的创新水平的关联度最大。说明目前我国食品工业创新发展依赖于食品学科的研发投入，因此加大我国食品学科的研发投入，既能够提升高校的食品科学建设水平，又能够直接服务于我国食品工业创新水平的提升。更好地实现食品学科 R&D 投入与食品工业创新能力提升的有机融合，应该成为未来企业与高校间产学研合作的关键。

第二，与食品学科 R&D 经费内部支出相比较而言，食品工业的创新水平与食品学科本专科学生招生人数的关联度次之，关联度的数值为 0.632。食品学科本专科学生招生人数对食品工业创新水平的提升具有阶段上的滞后性、影响路径的间接性、影响方式的渐进性。食品学科本专科学生招生人数对食品工业创新水平提升更多的体现在这些人力资源毕业后在食品工业行业间的技术创新的溢出与流动的演化。因此，食品学科人才培养要着眼于食品工业创新发展的实际，前瞻性地改进办学方式，优化人才培养模式，提高教学质量，在力求为我国食品工业输送更多具有较高文化素养和科学素质的人才，大力提升我国食品工业的创新水平上作贡献。

第三，与食品学科 R&D 经费内部支出、食品学科本专科学生招生人数相比较而言，食品工业的创新水平与国外主要检索工具收录我国食品科技论文数的关联度相对较低，但其关联度的数值也达到 0.616 的较高水平。从理论上分析，国外主要检索工具收录我国食品科技论文数在很大程度上体现了食品学科 R&D 投入的绩效，反映了食品科学 R&D 的创新质量。食品工业的创新水平不仅取决于食品学科 R&D 投入的强度，也取决于创新的质量。本研究得出的食品工业创新水平与国外主要检索工具收录我国食品科技论文数的关联度，不仅验证了理论的准确性，而且揭示了我国食品工业发展对食品学科建设的要求，即在提高高校 R&D 投入强度的同时，要着眼于提高高校食品学科的 R&D 资源的创新绩效，努力在创新性上作出艰巨的努力。

梳理我国食品、农业、生物技术、材料科学学科在近年来的发展概况可知，在学科发展水平、科学研究能力、人才培养效果、社会服务能力等方面，高等院校的学科均已取得较大的进展。然而，由前述科技强国的学科发展对比可知，我国学科发展依然有待促进与推动。

第六节　国际科技强国学科发展促进科技创新的范式对于我国学科建设和发展的借鉴意义

经过对美日韩等科技强国的学科发展与我国现实情况的对比分析，本研究拟提出学科发展促进科技创新的范式，以期为我国学科更好更快的发展提供借鉴。

一、科技强国学科发展与国家科技创新之间的关系模式及其对国家发展的价值

在科技强国的强势学科发展的过程中，逐渐与国家科技创新之间形成了一定的关系模式，即企业、大学、科研机构之间依托各自优势资源，相互合作，实现各种要素最佳组合，培养创新人才，多出创新成果，进而促进产业科技进步和国家科技创新。

（一）美国模式

20世纪70年代以来，美国政府重新强调科学与技术对国家经济的重要性，强调大学和企业研究合作的新发展。在经费上，政府、国家科学基金会、工业界都致力于对大学研究和开发的拨款、投资。在组织形式上，20世纪40年代末就开始筹建科学工业园，20世纪80年代末已达到100多家。其他与社会合作的手段还有：为工业界提供咨询服务；互有技术批准权和互为技术代理人；建立实施工程研究中心的改革试点等。1989年前后，美国国家科学基金会设立基金支持实施工程研究中心的改革试点，基金会和企业共同拨款，实施产、学密切合作，建立了25个工程研究中心。规定参加研究中心的每个高校必须有1/10以上的学生参加。据基金会介绍，有70%的反馈意见认为从工程研究中心毕业的学生知识广而且深，尤其是工业实际知识，毕业后适应工作快，其能力相当于普通高校毕业后两年的水平。

美国强势学科发展促进国家科技创新的模式，具有明显的自发性和强

调市场作用的特点。具体表现为以下几个方面：

1. 政府适当的政策引导和政策倾斜　总的来说，美国的私营部门特别是高科技企业在技术创新中相当活跃，政府对技术创新的直接介入相对较少，但作用却是不容忽视。特别是在国防和农业领域，美国政府早在二战时期就通过军事预算和政府采购来刺激高新技术产业和研究型大学的合作，并且利用财政补贴与税收优惠政策刺激技术活动，这样一条策略取得较大成功，被以后历届政府沿用，一直持续至今。此外，美国一直不遗余力地在世界寻找和移植高科技人才，并随时根据产业发展和科学研究的需要不断修改移民法案，以吸引各类高技术人才，移民政策在一定程度上为产学研合作注入了新活力。

2. 高校与企业开展合作研究　研究课题由大学和企业共同提出，或由其中一方提出，共同承担，研究成果一般都会被企业直接应用于产品开发。研究的选题直接针对某行业带有普遍性的技术问题进行探索，相当于应用研究。高校与企业结成紧密的联合体，进行多方位的产学研合作。美国4所一流的研究型大学——加州大学伯克利分校、哈佛大学、麻省理工学院和斯坦福大学都是产学研合作较为成功的范例。

3. 给予高校资金支持　例如"风险基金"的设立是美国在推进产学研结合，发展高新技术产业方面一个强有力的工具。对于可能产生重大技术突破，风险大、投资多的研究项目，由政府通过"风险基金"给予支持。资金支持的来源渠道：一是联邦政府、州政府设有专门基金，用于产学研合作项目；二是企业的捐赠与投入，一些大公司通常将其利润的10%左右捐助给大学，或是每年定额划拨给合作高校；三是地方当局和社区的经费支持，用于地方和社区所需人才的培养与有关问题的研究和解决。

4. 具有发达完善的中介组织　中介组织是沟通产学研合作的桥梁，它的作用不仅是为产业界各公司提供帮助，使其顺利找到合乎条件的科研合作伙伴，同时也帮助大学开启社会之门，了解企业的需求，审视和修正自身研究活动的方向。由于发展较早，美国产学研体系的中介组织构建相当完善，不仅有作为企业法人独立运行的技术转移协调中心(FLC)、全国技术转移中心(NTTC)和多个区域性技术转移中心(RTTC)，而且在各主要大学内部也分别建立了适合各自情况的"综合中介窗口机构"——法律契约事务服务机构和技术转让服务机构，负责研究成果的注册与转化。

可见，由于起步早、发展快，美国学科发展促进科技创新的体系相当完善，并具有明确的市场主导色彩，产学研各方根据市场需求迅捷做出反应，自发地展开活跃的产学研合作，从而使学科发展促进国家科技创新的模式具有合作紧密、内容广泛、经费保障、应用性强等特点。

（二）日本模式

二战之后，日本基于自身国情的考虑，采取了模仿创新的技术发展战略，利用反向工程的技术学习策略向欧、美等技术先进国家学习，创造了东亚奇迹，经过几十年的时间，日本就成长为世界第二大经济强国。而到20世纪90年代后，随着冷战结束，工业社会的信息化、知识化，世界经济全球化的发展，日本原有的创新体系对技术发展的新趋势表现出极大的不适应，经济陷入持续的低迷。1995年日本相继通过了《科学技术基本法》和《科学技术基本计划》，明确提出走自主创新之路，推动产学研合作。然而由于特定的民族文化和历史环境，日本的学科发展促进科技创新的模式与美国不同，带有突出的官方色彩，政府发挥着主导作用。具体说来，主要表现为：

1. 强调政府政策的指导作用　早自20世纪80年代起，日本政府就视产学研合作为基本国策。为了大力推进产学研合作，创造产学研合作的有利环境，日本政府建立了相关的法规、制度，对合作的内容、经费的负担、设施设备的利用等都做了相应的规定，为产学研合作创造了有利的环境。与此同时，日本政府也着手组织产学研三方开展合作交流，1981年，日本科技厅和通产省分别确立了官产学三位一体的以人为中心的流动科研体制。1987年，文部省设置了三个国立大学协作研究中心——富山大学地域共同研究中心、神户大学共同研究开发中心和熊本大学地域共同研究中心。进入20世纪90年代后，日本政府把产学研合作视为基本国策，在投入上更是不遗余力。可见，在整个体系构建中，日本政府一直扮演指挥者和建设者的角色，对国内创新活动积极引导、重点扶植乃至强制干预。

2. 产学研合作教育制度化　1983年日本建立了大学与企业开发产学研合作教育的制度。至今，已建立了委托研究制度、委托培训制度、捐赠奖学金制度、捐赠讲座、研究室制度、经费划拨与使用制度、研究权属保障制度、人员互派制度等一系列行之有效的制度。这些制度一方面使企业界向大学提供的课题数、研究经费有了明显增加；另一方面，使高校向企业界提供的研究成果、人才、新生技术力量也逐年上升。

3. 共同培养高级科研技术人才　高校必须与产业界相结合，开展密切的合作关系，双方都承担着重要的教育责任，都应对人才培养起重要作用。在日本，研究生由大学招收，完成基本理论学习后，进入合作企业，企业提供经费、场所和课题，助其完成整个学业。作为回报，企业有优先用人的权利。

4. 高校组建科学园，以此为载体进行产学研合作　日本许多大学都建立了科学园，其中最富盛名的是筑波大学的高技术科学城。这些科学园是以高校为中心，与专门科研机构、生产企业合作兴办的高技术密集区，既培养了新的科技人才，促进了大学教育教学改革；又开发了新技术、新产业和新产品。

可见，作为世界第二大经济强国，日本深受传统文化的影响，产学研合作模式具有突出的官方色彩，政府不仅是产学研实践的主要组织者和推进者，而且还是实际上的指挥者和参与者，直接介入产学研实践的内容、方式、重点产业、促进机制等方面的建设。为推进产学研实践，实现经济结构改革，日本政府运用了多项政策鼓励和引导国立大学与产业界进行研究实践，甚至直接替代中介组织，成为贯通产学研各方的桥梁。

（三）韩国模式

与前两个国家有所不同，韩国属于产学研的后发型国家，其产学研的发展较晚，相对滞后。由于长期执行出口导向型发展战略，韩国的科研与经济脱节严重。为此，自 20 世纪 80 年代起，韩国就着手对国家科研体制和政策进行一系列重大改革和调整，1997 年金融危机后痛定思痛更是加大了改革力度，并取得了不小的成果。归纳起来，其产学研发展具有以下特点：

1. 以企业生产为归属　即：无论企业、大学还是专业研究机构，除进行基础研究外，其他的研究都必须是企业生产需解决的问题，其成果都必须能迅速转化，并在市场上具有销售潜力。这就使得韩国的科研事业针对性强，成果转化直接便捷。

2. 推动大学企业化　韩国政府采取了一系列措施来调动大学在产学研体系中的积极性，比如在理工科大学内设立有大学直接任法人的专门研发机构，促进大学企业化，借以强化对企业技术开发的支援；设立大学内的“产学协作技术股份公司”，向风险企业直接投资后以技术入股方式同企业进行合作；根据企业对革新型人才的需要改编课程设置，采用产学研挂钩的奖学金培养制度等。

3. 政府大力推动 由于是后发型国家，韩国政府在产学研发展中扮演了重要角色。政府全额拨款或资助的国家、公立研究机构承担基础研究和核心产业技术应用研究，特别是民营企业无力承担的大型项目的研发，同时采取三条路径促使研究成果迅速转化为产品生产，一是研究机构与企业直接挂钩，以“合同”方式为企业解决生产技术课题；二是研究机构主动根据企业需要确定研究项目，将所研发的技术以专利形式向企业出售；三是研究机构与企业联合攻关，协作推进技术研发。而且政府在资金投放上也有所侧重，偏向“成果转化型”研发项目，以便引导和鼓励创新开发。

4. 大力培植和发展科技型中小企业，培育科技产业的微观载体 1997年金融危机使韩国认识到政府保护之下的大企业缺乏竞争压力，难以驱动企业进行技术创新。因此，韩国政府转向对科技型中小企业进行支持。危机之后，韩国政府就迅速利用世界银行的400亿韩元贷款成立了中小企业筹资创业基金会，给中小企业以资金支持，同时派遣研究人员和大学教授定期到中小企业进行技术指导或兼职服务、为中小企业培训技术人员和无偿向中小企业转让技术成果等多种措施。

可见，作为后发型国家，韩国的产学研发展起步较晚，但发展较快，取得了较大成绩，兴建了一批高新技术产业。然而，由于经历了严重的经济危机，韩国的产学研体制带有补救性色彩，政府作用明显，具有很强的实用性特征。

二、科技强国科学共同体对于推动学科发展、推动科技进步的价值

科学共同体是科学建制的核心，是由科学家组成的专业团体，具有共同的追求目标而结合在一起，并遵守同样的范式。科技协会和专业学会等既是作为科学共同体，也是范式的载体。由于科学共同体的范式发生了改变，导致了科学发展和科学革命，而范式的改变与科学共同体成员的作用和价值密切相关。例如，美国科学促进会（American Association for the Advancement of Science-AAAS，以下简称科促会）是世界上最大的综合性科学团体，也是最大的非营利性国际科技组织，现有262个下属学会并拥有13万个人和集体会员，服务于1 000万以上的科学家。科促会不仅影响美

国,而且影响了全世界,推动了不同领域的科学普及,见证了美国的科学发展。

总体来看,科学共同体对于推动科技进步的价值主要体现在以下几个方面。

(一)促进科学交流,服务社会发展

科学共同体智力密集、人才荟萃、联系广泛的组织特点,是创新人才成长的人脉网络,是学会具备了创新思维活跃的知识高地和创新源地的组织基础,这一优势是其他组织所无法比拟的。例如小组讨论,定期报告,学术会议,短期的学术访问和人员交流,较长时间的协作,借助科学期刊、出版物、图书馆、电子网络交流科学信息这种优势使科学共同体具有了满足会员、科技工作者自我发展和自我实现需要的服务功能。在自我发展方面,学会可以为他们在创新信息提供、知识技能完善、社会地位提高等提供帮助。在自我实现方面,学会同样能够为会员在潜能开发、价值实现等方面提供有利的条件和渠道。古今中外的学会都高举自由探讨、鼓励创新的旗帜。1848年9月美国科学促进会成立时,明确宣称其宗旨是"提倡科学自由"。我国第一批近代学会也提倡"各以读书所得,质疑辩难,如有撰述,互相质证"。学会宗旨决定了学会能够为会员和科技工作者提供适宜科学自由生长的环境,具有与生俱来的宽松、自由、平等、民主的学术氛围。

(二)整合资源,提升自主创新

科学共同体由于自身的优势,具有集散信息、聚合人才的功能和价值,为提升自主创新营造良好的环境和条件。一方面,充分发挥信息集散的功能,做学术信息的收集和传播者。积极组织各种形式的学术交流,通过学术交流、学术会议、期刊、网络等手段和媒介,把信息及时传达给科技工作者。及时获取知识和信息是科技工作者创造的源泉。只有掌握了最新科技信息,科技工作者才能把握科学技术发展的脉搏,熟知科学发展的前沿知识,从而提高自己的创新动力、创新意识和创新能力。学会的每一位会员,虽然有自己的专业和工作岗位,但其领域毕竟是有限的,认知能力、理解能力和创新能力也是有限的,都会受到各种条件的限制。加入科学共同体后,他就会有许多新的可供选择的机遇,有及时快捷的接触科学前沿的机会。如学术交流活动的创造性效应可以为他们提供思维中的求解信息和含有启发性的原型信息等。

另一方面，科学共同体以目标认同为基础聚集了本专业的科技工作者，鉴于自身在科学研究和自主创新活动中的影响和人格魅力，每一个成员的周围都聚集着不同数量的科技工作者，可以说每一个会员本身就是一个创新群体，由此学会成为了一个较强创新能力的创新集群。就学会的外部聚合而言，由于学会的参政活动和中介作用，使科技工作者和学会与政府之间易于形成政治、经济关系和思想意识上的认同感，从而促进学会这一创新集群可以根据政府的工作大局，有效地聚合本区域内的科技工作者，为服务于政府的科技发展、开展各种形式的自主创新活动提供强大的队伍基础。

（三）塑造科学规范，同行认可价值

科学共同体借助科学自身的本性和逻辑，生发、培植、训练和强化科学的规范和方法，为科学家提供行为准则和研究工具。科技工作者进行科研时的工作态度的核心是尊重客观，所有的创新成果，都要受到同行专家评议和重复试验的严格检查，同行认可是科学技术领域的基本思想路线和作风，引导着科技创新的不断进步和突破。一个科技工作者的工作和成就，总是在被同行认可之后，才会被社会上其他的各种体系所认可。科技工作者积极参与各种学术交流活动、在学术期刊上发表学术论文、在学术会议上发表自己的创新观点，都是为了得到同行的评价和认可。各国的科学家历来十分重视与同行的交流、同行的认可以及自己在同行中的声誉，因此他们在本专业相关领域一些重要的学术交流场合，往往十分活跃。当前学会的同行认可功能在实践中有着十分重要的现实意义，对于评价科技工作者的创新能力、创新水平和综合实力，提倡为自主创新和科学发展做贡献等方面，起着十分重要的作用。

在构建同行认可价值体系的同时，学会等科学共同体还能通过采取制定制度、改革科技评价体系与奖励机制等举措，使抄袭剽窃、一稿多发、不规范引用等学术不端现象得到了遏制，并营造出加强科研诚信与学风建设的良好氛围。例如，对基础研究成果，应依据其对学科或科技发展所起的实质性推动作用，主要由公认的学术组织和学术团体来评价奖励，而对技术和应用研究成果，应该考察其实际应用效果和推广情况，主要通过市场机制等来评判和奖励，使那些真正在学术界站得住脚的基础研究成果、真正能够经受市场检验的应用研究成果得到恰当的评价和奖励。

(四) 维护知识产权,优化创新环境

维权功能是科学共同体天然的与生俱来的价值与功能,主要体现在维护会员和科技工作者学术权益和在意识形态方面的权益。学会在学术交流活动中倡导“百花齐放、百家争鸣”的方针,参加会议者不论是院士还是在校的学生,不论是在政府部门任职的科技工作者还是普通科技工作者,在学会的讲坛上均一律平等,都有阐述自己新的发现、发明的权力,都可以以普通一员的身份自由发表自己科技创新的成果、发表对自主创新体系等有关科技政策的建议等等。科学共同体创造出鼓励创新、宽容失败、鉴伪存真、激浊扬清的宽松环境,为受到不公正待遇的会员和科技工作者代言,保护他们的合法权益。

(五) 积极推动创新型人才成长

科技人员聚集的组织,与科技人员有着天然的联系,因此举荐和培养人才是科学共同体的优势,也是科学共同体应担负的职责。科学共同体培养创新人才,主要体现在三个方面。一、在科技人员中,倡导心系祖国、自觉奉献的爱国精神,求真务实、勇于创新的科学精神,不畏艰险、勇攀高峰的探索精神,团结协作、淡泊名利的团队精神,调动成千上万的科技人员,为创新型国家建设作贡献;二、搭建高层次学术交流平台,让他们有机会接触世界一流科学家和前沿的科学和技术,让科技人员尽快跻身于世界学术前沿,使他们尽快掌握本领域世界科技发展的轨迹和动态。三、通过科技人员继续教育等途径,为培养数以千万计的专门人才,为建设一支规模宏大、结构合理、素质优良的创新型人才队伍服务。

三、国际科技强国学科发展促进科技创新的范式对我国学科发展的启示与建议

我国学科发展推动产业科技进步和国家科技创新的系统组织工作起步较晚。1992 年 4 月国家经贸委、教育部、中国科学院共同组织了“产学研联合开发工程”,倡导产学研结合,得到社会的广泛认同。经过十多年来的发展,我国的产学研结合从无到有,有力地促进了科技与经济的结合,加速和提高了科技成果的产业化,促进了我国经济的发展,取得了明显的经济和社会效益,得到了社会的广泛认同。但是我国的产学研发展相对于科技强国

和我国经济与技术发展的需要而言还是非常不够的。就目前我国的大学和企业的合作方式来看，由于我国企业的技术水平和能力较低，开展科技活动规模较大的企业也仅占 25%，更何况那些中小企业，企业的技术发展非常需要来自大学和科研部门的协作。但从我国目前产学研发展的现状来看，我国的产学研发展还存在着观念落后、制度不健全、资金流通不畅、缺乏中介组织以及法制薄弱等问题。

以下将总结国际科技强国学科发展促进科技创新的范式的有益启示，并结合我国国情，提出推动对我国学科发展、促进我国科技创新的建议。

（一）启示

通过上文分析科技强国学科发展促进科技创新的模式可以看出，每个国家的国情不同，学科发展与国家科技创新之间的关系模式也会有所不同，但这些国家的一些共同认识和成功经验，无疑是值得学习和借鉴的。

产学研有效结合是建设国家创新体系的关键

尽管科技强国的初始创新路径不同，但是最终将走向产学研有效结合的格局，或者说形成产学研结合的创新体制。二战后，韩国企业和大学的科研力量都比较薄弱，在这种情况下，政府发挥主导作用，通过设立官办科研机构和重大技术开发项目来为产业发展提供支撑。但是随着经济的起飞，韩国企业研究所力量开始增强，直接面向市场和本企业需求进行技术开发。而大学则承担着教育和科研的双重任务，不断创新体制机制来促进成果的转化和为产业发展提供支撑。这样，韩国形成了围绕产业发展需求，产学研有效结合的创新体系。从美国和日本的情况来看，虽然有的在初始阶段大学力量强一些，有的企业力量强一些，但是建设创新体系的过程，各创新主体本身功能具有不可替代性，在各创新主体功能不断丰富和完善的过程中，围绕科技创新需求充分发挥各自特长形成有效结合，才是国家创新体系建设的关键所在。

政府在学科发展促进科技创新中的作用不可替代

高校等科研机构的创新科研成果必须转化为产业应用，才能达到推动科技进步的效果，因此科技成果转化是推动国家科技创新最为关键的环节。即使是市场经济发展较为完善、甚至奉行自由经济的美国，在科技成果转化中也无不强化政府的干预作用。各国政府都十分重视基础技术、共性技术的研究，对这些技术的研究投入大多以政府的直接投入为主，并且呈现出不断加强的趋势。除了资金扶持外，各国政府都普遍强调科技的合作，在科技成果转化方面的主要作用还表现在，制定和实施法规与优惠政策，构建产业部门和科研机构的合作平台，引导高校与产业部门合作，并帮助建立各类有利于科技成果转化的中介机构。

科学共同体对学科发展促进科技创新形成了强有力的推动

科技协会和专业学会等既是作为科学共同体，也是范式的载体，对科技强国的科技进步产生了巨大的推动作用，且主要体现在：促进科学交流，服务社会发展；整合资源，提升自主创新；塑造科学规范，同行认可价值；维护知识产权，优化创新环境；积极推动创新性人才成长。

学科发展促进科技创新的模式包括单一管理型和多元参与型，后者更具优势

各国学科发展促进科技创新的模式尽管形式各样，但从整体上不外乎两种类型，即单一管理型和多元参与管理型。前者可细分为政府管理型和大学管理型，后者则可细分为董事会管理型和基金会管理型。这几种管理体制各有优势，但比较起来，多元参与管理型模式能使产学研三方更协调，使责权利三方更统一。因此，多元参与管理的产学研模式更可取。

学科发展促进科技创新模式的选择不应追求“最优”，而应追求“最合适”

学科发展促进科技创新的模式是多种多样的，而模式的选择是否合适应该主要考虑是否便于完成既定的目标，合适的标准是双方都能充分发挥自身的优势和潜力，合作成果应既能体现学术价值，又能创造经济效益。从这个意义上说，可将众多模式分为优势依托合作型和优势互补合作型，不管是采用哪种类型的合作，认真选择合作项目是能否成功的关键，而学术界和企业界的相互理解、达成共识，特别是选好合作伙伴，则是合作成功的有力保证。

无论何种产学研合作模式，合作效果的取得都必须最终落实到企业的技术创新活动中

不管是哪种合作模式，最终都要落实到企业的技术创新活动中去，而许多创新是需要通过创业来实现的，因此，如何将企业家精神融铸于产学研合作之中，也是产学研合作成败的一个关键。倡导企业家精神，形成浓厚的创业文化，对于产学研模式的有效运行，变“知本”为“资本”，是不可或缺的。韩国产学研结合体制最大特点是以企业生产为归属，即无论企业、大学还是专业研究机构，其课题除基础研究外，都必须是企业生产急需解决的问题，其成果都必须能迅速转化为市场开拓能力，这样就使技术研发能够与产业发展紧密结合。在韩国的产学研结合中，无论是政府主导还是民间自发，都充分尊重并发挥企业需求的主导作用，从而使产学研结合能够从一开始就瞄准企业的需求。

(二) 建议

结合以上创新型国家的经验和我国国情，建议从以下几个方面着手推进我国学科发展，加强产学研合作，加快知识向生产力转化的步伐，促进我国科技进步和经济发展。

发挥政府在学科发展促进科技创新中的调控作用

高校服务于社会经济建设，坚持走产学研结合之路，是促进我国科技创新的必由之路。美、日、韩等国的经验表明政府在学科发展促进科技创新中的作用不可替代，因此政府部门坚持高校以人才培养和科学技术服务于社会经济建设为宗旨，以高度的责任感为高校科研工作者营造科技成果转化和产学研合作的良好环境和氛围。建议：第一，要加大政策的关怀力度，设立加快产学研结合、推动创新体系建设的工作小组，负责产学研的政策制定和资金调配；第二，完善产学研合作创新中的产权制度安排，强化和完善知识产权保护、选择适宜的合作模式和加强产学研合作的过程管理，从而减少信息不对称；第三，建立健全法规体系，为产学研各方提供法制保障，从而为产学研合作创造良好的制度环境，推动科学技术产业化；第四，我国各级政府主动承担投入的责任，从法律上保障对高等教育的财政投入，保证政府在教育投入体制中的主渠道作用，为建设高教强国提供保障。

加强以科学技术协会为代表的科学共同体的建设

科协(科学技术协会)具有学科齐全、人才荟萃、网络健全的独特优势，在推动科技创新和学科发展、促进科技与经济紧密结合、提高全民科学素质等方面具有不可替代的重要作用。目前，我国科协在服务功能、资源整合等方面与科技强国仍存在一定差距，因此，我国政府及相关部门应把科协工作列入重要议事日程，进一步加强新形势下的科协所属学会建设，完善对学会的服务，为学会发展创造更好的环境条件。同时，建立健全科协专项经费投入的增长机制，逐步提高科协工作经费投入的总体水平，为科协工作提供必要的经费保障。进而充分发挥科协推动学科发展和科技创新的作用，强化科技普及和科技服务功能，为我国的科技进步和经济社会发展作出更大的贡献。

进一步发挥强势学科的优势

在建立和发展产学研合作，进而促进科技创新的过程中，必须根据大学特长，突出合作重点，进一步发挥强势学科优势。只有突出学校的强项，才能更好地发挥学校在合作中的作用。项目是产学研合作运作的基础，但不是产学研合作建立的基础。建立产学研合作的根本目的是为了促进某一领域科学和技术的发展及其应用。产学研合作的建立应促进大学和企业双方资本和知识之间的转化和不断增强的转化。因此，建议高校建立科研工作面向国民经济建设、面向企业市场需求的管理机制与考核机制，与企业建立紧密联系，充分发挥高校的学科优势和科研资源，支持产学研结合紧密的团队承担重大科技项目，不断为企业输送合格人才、高新技术成果及成果转化的基础和条件。

重视人才培养和创新精神的孕育

人才是企业和学校发展的基础。美国著名的高等学府，都已成为“两个中心”，既是教学中心，又是科研中心。毕业生在学习食品基础与专业知识的同时，还广泛参与各种前沿的、应对市场和企业需求的科研工作，极大的提高了毕业生的综合能力。日本在产学研合作的过程中培养出了更具创新精神的毕业生。因此，建议一方面把学生的发展作为教育的核心课题，重视学生潜力的发展，以达到人的自我实现。另一方面通过产学研合作，使学生的创新精神、专业知识得到拓展，提高科学和工程学生的创新精神、产业适应能力以及市场和国际竞争力；同时，深化大学生对合作企业的认识，使合作企业能吸引更多的优秀学生。

优化学科队伍结构与学科建设环境

建议以开放的姿态，优厚的待遇，采取特殊政策，通过有效的机制与制度保障，吸引和会聚一批具有国际先进水平的强势学科领域的学术大师和学科带头人。加大“内部培养”的力度，从内部培养学科带头人和学术带头人。同时，重视对教师队伍的培养，稳定学术骨干，以骨干为依托，带动学科梯队建设，逐渐形成合理的年龄、职称、学历、学缘、专业结构团队。优秀教师团队的建立及其作用的发挥离不开完善良好的学科建设环境，因此，建议完善的教师评价制度与尊重创造的学术风气，形成科学的评价标准和体系，开展客观公正的考核和评价，形成鼓励科研，营造宽松的学术氛围，保证科学研究的独立性，从而鼓励更多教师投入科学研究工作，产出更多科研成果。

继续加强创新平台建设

创新平台建设对推动学科发展、引导行业科技进步至关重要，更是产学研合作创新过程中不可缺少的支撑条件，完善的平台不仅应具有咨询服务功能，而且还应具有担保功能、监督功能和调节功能。监督转让双方履行转让协议或合同，特别是监督技术转让方对技术接受方所提供的技术服务切实实行，一旦出现违约和争议现象，可及时调解。因此，建议重点建设科研基地、技术转移中心、科技创新公共服务平台、科技资源共享平台、科技成果转化与技术转移平台，完善孵化功能，实现科技成果转化和项目对接，同时辐射区域的科技创新集聚与扩散功能。与此同时，政府也应当通过示范增强企业、科研机构对平台咨询服务的了解和需求。

参 考 文 献

1. Jou M, Chuang C P, Wu Y S. Creating Interactive Web-Based Environments to Scaffold Creative Reasoning and Meaningful Learning: from Physics to Products, Turkish Online Journal of Educational Technology, 2010,4(9):49-57.
2. Habermann H. Future of Innovation in the Federal Statistical System, Annals of the American Academy of Political and Social Science, 2010(631):194-203.
3. Dillane D, Tsui B C H. From basic concepts to emerging technologies in regional anesthesia, Current Opinion in Anesthesiology, 2010, 5(23) :643-649.
4. Perleth M, Luhmann D. Assessment of benefit and efficiency of innovative medical devices, Bundesgesundheitsblatt-Gesundheitsforschung-Gesundheitsschutz, 2010, 8(53): 825-830.
5. Lee H F, Miozzo M, Laredo P. Career patterns and competences of PhDs in science and engineering in the knowledge economy: The case of graduates from aUK research -based university, Research Policy, 2010,7(39):869-881.
6. 王伟宜. 美国大学招生录取二十年变迁研究[J]. 教育与考试,2010(3):84-88.
7. 江虹. 日本专业学位研究生院:模式、作用及意义解析[J]. 上海商学院学报,2010(3):28 -31.
8. 梁峙,马捷,朱正利. 适应区域经济发展的食品科学与工程人才培养模式探析[J]. 中国轻工教育,2009(1):28-30.
9. 董文明,袁唯,龚加顺,等. 食品科学与工程专业"产学研"相结合的实践教学模式探讨[J]. 云南教育研究,2007(53):13-14.
10. 刘新同,程长安. 大学科技园的兴起及其对高校职能的影响[J]. 河南师范大学学报(哲学社会科学版),2009,3(36):109-111.
11. 赵辉,平文祥,李海英,等. 综合性大学食品科学与工程专业人才培养模式和课程体系改革的研究[J]. 黑龙江教育,2008(1):66-67.
12. 路宝利. 关于美国大学制度演变的思考[J]. 继续教育研究,2010(6):116-117.
13. 王亚敏,胡莉芳. 中美本科生教育的学科结构比较分析[J]. 国家教育行政学院学报,2010(5):83-88.

14. 尚智丛.当代中国科技人才进入国际科学共同体的有效方式:中国科学院 50 岁以下杰出科技人才的分析[J].科技管理研究,2007(8):225-227.

15. 曹克浩,卢向阳.新专利法对农业生物技术专利申请的影响[J].湖南农业大学学报(社会科学版),2010,3(11):12-17.

第四章 学术流派与中医学科发展关系的实证研究[①]

第一节 引　言

学术流派及其争鸣，是中医学产生和发展、继承和创新的基本途径、基本方法之一。中医学的学术思想史，可以说就是中医各学术流派创立、发展、互相渗透和争鸣的历史。中医学的理论和临床，之所以形成这样博大精深、丰富多采、充满创造性活力的体系，是同历史上中医各医家的创造性业绩，共同努力奋斗分不开的。其中，学术流派占据着十分重要的地位。中医各家，特别是诸名家，差不多都经历了从学术流派的艰苦创业，到根深叶茂、源远流长的发展过程。

深入研究和发展中医学术流派，不仅能丰富中医药学的理论体系，还能为中医药学的学术进步产生巨大的推动作用；不仅能提高后学者的理论水平与临床经验，还有助于从更深层次揭示中医药学术发展的内在规律及外部条件，加强中医药理论与临床经验的传承，为当今中医药学术研究方向的定位及有关政策的制定提供决策依据；不仅是抓好继承创新，切实推进中医学可持续发展的重要一环，也是培养造就新一代名中医的重要途径，可以给当代中医药工作者带来更多的启迪，产生更多的新理论、新思维、新方法，使中

① 研究单位：中华中医药学会；课题负责人：苏庆民；作者：苏庆民、王阶、张效霞、王振瑞、姚魁武、刘平、孙永章、单联喆、郑齐、赵际勐（中华中医药学会）。

医药学术在发展中完善，临床水平在实践中提高，中医药事业在创新中繁荣。

第二节　秦汉及宋金元明清中医学术流派形成的特点及其学术成就

一门学说中，由观点、主张相同的众多学者组成的群体，便称为学派。学术流派的形成，需要一定的外部环境和内部条件。从外部的文化背景看，不同学科各种学术流派的形成和争鸣，多发生在社会政治统治相对宽松，经济发展相对稳定的时期，如春秋战国时期的“百家争鸣”和唐宋时期的道佛儒三家鼎立之争。从内部条件来看，其一，是存在较明确的师承授受关系，有一个或几个有影响、有威望的学术带头人，旧称“宗师”，并有一批跟随宗师的弟子，他们或直接拜师学艺，或间接继承其学术观点，各承一端而发扬光大，这些弟子本身也必须具备一定的学术水准；其二，在学科发展过程中，存在不同的学术见解，彼此各张其说，展开学术争鸣，并有一本或数本反映该派学术观点的传世之作，才能构成学派。

一、秦汉时期学术流派对中医学科形成与发展的影响

中医学派的形成，是一个“步踵前贤，濯古来新”，由积累而创新、后经过继承而弘扬的过程。关于中医学术流派的产生年代，大多数学者认为应追溯到春秋战国时期。彼时，随着医疗技术的发明推广，先后有用针、用方药和重切脉的三大流派，近代医史学家谢利恒先生称这三流派为“三世医”，并认为是“中学最古之派别也”。实际上这三个所谓流派，更确切地讲，是中医学形成初期三个历程的概括。医学的发展，总是先有医疗实践，然后总结上升为理论。针灸和草药，是古代中医最基本的治疗手段，学习研究者较多，经过师徒授受，陈陈相因，有可能最早形成“流派”。经过反复临床实践，人们逐渐注意到疾病的临床诊断，切脉之学因此兴盛，学习脉理的人慢慢多起来，也会形成“流派”。古医籍中把这三派的宗师定为黄帝、神农和素女，都

是传说中人物，非确有其人。这样说的目的，不过是崇本溯源，以表白中医学发端久远而已。三派的代表作分别为《黄帝针经》、《神农本草》和《素女脉诀》。到西汉时代，因针灸直接作用于经脉，针灸和切脉两家便融合为医经派，重视方药的一派演变成经方派，从单味药进而为复方的研究，是药学理论的很大提高。

《汉书·艺文志》称古代有医经七家，计：《黄帝内经》、《黄帝外经》、《扁鹊内经》、《扁鹊外经》、《白氏内经》、《白氏外经》、《白氏旁篇》，凡 216 卷。医经七家中，只有《黄帝内经》传续于世。实际当时的医经著作远不止于此，《内经》组成部分之一的《素问》，其中引述的古医经就达 20 多种，由此可见一斑。所谓医经一派，主要研究中医学的基础理论，如《汉书·艺文志》叙医经七家说："医经者，原人血脉、经络、骨髓、阴阳、表里，以起百病之本，死生之分，而用度针石汤火所施，调百药剂和之所宜……"就是说，医经学家根据人体的解剖结构如血脉、经络、骨髓、阴阳、血的表里分布，来确定疾病的性质，判断其预后，通过这些诊断，来决定使用何种针灸治法或方药剂型。可见古医经学家研究的内容，相当于现代医学的生理、病理学之类。

经方学派的代表作，据《汉书·艺文志》载有 11 家(种)，如《五脏六腑痹十二病方》、《妇人婴儿方》、《汤液经法》、《神农黄帝食禁》等，共 274 卷。当然，这也只是粗略统计而已。所谓经方，最早的含义是指经验方。经过临床实践反复验证的方剂，其疗效必高，因此为历代医家所重视，中医学现存文献中，所存经验方之多，除散佚不计者外，尚无确切的数字。从先秦的《五十二病方》，经魏晋诸方书，唐代《千金方》、《外台秘要》，到宋代三大方书《太平圣惠方》、《和剂局方》、《济生方》等，代有薪传，发挥至今。惟金元之后，汉代医家张仲景像儒家孔子一样，被医家尊为"医圣"后，所谓经方派，实际上是指《伤寒论》中的"经典之方"而言，经验方的概念便不复存在了。

《汉书·艺文志》中除医经、经方两家(派)外，还列有神仙、房中两家，这是否算作医学上两个流派呢？学术界多倾向于否定意见。神仙家从战国到两汉，不但辗转流传于江湖术士之中，且可直达朝廷人君，由于统治者的爱好和支持，从此"海上燕齐怪迂之方士，多更来言神事矣。"因此，班固著录神仙家书达 205 卷，与医经和经方家著作数持平，并且把它也看成是当时确曾存在的一派。考察神仙家书内容，其中固然不乏鬼怪荒诞之糟粕，但也包括一些导引、吐纳、按摩术式，这些内容现代都可归到医疗体操或运动疗法等非药物疗法范围，在养生保健、延年益寿和防治疾病方面起到积极作用。至于一些炼丹术，目前已公认它为早期药物化学的雏形，也有其合理内核。而房中之说，原为节制情欲以求寿考，如《汉书·艺文志》解释房中术是“情性之极，至道之际。是以圣王制外乐以禁内情，而为之节”。如果房中之事“乐而有节，则和平寿考”；若过度沉迷于此，则“生疾而陨性命。”房中之说，后来衍化成房中之术即各种性技巧。在中医学看来，房中术也是维持阴阳平衡、保证健康的手段，并无淫秽之嫌。所以不少医家著作中都有房中术的内容。如《马王堆古医书·天下至道谈》有“七损八益”之说，介绍了七种损害健康和八种有益健康的性技巧；陶弘景《养性延命录·卷上·杂诫》也有房中术的内容；孙思邈《备急千金要方·卷二十七养性》专列“房中补益第八”段，说明此说亦曾盛极一时。故《汉书·艺文志》称古代有房中八家(种)：《容成阴道》、《务成子阴道》、《尧舜阴道》、《汤盘庚阴道》、《天老杂子阴道》、《天一阴道》、《黄帝二王养阳方》和《三家内房有子方》，比医经七家还要多出一家。其书达186卷，这些书籍现虽已全部亡佚，但其研究者在当时也列为一个流派。直到明清之后，理学一统天下，房中术才逐渐转入俗流，难登大雅之堂。于今看来，“神仙”、“房中”或许不能和“医经”、“经方”家相提并论，但在当时，它们确曾是两支有影响的学派，应是不可否认的事实。

二、金元时期中医学各派形成与学术创新发展的内在关系

河间学派，是以研究和治疗火热病证、善用寒凉药物为特点的医家形成的一个古代学派。学派创始人为刘完素，字守真，是12世纪我国北方一位杰出的医学家，原籍河北肃宁县，3岁时因遭水灾，举家迁至瀛州河间(今河北河间县)，人们以其住地尊称他为刘河间，他创立的学派也就被称作河间学派。刘河间学术思想的中心内容，是从运气角度出发，探讨火热病机，以治疗火热病证为其擅长，善用寒凉药物，故后世又称之为寒凉派。

河间学派的产生并非偶然。首先，刘完素生活的北方，气候干燥，人们体质强壮，喜食牛羊乳酪、煎炸肉类和烈性酒，因此多见阳盛之体。其次，刘氏所处的时代和地域，宋金交战频繁，人民生活动荡不安，饥寒交迫，引发疫病多次流行。再次，唐宋以来，盛行医方的搜集整理，在病家和医家中逐渐形成一种不求医理、按证索方的弊习。而由朝廷组织编纂的大型方书《和剂

局方》用药多偏温燥，温热病患者或阳盛阴虚体质的人服用后，非但疗效不佳，反而出现口舌生疮、耳鼻出血等副作用。此外，宋代理学盛行，程颐、朱熹之理学强调“格物致知”，主张穷理，也影响到中医诸家认识疾病、防治疾病的思想，使金元诸医家从探讨疾病发生机理人手，各创新说。刘完素在这样的社会历史和学术环境条件下，面对社会需要和医疗弊端，很自然产生了鼎新革故的思想。

刘氏十分重视研究《内经》。在《内经》讨论运气学说的 7 篇大论中，病机 19 条备受其关注，刘完素以运气学说理论阐发病机 19 条，从而提出“火热论”的观点，一反当时医界不究医理，盲目滥用温燥药的弊端，以寒凉药抑阳泻火，独成一派，同时也开创了研究中医病机理论的新局面。

河间学派的提出，最早见于明代医家王纶的《明医杂著》书中，王氏有“外感法仲景，内伤法东垣，热病用河间，杂病用丹溪”之说。直至民国时期医史学家谢利恒在《中国医学源流论》中，首先提出刘河间学派。

刘完素“火热论”的学术思想主要体现在所著《素问玄机原病式》一书中，该书以《素问・至真要大论》病机 19 条为基础，以运气学说为纲，用“亢害承制”的理论来阐发病因和症状之间的内在联系，以及疾病发展变化的规律，强调火、热是引起多种疾病的原因。在刘完素归纳的几十种病证中，直接或间接与火热邪气相关者达十之七八以上，因此他提出六气皆从火化的说法，这是其学术思想的主要观点。他的另一部著作《黄帝素问宣明论方》中，从处方的角度具体贯彻了“火热论”的观点。他创制的方剂双解散(由益元散、防风通圣散各半两组成)、凉膈散、黄连解毒汤、三一承气汤等，体现出用寒凉药治疗外感热病的思路，这实际上是对张仲景伤寒学说的一种发展或变革，如仲景治伤寒病，对内外合邪者，强调先表后里，刘完素则主张表里双解；张仲景治疗表证用辛温药，刘完素创用辛凉药，弥补了伤寒学说之不足。刘完素的弟子穆大黄、荆山浮屠、马宗素，间接私淑弟子张从正、镏洪、葛雍、常德等人，对其学说大加宣扬，使其风行一时，形成一大学派。正如谢利恒(观)在《中国医学源流论》中所指出的：刘河间撰《素问玄机原病式》阐明六气皆从火化的道理，使新说大兴，又撰《宣明论方》三卷，用药多主寒凉，与官方《和剂局方》的选药迥然不同。从此，《宣明论方》盛行于北方，《和剂局方》流行于南方，形成对峙的局面。刘河间把用寒凉药和表里双解法上升为伤寒病即外感热病的主要治法，实际上是对伤寒学派内部进行的变革，也为后世温病学派脱离伤寒学说而独树一帜，奠定了基础。

然而，刘河间对六气所致外感病从火热立论，力主寒凉，并不意味着他在杂病治疗方面也一概以实热辨证和使用寒凉药物。实际上，刘氏《宣明论方》350余首方剂，药味平和、寒热并用者占六成以上，偏于温热者占二成，偏于寒凉者只占一成多，由此可见，所谓河间学派用药主寒凉，主要是针对六气所致外感病而言，以及杂病中属于火热病机者。

刘氏的学术观点由弟子荆山浮屠传给罗知悌，再传朱震亨，而由北方传播到南方。朱震亨在“火热论”的启发下，结合自己的临床实践，提出“阳有余，阴不足论”，强调滋阴降火而自成一派，对杂病证治大加发挥，又补充了河间学派之不足，对后世温病学派的学术思想也很有影响。另外，刘河间“火热论”的主凉寒，实际上是以攻逐邪气为主要目标，这对私淑刘氏之学的张从正启发很大，张氏继承河间的学术思想，结合自己的临床经验，发挥《内经》、《难经》、《伤寒论》中攻除邪气的理论，提出疾病多由邪气所致，疾病初期以实证为多，久病也多虚实夹杂证，纯粹虚证而单用补法者甚少。因此，攻邪即可祛病，成为攻邪一派的代表医家。

河间学派的影响也波及海外，据考证，早在1442年，由朝鲜医家金礼蒙等编纂的《医方类聚》，就收录了《宣明论方》和《儒门事亲》等著作的内容，可见刘张学说在明代中叶已流传至朝鲜。清初，日本明历（1655～1657年）、宽文（1661～1672年）年间，玄朔门人飨庭东庵（1655～1693年）等，宗刘张之学，倡运气论而为“后世别派”。“古方派”中影响最大的吉益东洞（1702～1773年），创立“万病一毒论”，实是张氏攻邪论的发挥。可见刘张学说对日本医学的影响也很大。

易水学派，是以研究脏腑病机及其辨证治疗为中心内容的一个医学流派。其形成略晚于河间学派，但学术成就却可与之相提并论。这个学派的代表医家是金代河北易州的张元素（和河间学派的命名一样，取张元素的生活地区易水为名，起名为易水学派），及其弟子李杲、王好古和张氏的再传弟子罗天益等。

易水学派的形成亦在金元时期，彼时中国北方战火连年，人民饱受饥饿、劳役、惊恐之苦。社会动荡导致内伤虚损病证增多，而内伤病学的理论与辨证治疗尚未形成系统，很多临床医家不能正确分辨内伤病和外感病的区别，以治外感祛邪之法来治疗内伤虚损病变，结果胃气大伤，致人死命者不在少数。因而,研究脏腑病机理论,特别是内伤虚损病理机制及其辨证治疗,已成医学发展客观急需。在这种情况下,张元素整理总结《内经》、《难经》、《中藏经》里有关脏腑辨证的医学理论,吸取唐代孙思邈《备急千金要方》和宋代钱乙《小儿药证直诀》的脏腑辨证用药经验,结合其临床实践,建立了以寒热虚实为纲的脏腑辨证体系,在医学发展过程中起到了承前启后的作用,成为易水学派的创建人。

张元素是一位具有革新思想的医家,他有感于当时医生执古方以疗今病的现状,针对性地提出:"运气不齐,古今异轨,古方新病,不相能也。"主张从临床实际出发,根据脏腑的寒热虚实病机,辨证用药。他制订的《脏腑标本用药式》即脏腑用药规律表,实际上体现了脏腑辨证学说,式中先述各脏生理,次述各脏虚实,寒热、脉证、以及种种演变和预后,最后提出补泻温凉治法方药,指出酸苦甘辛之所宜,说理清楚,自成体系。张元素还发明药物"归经"和引经报使学说,形成脏腑病机与药物性味功能相统一的处方用药模式,为易水学派学术思想的发展奠定了坚实基础。在张元素广泛研究脏腑病机的影响下,他的一些弟子逐步转向对特定脏腑进行专题研究,并各有创见。

李杲,字明之,晚号东垣老人。金代河北真定人。从学于张元素,数年熏陶,尽得其传。在其师脏腑辨证说的启示下,探讨脾胃内伤病机,紧密结合临床实践,领悟出脾胃虚衰是内伤诸病的根源,脾胃的气机升降和盛衰状况,是决定内伤诸病传变、转变的关键。李杲总结出"脾胃内伤、百病由生"的理论,提出"阴火"的病理概念,阐明气虚发热的机理,制订甘温除热、益气升阳的治法,创制补中益气、升阳益胃等名方,并详细分辨内伤和外感之异同,被后世称为补土学派的代表、易水学派的中坚。李东垣所著的《脾胃论》、《内外伤辨惑论》和《兰室秘藏》均为历代医家所推崇,他对脾胃病的阐述,大大提高了脏腑辨证水平,学术影响颇广。李氏的亲传弟子有王好古、罗天益等。

王好古,字进之,号海藏,元代赵州人(今河南赵县),先从张元素学医,继则受业于师兄李杲,得张、李二家之传,重视脏腑内伤、阳气虚损的一面,提出"阴证"的概念,所著《阴证略例》是阐发阴证病因病机和辨证治疗的专著。在病因上,他强调内因的决定作用,认为人的正气虚弱,再"感寒饮冷"或"误服凉药",就会发为阴证。在辨证上强调脉证合参,在治疗上,他明确提出阴证用补法，除选用张仲景的通脉四逆汤、当归四逆汤和理中汤作为内伤三阴的主治方剂外，又搜集后世温补脾肾的方剂如返阴丹、正阳散、附子散、白术散等作为补充。王好古脾肾合论、注重温阳的观点，是对李杲探讨脾胃气虚理论的发展，也对后来温补学派的形成产生影响。

罗天益，字谦甫，元代真定人(今河北正定县)。罗氏比李杲稍幼，先师事张元素，后又从李杲学医十余年，得其真传，代表作为《卫生宝鉴》。他发挥脾胃内伤学说，从理论上深入探讨脾胃与其他四脏以及营卫津液的关系。另外，罗天益把脾胃内伤的病因具体化，将饮食所伤分作食伤和饮伤，将劳倦所伤分为虚中有寒和虚中有热两部分，使之更为条理化。在脾胃病的治疗上，罗氏更突出甘补辛散，广泛采用历代各方，并自创新方，如他所创制的顺气和中汤，就是以其师李杲的补中益气汤为基础，再加入川芎、蔓荆子、芍药，成为治疗气虚头痛的名方，可见他对李杲用药心法的继承和发展。罗天益在脏腑辨证的启示下，注意到三焦之气的升降失常是非常重要的病机，重视三焦分治，成为后世三焦辨证的先导。

三、明清时期中医学各学派形成与学术创新发展的内在关系

明代一些医家在继承李杲脾胃学说的基础上，进而探讨肾和命门病机，从阴阳(水火)不足的角度探讨脏腑虚损的病机和辨证治疗，建立了以温养补虚为临床特色的辨治虚损病证的系列方法，发展成为以先天阴阳水火为核心的肾命理论，代表医家有薛己、孙一奎、赵献可、张介宾、李中梓等，他们有时也被后人习惯上称作温补学派，但实际上还是易水学派学术思想的延续。

明代私淑张元素脏腑辨证说的赵献可、张介宾等医家，以肾命水火立论，探讨脏腑虚损病机，认为命门是主宰人体一切生命活动的根本，水火偏盛是产生疾病的最主要原因，并从肾水与命门相火相互为用的关系上精辟地论述了肾命水火在人体生理、病理上的重要性，创立了肾命水火说。

薛己，字新甫，号立斋，明代吴郡(今江苏苏州)人。幼承家学，成年后私淑张元素、李杲，通晓各科。曾任太医院院使。他的学术思想主要以李杲脾胃内伤论为中心，但更强调脾胃内伤和虚证的关系。在治疗上，以李杲的补中益气汤为主，对补脾疗效不佳者，主张补肾与命门，用六味丸、八味丸补肾

中真阴真阳，实际上薛己已认识到脾肾在人体生命活动和疾病演变中，具有同等重要的意义，比李杲学说有所发展。薛己在临床上崇尚温补，力戒苦寒，实为温补学派之先驱。

孙一奎，字文垣，号东宿，明代安徽休宁人。代表作有《赤水玄珠》等。他论命门学说的特点，是综合《难经》关于命门和肾问动气理论，并融入《易经》中太极生万物的思想，阐发为动气命门说。他认为命门是两肾间的动气，是人体生命活动的源泉，并以此说指导临床实践，突出表现在注重保护三焦元气，对虚损病证，多从下元不足论治，自制壮元汤，配合李杲补中益气汤，作为治疗三焦元气不足的主方。临床上反对滥用纯阴苦寒，或过用辛热，以防耗伤元(原)气，多用苦温之品治疗慢性虚弱病证。

赵献可，字养葵，明代浙江鄞县人，著《医贯》，阐发命门学说，自成一家之言。赵氏论命门位于两肾之中，有位无形，其功能在十二官(脏腑)之上，是生命活动的主宰。命门无形属火，两肾有形属水，左为阳水，右为阳水，水中有阳才能化气而产生生命活动。临床治疗上，因火是阳之根，水为阴之根，主张以温补命门之火和肾中阴水为第一要义。强调命门之火宜补而不可泻，因火的有余是由于肾中阴水的不足，通过滋补肾水，则虚火自降；而对命门火衰的病证，则宜用温补阳气的方法，从水中补火，不必泻火。基于命门之说，赵氏反对刘河间主寒凉和朱震亨用知母、黄柏泻火的治法，体现了力主温补的学术特点。

张介宾，字会卿，号景岳，明末会稽(今浙江绍兴)人。著《景岳全书》、《类经》等，张氏论命门与赵献可略同，认为命门藏先天之水火，是元阴元阳的居所，五脏的功能必须依赖命门才能发挥正常。如果命门的元阴元阳不足，就会导致脏腑阴阳虚损的病证。张介宾创制左归丸(饮)和右归丸(饮)作为治疗命门先天水火不足的主方，他对命门的治疗实际上反映了张氏阴阳互根的思想。他大力倡导“阴阳相济”之说，完善了阴阳虚损治法。张介宾阴阳理论的另一个重要观点是阳重于阴，反对朱震亨的“阳常有余”说，针对性地提出了“阳非有余”论，并把它和“真阴不足”两个方面统一起来，他虽擅长温补之法，但扶阳不忘滋阴，强调“于阴中求阳”之治，因而张介宾有“阴阳双补之巨匠”之誉，张元素以寒热虚实论脏腑病机的学说因之又得到进一步发展。

李中梓，字士材，号念莪，明末华亭(今江苏松江)人。著《医宗必读》和

《内经知要》等，他的学术思想综合李杲和薛己，既重视脾，又重视肾，明确提出肾为先天之本，脾为后天之本，为易水学派诸家脾肾之论作了精辟的总结。他论阴阳水火，重视阴阳的平与交，并表现出明显的重阳抑阴的倾向。李中梓临床经验丰富，善采众家之长，又多有创见，常在疑似之间见微知著，透过现象揭示本质，提出"大实有羸状"、"至虚有盛候"、"阴证似乎阳"、"阳证似乎阴"的现象经常存在，颇具临床指导意义，对提高辨证论治水平很有贡献。

易水学派着重研究脏腑辨证论治，尤其对脾胃病机证治的阐发别开生面，大大提高了治疗杂病的效果，而温补诸家崛起于明代也绝非偶然，因元代以后，丹溪学说风行于世，医家偏执滋阴降火之说而滥用寒凉，相互沿袭而成流弊，温补诸家为"拨乱反正"，以阐发脾、肾、命门的生理、病理与证治为特点，注重保护阳气，丰富了对脏腑虚损病证的辨证与治疗，成为易水学派发展过程中，以温养补虚为临床特色的又一流派。

温病学派，是以研究和阐发外感温热病的辨证论治、理法方药为主要课题的医家组成的一个医学流派。该学派约形成于明清之际，尤以江浙一带为著，盖因江南地区气候溽暑，且彼时温疫流行，客观上促使江浙诸医家对温热病进行研究，逐渐形成一个学派。其成就与影响，俨然与伤寒学派呈对峙之势。

温病是临床上的常见病、多发病，一般有明显的季节性，男女老幼都会罹患，以发热为主要特征。其中多数病种来势急骤、发展迅速、病情较重，甚则死亡或留下某些后遗症，还有许多病种具有传染性。温病实际上包括了现代医学所说的多种急性传染病、急性感染性疾病和其他一些发热性疾病。

温病学派虽形成于明清，但中医学对外感温热病的研究，早在秦汉甚至战国时期已经开始。汉代末年，张仲景的《伤寒杂病论》也提到对温病的认识，对温病初起热象偏盛的临床特点作了简要的描述："太阳病，发热而渴，不恶寒者为温病。"该书虽没有明确指出温病的治疗方剂，但论中所述的清热、攻下、养阴等治法和白虎汤、麻杏石甘汤、三一承气汤等方剂，都可适用于温病，这对后世温病治疗学的形成有深刻的影响。

尔后，晋代的王叔和、葛洪，隋代巢元方、唐代的孙思邈、王焘等医家，从不同侧面对温病学说作了程度不等的研究。如葛洪在《肘后备急方》、巢元方在《诸病源候论》中都指出，温病的病因是一种特殊的致病因素——"乖戾之气”。在治疗上，孙思邈的《备急千金要方》、王焘的《外台秘要》两书中，记载了许多治疗温病的方剂，如黑膏方治疗温毒发斑、萎蕤汤治疗风温、大青汤治疗温病热盛阴伤、犀角地黄汤治疗温病之内蓄血及出血者等对后世温病学派的遣方用药有一定启发。唐代以前诸医家对温病虽已有一定的认识，但论述简单，理论上亦较朴素，缺乏系统和条理性，在概念上仍把温病隶属于广义伤寒病，未形成独立的体系。

从宋代开始，随着对温病认识的深入和实践经验的积累，有关温病的治法和理论有了新的进展和突破。在温病的治疗方面，开始突破法不离伤寒、方必遵仲景的框架，如宋代庞安时明确提出寒温分治之说，他使用大剂量寒凉清热药如石膏、黄芩、栀子、大青叶等，对温病的治疗用药颇有影响，对改变当时医家墨守经方、拘泥不变的局面，起到一定作用。对于温病的病因，宋代医家也不再局限于“冬伤于寒”的伏气温病学，如宋代郭雍认为，发于春季的温病，既有冬季寒伏而后发者，也有感受春季时令之邪而发者，后世认为温病有伏邪、新感两类，实即导源于此。

金元时期，医学领域中出现“百家争鸣”的活跃局面，对温病学说的发展也起到有力推动作用。特别是金元名家刘完素，在温热病的治疗方面大胆地创新论、立新法、订新方，对促进温病学的发展作出重大贡献。他根据治疗温热病的大量临床实践体会，认为伤寒六经传变都是热证，六气皆从火热而化，因而在治疗上强调热病初起不能单用辛温药，主张应以寒凉为主。刘完素创制的双解散、凉膈散、防风通圣散等表里双解之剂，将解表药与寒凉清热药配合运用，从而有“热病用河间”之说。刘完素和弟子马宗素及其三传弟子王履，都对乃师学说予以发挥，可以说，以刘完素为首的寒凉派，实际上为温病学派的形成奠定了理论与实践基础，使温病开始从伤寒体系中摆脱出来。

明代末年，山东、浙江、南北直隶，温疫流行，极为猖獗。姑苏名医吴有性，字又可，一生经历多次温疫大流行，他从大量临床实践中，研究温疫流行特点及诊治方法，终于崇祯壬午年(1642 年)，写出我国医学发展史上第一部温病学专著《温疫论》，对温疫的病因、发病和治疗等，提出了独特的见解。在病因方面，吴有性首先反对晋代王叔和所谓疫病发生的原因是“非其时而有其气”的气候病因说，提出温病是由自然界里一种特殊的物质——“疠气”所致，这种“疠气”是杂气中很厉害的一种，人们只能看到它引起的疾病，而其本身却“无象可见”。在当时的历史条件下，吴又可提出疠气病因之假说，突破外邪袭人皆由皮毛而入的旧观点，在认识上是很了不起的。在流行特点上，吴氏提出温疫具有强烈的传染性，“无问老少强弱，触之者即病”。在治疗方面，强调以祛邪为第一要义，并创疏利透达之法，从而对温疫病形成了一套比较完整的认识，自此温疫学说开始建立，并逐渐得到发展。

首先发挥这一学说的是清代顺治、康熙年间的戴天章，他十分推崇吴有性的《温疫论》，特著《广温疫论》以推广吴氏之学。戴氏在吴有性论温疫的基础上，详尽论述了温疫的辨证与治法，提出辨气、辨色、辨舌、辨神、辨脉是识别温疫的“大纲”，在治法方面，总结出汗、下、清、和、补是治疗温疫的五种大法。强调温疫汗不厌迟，下不厌早，清法贯穿始终，补法用于善后，表里虚实寒热并见或余邪未尽者，则用和法，进一步充实了吴有性的辨证论治思想。戴氏之后，余霖对温疫学说也有较大发挥，著《疫疹一得》，着重阐述斑疹性疫病的治法与方药，至此，温疫学说日趋完善。从明末吴有性开始，专门研究温病的著名医家不断涌现，温病学派应运而生。

温病学派中最有成就者，首推清代中叶的叶桂（1667～1746 年），故后世竟有叶派之称。叶氏的主要功绩，是建立了一套独立于伤寒之外的理论体系。他的门人据其口授整理而成的《温热论》，是温病学理论的奠基之作。叶氏主张以卫气营血为纲辨治温病，他认为温邪首先侵犯肺脏，然后逆传心包，肺主气属卫，心主血属营。治疗上应按部就班，“卫之后方言气，营之后方言血”，卫分证可用解表发汗法，气分证才可用清气法，入营分可用透热转气的治法，“入血则恐耗血动血，直须凉血散血”，要用清热凉血散血的方法。这样，叶氏就系统地阐述了温病的病因、病机、感染途径、侵犯部位、传变规律和治疗大法等，这些见解大大提高了河间学派对温热病的理论认识，使温热病学形成更为完整的体系，彻底从伤寒学说中独立出来。此外，叶桂还发展了温病的诊断方法，如辨舌、验齿、辨斑疹、白痦等，这些都是发前人所未发。叶氏在温病治疗上创立了透热转气法、凉血散血法、滋养胃阴肾液法，以及息风、豁痰、开窍、醒脑等治法，大大提高了治疗温热病的效果，使温病学说的理法方药日臻完备。叶氏也因此成为温病学派的中坚。

薛雪是与叶桂同时代的医家，其医技也与之齐名。所著《湿热条辨》，阐明了外感湿热之气引起的温病，对湿热病的病因病机、发病特点、传变规律、临床证型和遣方用药，作了较全面、系统的论述，弥补了叶桂详论温热、略论湿热之不足。由此,《湿热条辨》与《温热论》互为羽翼,各有侧重,共同阐明了温病中的两大临床类型,进一步充实了温病学的内容。

吴塘(1758～1836年),宗叶桂之说而又有发挥。他在叶氏学术成就的基础之上,结合自己的临床经验,编著了系统论述四时温病的专书——《温病条辨》,提出三焦病机与辨证,将叶桂的卫气营血理论融会其中。吴塘根据叶桂“温邪上受”的含义,认为温病先上焦受病,而后向中焦、下焦传变,后世称为“三焦辨证”,实际上是温病发展过程中的三个阶段。如果说,卫气营血辨证是表里辨,则三焦辨证是上下辨,一纵一横,相得益彰。吴塘以三焦为纲,病名为目,论述风湿、湿温、温疫等九种温病的病机和证治,确定了清热保津为基本治法,提出“治上焦如羽,非轻不举”,“治中焦如衡,非平不安”,“治下焦如权,非重不沉”的三焦用药原则,颇为形象。吴塘还匠心巧运,总结叶桂等人治疗经验,创立清络、清营、清宫、育阴等若干治法,为温病的治疗定出规范,充实了温病清热养阴的治疗大法。

王士雄(1808～1890年),浙江钱塘人,著《温热经纬》,以《内经》、《伤寒论》等有关温病的论述为“经”,以叶、薛诸家有关温病之说为“纬”,附以后世温病学家之注释,又结合自己的临床实践体会,对温病学进行了一次史无前例的大总结。评析是非曲直,颇有独到见解。另外,王士雄对暑邪、伏气温病、顺传逆传及霍乱病等都作了深入的阐发,纠正了前人之谬误,补充了前人之未说。至此,温热学说与温疫学说都日臻完善。温病学派形成了以叶桂、薛雪、吴塘、王士雄为代表的四大家,由此不仅形成了温病学说辨证论治、理法方药齐备的完整体系,也使温病学派发展到鼎盛时期,足以与伤寒学派相抗衡。

清代末年,南方诸医家对温病的研究仍方兴未艾,提出许多值得深入探讨的问题,如浦城雷丰反对吴有性、吴塘温病和温疫不分的模糊认识,撰《时病论》,专论非传染性外感热病,包括风温、伤暑、冒暑、中暑、暑温、疰夏、湿热、湿温、秋燥、冬温等十余种新感及伏气温病,对其病因病机、症候特点、立法方药详加论述,颇合实用。雷丰明确地将疫性(流行性、传染性)外感病和非疫性外感病区分开来,澄清了前贤的模糊认识。另外,近代何廉臣编《重订广温热论》,新增“温热遗证疗法”,列举了24种温热病的常见后遗症,分别详述瘥后调养之法,大大丰富了温病学的内容。

总之,温病学派是在历代医家研究外感温热病的基础上形成的,经过明清两代而逐渐发展成熟。温病学派的形成过程，实际上也是外感病寒温分治的过程，因而也在中国医学史上，留下旷日持久的伤寒学派与温病学派关系之论争。

从学术渊源看，温病学派和伤寒学派都本于《内经》、《难经》；从研究领域而言，都是对外感病的阐述。只是伤寒“从寒立论”，温病“从热立论”，各自研究的具体范围和强调重点不同。宋代以前，温病、伤寒两者并未明确分开，自从庞安时、刘完素、王履等医家明确提出寒温分治之后，才引起对温病的重视和研究。其中尤以刘完素为代表的河间学派，在理法方药方面的研究，为温病学派的形成奠定了基础。迨至明清时期，吴有性关于温疫的病因、传变和感邪途径的阐发，是温病学派形成的标志。叶桂继承前人经验和认识，结合自己临床经验，确立了温病学说的理论体系，后经薛雪、吴鞠通、王士雄诸医家的充实与提高，温病学说的辨证论治、理法方药体系方臻于完备。

而伤寒学派强调，伤寒是一切外感热病的总称，温病自然隶属其中，不应再另立门户。他们认为张仲景的《伤寒论》已包括了温病证治的全部内容；《伤寒论》六经提纲统领百病，不独为伤寒论；《伤寒论》中的阳明病证治就是为温病而立，温病热自内燔，其最重者只有阳明经、腑二证，经证用白虎汤，腑证用承气汤，此两法包治全部温病。基于此上认识，伤寒学家对叶桂、吴鞠通等温病学家大加指责，说他们离经叛道，“标新立异，数典忘祖”。

温病学派的主要观点，是强调温病与伤寒为外感病的两大类别，病因病机截然不同，概念上不可混淆，治疗也应严格区别。温病学家指出，《伤寒论》虽然是治疗外感病的专书，但其内容毕竟是“详于寒，略于温”，其阳明病证治虽可用于温病，但远远不能概括所有温病的证治。因此，主张温病必须“跳出伤寒圈子”，创立新论以“羽翼伤寒”。这场学术争鸣一直延续到当代，20 世纪 70 年代末中医学界所谓“寒温能否统一”的讨论，实际是历史上寒温分治争论的继续。

应该肯定，《伤寒论》在治疗外感病方面是有巨大贡献的，它所确立的辨证论治原则，是中医各学派包括后世温病学派发展的基础，其中许多治法方药已经被温病学家所汲取，直到现代，仍有很高的临床实用价值。但也应看到，《伤寒论》毕竟成书于东汉末年，由于当时历史条件和对热性病认识的局限，其内容不可能十分完整、全面。随着社会的发展，医疗实践的不断积累，人们必然要在《伤寒论》基础上不断总结和发展，以适应客观需要。温病学说及其学派的产生，正是中医在治疗外感病方面的进步和发展，无论在理论上还是具体诊治方法，都较《伤寒论》有了很大发展，补充了《伤寒论》“详于寒”、“略于温”的不足，提高了外感病的治疗效果。因此，在温病学说形成后，能较快地为多数医家所肯定、接受和运用。温病学与《伤寒论》在学术上是一脉相承的，温病学派也是从伤寒学派脱胎而出。《伤寒论》是温病学形成的重要基础，温病学又是《伤寒论》的发展和补充。既不能认为在《伤寒论》外再有温病学是多此一举，又不可把温病学与《伤寒论》截然对立起来。

新中国成立后，中西医务工作者认真继承了传统温病学的理论，并对它进行了系统整理研究，促进了温病学的蓬勃发展。在防治急性传染病、急性感染性疾病和其他发热性疾病的实践中，广泛应用温病学的理论和经验，取得了新的成就，显示了中医学在治疗急性热病方面的作用。1954 年，河北石家庄地区运用温病学理论与方法，治疗流行性乙型脑炎，取得了显著效果，为中医治疗急性传染病作出有益的尝试，引起现代医学界的重视。此后，温病学的理论和经验更广泛地运用于防治流行性脑脊髓膜炎、流行性乙型脑炎、麻疹、白喉、菌痢、肠伤寒，钩端螺旋体病、流行性出血热、肺炎、急性胆道和泌尿系统感染等急性传染性、感染性疾病，近十几年，温病学的理论和经验甚至亦被用于治疗各种内分泌、免疫系统疾病如慢性肾炎、尿毒症、红斑狼疮等，同样取得较好疗效。

在广泛医疗实践的基础上，中西医务工作者不断总结临床经验，探索诊断治疗规律，对温病学的理论也进行了一些研究。如有学者采用中西医结合的方法，根据温病卫气营血辨证的理论，联系现代医学对传染病的认识，对温病卫气营血的传变规律及其本质进行了探讨，认为叶桂的卫分证和气分证，是病变正在发生或进展阶段，胃津肾液(人体体液)尚未明显损耗神经系统、特别是中枢神经系统没有遭受严重损害的阶段；而营血之证，则是胃津肾液已严重耗竭，以神经系统出现严重损害为特点。有学者运用现代生理、病理、组织、生化等知识和方法对温病的舌苔变化进行了系统的观察和研究，取得了一定成绩；有学者对各种急性传染病、急性感染性疾病及其他一些发热性疾病的辨证分型治疗规律进行了总结；有学者对温病治疗的有效方药，在肯定疗效基础上，进一步通过实验研究，阐明其药理作用。与此同时,温病治疗方法和药物的研究也有了新的进展。这些成果都极大地丰富了温病治疗学的内容。

第三节　现代学术流派对促进中医学术发展、学科建设的影响

一、扶阳学派的形成及其对中医学术发展的影响

对“扶阳学派”(火神派)学术思想的研究和探讨,是近年来中医界关注的一个热点问题。自建国以后的历版《中医各家学说》教材及相关研究著作中,除郭子光先生在1988年主编的西南西北片区高等中医院校试用教材《中医各家学说》中,将郑钦安作为明清时期的代表医家,进行专篇专节讨论外,均未提及这一学术流派。对“扶阳学派”(火神派)的研究热潮始于2004年以来刘力红、张存悌等的相关论著,以及由此引发的对中医临床诊疗思想的巨大冲击。2007～2009年,在国家中医药管理局和中国科协等相关单位的支持下,由中华中医药学会连续举办了三届“扶阳论坛”,使得这一学术流派的学术思想在中医界得到广泛关注。目前对这一中医学术流派比较公认的界定是:由清末名医郑钦安开创的,盛行于川、滇地区,以崇尚温阳、善用姜附等温热药物为主要特色的中医学术流派。

(一)扶阳学派的学术源流

流派创始人与传承(见图4-1)

扶阳学派的创始人为清末名医郑寿全。郑寿全(1804～1901年),字钦安,四川邛崃人,清代著名医家,因其善用姜、附等温热药物,屡起沉疴,时人称其为“郑火神”、“姜附先生”,后世对其开创的扶阳学派遂有“火神派”之谓。邛崃古称临邛,与成都(益州)、重庆(巴郡)、郫县(鹃城)并称为巴蜀四大古城,郑钦安从小生活于此文化底蕴深厚之地,为其日后医道上成长打下了坚实的文化基础。郑钦安祖父郑守重,乃嘉庆年间恩贡,曾任溪县教谕。父亲郑守智,初攻科举,后屡试不第,退而办私塾执教。郑钦安出身儒门世

家，又为郑守智独子，5 岁即从父读，年稍长则博览群书，年 16 岁已遍读四书五经。后随父由邛崃迁居省城成都，学医于成都双流儒医刘芷唐。刘芷唐为当时蜀中名士，习儒而通医，儒学上尤精经史，医学上则精《内经》、《伤寒》。郑钦安在刘芷唐指导之下，潜心研读《黄帝内经》、《周易》、《伤寒论》《陈修园医书一十三种》等医书七十余种，博学深思，采众家之长，医术日精。24 岁时，悬壶蓉城，誉冠一时。

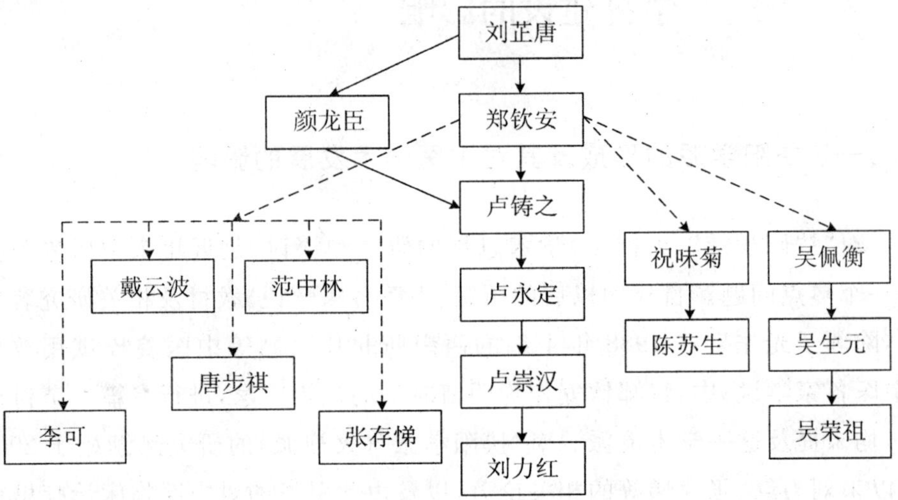

图 4-1 扶阳学派学术传承图

郑氏晚年收一弟子名为卢铸之(1876～1963 年)，名禹臣，号金寿老人。他是清末的秀才，出生于中医世家，在很小的时候就跟随颜龙臣先生学文习医。颜龙臣是德阳名医，医、儒兼通。颜龙臣与郑钦安都是刘芷唐的学生，遂由颜龙臣先生举荐，卢铸之正式拜师郑寿全，前后跟师学习达 11 年之久。卢铸之继承了郑钦安的学术思想，临证善用扶阳药物，疗效显著，享誉巴蜀，世人遂尊其为“卢火神”。卢铸之先生之长子卢永定(1901～1986 年)，字云龙，为近代巴蜀名医。卢永定在医学理念上继承和发扬了郑寿全、卢铸之的医学思想，其子侄卢崇汉(1947～　)继承家学，深得扶阳三昧，传业于刘力红，成为当代扶阳学派的重要代表人物。以上是扶阳学派的主要传承脉络。

除了这条主要传承脉络外，私淑、遥承郑氏之学者甚众，为该学派的传播、壮大奠定了重要基础。1908 年，卢铸之在成都开办“扶阳讲坛”，主要讲授中医经典著作以及郑寿全的三部医著，来听课的有祝味菊、吴佩衡等诸多后来的扶阳派名家。祝味菊(1884～1951 年)，治病首重阳气、好用温热重剂，尤以擅用附子见长有“祝附子”的之誉。其门徒众多，如陈苏生、王兆基等，沪上儿科名医徐小圃亦为之折服效法祝氏。吴佩衡(1886～1971年)，解放后曾任云南中医学院院长。吴氏推崇郑钦安学术思想，发扬温扶阳气之法，常以温热大剂力挽麻疹逆候等沉病大疾，被尊为“吴附子”。其学说在云南影响极大，号称“吴氏流派”，其子吴生元、孙吴荣祖、外孙顾树华传其衣钵，成为“火神派”的重要分支。卢铸之去世以后，卢永定在上世纪60年代到80年代初期，继续开办这个讲坛，唐步祺曾受益其中，晚年著有《郑钦安医书阐释》，成为火神派忠实传人。其他遥承、私淑郑氏之学的还有：补晓岚、戴云波、范中林、刘民叔及当代的李可、张存悌等。

流派的学术渊源

扶阳学派虽肇始于四川郑氏，但是究其学术思想的根源，却是源远流长。在《素问·生气通天论》中就有“阳气者，若天与日，失其所则折寿而不彰”的论述，表达了重视阳气的思想。东汉张仲景的《伤寒论》开创了六经辨证的先河，扶阳气的思想贯彻于六经证治的始终，内容丰富，方法多样，吴鞠通就指出“伤寒一书，始终以救阳气为主”。而郑寿全潜心治《伤寒》之学多年，此中奥妙，洞若观火。南宋窦材的《扁鹊心书》，开篇便提出“须识扶阳”，在理论思想上特别强调阳气在人体中的重要作用，治病当以“保扶阳气为本”，尤其看重脾肾二脏之阳。在治疗方法上则提出“大病宜灸”的观点，言“保命之法：灼艾第一，丹药第一，附子第三”，灸法常用关元、命门二穴。金元时代的王好古著《阴证略例》，阐发伤寒阴证学说。他注重温肾之阳，用药多有硫磺、附子、干姜、肉桂之品。

明代温补学派，遥承易水之学，倡“阳非有余”之论，将阳气的地位提高到与生命息息相关的地位，“天之大宝，只此一丸红日；人之大宝，只此一息真阳”。在治疗上虽用温补，却不独用姜附，而是以甘温固本为主，并强调阴中求阳之法。迨至清代，黄元御亦执重阳贱阴之论，他认为：“阴易盛而阳易衰，凡人之病阴盛者多，阳盛者少”。对后世泄火滋阴之治，每加痛责，乃至“每检医方，辄为怒发”。通过以上简单的梳理，可以看到在祖国医学漫长的发展过程中，扶阳、重阳的思想源远流长，形成了丰富的学术积淀，为郑氏扶阳学派的形成奠定了重要的理论基础。

（二）扶阳学派的主要医学著作

扶阳学派的主要医学著作包括郑钦安的三部著作以及其门人、私淑者的相关著作。

郑钦安1869年首撰《医理真传》一书。是书从《易经》的坎离两卦的解释入手,阐发了对中医阴阳、五行、三焦、气血等一系列基础理论问题的理解。并且以设问作答的形式列出了对三十一种阳虚证和二十九种阴虚证的证治,其重视阳气功能的观点已寓其中。特别是该书所列的“伤寒六经提纲病情”与“六经定法贯解”两节从总体上体现了其《伤寒论》学术思想。1874年刊行的《医法圆通》针对当时临床诊疗中的流弊,详细探讨了五十余种病症的寒热虚实的辨治,并提出了对各种阳盛和阳虚证候表现的辨识。尤其该书以图文并茂的形式论述了六经病篇主要方剂的应用,其中不乏郑氏个人对经方的应用体会和对《伤寒论》的理解,从实践角度对《医理真传》中的其《伤寒论》学术观点进行了有益的补充。1894年,郑氏已近古稀之年,凭借其近五十年独步医林的经历及对《伤寒》、《灵》、《素》、《周易》等著作的潜心研究,著成《伤寒恒论》一书。该书以舒驰远《伤寒集注》的条文编排为基础,宗法方、喻三纲之说,结合己见,对《伤寒论》条文逐条进行注释。其中不乏大量突破前人、标新立异的观点,甚至对仲景原论亦有指摘,该书正如郑氏在序中所言“聊以补名贤之不逮”,全面反映了郑氏《伤寒论》学术观点及治学理念。三部著作各具特色,而又相互发明,一起成为郑氏多年治学临证的学术思想结晶。

其门人及私淑者的主要著作有:卢铸之著有《卢氏医学心法》、《金匮要略恒解》、《郑钦安先生医书集注》、《卢氏临证实验录》、《本草药性配合阐述》等,昔乎均未刊行;祝味菊著有《伤寒质难》等;吴佩衡有《麻疹发微》、《伤寒论新注》、《吴佩衡医案》等;刘民叔有《华阳医说》、《鲁楼医案》等;范中林有《范中林六经辨证医案选》;唐步祺有《郑钦安医书阐释》等。这些著作,或是重阳气的角度阐发中医经典著作的大义,或是从临床诊疗角度体现温阳学术思想的实际应用,从不同侧面丰富了郑氏扶阳、重阳的学术思想。

(三)扶阳学派的主要学术思想

重阳思想

扶阳学派学术思想的核心是对阳气的重视,其重阳思想的基础是对阴阳对立统一性的深刻领悟。“阳之根在乎坎,天一生水,一点元阳含于二阴之中是也。阴之根在乎离,地二生火,一点元阴藏于二阳之内是也。水火互为其根,乾坤颠倒,各有妙用。”将阴阳作为认识疾病、治疗疾病的根本尺度,这是郑氏重阳思想的基础。

在重视阴阳的对立统一的基础上，郑氏更强调了阳气在阴阳双方中的作用。如“阳者，阴之根也。阳气充足，则阴气全消，百病不作。阳气散漫，则阴邪立起。”又如“子不知人之所以立命者，在活一口气乎？气者，阳也。阳行一寸，阴即行一寸，阳停一刻，阴即停一刻，可知阳者阴之主也。”在这样重视阳气功能的思想指导下，决定了郑氏多从阳气功能失常去考虑疾病的病机，从扶阳、调整阳气功能入手去治疗疾病。在《医法圆通》卷一、卷二的“各症辨认阴阳用药法眼”中，对许多常见病症均从阴、阳两方面解释病机，提出证治，尤其告诫我们不要忘记阳虚致病的一面。由于阳气亏虚，失于温煦，造成阴寒内盛，出现面色唇口青白，无神，目瞑，倦卧，声低，息短，身重，畏寒，口吐清水等症，郑氏称之为“阳虚的真面目”，这是常人能够把握的。郑氏着重强调的是由于阳虚阴盛，阴盛格阳，造成真寒假热，虚阳上浮的病理演变。“真气上浮之病，往往与外感阳症同形，人多忽略”。

如前所论，郑氏这种重阳的思想是建立在重视阴阳对立统一关系的基础之上的，在重阳的同时并不忘重阴，只是强调的程度不同。他认为大承气汤是起死回生之方，“亦是泻火救阴之方也”。“夫病人胃已经实，元阴将亡，已在瞬息之间，苟不急用大黄、芒硝苦寒之品，以泻其亢盛之热，枳实、厚朴苦寒之味，以破其积滞之邪，顷刻元阴灼尽，而命即不生”。这说明他对釜底抽薪，泻火存阴之治是有充分认识的。

六经气化说

郑钦安在学术上十分重视仲景学说，其治《伤寒》之学，首先注重伤寒六经分经证治，其次注重以“标本中气”六经气化理论来探讨六经病机及六经传变的机理，藉以探讨六经本质及临床证治。六经各有标、本、中三气为主。如太阳以寒气为本，少阴为中气，太阳为标；阳明以燥为本，太阴为中气，阳明为标；少阳以火为本，厥阴为中气，少阳为标；太阴以湿为本，阳明为中气，太阴为标；少阴以热为本，太阳为中气，少阴为标；厥阴以风为本，少阳为中气，厥阴为标。客邪入于六经，有从中化为病，有不从中而从标化为病，有本气为病，从而产生各经不同的病证。

对于六经气化，郑钦安还从“万病一气”的角度出发，十分强调六经一气流通。郑氏在《医法圆通・伤寒溯源解》中指出：“太阳为三阴三阳之首，居于寒水之地，其卦为坎。坎中一阳，即人身立极真种子，至尊无二，故称之曰太阳。如天之日也，太阳从水中而出，子时一阳发动，真机运行，自下而上，自内而外，散水精之气于周身，无时无刻无息不运行也。”真阳自太阳开始，循环六经，一团真气流行于六步，依次循行于太阳、阳明、少阳、太阴、少阴、厥阴，每五日循行一经，根据其阴气、阳气的盛衰，别为六经。由此，六经证治，只须依此阴阳盈缩、一气进退，便能以一而执万端。

六经分治方面，郑氏指出了六经各自的提纲病情——“一曰太阳，以脉浮、头痛、项强、恶寒八字为提纲，恶寒二字为病情。二曰阳明，以胃家实三字为提纲，恶热为病情。三曰少阳，以口苦、咽干、目眩六字为提纲，喜呕二字为病情。四曰太阴，以腹满而吐，食不下，自利益甚，时腹自痛，若下之，必胸下结痛二十三字为提纲，食不下三字为病情。五曰少阴，以脉微细、但欲寐六字为提纲，但欲寐三字为病情。六曰厥阴，以消渴，气上冲心，心中疼热，饥而不欲食，食则吐蛔，下之利不止二十四字为提纲，不欲食三字为病情。”这样一来，六经各自的主症便较为明晰，便于学者掌握。而六经气化原理、六经证治、六经用药，郑氏在《医理真传》、《医法圆通》等著作中不仅进行了专篇讨论，在杂病论治中亦多有体现和运用。

以上是笔者阅读完郑氏主要著作后，对扶阳学派主要学术思想的提炼。对于时下热议的扶阳派善用大剂姜附的观点，虽然在私淑郑氏之学的医家医案中多有体现，但很难从郑氏著作中看到。所以笔者认为，这只能算作后人在实践过程中对扶阳学术思想的领会，只能称为诊疗经验，不能算作学术思想，更不能算作是判定否是扶阳学派的黄金标准。

（四）扶阳学派学术思想对中医临床诊疗的影响

郑钦安及其门人、私淑者之所以敢祭出扶阳大旗，缘于他们以这种思想为指导在临证中屡有斩获、效如浮鼓。扶阳学派的思想之所以在今天中医界如此被关注，也是由于很多人在效仿这一学术流派医家的治验过程中，多有收获，所以才引发了很多人进一步探究的兴趣。从目前报道来看，扶阳温阳的治法对于缺乏治疗思路、治疗效果不好的急症、危重症、难症方面往往具有意想不到的疗效，凸显了中医的治疗特色。

急危重症诊疗方面

长期以来，急危重症几乎成为中医治疗的空白，很多急危重症完全依赖西药治疗。从目前的报道来看，扶阳治法在心血管疾病的治疗中凸显优势，涉及到心绞痛、心律失常、心衰等诸多病种。期刊文献报道中使用附子的量多为10～20克的常用量，很少使用大剂量的附子，最大的报道也只有每剂60克。值得一提的是山西灵石县的李可，在他的《李可老中医急危重症疑难病经验专辑》中记载了使用附子、乌头等峻药治疗急危重症，在国内引起强烈反响。他首先在辨识阴证方面独具慧眼，往往从阳虚至极角度来审视证候，对于无苔舌、足心如焚、骨蒸劳热往往从虚阳外越、阳虚气化不利的角度去理解，在诊断上便异于常人。在治疗上他重用附子，在治疗心衰时常每剂100～200克，而且重症急煎，日夜连续进服，24小时服用1～3剂。他在乌、附的使用上也有独到之处，一是用两倍的甘草、150克白蜜等减毒，二是强调宽水久煎，剂量超过30克，加水2500毫升，煎煮3小时左右。他结合自己的实践经验，独创破格救心汤、加味奔豚汤、改良乌头汤等治疗心衰重症、风心病危象等。总之，李可在扶阳思想的指导下，使用大剂量姜附，在中医急危重症救治中的收效，极大地震撼了中医学界，但是由于一些客观原因，其治疗方法很难在各级医院临床实践中应用，只能是其个人的诊疗经验，不能从根本上提高中医救治急难重症的能力，但是终究为中医药对这类疾病的治疗带来一些希望。

疑难疾病的治疗方面

对于当今临床遇到的疑难病，现代医学束手无策，而通过传统的中医辨证，疗效亦多不尽人意。而扶阳学派医家从温扶阳气入手，单刀直入，收效颇著。近现代的医家均于此有大量报道，大致有两类情况。

1. 简化对于疑难病辨治的复杂性

对于乙肝、肿瘤这些疾病，或面对的是寒热夹杂、虚实互见的情况，或面对的是无证可辨、悉如常人的表现，治疗时亦颇为棘手。此时如能以扶阳的治疗理念为指针，以病人所表现的阳虚证候为切入点，果断地通过温阳、扶阳等治疗手段，使机体脏腑功能重整，达到新的平衡，达到使疾病好转、甚至获愈的结果。如有学者认为乙肝病毒是一种具有抑制阳气、易于深入营血和脏腑经络缠绵难祛的湿热毒邪，加之多用苦寒之品伤正，所以对于无症状的乙肝病毒携带者，以扶助阳气、活血通络、清热解毒作为治疗原则，通过温煦脏腑阳气，疏通经络，活血化瘀，促使脏腑功能活跃，使内蕴之毒由深出浅、由血转气、继而清之。再如肿瘤的治疗，有学者指出积聚、癌瘤的发生，多是在正虚的基础上产生的，正气虚弱是积聚、癌瘤形成和发展的根本条件，再加上肿瘤治疗方法不当，手术、放化疗的攻伐伤正，清热解毒类药物的苦寒栽伐阳气，导致正气愈虚。在此基础上指出扶阳散寒、固本扶正是肿瘤治疗的大法。

2. 对原有常规辨证思路的突破

对于糖尿病、银屑病、干燥综合症等疾病，常规的辨证思路多从燥热、阴虚为切入点，而扶阳派医家则考虑燥热、阴虚的背后是由于阳气不足、气化不利、津液不生而致，所以要以温通阳气的治法为主，达到阳生阴长的目的。再如一些头面五官的疾病，如口腔溃疡、眼科疾病等，扶阳派医家多从虚阳上浮立论，而以摄纳阳气为法。有学者就指出干眼患者有部分是睑板腺功能障碍引起的蒸发过强型，属于脂质分泌质和量的异常所致，需要热敷、按摩、擦洗以促进睑板腺分泌；从神经内分泌因素来说，雄激素促进睑板腺分泌，而肾上腺素抑制睑板腺分泌。火神派温阳治疗干眼的理论与此应是吻合的。当前对干眼病和糖尿病视网膜病变等等许多疑难眼病，尚无有效治疗方法的情况下，开展温热药治疗的研究无疑有特殊的价值。

在具体实践扶阳思想的过程中，亦有两种意见。一是主张大剂量运用姜附等温热药。卢崇汉先生认为要使附子纳下，发挥追复失散元阳之功是有一定条件的，而目前由于许多医者对此条件把握不够恰当，以致用了四逆法起不到应有的作用，反而还使附子成为浮游于上、中的邪火，引起诸多“上火”的症状。更多的报道则倾向于常规应用、由少到多地谨慎使用温热药。

以上，笔者从学术源流、代表著作、主要学术思想以及对中医临床的主要影响几个方面，探讨了扶阳学派的学术内容。回顾中医学术流派的发展，一个流派的产生，多是在与当时盛行疾病的斗争中发展起来的。有学者撰文分析，当今面临的发病形势和疾病谱的变化，都表明多数疾病的基本病机是阳虚阴盛，所以正是扶阳学派大显身手的时代。这或许也是扶阳学派的治疗方法在时下收效明显，其治疗理念颇为盛行的原因之一。但是在另一方面，在实践过程中也存在很多问题。诸如温热药大量使用带来的用药安全性问题、中药原药浪费问题以及医者故弄玄虚、沽名钓誉的问题等等。无论如何，这一学术流派在发展过程中所积淀的丰厚学术思想和诊疗经验，是值得我们每一个中医学人认真学习、继承发扬的。笔者认为研究扶阳学派，要透过其重用温热药物的现象，看到其背后所一贯遵循的中医辨证论治的原则，阐述清楚这种治疗方法的真实含义，从而掌握其正确的使用原则。切不可将扶阳学派与滥用温热混为一谈，给中医药学的发展、广大人民群众的健康事业带来灾难。

二、三部六病学术流派的形成及其对中医学术创新和发展的影响

三部六病学术流派是以《伤寒论》学术思想为基础形成发展起来的学术流派，在中医病证诊疗体系、临床诊断、治则治法、方药等方面具有创新性，近三十年来在中医界产生了积极的学术影响。

（一）三部六病学术体系的形成

三部六病学术流派创始于全国首批名老中医刘绍武先生（1907～2004年），刘老行医七十余年，一生致力于《伤寒论》的研究，于1944年开办"友仁医社"首次以"三部六病学术思想"系统讲解《伤寒论》，并由山西大学张辅轩教授据此整理出《仲景学术观》、《仲景证治观》、《仲景药能观》讲稿。70年代，刘老参与筹建了太原中医研究所，坚持不懈进行三部六病学说的研究和完善，将《伤寒论》从现代哲学和科学的角度去研究，尝试在《伤寒论》病证思维模式的基础上，形成既符合中国哲学思想，又适应现代医学理论，具有民族特色的医学理论体系，这成为刘老从事三部六病研究的学术路线与指导思想。从上世纪60年代末到70年代，先生将《伤寒论》一百余方，尽数应用于门诊患者，通过对七万余例患者的诊治，确定了各方的证候，进而总结出多证突出主证，主证突出纲领证，纲领证突出核心证的辩证思想，由此形成了"按部定证，据证定性，依性定方，以方定名"四定原则为核心的三部六病病证诊疗体系。

刘绍武先生临证善用经方，继承又善创新，通过自己七十多年的学习和临床实践，以"三部六病学说"立论，遵《伤寒论》旨意，总结提出了中医三部六病理论框架，对《伤寒论》进行了大胆的理论创新与体系分类，将人体划分为表、半表半里、里三大部系，根据阴阳不同属性每部系分别划分出阳性病及其系列阳性证候群和阴性病及其系列阴性证候群，每部分阴阳，以表、半表半里、里三部，以三部定位、以三阴三阳六病定性，形成统括表里内外定位、阴阳寒热定性的临床辨证诊疗体系，概括为三部六病，衍为三部六病学说，自成一家，自立一派，形成了颇具特色的中医学术流派，为弘扬仲景学说做出突出贡献，并为临床学习与应用《伤寒论》理法方药提供了新的思路，体

现了刘绍武先生对中医学经典著作的继承与创新。

（二）三部六病学术流派形成与发展

1984年刘绍武先生在山西省举办的“中医经典著作学习班”上，应邀讲授《伤寒论》，系统讲述了这一学说，从而在学术界为《伤寒论》的学习研究，展现了一道亮丽的学术风景。学说既成，习用者益广，推崇者益众，既有医院的高年资临床医师，又有大批高等医学院校的学子，有拜师亲授者，有仰慕私淑者，以学说立业者多达百人之众。随着众多弟子学生的不断学习实践、内容不断丰富与发展，学术理论日益完善，学术体系逐渐成熟，形成了颇具规模的三部六病医学流派。此后，三部六病学说得到不同程度、不同范围的传播与发展。在各级政府的支持下，三部六病专业学术组织已经出现，研究机构已成立多家，取得了一系列的科研成果。

先后成立的科研机构：山西三部六病中医研究所（1988年）、北京军区三部六病研治所（1987年）、太原三部六病研究所（2003年）、海南省中医三部六病研究所成立（1992年）、中医三部六病（中山）诊疗中心（1997年）、三部六病（深圳）科学技术研究中心（1997年）。

成立的学术机构：中国三部六病医学会（2004年）、山西中医药学会三部六病专业委员会（2005年）。

获奖的科研课题与成果：

1. 1985年刘惠生、胡安荣主持研制“刘绍武三部六病专家系统”，1988年获得山西省计算机应用成果一等奖，省科技进步三等奖。

2. 1997年4月山西三部六病中医研究所刘惠生等研制开发的新药“血糖平”获得国家健字号证书；2002年以刘绍武临床经验方“调滋汤”为基础的中药新药“血糖平”，由山西省三部六病中医研究所研制开发，获得国家药监局的新药批准证书。

3. 1990年，由徐黎明、宿明良、刘海涛主持研制的中医三部六病综合诊疗系统获全军科技进步二等奖，中医全自动脉象诊疗仪获得全军科技进步三等奖，并获得国家专利。全军评审委员会主要成员专程前来太原市看望刘绍武先生。

4. 2006年，以刘绍武“四脉定证”为主要内容的立项课题《中医脉象数学分析方法研究》获得国家自然科学基金的资助。

(三) 三部六病学术思想内容和特色

三纲

三纲内容:整体的内涵是八要素;理论框架是三部六病;诊疗的规范是四定原则。

三部六病学说认为,整体的范畴是三部。三部综合为整体,三部是整体的子系统。表中里三部的定位与功能特征为:表部主导自然之气,里部主导饮食水谷,半表半里部主导气血。人体的整体性表现在气血上,通过气血的循环达成机体的统一。三部作为整体的三大系统,每个系统都有其特殊性和独立性,致病因素通过气血,正邪相互斗争后在三部定位表现出阴阳性质不同的六组病候群。无论异病同治还是同病异治,都是以三部六病为根据,任何疾病,病位不超过三部,病性不越六病。三部六病是疾病的反应规律,只有全面认识三部六病病证反应的病理实质才能形成对疾病整体的认识。

三部的内涵是整体,反映了整体内涵的八方面。包括:气血的统一性、生态的自组性、组织的层次性、结构的功能性、动态的平衡性、形神的一致性、天人的合一性、意志的主导性。

在诊断治疗中以四定原则为诊疗的方法论路线,四定原则为:依部定证,辨证定性,据性定方,以方定名。首先辨明病位,确立证候的病位所在,然后通过对证候的现象到本质的认识,辨明其阴阳属性,再根据其阴阳的性质来确定个性的方剂,“以方定名”,治疗后则以其方剂名称来确定证的本质。四定原则中,三部体现了系统论,六病症候体现了信息论,方剂的治疗体现了控制论的思想。

统一的辨证论治体系的建立

“伤寒为百病立法”,《伤寒论》病证体系是基本上可以统括临床诊疗范畴。伤寒论的病证具有标准性和规范化,有是证用是方,重复性好、规律性很强。伤寒论的诊疗思维是整体辨证,其内涵即是三部六病,三部六病学说是疾病的高度概括,是人体疾病反应的基本规律,在这个大框架下,就有了共同理论范式。三部六病学将原有的经方辨证称之为纠偏疗法,实质上也囊括了后世时方治疗方法,再此基础上又总结发展出整体辨证的协调疗法和复健疗法,三大疗法从理论与方法上基本覆盖了临床治疗学的内容。

第一,纠偏疗法。致病因子作用在整体上,通过气血在三部定位,表现出明显的寒、热、虚、实的表现,具有易变性的特点,采取对抗性的治疗,“寒则热之，热则寒之，虚则补之，实则泄之”。伤寒方主要是这样一类方剂，即六病辨证论治体系。

纠偏疗法针对的是“证”。三部六病学说认为，证是疾病存在的方式和运动发展的状态，以及这种方式或状态的直接间接的表达，是疾病本质的反应。证有多义性、多样性、复合性与传变性。寒热是整体的，虚实是局部的。三部上虚寒相结合，热实相结合，形成六病，如果三部上仅表现为寒热虚实某一方面，成为单证，可归纳成为十二个单证。病与证空间上相互结合，形成合病、部病、合证、兼四种类型。如此规定，达到辨证的高度规范化。

第二，协调疗法。如果机体受到过度的精神刺激，就会导致大脑皮层的思维机能和支配功能障碍，出现偏盛偏衰的表现，诸证蜂起，各组织器官不能各司其职，在体内出现虚实互见，寒热错杂的证候，证候遍及三部，形成阴阳证俱见的综合，称之为整体病。单纯采取攻补温清的方法，都不能达到治疗目的，必须采用协调整体的疗法，将紊乱的机能调整过来。此为整体病辨证论治体系。

协调疗法针对的是整体的机能，以“四脉”为特征，包括溢脉、聚脉、涩脉、长弦脉，表明机体存在“气亢、气郁、气乱、气滞”四种气机紊乱的情况。临床上很多慢性病，绝大多数都存在整体功能不协调的这四种情况。由于气机紊乱，寒热虚实共存一体，发展到一定阶段，在局部表现为形态变化和机能障碍，这种局部的病变多为慢性过程，治疗上有顽固性。由于每个局部处于整体的调节支配之下，只有整体的协调才有局部的改善，治疗上采取“协调整体、突出局部”的整体局部双关治疗的原则。以小柴胡汤作为协调整体的基方，再选用现有的良方组成局部治疗，把整体的调和局部的治疗有机结合起来。协调疗法约二十首方剂，与纠偏疗法相结合，治疗范围非常广泛，调动机体的自然疗能，双向调节，疗效很高。

第三，复健疗法。针对局部组织脏器发生病变，久治不愈形成的顽固症。由于痰、水、食之物积于体内，阻塞脉道、肠道，或脾胃功能低下，或心功能低下，导致机体的组织器官得不到气血的充养，发生功能紊乱和结构障碍，形成难治之证，采取相应的复健疗法。如团鱼丸治疗肺气肿、复健散治疗溃疡等。

系统方剂学思想

从《伤寒论》组方学上看，组方共选用八十八味药，临证组方，施治各证，药味的变换和药量的变动决定每首方剂的疗效和性质。方剂学旨在使数种药物有机地结合起来，发挥一种整体功能。各味药物由分散到组成一个方剂，不单是数量的相加，而且是有机的结合，形成一个有机的整体，不是量变，而是质变。通过互相渗透，互相贯通，出现一种整体功能，即系统值，而不是单一药性。

方剂与药物有根本的区别。从系统方剂学的思想上看，绝不能用药物来解释方剂，这在传统中医上是个严重的问题，在现代科学来看也是不正确的。

组方的基础是针对“证”这一病理状态，“非此方不能治此病，非此病不能用此方”，“方以证立，证以方显”。三部六病学说讲求方剂学的组方结构，各个方剂中，药味和药量都具有一个最佳比例，治疗有一个最佳效果。这就是说病证不变，方剂就不变，这也是三部六病治病“守方”的思想基础。

临床“三化”的实践标准

临床三化是指：证治的规律化、证型的规范化、制剂的规格化。

1. 证治的规律化。规律是事物运动过程中固有的本质的必然联系。如前所述，六病辨证体系用三阴三阳的消长转化来认识诊察疾病的发生变化，对疾病的认识和诊治达到了高度规律化的程度。

2. 证型的规范化。《伤寒论》证的规定有着严格的规范性。证有以下几类：六病的病证是三部上寒热分别与虚实相合形成。在三部中，具有寒热虚实独立特征表现的证候，称之为单证。如干姜甘草汤证、桂枝甘草汤证、柴胡芒硝汤的芒硝证、桂枝加附子证等。证是疾病存在的时空状态，三部病证和单证可以相合，形成合病、兼证与合证。

在三部不同部位的症候中有两种以上的证候群同时存在的病证，称之为合病。如太阳与少阳合病，如柴胡桂枝汤证。在三部不同的部位上，有不同性质的病证和不同性质的单证同时并存的病，称兼证。如桂枝加附子汤证，桂枝加大黄汤证。在三部中，各部有寒热虚实不同性质的证候同时并见的病证，称之为合证。如异部相合：太阳少阴合证麻黄附子汤证、大黄黄连泻心汤证等；同部相合：桂枝麻黄各半汤等。还有一类证为三部上呈现寒热虚实错复的证候群。如表部的葛根汤证，半表半里的小柴胡汤证，里部的生姜泻心汤，半夏泻心汤即属此类。《伤寒论》的辨证体系中临床的各种证型即是由这六类证型组合变化组成，呈现了高度的规范性。

3. 制剂的规格化。《伤寒论》的方剂制备、用量和服法完全具备了现代制剂标准化规格化的思想。第一、方剂的用量标准化。第二、不同剂型的使用,达到最好的吸收利用率。第三、严格的煎服法。

临床"三化"体现了仲景理法方药的辨证体系高度的科学性。

(四)对中医学术的继承和发展

四脉对整体病的诊断意义

刘老经过数十年临床实践多年摸索出四脉,解决了整体病诊断治疗的问题。

聚关脉:患者多数性格内向,心中有隐曲之事,不愿言之于口,告之于人,长期忧愁思虑,导致大脑皮层功能紊乱,引起迷走神经张力增高,平滑肌收缩,腺体分泌等到一系列连锁反应。窦房结兴奋性降低,心肌传导系统传导性降低,心率紊乱,气血周流减少。长期的迷走神经兴奋,血管平滑肌处于收缩痉挛状态,使寸口脉聚于关部。关部评之独大,更有甚者,形如豆状,称之为聚关脉。多表现为胸膈部的病变、肝胆病变,心血管病变,胃肠道病变。表现心烦胸闷,周身乏力一系列抑制性反应。

上鱼际脉:上鱼际脉提示患者性格外向,脾气急躁,争强好胜,更主要的是对自己固有的秉性有认识,处理问题,善于用理智克制冲动;或者见于客观的实际情况不允许本人按着自己的性格和意志行事,在思虑与克制并存的条件下,导致大脑皮层的功能紊乱,引起交感神经的机能亢奋,出现心跳加快,血管扩张,血流加快,平滑肌松弛,脉管充盈度增加,使寸口脉经过长时间的作用向上移位,脉管搏动突向腕横纹以上,有时肉眼直观就可见到脉管的搏动。称此脉象为上鱼际脉。临床上高血压,动脉硬化,脑血管意外等病变多见此脉象,病证主要表现失眠、多梦、易怒、心慌、多食善饥等一派兴奋性反应。

涩脉:患者在主观上长期精神抑郁不畅,导致大脑皮层功能紊乱,波及植物神经,引起迷走神经功能亢奋,抑制心脏的传导系统,使心肌收缩力和传导带度均受到抑制性干扰,使寸口的脉象表现为节律不齐、快慢不等、有力无力不等的现象。涩脉的出现标志心脏功能的减低和有效循环血量的减少。

长弦脉:患者曾患过痢疾、肠炎未经彻底治愈,或者平素嗜食生冷,致使大量寒性粘液积于肠内,尤其是结肠皱褶处。由于升结肠的蠕动是由下而上，违反地心引力，粘液长期得不到排空，微量被吸收于血，顺血循环而沉积，显于皮肤，皮肤萎黄晦暗无光泽，显于脉管，脉见长弦，寸口脉弦紧而长，尤其在尺部后，其长度延及寸许，弦硬应手，粘液在肠道壁得不到清除，还可引起十二指肠炎或前列腺炎。

四脉出现说明机体存在"气亢、气郁、气乱、气滞"四种气机紊乱的情况，即整体病的表现。临床上很多慢性病，绝大多数都存在整体功能不协调的这四种情况。北京军区总医院研制"中医三部六病全自动脉象诊疗仪"的过程中，就运用此原理进行了成功的设计。在进行技术鉴定时，鉴定委员会主任委员、北京中医药大学程士德教授在审定设计原理时，作出了"具有重要学术研究价值"的结论。

协调疗法在治疗慢性疑难杂症上的突破

协调疗法的创制从哲学认识上考虑到整体和局部两方面相互作用，从科学认识角度上考虑到中枢和植物神经功能紊乱为主导的问题。由于气机紊乱，寒热虚实共存一体，发展到一定阶段，在局部上表现为形态变化和机能障碍，这种局部的病变多为慢性过程，治疗上有顽固性。局部病变与整体有着密切的关系，只有整体协调才有局部的改善。一是调，二是治，局部的治疗亦寓意着调，通过协调使局部与整体达到有机的统一，维持一个动态平衡。

协调方的组方以小柴胡汤为协调整体的基本方剂。小柴胡汤具有通达表里，由上而下的功效。"……上焦得通，津液得下，胃气因和，身濈然汗出解。"经过一千七百余年历代医家的反复实践，小柴胡汤被推为和剂之首，因此，选为协调整体的主方。中医方剂学中，有大方、小方、急方、缓方、奇方、偶方、复方，各有所用。协调方为一系列复方，组方中八方共济，寒热、升降、收散、补泻，具备了四个矛盾点，八个矛盾面，相反相成。临床应用，根据患者出现各种证候的程度，参考脉象的变化，从寒、热、虚、实的每个方面，进行辨证论治，调整其中的药味与药量，使其保持相对的平衡，以发挥其协调作用。

协调疗法的特点是：(1) 治疗范围广、易学易用；(2) 调动机体的自然疗能、双向调节；(3) 方剂作用平和、利于久服；(4) 利于形成制剂、临床推广。协调方包括二十余首，与纠偏疗法相结合治疗面非常宽，由于它非常便于学习掌握和应用，组方思路易与西医的病理机制认识相结合，很快在中西医学人中普及开来，已经过三十年的临床验证，在疑难病的防治上取得了重大的突破。

三部功能划分的科学价值和意义

三部六病从系统论的角度阐明了三部划分的科学内涵，澄清了混淆多年的六经辨证的问题。

《内经·六节脏象论》："肺者，气之本。其华在毛，其充在皮。"《五脏生成篇》："诸气者皆属肺，肺之合皮也，其荣毛也。"《咳论篇》第三十八："皮毛者，肺之合也。"《痿论篇》第四十四："肺主身之皮毛"，说明肺和皮毛的关系，为表部系统。《黄帝内经·灵枢·营卫生会》："人受气于谷，谷入于胃，以传与肺，五脏六腑，皆以受气。其清者为营，浊者为卫，营在脉中，卫在脉外，营周不休，五十而复大会。"此为半表半里系统。《素问·六节藏象论》："脾、胃、大肠、小肠、三焦、膀胱者，仓禀之本，营之居……胃、大肠、小肠、三焦膀胱，仓禀之本……能化糟粕，转味之出入也。"此为里部系统。

内经对病理的认识显示是机体是明显的三大系统，是三部生理的基础。外用药物，由表走里，由里达表，走的是三部路线，而不是经络的感传路线。现代医学研究显示，胚胎发育中首先形成内外两个胚层，然后在内外胚层间形成中胚层，在三胚层阶段已形成器官原基，决定了组织器官分化的方向。三胚层间形成的人体器官就很有可能存在病理反应的协同性，这与中医"同源器官理论"相吻合。

现代医学从解剖角度将人体划分九大系统：运动、消化、呼吸、循环、泌尿和生殖、神经、内分泌、感觉和免疫。这样的划分系统导致对人体的认识是机械的，孤立的，不能很好地说明各系统脏器间的关系，更无法阐明整体自组织自调控的机制。

三部为功能的划分，有三方面的内容：

1. 三部的各部之间疾病反应呈现系统性的特点，即表现为六病规律。三部间的联系形成整体。用三部和整体的关系能够很好地说明机体的整体性。

2. 三部对疾病定位定性的分类方法与内容，可以概况西医九大系统疾病的内容，实现了与西医病理机制相结合的研究模式与应用目的。如冠心病"心胃同治"是中医很常见的治法。如大柴胡汤、半夏泻心汤、四陷汤、温胆汤、瓜蒌薤白半夏汤、橘枳姜汤、血府逐瘀汤等等都用于冠心病的治疗。

西医在临床中把冠心病的诸多症状描述得非常细致，如牙痛，胁痛，心下痛，胃痛等，但是治疗中只关注心脏局部，所以治疗原则方法受到非常大的限制。而我们从中医治法中可以观察到脾胃的虚实、痰阻血瘀都可能影响心脏的供血。

3. 如何建立对整体的全面认识？从三部和气血的统一性去研究整体的内涵，这样就有了辨证的基础，对疾病的认识就更为完整准确。所以三部六病学说建立了认识整体的哲学方法，并将实质结构和功能的研究相结合，做到了哲学和科学的有机统一，开拓了医学研究非常广阔的领域。

三、中西医结合学派的形成及其对当代中医学科发展的影响

（一）近代中西医交流的指导思想

人类文化是多源的，也是多元的。在不同地理环境和人文因素的影响下，起源于不同地域的早期经验医学逐步形成了不同科学形态的医学体系：西方医学渐渐远离了传统，完成了由经验医学到实验医学的转化；而中国医学却始终保持着整体把握和宏观调控的特征，几千年前的医学思想，一直是指导临床实践的理论基础。

当历史的脚步跨入20世纪的时候，西方医学的快速传入，打破了中国传统医学一统天下的格局，中西医学的碰撞、交流与互补，形成了中国医学发展的时代特征。

但是中西两种异质医学体系的交流并不是一帆风顺的。具有不同历史背景和知识结构的学者，先后提出了“废止中医”、“中西医汇通”、“中医科学化”等多种不同的主张，形成了长期而激烈的学术争鸣，争鸣的焦点在于面对西医学在中国的迅猛发展，应当对中国传统医学采取怎样的态度。

20世纪初期中国新文化运动逐渐兴起，以阴阳五行学说为理论基础的中医学同其他中国传统文化一样，遭到了日趋激烈的批判。一些西医界人士以西医学为标准力斥中医学之“短”，提出了“废止中医”的错误主张，企图通过政府立法消灭中医于一旦。中医界人士奋起抗争，为维护中医药学的传承和发展发挥了重要作用。

中医药界反废止、图生存的根本立场是一致的，但在与废止中医派的论战中所表述的学术观点及关于中医发展前途的认识却各不相同。“中西医

汇通”和“中医科学化”是当时最具代表性的学术主张，这两种主张影响深远，在中西医结合方针确立之前，一直是中国中西医交流的主要指导思想。

“中西医汇通派”是在西医的传入和发展使中医学和中医界面临严峻挑战和严重危机的时候产生的一个学术流派，其基本观点是：中医、西医虽属两种互有优劣的不同学术体系，但二者研究的客观对象都是人体的健康和疾病，所以两种医学是应该也是能够相通互补的。从认识论的原理来看，人们对于同一客体的认识，往往表现出层次和角度的不同，而不同层次、不同角度的认识，只要具有同一的研究客体，就能在交流过程中实现真实反映客体本质这一基础上的统一，所以汇通派的方向是符合历史潮流的，他们融洽中西、创立统一的新医学的思想为现代中西医结合所传承、改革和发展。然而，汇通学派的队伍中，几乎都是谙练中医学术的名家，而缺乏精于西医的新型学者，更没有兼通中西医的饱学之士。他们的根本目的，与其说是创造一个新的先进医学体系，毋宁说是为中医学的存续寻求一种合乎时宜的手段和途径。

现代中西医结合研究者虽然同中西医汇通派医家一样，认为中西医两种医学有着共同的研究对象，因而可以取长补短、融会贯通，最后形成统一的新医学，但他们的立场、研究方法和所要创立的新医学的面貌却与汇通派有着本质的区别：不再是单纯站在中医的立场上，用思辨和类比的方法，将西医学知识融于传统中医学的体系，建立新的中医学，即挥铁樵所说的“新中医”，而是站在两种医学之上，用现代科学即实证科学的方法，阐释传统中医学的规律，发掘中医学的理论精华和经验真知，使之与现代医学体系相互交叉和融合，建立统一在实证科学基础上的新医学。“中西医结合”对“中西医汇通”既有继承又有发展，而发展是主要的，是一种质的飞跃。

继“五四”新文化运动之后，中国科技界著名学者又发起了一次影响深远的“中国科学化”运动。“中医科学化”就是在“中国科学化”运动中提出的一种改良中医的主张。主张“中医科学化”的学者虽然充分肯定了中医经验，但对中医学理论没有给予足够的重视。新中国成立后，“中西医团结”和“中医科学化”成为第一次全国卫生工作会议酝酿形成的中医政策的两大主题。而那时的“中医科学化”又有了与近代“中医科学化”不同的含义：不再是指中医理论的科学化，而是指中医医生的科学化，即对经考核合格准予执业的中医师，通过现代医学基本知识和技能的“进修”，使其变成“科学医”。

中西医结合的卫生方针，不仅肯定了中医学的丰富经验，而且承认中医学有独特的理论体系，在这个理论体系中存在着"整体观念"、"辨证论治"等具有朴素辩证法和朴素唯物论思想的合理内核，并认为这些理论内核可以弥补西医学认识论及方法论的不足，因而必须努力继承和发扬。虽然"中西医结合"继承发扬祖国医药学遗产、建立中国新医药学所运用的现代科学（包括现代医学）的知识和方法，与"中医科学化"所提倡的"科学方法"同属于实证科学范畴，而在对于中医学理论的态度方面，"中西医结合"却是对"中医科学化"的直接否定。科学史同其他门类的历史一样总是在辩证的否定中逐步前进，这是一条客观的规律。

（二）中西医结合学派的创立与发展

中西医关系问题是长期以来一直没有得到妥善解决的复杂社会问题。在毛泽东关怀下确定的新中国卫生工作的三大方针"面向工农兵"、"预防为主"、"团结中西医"，以及毛泽东为第一届全国卫生工作会议题词"团结新老中西各部分医药卫生工作人员，组成巩固的统一战线，为开展伟大的人民卫生工作而奋斗"，虽然明确了解决这一问题的基本原则，但具体的中医政策的制定，还有赖于决策者更加细致的工作。建国初期卫生部领导人一方面借鉴延安卫生工作经验，一方面受废止中医思潮的影响，把中西医团结和中医科学化确定为中医政策的两大主题。1951 年先后发布《中医师暂行条例》、《中医师暂行条例实施细则》、《中医诊所管理暂行条例》、《中医诊所管理暂行条例实施细则》以及《关于组织中医进修学校和中医进修班的规定》，不仅限制了中医执业，而且开始了改造中医使之成为"科学医"的中医进修教育，使中医学面临着不能正常传承和发展的危险。

1953 年 4 月开始，毛泽东发现卫生部门存在的严重问题后，多次对中医工作提出批评和指导，使一些错误做法及时达到了纠正。1954 年 10 月 26 日，中央文委党组在《关于改进中医工作问题给中央的报告》中建议，成立中医研究院，吸收中医参加大医院工作，扩大和改进中医的业务，改善中医的进修工作，加强对中药的产销管理，整理出版中医书籍，中华医学会吸收中医参加，使之成为全国医学界群众性的学术团体。这些建议于 1954 年 11 月 23 日被中央批准执行，后来基本上得到了落实。1958 年 6 月，中医研究院创办的全国第一个西医学习中医研究班结业。毛泽东于 1958 年 10 月 11 日对卫生部《关于西医学习中医离职班情况成绩和经验给中央的报告》

作了重要批示，要求各省市举办西医离职学习中医的学习班，并指出“中国医药学是一个伟大的宝库，应当努力发掘，加以提高”。在毛泽东批示的鼓舞下，全国迅速掀起了西医学习中医、广泛开展中西医结合的高潮。

作为国家高层领导人，周恩来对中西医结合工作也给予了极大的关注。1970年夏，他特意指示卫生部着手全国中西医结合工作会议筹备工作，一些中西医结合研究项目开始重新启动。1971年初，他亲自主持召开了全国中西医结合工作会议，对22项中西医结合研究成果进行了表彰，并在会议期间接见了全体与会代表，与取得重要成就的专家一一亲切交谈，肯定了中西医结合工作的成绩，指明了今后努力的方向。

1978年，中国恢复研究生培养制度之后，招收了第一届中西医结合专业研究生。1981年国务院学位委员会正式确立了招收攻读硕士与博士学位研究生的中西医结合一级学科，之后又确立了中西医结合基础与中西医结合临床学科2个二级学科。

1979年12月，中国科学技术协会在广州召开有中医、西医、中西医结合、自然辩证法各界人士600人参加的医学辩证法讲习会，展开了关于中西医结合问题的讨论和争鸣。“广州会议”上关于中西医能不能结合的学术争议，引起了中西医结合界学术带头人们的反响，他们一致认为应该成立自己的组织，坚持中西医结合，用事实来回答认为不可能结合的人们，于是发起了成立中西医结合研究会的倡议。

1980年3月6～13日，卫生部组织召开全国中医和中西医结合工作会议。会议总结经验，重申党的中医政策，提出了发展中医和中西医结合工作的指导方针：“中医、西医和中西医结合这三支力量都要大力发展，长期并存，团结依靠这三支力量，推进医学科学现代化，发展具有我国特点的新医药学，为保护人民健康，建设现代化的社会主义强国而奋斗”。“三支力量都要大力发展，长期并存”，是一个适合中国现实国情和科学发展规律的正确方针，制订这一方针并使医学界的思想在这一方针的指导下统一起来，是这次会议的重大成功。这一功绩将永远载入中国医学发展的史册！这次会议将创办《中西医结合杂志》和创立中西医结合研究会列为“今后的任务”。1981年7月20日《中西医结合杂志》发行创刊号。11月8～12日，隶属于中国科协为一级学会的中国中西医结合研究会成立大会暨全国中西医结合学术讨论会在北京举行，讨论通过了《中国中西医结合研究会章程》，选举产生了第一届理事会。

教育系列"中西医结合"一级学科的确立、《中西医结合杂志》的创刊、中国中西医结合研究会的成立，是中国中西医结合学科创立的重要标志。回首中华人民共和国60年的历史，可以清楚地看到中西医结合发展的道路在20世纪80年代初期转入了新的阶段。

20世纪80年代开始，中西医结合研究者们不顾一些人的反对和误解，决心坚持走中西医结合之路，这种决心已不再是响应领袖的伟大号召，而是在亲身体会到这项研究工作的重要意义、看到从事这项研究的光明前途的基础上，做出的一种自认为正确的重大抉择。不仅仅受号召力量的推动，把被动的执行政策变成了自觉的科学研究，是80年代初期以后中西医结合研究者表现出的一大特征。中西医结合界的学术组织"中国中西医结合研究会"，产生了巨大的凝聚力，每年组织召开多次全国性中西医结合学术会议，对加强中西医结合队伍的团结和促进学术交流做出了重要贡献。《中西医结合杂志》作为中西医结合工作者的学术载体，不仅及时反映了中西医结合研究的成果和结论，而且在宣传中西医结合方针、增强中西医结合研究者的信念、树立中西医结合队伍的形象等方面都发挥了重要作用。该刊1992年更名为《中国中西医结合杂志》，1995年英文版创刊，现称"Chinese Journal of Integrative Medicine"（中国结合医学杂志），其科学性和应用性得到了国内和国际社会的广泛认同，该杂志已经进入SCI－E收录，是我国第一种进入该检索源的中医期刊杂志。

1982年11月26～29日，卫生部在河北省石家庄市召开"全国中西医结合和综合医院、专科医院中医科工作会议"，会议制定的《关于加强中西医结合工作的意见》中，强调了加强中西医结合工作需要认真解决的几个问题。其中一些问题的解决，在一定程度上壮大了中西医结合队伍，加强了中西医结合研究的阵地，促进了中西医结合的相对独立发展。"衡阳会议"和"石家庄会议"是中国现代医学史上两次具有重要影响的会议。两次会议精神的落实，使中国医学界真正出现了三支力量并存的局面，对中医机构明确了加强中医特色的要求，同时也加强了综合医院中医科的建设，并开始创建中西医结合医院、中西医结合研究所，拓展中西医结合医疗和科研基地，创办中西医结合本科教育，培养中西医结合的接班人。

在中西医结合的发展道路上，也有过冒进的做法，这曾经冲淡了中医的特色。在20世纪80年代初之前，无人在“中西医结合”与“中医”之间划出一条明确的界线，进而思考中西医结合与中医的关系问题，思考中西医结合对中医学科发展的影响。因为当时的中医政策，基本上是中西医结合的政策。提倡中西医的团结合作和学术交流，通过学科交叉和融合，逐步创立具有中国地域特点和民族特色的新医药学，适应了社会的需要，反映了科学发展的趋势，但将中西医结合确定为中国卫生事业和医学发展的整体指导方针，则会限制中国医学发展的多元性，对中国卫生工作的开展产生消极影响。1977年7月22日～8月15日，卫生部召开了全国中西医结合规划工作座谈会，讨论制定了《1976～1985年全国中西医结合10年发展规划》，《规划》以毛泽东主席“把中医中药的知识和西医西药的知识结合起来，创造中国统一的新医学新药学”(1956年)以及“中国医药学是一个伟大的宝库，应当努力发掘加以提高”(1958年)的号召为指导思想，制定了10年奋斗目标：“以辩证唯物主义思想作指导，团结中西医，运用近代科学的知识和方法，通过广泛实践，把中医中药的知识和西医西药的知识结合起来，逐步提出中西医结合的基本理论，在各个学科都能有所突破，主要学科能初步形成新医学新药学”。《规划》还提出了实现以上目标的具体措施和步骤：“培养一支又红又专的中西医结合队伍”，“继续开展西医学习中医的群众运动”，“从1977年以后招收的学生都要培养成为具有中西医两套本领的医生”；“县以上医院要逐步发展为中西医结合医院”；“加强中西医结合科学研究工作”，“‘五五’期间要集中兵力打歼灭战，阐明针麻原理。对肾实质、气血、脉象、舌象、活血化瘀、扶正固本等研究要提出新理论”，“一切医药科研机构和高等医药院校都要从事中西医结合研究”；“积极开展中西药结合工作”，“1980年内要组织各地力量，分工协作对常用中草药初步搞清药理作用和有效成分”，编写“中西结合的新药典”。

不难看出，《1976～1985年全国中西医结合10年发展规划》对中医结合研究的难度估计不足，表现出急躁情绪和激进倾向。《规划》将“现代科学方法”改为“近代科学知识和方法”，将“丰富现代医学科学”改为“逐步提出中西医结合的基本理论”，偏离了既定的中西医结合方向，模糊了人们对“中西医结合”概念的正确理解，虽然自以为“这个规划基本上反映了各地的情况和要求”，而实际上脱离了客观实际，将中西医结合“规划”为中国医学发展的唯一道路，违背了科学的发展规律。

“中西医结合是中国医学发展的唯一道路”的提法，不可能得到中医界和西医界的认可。中西医结合不可能在短期内取得突破性进展以取代中西医理论对临床工作的有效指导，要求“一切医药科研机构和高等医药院校都要从事中西医结合研究”、“积极开展中西药结合工作”，必然影响中西医学分别按照原有模式发展的步伐。1979 年 12 月，全国科协在广州召开医学辩证法讲习会，这次会议是中医、西医、中西医结合、自然辩证法各界人士 600 人参加的一个医学界解放思想、发扬学术民主、积极开展学术讨论的会议。会上“有些同志对‘创造我国统一的新医学新药学’这个口号展开了讨论，如对‘创造’两字，‘统一的’三个字，提出了各种不同的看法。谁统一谁？如何统一？如何创造？都有些异议。如果统一到中西医结合上去，中医不满意，西医也不满意”。鉴于中医、西医、中西医结合都需要发展的客观实际，以及 1979 年正式发表的毛泽东《同音乐工作者的谈话》中提的也不是“创造我国统一的新医学新药学”，而是“发展中国的新医学”，所以卫生部研究决定避开使用“统一的”三个字，形成了一个新的提法，就是“发展具有我国特点的或者是具有我国独特风格的新医药学”。

卫生部面对着医学界关于中西医结合产生的明显而严重的意见分歧，不得不认真思考还要不要坚持中西医结合的方针。“中西医结合，二十多年来艰苦创业，出了一些人才和成果。人民群众需要它，科学需要它，人民卫生事业需要它”。“所以发展新医药学还是要提，怎样提法更恰当，可以讨论。至于提了发展新医学，是不是说过去搞的都是旧医学呢？我们不作这样的推论”。最后的结论是中西医结合的方针必须坚持。

1980 年 3 月 6～13 日，卫生部组织召开全国中医和中西医结合工作会议。会议总结经验，重申党的中医政策和中西医结合方针，提出中医、西医、中西医结合三支力量都要发展长期并存，要依靠这三支力量，发展具有我国特点的新医药学，推进医学科学现代化。“三支力量都要发展，长期并存”，是一个适合中国现实情况和科学发展规律的正确方针，使医学界的思想在这一正确方针的指导下统一起来，是这次会议的重大成功。

1982 年 4 月 16～22 日，卫生部在湖南省衡阳市召开了全国中医医院和高等中医教育工作会议，制定了《关于加强中医医院整顿和建设的意见》、《全国中医医院工作条例》、《努力提高教育质量，切实办好中医学院》3 个文件，主要提出了加强中医事业建设、保持和发扬中医特色的问题，认为不把中医机构建立起来，中医的医疗、教学、科研就没有基地；有了中医机构而不保持和发扬中医特色，则仍不可能起到发展中医事业的作用，也就失去了作为中医机构的意义。“衡阳会议”对于落实“三支力量都要发展，长期并存”的正确方针，促进中医队伍的建设和中医学术的独立发展，具有积极的历史意义。但是在贯彻“衡阳会议”精神的过程中，出现了一阵“纯中医”的思潮，甚至有人提出“非中医人员一律要从中医机构中调走”的要求，这显然是一种矫枉过正的错误倾向。1982 年 11 月 14 日，《健康报》发表评论员文章“全面理解保持中医特色问题”，对这种思潮进行了批驳。

20 世纪 80 年代以来，中西医结合研究的思路和方法不断得到改善，临床、药物和基础理论研究都取得了显著进展，中西医结合医疗、研究、教育机构不断增多，规模不断扩大，为中西医结合工作提供了必要的基地和平台。中西医结合学会的制度化建设不断加强，先后成立了 45 个专业委员会、10 个工作委员会和各省市区中西医结合分会，中国中西医结合学会或地方中西医结合学会主办的十余种中西医结合杂志陆续创刊，为繁荣国内外学术交流，促进中西医结合学科的发展发挥了重要作用。

（三）中西医结合的研究成果举隅

中西医结合研究是从临床研究开始的。中医治疗“乙脑”经验的总结和推广、辨证与辨病相结合原则的确立、中西医结合治疗急腹症和骨折、针刺麻醉的成功等，都是产生了重大影响的中西医结合早期临床研究成果。1954 年石家庄市传染病院以白虎汤为主治疗“乙脑”取得较好疗效。卫生部先后两次派调查组调查核实后，开始将治疗方法和方药在全国范围内推广。但推广过程中并不是所有患者都能取得预期的疗效。中医研究院脑炎工作组经过调查认为，某些中医师忽视了“随证施治”的原则，是不能取效的重要原因。于是他们因证调整方药，终使不少危重病人转危为安。当时对中医治疗流行性乙型脑炎疗效的充分肯定，极大地鼓舞了中西医结合工作者的热情，具有重要的历史意义。

中医被请进医院工作后，在中西医团结合作的基础上实行了中西医综合疗法。1959 年以后的两三年间，中西医结合的综合疗法几乎被推广到临床各科各病种，普及于各地各层次的医疗机构。人们常以研究中医为目的，在明确西医诊断的基础上首选中医辨证治疗，观察和总结疗效，进而研究中药作用机理，逐步确立了西医辨病与中医辨证相结合的诊治方法和研究方法。在辨病与辨证相结合的原则指导下，采取必要的中西医综合疗法，表现出明显的优越性。

1958年，北京医学院附属医院外科用中药治疗急性阑尾炎获得成功，可谓中西医结合治疗急腹症的开端。同年始，以于载畿为首的山西医学院附属医院中西医结合治疗小组，用中药治疗陈旧性和新鲜破裂的宫外孕都取得了奇特疗效。他们总结出的一套非手术方法治疗宫外孕的规律和护理常规，改变了过去认为宫外孕必须手术治疗的定论。天津医学院附属医院、天津市第一、二中心医院外科，从1960年即开始了中西医结合治疗急腹症研究工作。他们首先广泛收集中医文献，认真学习各地经验，制定了统一的诊治方案及观察方法，然后在几个月间治疗各种急腹症数百例。1961～1965年，以吴咸中为首的中西医结合治疗急腹症研究小组，除对急性阑尾炎、溃疡病穿孔、急性肠梗阻进行了更广泛、更深入的研究，取得了更丰富、更深刻的经验和认识外，又开展了中医中药治疗胆道蛔虫、中西医结合治疗急性胆囊炎、急性胰腺炎的研究工作，对急腹症的中西医结合诊断治疗规律以及针灸、中药的作用机理进行了初步探讨，总结出了可贵的理性认识。在不断深入开展临床研究的同时，他们还利用实验手段对中医通里攻下等治疗方法的机理进行了深入研究。

以著名骨科学家方先之及其学生尚天裕为首的天津医院骨科，在中西医结合治疗骨折方面做出了突出成绩。他们在骨折复位传统八法的基础上，配合应用现代科学成果，经过实践总结出可以灵活用于各种骨折的十大手法，初步形成了一套以内因为主导、小夹板固定为特点、手法整复和患者自觉功能锻炼为主要内容的中西医结合治疗骨折的新疗法，并提出"动静结合"、"筋骨并重"、"内外兼治"、"医患配合"等新的骨折治疗原则，打破了西医治疗骨折的传统观念，使骨折治疗在学术理论上发生了革命性的变化。

针刺麻醉是中西医结合研究的一颗硕果。1972年，人民日报关于针刺麻醉的首次公开报道，在国际上引起了强烈反响。在国务院总理周恩来亲自过问和敦促下，首先从神经和神经化学角度展开了针刺镇痛作用机理的研究，韩济生等通过动物实验证明针刺可引起脑内释放出某些具有镇痛作用的化学物质。中枢镇痛物质研究的不断深入，将中国的有关学科推向了世界科学的前沿。

不少中西医结合临床研究自20世纪七八十年代开始向基础研究延伸。

如50年代即率先尝试应用以压电晶体为换能原件的脉象仪对中医脉象作客观检测研究的陈可冀,70年代与中国中医研究院郭士魁、中国医学科学院吴英恺、黄宛、陈在嘉等一起组织北京地区防治冠心病协作组,对冠心Ⅱ号方进行临床验证,成为活血化瘀研究的先导。血瘀证和活血化瘀研究影响广及多种疾病的临床研究和多种学科的基础研究,成为推动、繁荣中西医结合的重要研究领域,尤其活血化瘀中西医结合治疗急性心肌梗死、心绞痛的优势已被世界所公认。20世纪90年代以来介入疗法的推广应用使急性心肌梗死的病死率明显下降,但经皮冠状动脉腔内成形术(PTCA)及支架(stent)植入术后从当时分别在半年内可有30%~40%及20%左右的复发再狭窄率,成为西医界面对的不易攻克的难题。陈可冀等从"血瘀证"入手,通过临床和实验研究证实了由古方血府逐瘀汤改进的血府逐瘀浓缩丸抑制血管内皮细胞增生、防止PTCA术后再狭窄的作用。血府逐瘀浓缩丸及川芎、赤芍有效部位的应用,将冠脉介入术后再狭窄的发生率降低了50%。"血瘀证与活血化瘀研究"于2003年获得国家科技进步奖一等奖是建国以来中医界所获得的最高奖项,这是国家对中医、中西医结合研究成果的最大认可。

中医基础理论的实验研究发端于20世纪60年代的阴阳学说和"肾"的研究。邝安堃为中国第一位开展实验中医学研究的医学家。沈自尹在"肾实质"研究过程中,用现代科学方法阐释了"异病同治"的客观机理,发现了尿-17羟值与肾阳虚证的内在联系,证实了中医"辨证论治"理论的相对性,证明了西医辨病与中医辨证相结合的必要性,为补肾中药的应用提供了一个客观、稳定、可靠的应用指征,弥补了中医仅靠四诊获取诊断资料途径的不足,提出了"微观辨证"这一崭新的概念,为中医临床提供了非常重要的参考和借鉴。20世纪80年代后,实验研究方法在中西医结合研究中所占比重日益增大,阴阳、脏象、经络、气血、诊法、治则等基础理论的中西医结合研究日益活跃,并有人为建立中西医结合生理学、中西医结合病理学的专门学科付出了诸多努力,在中西医结合基础理论研究这个繁难的领域,积累了很多宝贵的经验。

中药的现代研究是中西医结合研究的重要方面。20世纪50年代初即成立了中药研究机构,逐步从中药资源普查、药用动植物的饲养和种植、中药质量的理化鉴定、饮片加工及中成药生产工艺研究,扩展到中药的综合研究和应用基础研究，不断取得新的进展。抗疟新药青蒿素的发现和提取，治疗急性早幼粒性白血病的有效药物三氧化二砷的研究和开发等，都是现代科学知识方法与古代用药经验相结合而取得的科研成果，其丰富现代医学的重要意义已为世界所公认。由国家组织和支持的用现代科学方法进行的中药现代化研究不断取得新的成就，对国内外都产生了极大影响。

（四）中西医结合学派对现代中医发展的影响

中西医结合促进了中医理论的创新

中西医两种医学体系，虽然形成于不同的时代，有不同的哲学基础和技术基础，但各有其理论和实践上的优势，在具体到对某一具体的疾病，两种医学的认识不可能水火不相容，只是各人的角度、认识方法有异，看到或关注的重点有差异，应当取长补短，互相补充，从而得出较为全面、正确的认识。所以中西医结合研究极大地促进了中医理论的创新和发展，尽管这方面工作的路还有很长。这方面的成绩如对中医学内容的实证性理解；运用现代科学的方法进行的中医名词术语规范化、中医症状体征的计量化，等等。

历史上中医学一直是一个不断创新的开放体系，从《内经》时代至今，历代医家都在解决前人未能解决或未曾遇到的问题时，有所发明，有所创新，使中医学术体系不断得到深化和丰富。无论是药物知识、诊疗方法，还是思想观念、辨证体系，都反映出从古至今的发展轨迹，彪炳着历代医家的智慧和功绩。发展必然伴随着扬弃。中医学在几千年的发展过程中，许多曾经使用过的方法、观念、认识乃至理论先后消亡了，有些是意外的失传，有些则是有意的放弃。如三部九候遍身诊法这种曾经普遍应用的诊断方法早在汉代即被独取寸口法所代替；晋唐时期曾极度兴盛的服石炼丹，到宋代之后逐步走向衰落，被称为“内丹术”的气功随之兴起，并得到社会的广泛接受。尽管中医学具有定型较早、过于稳定、“代谢”较慢等特点，但其内容的部分消亡始终不曾停止过。消亡伴随着新生，先进取代了落后，这就是发展。

中医学是一个伟大的宝库，但这个宝库中并不是数量固定的有形物质珍宝，而是取之不竭的无形精神财富，它具有信息的共同特征，不会因众人的共享而减少。几十年的中西医结合研究并没有导致中医学任何部分的消亡，反而为中医学的发展提供了借鉴。几十年来中西医结合研究取得了一些重要成果，如骨折和急腹症的中西医结合治疗方法、针刺麻醉、抗疟新药青蒿素的发现和提取等，都为世界所公认。这些成果不仅丰富了中国现代医学，而且为世界医学的发展做出了贡献。中医学不仅没有因此受到丝毫损失，其科学性得到进一步的证实，因而提高了国际声誉；中医疗法和药物也有了更广泛的适用范围，实际上应该视之为一种发展。如青蒿治疟的记载始于东晋葛洪的《肘后备急方》，以后历代方书虽仍有记述，但近代以来用青蒿治疟者已少。如近年出版的大型医方集成之作《中华传世医方》上卷一"名医验方"所载治疟方中只有两个汤方含有青蒿，而且出自一人之手；现代名医岳美中曾于《中医杂志》发表"治疗疟疾的点滴经验"，介绍了按照"辨证施治"原则治疗的 3 个疟疾验案都未使用青蒿，由此可见青蒿治疟的经验已基本失传。其原因则是青蒿入汤剂煎煮后破坏了有效成分使疗效丧失因而渐被淘汰。当然，这一原因在青蒿素提取成功之前是无法得知的。青蒿素的研究过程是"现代科学知识方法与古代用药经验相结合"的过程。这一研究给人的启示十分重要：中西医结合研究是发扬中医药遗产的有效方法，这种方法将弥补传统方法的不足，而又无损于中医学的完整性。

中医学是一种优势突出、特色明显的传统医学，但在对优势和特色予以充分肯定的同时，还应坦然地承认在某些方面客观存在的弱势，只有坚持一分为二的观点，才有可能对中医学的前途进行冷静、客观的思考，进而得出符合历史发展规律的结论。如果总是将辨证论治、整体观念等视为中医学永远领先的依据，不仅会阻碍对现代科学和中西医结合研究成果的借鉴与吸纳，也将严重影响中医学遵循传统轨迹的进步和发展。中医学具有完整的理论体系，而这个体系赖以建立的基础中，除了丰富的经验和真理性认识之外，还有某些错误的观念或思维方式。中医学的发展亟需将精华与糟粕、真理与谬误正确地区别开来并及时地实施开去。自觉地加快"部分消亡"的自身代谢，是增强生命力的有效途径。

中西医结合是发扬中医药学的重要途径，客观规律和社会现实都显示出融汇中西医两种医学优势的中西医结合医学在中国卫生事业中的地位将会日益重要和显著，中西医结合的医学思想和辨证与辨病相结合的医疗模式必将成为人类的优先选择。

中西医结合提高了中医临床疗效

医学进步最重要的标志是能够认识、解决、治疗当时难以解决、治疗的疾病。中医、西医理论不同，治疗手段不同，但是其目的是一样的，而且各有所长，也各有不足。取长补短，相得益彰，可以提高疗效。比如，活血化瘀研究在20世纪70年代曾一度使急性心肌梗死(AMI)的死亡率从当时单纯西医治疗的30%下降至15%。20世纪80年代以后，相关研究进入了梗死相关动脉血运重建的阶段，溶栓或经皮冠脉介入(PCI)使闭塞冠脉再通，恢复心肌血流灌注，从而挽救缺血心肌，缩小梗死面积，这使得AMI的病死率下降至5%～7%。不可否认，血运重建是当前无以取代的挽救生命最有效的方法，但事物的发展总是老问题逐步解决，新问题也逐步产生。如介入治疗半年后的高再狭窄率、无复流现象(no-reflow phenomenon)的出现以及再灌注损伤等，这些问题又阻碍了介入治疗的进一步发展。中西医结合的宗旨是吸收中西医学各自的优势、特长，将其有机地进行结合，为我所用，解决临床实际问题。如大家熟知中医重整体宏观辨证，西医重局部微观辨病。仍以心血管疾病为例，再灌注治疗后的困惑，我们称之为“后再注时代难题”是因络脉凝滞，微小血管内膜增厚，血管弹性回缩及限制性血管重塑而形成的再狭窄。经大样本调查，这种情况的产生与整体血瘀证关系密切，因此采用活血化瘀为主治疗，可使再狭窄率降至15.8%，此法对无复流防治的研究也初见端倪。“活血化瘀”对AMI的防治符合事物发展的客观规律，所以在不同时期、不同阶段上都有所进展。这极大地促进了中医整体临床疗效的提高。历史现实也充分证明，经过半个世纪的实践和发展，中西医结合吸引了中、西医两种医学体系的特点和优势，在防治疾病、维护人民健康方面取得了显著成绩，成为我国人民防病治病的有效手段，显示出强大的生命力。

时代的需要是决定学科命运的最终因素。用现代科学的方法发掘和阐释中医学的经验和科学原理，以克服中医学固有的局限性，应该是整个医学界的共同期待。然而现代科学的发展总是受着时代的局限，生命科学领域的研究有赖于基础科学成果奠定的基础，目前的现代科学面对着复杂的生命现象常常显得无能为力，有数千年悠久历史的中医学用整体观察方法获得的关于人体健康、疾病和诊疗的规律性认识，许多是现代医学乃至所有现代科学所不能涵盖的，所以不要指望短期内中西医结合研究成果能够取代中医理论对中药及其他中医治疗手段的指导作用。中西医结合研究不会导致中医学的消亡，“结合一点消灭一点，全部结合全部消灭”的忧虑不过是“杞人”的哀叹。

中西医结合丰富了中医学科体系

中西医结合学科首先在研究生层次中得到承认，在研究生招生学科目录中，中西医结合又分为中西医结合基础、中西医结合临床两个次一级学科。上世纪90年代以来，中西医结合本、专科专业不仅迅速在全国各中医药院校发展起来，而且很快成为各中医药院校最具有特色的优势专业，无论在招生和就业上，优势都十分明显，因而其规模发展之快相对于其他中医传统专业可谓有天壤之别。这反映了社会对中西医结合专业人才的需求，预示了中西医结合学科及专业的良好发展前景。

人才培养是中西医结合学科建设和专业发展最根本的建设。可以预见，大量研究生层次、本科层次、大专层次中西医结合专业人才的成长势必推动中医、中西医结合临床学科的发展，临床学科建设发展和大量丰富的实践，又会推动中西医结合科研、教学的发展，推动中西医结合基础理论的形成，通过这种良性循环，就能有效地防止中医药事业“后继乏人”和“后继乏术”状况的出现。做好了中西医结合学科的发展工作，中西医结合的队伍就会迅速扩大，专业素质会得到迅速提高，中西医结合的天然优势就会更好地发挥出来，中西医结合就会在临床、教学、科研上进一步拓宽自己的领域，为中华民族乃至整个人类的健康事业做出应有的贡献。

中西医结合促进了中医药产业的发展

一门学科如果发展成了产业，不但有利于这门学科的服务对象能够获得更方便、更高质量的利益，同时也更加有利于这门学科得更快发展。中国是世界上享受中医药卫生服务保障的人口最多的国家，也是唯一的中药材生产大国。在满足国内需求的同时，并逐步走向世界，那么中医药就很可能发展成为我国最大的知识经济产业。比如，全世界每年用在医疗卫生上的总投入大约2.5万亿美元，我们12亿人口的大国仅占其中的1.6%左右。如果中医在不断振兴的同时逐步走向世界，那么，我们在医学传播、药品输出、医疗服务等方面精心组织、科学管理，从全世界医疗卫生总投入中取得更大的份额，并非天方夜谭。到那时，中医就自然成为我国独有的、可持续开发利用的、巨大的经济增长点，并造福于全人类。中西医结合的研究促进了中医药事业产业化、标准化、世界化的发展。目前建立在中西医结合基础和临床研究成果基础之上的遍布全国各地的中药生产加工企业、世界众多人民正在享用的中医药产品，都已经充分证明了这一点。

中西医结合推动中医药事业的全面发展

通过中西医结合研究者几十年的努力，中西医学各自的优势在临床上得到越来越多的结合，许多疾病的中西医结合治疗取得了较之单纯西医或单纯中医更好的疗效，中西医结合临床医学体系逐步建立，必将开创治疗学和保健医学的美好未来。

进入21世纪之后，中国中西医结合事业取得了新的进展，不仅更加广泛地取信于民，而且得到国家政府更充分的肯定和政策法规更有力的支持。经国务院总理温家宝签署颁布，自2003年10月1日开始施行的《中华人民共和国中医药条例》第三条规定："推动中医、西医两种医学体系的有机结合，全面发展我国中医药事业"，从法规层面上确认了中西医结合的合法性和合理性。2003年11月5日，国家中医药管理局下发了《关于进一步加强中西医结合工作的指导意见》，要求各地结合实际，认真贯彻执行。温家宝总理2005年3月21日为《中医杂志》创刊50周年题词："实行中西医结合，发展传统医药学"，更加激发大家的进取精神。2007年1月11日印发的科学技术部、卫生部、国家中医药管理局、国家食品药品监督管理局等16个部委联合制定的《中医药创新发展规划纲要(2006～2020)》指出："中医药具有易于普及和'预防、治疗、康复、保健'一体化的医疗模式"，是"我国最具原始创新潜力的领域"，"但用传统概念表达的中医药理论的科学内涵难以被现代社会普遍理解和接受"，所以中医药创新发展指导思想的核心是"在继承发扬中医药优势特色的基础上，充分利用现代科学技术，努力证实、阐明中医药的科学内涵，通过技术创新提高中医医疗服务能力和中药产业技术水平，通过知识创新丰富和完善中医药理论体系和医疗保健模式"。《纲要》提出"促进东西方医学优势互补、相互融合，为建立具有中国特色的新医药学奠定基础"的战略目标，中西医结合作为继承发扬中医药学的重要途径之一，将对中医事业的发展产生重要的推动作用。

第四节 学术流派在促进学术发展、学术创新中的地位与作用

一、学术流派是医学理论产生的土壤

一个学术流派之所以能够形成和发展，是因为它所提出的理论或方法，是同时代的其他医学学派没有提出或不完全具备的，因而它能够填补医学上的某个空白，即开拓了某一个新的领域。可见，理论创新和独特的方法、技术是医学学派的本质，也是医学学派的生命。纵观中国古代医学史上的每一个学术流派，莫不如此。

金元医学是中医学术发展史上的一个里程碑。百家兴起，标新立异，开拓了一个崭新的学术局面。刘完素同风靡一时的朱肱《活人书》，展开了伤寒病究竟为寒为热的争论，将这个历史上的纠葛问题，争出了一个新面貌，引出了一门新学问。认为："伤寒为作汗之病，乃阳气怫郁，而否极复泰，即热气蒸蒸而为汗出也。如天时阳热亢旱，否极而泰，则复为雨也。故欲雨则天乃郁热，晴霁则天气反凉。人凉则病愈，热在病在。故病寒者，自是寒病，非此汗病之气也。"旗帜鲜明地指出："伤寒直云热病，诚非寒也。""六经传授，皆是热证，非有阴寒之病也。"至河间弟子马宗素所著的《伤寒医鉴》，通过将刘氏之说和《活人书》所论进行一一对勘，进一步论证了伤寒为热病，而非阴寒，不能混淆。《内经》直言"伤寒为热病者，言一身为病之热气也。以至仲景直言伤寒者，言外伤之寒邪也。以分风寒暑湿之所伤，主疗不同，故只言伤寒，而不通言热病也"。基于这些与众不同的理论认识，相应的治热以寒的一套治疗方法，也随之而开拓出来了。从天水散、凉膈散、防风通圣散、双解散至解毒扬、三一承气汤等等，表里双解，以祛邪为先者，成为救命神剂，开辟了温热病治疗的一个新门径。张子和针对当时论病动辄言风冷，滥用温燥，"恶寒喜暖取补"、"闻攻则不悦，闻补则乐之"的社会医疗风气，开展了一场寒热之辩，攻补孰宜的大争论，从而开拓了汗吐下攻邪已病的新境

界，认为："夫病之一物，非人身素有之也，或自外而入，或由内而生，皆邪气也。邪气加诸身，速攻之可也，速去之可也，揽而留之何也？"主张治病当"先攻其邪，邪去而元气自复也"。外来客邪，结搏皮肤之间，藏于经络之内，留而不去，可汗而出之；风痰宿食，在膈或上脘，可涌吐而出之；寒湿痼冷，热客下焦，可泄而出之。

正是因为任何一个医学学派的创立和发展，必须提出新的理论或新的学术观点，所以随着一个又一个医学学派的诞生，便有一种又一种新的医学理论得到创立。考察中医学的发展史，我们不难看出，各种重要的理论和观点，都是由各学派或流派提出的，或者是从各学术流派的争论中受到启发而形成的。

综上所述，我们完全可以得出这样的结论：每个学术流派都对中医学的发展做出了一定的贡献，学术流派是医学理论产生的土壤。

二、学术流派是医学理论发展的动力

在中国医学史上，不仅延绵不断地存在过众多的医学学派，而且还出现过许多医学学派互争雄长的局面。其结果是医学学派得到发展的同时医学理论也得到了相应的发展。

从理论上说，医学学派的发展规律有两种形式：一种是医学学派的内部分化。学派内部的分化是学派发展过程中一个带有规律性的现象。学派分化的原因很多，其中最重要的原因在于具体历史条件的变化以及地域的不同。例如金元时期的河间学派分化出了以张从正为代表的攻邪流派和以朱丹溪为代表的滋阴流派。张从正对攻邪学说虽有颇多阐发，亦善用汗、吐、下三法，但"其法宗刘守真，用药多寒凉"。他在临床上习用的不少方剂如三圣散、茶调散、浚川散等，都是在河间学说的影响下所制定的。朱丹溪则把研究的重点从外感火热病机转向内伤火热病机，从寒凉泻火转向滋阴降火，创相火论、阳有余阴不足之说，似与河间学说注重外感六气化火、善用寒凉有别，但滋阴与泻火，对于火热病的治疗来说，都是必须的，只是根据火热病证表现的不同而用药有所侧重，泻火利于保阴，滋阴利于降火，两者都符合火热病的传变规律和治疗特点。

除了医学学派的内部分化外，另一种发展形式便是医学学派的外部对立。学派之间的对立也是学派发展过程中带有规律性的现象。比如河间学派与易水学派。刘完素与张元素皆今河北人，又处同一时期，两人学说均以病机为议论中心，但观点有根本的不同。刘完素在五运六气方面，着重阐述"亢则害，承乃制"，强调火热为病，主用寒凉。张元素则注重五运六气盛衰变化对疾病的影响，以寒热虚实论脏腑病机，喜用温补养正之方。此种分歧，下传弟子，遂形成两大派别。事实上，从一个学派中分化出来的另一学派，它与原学派之间的对立，也是外部的对立。因此，外部对立的形式是学派之间关系的基本形式。这种基本形式的存在，使不同学派之间能够从不同的角度、不同的侧面提出问题、发现问题，用不同的方式进行论证与比较。也就是说，学派之间一方面互相对立、互相驳难，另一方面互相启发，互相吸收，从而使得整个医学理论得到了发展。

最后，学派能够使学派的成员在志同道合的气氛中酝酿新的研究课题或学术主张，并通过互相切磋，对课题或学术主张进行反复论证，特别是某种学术主张在一时得不到社会承认的时候，仍可以被学派的成员当作共同的事业、理想和信念而坚持下来。在古代"道不同不相为谋"的观念支配下，不少学说往往是在得到学派内部的充分理解和支持以后才逐渐扩展到社会的。

综此以观，在一定意义上，我们可以说：学术流派是医学理论发展的动力。

三、学术流派是医学理论传播的重要途径

之所以说学术流派是医学理论传播的重要途径，首先在于每一个学术流派要创造新理论，就必须针对当时医学界存在的重要问题提出自己新的看法与见解。

现存史料分析表明，自魏晋至隋唐，医家对于医学理论很少探讨和研究，只注重方药的收集整理。方书如《古今录验方》、《近效方》、《崔氏方》、《肘后备急方》、《千金要方》、《千金翼方》、《外台秘要》等。药物方面如《本草经集注》、《新修本草》、《食疗本草》、《食性本草》、《海药本草》等。而学术水平较高的医学理论著作，则十分罕见。晋唐以降，医道日衰，论理者鲜而守方者众。尤其是《太平惠民和剂局方》的出现，形成了"官府守之以为法，医

门传之以为业，病者持之以立命，世人习之以为俗”的不良习气。针对《局方》“别无病源议论，止于各方条述证候，继以药石之分两，修制药饵之法度”的简单、机械的做法，丹溪翁大声疾呼：“集前人已效之方，应今人无限之病，何异刻舟求剑，按图索骥。”不仅一扫《太平惠民和剂局方》据证检方，用药过于辛温香燥之流弊，使医学朝着正确的方向发展，同时也为自己提出的“相火论”和滋阴降火说的流传铺平了道路。

其次，一个医学学派从建立到发展有一个过程。从医学学派本身来说，这是其自我完善的过程；从医学的发展来说，这是医学内涵加深的过程。一个医学学派为了求得生存和发展，固然需要保持自身的同一，即个性与特点，但同时又只有使本学派原有的理论或方法不断深化、不断发展，才能使学派真正保持自身的同一。否则，这个学派就要逐渐枯萎而退出历史舞台。以易水学派为例，大致经历了三个大的发展阶段。张元素结合自己的临证实践，以脏腑寒热虚实来分析疾病的发生与演变，探讨脏腑的虚实病机，为一代宗师；李杲创立“内伤脾胃，百病由生”的论点，发明升阳泻火和甘温除热的用药法度，为补土流派的先导；张介宾、薛己、李中梓、赵献可等私淑李杲之学，但特别留心于精气虚损一面，尤以脾肾虚损最为突出，临证用药，多偏于温补，遥承易水之余绪，而蔚成温补流派。三个阶段，即三个层次，一个比一个深化。这便是河间学派能广泛传播，影响深远，长盛不衰的原因之所在。

再次，医学学派要使其所创造的医学理论和方法，以较稳定的形式流传下来，形成传统，具有连续性和稳定性，就必须在继承中发展，所以中医古代重要医学理论的保存和发展都与医学学派密不可分。《内经学》学派对《内经》理论的保存与传播，就是一个典型的例证。校诂疏证流派对《内经》进行了校订疏证；分类研究流派对《内经》进行了分类研究；专题发挥流派则对《内经》的某些理论进行了专题发挥。正由于这些流派的广泛研究，不仅完整地保存了《内经》的理论，而且使之广为传播。

最后，一种新观点、新学说，如果没有众多的弟子继承阐扬，广为传播，就只能是一家之言，而不能形成一个学术流派。因此，徒属的传播既是学术流派形成发展过程中的一个极为重要的环节，也是学术流派的理论和方法得以传播的一个重要的途径。如刘完素为河间学派之开山，其弟子主要有穆大黄、荆山浮屠等。其后荆山浮屠又传于罗知悌，罗再传于朱震亨。以后又传至明清两代，使河间之学绵延不绝。在易水学派中，张元素是开创者，当时有李杲、王好古同时师事张元素。其后李杲又将易水之学传于罗天益。到了明代，又有薛己、李中梓、张介宾诸位医家遥承易水之遗绪。

要之，说学术流派是医学理论传播的重要途径，谅不为过。

四、学术流派是医学人才培养的摇篮

春秋战国时期，孔子面对官学的衰落而顺应时势，首创私学，打破了“学在官府”的局面而使“学在四夷”。一时间，儒、墨、道、法各派都以传授生徒为职志，医、农、工、商各业也形成了私人授徒传艺的传统，其中尤以私人医学教育最为持久、最为发达，而且也最有成效，直至今天，它的影响、它的作用仍不可低估。总的来说，我国古代私人医学教育大致有家族相传和名医带徒两种形式。南北朝时期著名医家徐之才，从他的五世祖徐熙以下传至他的兄弟，六代之中就有十一个名医，是中医教育史上有案可稽的最早的家族相传的实例。中医的家传包括父子、叔侄和兄弟等，一般由长者担负教育责任以继承家学。由于世代相传的医疗经验的积累，知识就比较专门，久而久之就形成了很多中医专科和中医世家，同时也造就了很多名医。伴随家传式中医教育出现的是名医带徒的师承教育。这种教育形式越过了“医术秘不外传”的雷池，扩大了医学流传的范围，有利于培养更多的医家。许多医家在传授时结合自己的经验，以自己的见解发挥前人的学术，相继各树一帜，各成一说，从而形成了不同的医学学派，促进了医学的争鸣、交流与发展。

正因为中国古代以跟师学徒为主体的教育体制促成了众多医学学派，而恰好是在众多的医学学派形成过程中培养了一批又一批医学人才，因此说学术流派本身就是培养医学人才的教育单位。每个学派都有德高望重、博学多才的导师，他们既是学术流派的代表人物，同时又是医学教育家，都有众多的弟子，这些弟子在他们的精心教育下，后来大多成为医学界的重要人物。

医学学派除了是一个教育单位之外，还是一个学术研究单位。各个学术流派都集合了一群有较高造诣的学者，他们一边进行理论探索，一边进行医疗实践，各自独立地进行学术研究，写出了各具特色的医学著作。如“钱塘医派指的是明末及清代，以钱塘医家张卿子为开山祖，以张志聪、张锡驹为中坚人物，并有高世栻与仲学辂为传承代表的，以侣山堂为主要活动场所，集讲学、研究与诊疗活动为一体的，以维护旧论为学术主张的医学流派”。“侣山堂”是清康熙三年（1664 年），张志聪在武林“胥山之阴，娥媚之麓”建造的一座书院式建筑。据《清史稿》记载：“明末，杭州卢之颐，著书讲明医学。志聪继之。构侣山堂，召同志讲论其中，参考经论，辨其是非。自顺治中至康熙初，四十年间，读轩岐之学者咸归之。”清《杭州府志》亦记载：“张志聪……尝于诸弟子学于侣山堂，时世道已盛行，一闻志聪讲学，皤然从之游。”张志聪故后，其弟子高世栻主持侣山堂，续其师业，一直延续到光绪年间。据有关史料记载，在侣山堂从学者常有数十人之众，老师不仅仅是张志聪本人，还邀请了当时负有盛名的张开之、沈亮辰等医家前往讲授。侣山堂培养了一批学生，其中有史可考、医术不凡者就有高世栻、莫仲超、朱济公、王弘义等 19 人。钱塘医派以侣山堂为教学基地，延续办学三十余年，讲学论道，著书立说，培养的医家一批又一批，医治疑难病症的高手一个接一个，撰著的医书近百种，这在中医教育史上无疑是辉煌的一章。

由于医学学派具有教育和研究功能，因此在中国古代医学史上随着一个又一个学术流派的形成和发展，一批又一批的医学人才也被培养了出来。

第五节　学术流派对中医药学术团体开展学术活动的促进作用

总结人类思想史，不难发现，伟大的思想只能在学派的争鸣与摩擦中产生。学术文化避免僵化的前提就是两个以上学派的共存和对话。学派创造了一种“群体竞争”的态势，形成了一个“生存竞争”的环境。不同学派不同理论、观点的自由竞争和平等争论，可以极大地激发主体探索人文社会世界、自然领域的奥秘的积极性，促使人们对问题进行深入思考，而且不同科学假说之间的争论有助于启发思考，互相补充，促使科学家保持清醒的头脑，克服偏颇之见，有利于更全面、更深刻地认识事物、发现真理。学派对话和争鸣还有利于澄清事实，揭露矛盾，清洗科学建构中非科学的成分，划清科学与伪科学的界限，保证科学肌体的纯洁与健康。

一些重大的学术问题、理论问题上，学术界是否出现或形成不同学派，既是理论学术研究能否不断创新的必要条件，也是学术界是否成熟的重要标志。当前，创新或者社会文化的全面创新，已是时代普遍的呼声。思想与理论的创新由于在全面创新中发挥指导与核心的作用，显得尤为迫切。中国的学术文化必须在变革中增强自身的生产力，变革的必由之路就是学术的多元化，学术的多元并存、多元发展。只有让不同学术传统、不同学术观点、不同学派的学术研究，在民主和谐的学术环境和氛围中共同发展，互相推进，才能在真正的意义上促进学术繁荣，在整体上提高民族的学术素养和学术水平。

进入现代学术、知识生产机制后，学术发展越来越依赖学术团体（学会），呈现密不可分之势。这说明学术团体（学会）在推动和繁荣学术文化发展中所起的作用越来越大，越来越被人们看重。通过对一些典型的学派的研究，科学史家们和学会（学术团体）是近代科学家们为了推进科学的发展而形成的群众性组织，是科学家们探讨新学问、新问题、新科学、新技术等，开展辩论、质证、交流学术经验的群众团体，是联接社会和个人的纽带。

学派是由多个科学家组成，以公认的权威、共同的学术大师、杰出的人物为核心，靠其联结，有共同的世界观、科学方法论、科学信念、科学理论、实验手段，专门探讨共同目标，吸收相同科学文献，有很强“向心力”，聚合在一起，实施合作的科学家集合，是有很强竞争力和排他性的有机整体。

学派与国家科学院、学会、学社等稍有区别。因为后者更多地体现了国家、社会对科学事业的支持和干预，对科学家来说，它们更可以恰当地称为外在的组织形式，而学派是科学家内在的活动形式。

在科学史上，学派这种科学家的集团形式，有着巨大的科学社会功能。至少可以归纳以下三点：

第一，学派是以共同的大师、共同的学说、学术思想、方法、信念，内向聚焦而成的。各学派之间，派内部高效率的合作和充满生机的自由竞争，是新学科由潜到显，从孕育到诞生的助产婆，是学术理论、科学模式不断更新的内在动力。甚至可以这样说，一个学派的崛起，总会带来一个国家和地区科学理论、科技技术的繁荣和昌盛。

第二,学派是联结科学家的学术纽带。在学派这种高效的科学家团体中,年青人依靠学术大师的指导,深堂入奥,较容易地进至科学前沿,不致于面对浩浩学海,苦苦探索,甚至迷失方向。反之,老一辈的科学家亦因受年青科学家敏锐、活跃、朝气蓬勃的探索精神之感染,而延缓了创造力的衰退,一些著名的科学集体所以获得成功,有力地证明确实存在着创造成才优势积累模式。两个最初科学能力没有明显差别的人,置身于不同的科学集体中,其后的成就将因学派的不同而呈现明显的差别。学术纽带的强弱在科学人才新生和成长过程中起着重大作用,可以说是一个关键的外在因素。

第三,学派是学术自由的保证,是百家争鸣、学术探讨的最优场所。科学是一种创造性的活动,创造性的智慧的火花往往来自科学家的自由讨论。科学创造扎根于交流,起源于讨论。学派的存在及其相互之间、内部之间百家争鸣,自由讨论,在科学进步过程中造成一种群体竞争的优势,会极大地激发科学家的创造力,极大地推动科学飞跃前进。

学术团体保护、扶植和培育学派,为新学说、新学派鸣锣开道、摇旗呐喊,使不同学派的争鸣文章可以在学术会议或主办的杂志上发表,一方面可以促进学科的发展和学派的形成;另一方面,也扩大了学会的影响,增强了学会的生命力。

学派的形成、学理的论战、学术思潮的发展,都有赖于学术评论的繁荣与活跃。通过有学术意味的评论,可以帮助学理建构者厘清核心理念和主导理论,做好学理定位,防止创作误人歧途。学术团体为学术评论的发表提供场地,可以彻底改变目前学术评论薄弱的现状,学术团体应自醒自觉,铁肩担道义,倡导创作与评论并重,为真正的铁面无私、秉笔直书的评论担当坚强的后盾。

在中国社会这种具有浓烈宗派意识传统的文化氛围中,学派很难完全摆脱自身的利益背景,本来学派是一种"自由人联合体",学者完全在学术共识的前提下自愿实现组合,但由于宗派意识在前,学术共识原则很容易被利益原则所取代。因此,学派竞争稍不注意就容易陷入意气用事、党同伐异的境地,陷入不利于学术发展的偏见之中,以致思想僵化,以致学派之间论争不断,经常成为抵制科学发现的因素。因此,学术团体应当成为学术争论中的理性稳健派,呼唤学派论争和学术批判的真诚、学术的良知,倡导学者以澄明思想、追求真理为志业,倡导尊重事实,尊重正确结论的学风和严肃认真、与人为善、诚恳谦和、平心静气讨论的文风，引导学派竞争和学术评论批判的参与者尊重被批判者的人格，营造一个宽松和谐、健康良好、有利于各领域诸学派成长的学术生态环境，学派竞争就有可能出现相辅相成、相得益彰、良性互动的态势。参加到某一团体的不同学派的是学者，应培养容忍异己、涵纳百家、兼容并蓄的宽容精神和恢弘气度，高度警惕受到该团体、流派狭隘的学术视野、文化价值标准等制约而不认同外围人的思想观念，成为圈内圈外人双重身份的兼顾者，善于排除自己学术思维的影响，对于与自己观点不同、流派不同的研究成果，取辩证、多元的眼光，应充分允许其出台，参与学术争鸣，表现出开放的心胸。

第六节　促进现代中医学术流派发展的建议与措施

古代中医学术流派的创立和发展，不是随心所欲的、偶然的，它需要一些最基本的条件和因素。这些条件和因素在历史上某个时期，并在某些医家身上形成起来。虽然表现为许多偶然性，但是从中仍然可以找到一定的规律。纵观各家医学流派，它们形成与发展的基本条件和因素，可以概括为以下几个方面：

第一，中医各学术流派的创立和发展，首先同社会经济的发展条件以及整个社会学术文化的发展状况，有着密切的联系。当社会经济发生变革或者出现重要转折的时期，社会各阶级和各阶层都会强烈地要求在政治上、思想上表现自己，为自己的利益而斗争。反映在学术理论上，常常出现思想解放、各家蜂起的局面，即使是统治阶级采取高压和禁锢的政策，但是思想文化、学术理论的斗争仍然很尖锐激烈。这样的社会经济和学术文化的条件，必然对医学产生深刻的影响，促进中医学的学术理论思想更加活跃，为各家医学流派的独创和发展，提供了良好的气候和土壤。从战国、东汉时期、金元时期和明清时朗，基本上或在不同程度上，都有这样的情况。所以这几个时期，中医各家独创的学派最多、最活跃，学术理论的发展最繁荣，名著和名医出现也最多。这绝不是偶然，而是一种规律性的表现。

第二，中医各学术流派的创立和发展，从它内在的根据来看，有一个基本的因素，就是实践上发生了重要变化，出现迫切的需要，从而给中医学理论的发展，提出了强烈的创新要求，并且形成强大的推动力。《难经》和《内经》出现在战国时期，是因为在当时社会经济发生大变革的基础上，创造性的学术思想空前活跃，它强烈地推动当时的医家总结长期积累起来的医疗实践经验，建立中医学的基础理论。《伤寒杂病论》出现在东汉，它的产生取决于：一方面，伤寒病的猖獗，在实践上提出了迫切而强烈的需要；另一方面，从《内经》以来医学理论的积累，也准备了必要的条件和创新的基础。温病学说出现在明清，这也是因为经过长期的临床实践，温热病的一系列特征日益明显和突出，忽视或抹煞这些特征，把温热病同伤寒病相混淆，在理法方药、辨证论治上出现的混乱和严重问题，日益被更多的医家所认识，特别是当时多次出现南北大疫，死于温病和温疫者，不可胜数，医疗实践上迫切要求解决。吴有性正值崇祯辛巳年(1641年)，山东、河南、河北、浙江等省疫病流行，诸医以伤寒法治之不效，以致延门阖户，传染猖獗，死亡者不计其数，强烈地推动他深入推究病情，悟出疫病的原因，乃"异气"为患。余师愚在乾隆年间，遇温疫一再流行，其父染疫，为医所误，才发愤研究，终于恍然大悟。纪晓岚《阅微草堂笔记》曾记载乾隆癸丑，京师大疫，以景岳法治者多死，以又可法治者亦不验。但桐城医士投大剂石膏之药，却应手而痊，踵其法者，活人无算。桐城医士，即指余霖。吴鞠通自已也说："瑭十九岁时，父病年余，至于不起，瑭愧恨难名，哀痛欲绝，以为父病不知医，尚复何颜立天地间，遂购方书，伏读于苫块之余。""癸丑岁，都下温疫大行，诸友强起瑭治之，大抵已成坏病，幸存活数十人，其死于世俗之手者，不可胜数。""又历六年，至于戊午，吾乡汪瑟庵先生促瑭曰：来岁已未湿土正化，二气中温厉大行，子盍速成是书，或者有益于民生乎！"正是在这样的强烈推动下，经过长期的发愤图治，苦心钻研，才总结了前人实践和理论的大量成果，集温热学说之大成，写成《温病条辨》一书，并使温热学派以叶天士、薛生白、王孟英和吴鞠通为标志，发展到鼎盛的阶段。

第三，中医学术流派的创立和发展，还必须具备一个基本的条件和因素，就是产生出一代名医。他们既是实践家，又是理论家。在实践上敢于接触和提出最迫切、最尖锐的实际问题，进行创造性地探索和思考，在理论上有胆略、有能力去总结和概括实践中积累起来的，或刚刚萌芽的新问题、新经验，并且敢于突破现有的、传统的、经典的、权威的学术观点或理论框架，从科学规律的认识上，添上新的东西。这样的名医、名家，有时是一个一个地出现，但往往又成批地出现。当社会经济大变更、思想大解放，或者社会政治和思想文化的条件相当严厉和禁锢，但学术思想斗争却十分激烈的时候，名医和学者常常大量涌现。只有这些人，才能成为独创学派的旗手、发展学派的中心和栋梁、学派理论的主要标志和代表，也才能使学派根深叶茂。他们实践基础愈牢，理论成就愈高，就愈能经得起历史的考验。中医各学术流派的相争独创和长期并行发展，不仅是中医学发展的基本途径和方法，而且是中医学历史发展的重要规律。

第四，中国古代医学发展史上之所以出现许多不同学术流派争奇斗妍，是与古代的教育模式密不可分的。古代的中医教育最初是单一的师承制度。父子相传，师徒相授，学术薪传，门户相继。到魏晋南北朝时期，北魏和刘宋政权首开学校教育之先河。其后，唐代设有太医署，宋代立有太医局，清代建有太医院等，但这些均为培养御医和官医而设。也就是说，虽然隋朝以后均有官办的医学教育机构，但总体而言，“师徒授受”和“家传”作为最广泛的教育模式始终在中医教育和人才培养中占有主体地位，是从古代到近代中医教育的基本形式和重要特征。这种培养模式，通过口传心授，将基础理论、中医特色、临床技艺传承给徒弟。徒弟在长期抄方侍诊过程中，了解老师的思维方式、诊断方法与治疗用药方法，同时不断观察治疗用药的效果，不仅增强徒弟的从医信念，而且在学习中通过体悟出新而不断发展。其中一部分人通过个人刻苦勤奋以及在临床实践中不断探索与创新，得以脱颖而出，成为医术高超的名医，并进而形成学术观点、治疗方法特色鲜明的学术流派。这是我国历代名医的成材之路，也是中医教育史上培养人才的宝贵经验。对这一中医教育事业的光辉历史，我们是绝对不能忽视或漠视的。

然而，从晚清到民国，中医学始终很难以自身的完整体系进入中国现代学科体制，于是，近代中医学界为了迎合、顺应西方教育模式要求具有统一的学制、教材、教学计划等最基本的条件，需要在对整个中医理论体系进行必要的系统整理以适应教学要求的过程中，以“科学”的方法，在“事事以翻脸不认古人为标准的时代”背景下，建立起的一个以西医模式为参照物的中医基础理论学科体系。这一体系被现代中医高等教育完全继承和沿袭了下来。

新中国成立后，国家大力兴办中医药高等学校，使得传承了几千年的"师徒授受"和"家传"方式嬗变为单一的院校培养模式。五十多年来，中医院校在继承中医药文化、培养现代中医药人才以及中医药临床和现代化研究等方面都取得了令人瞩目的成就，建立起了一整套颇具规模的教学体系。很多中医院校还承担了涉外教学、培训和临床工作，培养了很多外籍中医人才，对传播中医文化、扩大中医在国际上的影响也做出了重要贡献。但由于中医药高等教育实行的是统一化的教育模式，用同一种学术思想开展教育教学，教材统一，从书本到书本，流派少了，教材内容有限，在教育模式日渐走向规范和统一的过程中，造就出来的人才的个性化特征越来越淡，加之现代医院管理、科研方法等诸多因素的限制和影响，从而导致了目前中医学术特色日趋淡化、诸多优势逐渐消失，中医各科独特的学术流派的传承出现了严重的断层和脱节，甚至逐渐湮灭。

综上所述，课题组认为，应该从中医药立法、中医药教育、科研支持、特色专科建设及舆论导向宣传等几个方面，制定正确的政策和措施，以更好地促进中医学术流派的健康发展。

一、应将现代中医学术流派的立法保护尽快提上议事日程

建议政府加强对现代中医学术流派的法律保护，营造良好的社会环境和群众基础；加快中医药立法工作进程；在制订、修订与中医药相关的政策、法律、法规时，应积极贯彻保护现代中医学术流派发展的指导思想，为现代中医学术流派的形成与发展创造良好的法律、政策环境。各相关法律条款应有利于现代中医学术流派的保护，并鼓励新学术流派的产生。如在《中医药法》中增加有关保护现代中医学术流派的具体内容，从法律上明确国家对现代中医学术流派的态度，从根本上解决现代中医学术流派保护缺乏法律依据的状况。

二、应大力发展"师带徒"的中医师承教育

中医药教育体制是影响中医学术流派形成和发展的关键因素。现行的

中医药教育体制是制约现代中医学术流派形成和发展的瓶颈,因此,加快中医药教育体制改革的步伐,建立和完善符合中医学术传承规律的教育模式,是从根本上解决保护和促进现代中医学术流派发展的重要环节。

历史证明,带徒是培养中医人才的重要形式。尤其是某些专科、一技之长的绝招、不同流派的医疗经验及手法等,很难从书本学到,更适于口传心授、手把手地教。虽然有师承家技的局限性,但从内容到形式都具备地道的中医特色。学徒出身而且学有成就者,从理法方药各个方面都师承了老师的医德医风和流派特长。学习上有个性、有深度、有细节,有诀窍,既有一定的理论性,又有独到的实践性。不少好的手法技巧,无不出自名师的点化。但在当前的社会文化背景和体制下,推行"师带徒"模式必须首先解决好政策配套问题。

三、加强现代中医学术流派研究的科研立项支持力度

建议国家有关部门加强学术流派研究的科研支持力度,以鼓励和带动现代中医学术流派研究的深入开展。

全面开展调研,摸清全国范围内现代中医学术流派的现状:加强现代中医学术流派的研究,首先必须在全国范围内开展调研,摸清现代中医学术流派的现状,在此基础上制订相应措施,加强对现代中医学术流派的保护。建议启动"全国中医学术流派研究与保护工程",制订相关措施,研究、保护、扶持现代中医学术流派的发展。具体内容包括:全面深入调研全国中医学术流派的现状,制定现代中医学术流派评价标准,建立全国中医学术流派名录,摸清当前学术流派的存续状况及存在问题等。

开展中医学术流派的前瞻性研究:建议政府给予科研立项支持,根据目前存在的问题和所提出的建议进行重点示范研究,以便着手开展保持中医特色的中医教育新模式、典型学术流派挖掘、特色医疗技术或方药抢救、传统中医特色专科医院或研究所设立等方面的工作。

成立全国中医学术流派研究会:深入开展关于学术流派的理论研究,尤其是典型学术流派的深化研究,以及现代中医学术流派保护模式、保护方法等研究,形成学术流派发展的良好环境。

参考文献

[1] 廖育群.岐黄医道[M].辽宁教育出版社,1991.

[2] 廖育群.医者意也[M].台湾东大出版公司,2003.

[3] 李聪甫,刘炳凡.金元四大医家学术思想之研究[M].北京:人民卫生出版社,1983.

[4] [日]山田重正.典医の历史[M].思文阁,1980.

[5] [日]中山茂.日本人の科学观[M].创元社,1977.

[6] [日]矢野道雄译.インド医学概论・解说[M].朝日出版社,1988.

[7] 贾得道.中国医学史略[M].山西人民出版社,1979.

[8] 中国医学百科全书编委会.中国医学百科全书・医学史[M].上海:上海科学技术出版社,1987.

[9] 郭霭春.中国医史年表[M].黑龙江人民出版社,1984.

[10] 中医研究院 建国以来医药卫生大事记 1949.10—1958.12[M].油印本.1959.

[11] 惠特菲尔德.彩图世界科技史[M].繁奕祖,译.北京:科学普及出版社,2006.

[12] 赵功民.外国著名生物学家传[M].北京:北京出版社,1987.

[13] 中国科协学会学术部.学科发展与科技创新[M].北京:清华大学出版社,2010.

[14] 任应秋.中医各家学说[M].上海:上海科学技术出版社,1980.